Python 実践編
でつくる ゲーム開発 入門講座

廣瀬 豪［著］

ソーテック社

- PythonはPython Software Foundationの登録商標です（"Python" and the Python Logo are trademarks of the Python Software Foundation.）。
- 本書中の会社名や商品名、サービス名は、該当する各社の商標または登録商標であることを明記して、本文中での™および®©は省略させていただきます。
- 本書はWindows 10およびmacOS High Sierraで動作確認を行っています。
- 本書で使用しているPythonは、Windows版・Mac版ともにバージョン3.7.5で解説しています。
- 本書掲載のソフトウェアのバージョン、URL、それにともなう画面イメージなどは原稿執筆時点（2019年11月）のものであり、変更されている可能性があります。本書の内容の操作の結果、または運用の結果、いかなる損害が生じても、著者ならびに株式会社ソーテック社は一切の責任を負いません。本書の制作にあたっては、正確な記述に努めていますが、内容に誤りや不正確な記述がある場合も、当社は一切責任を負いません。

まえがき

　本書は、Pythonというプログラミング言語で、本格的なゲームを開発するための解説書です。前著『Pythonでつくる ゲーム開発 入門講座』の続編にあたりますが、**Pythonの知識がある方なら、この『実践編』から始めても、ゲーム開発のノウハウをしっかり学ぶことができます**。本書では**アクションゲーム**、**シューティングゲーム**、そして疑似3Dの映像表現による**3Dカーレース**を制作します。なお、前著ではいくつかのミニゲーム、**落ち物パズル**、**ロールプレイングゲーム**の作り方を解説していますので、あわせてお読みいただくと、より幅広いジャンルのゲーム開発を学ぶことができます。

　筆者の本職はゲームクリエイターです。C/C++、C#、Java、JavaScriptなどを用いてゲームソフトやアプリを開発してきました。Pythonを知ってからはその魅力にはまり、Pythonでもゲーム開発を行っています。本書を手に取っていただいた方の多くは、Pythonの優れた点を理解されていると思いますが、Pythonをまだあまりご存知ない方のために、このプログラミング言語の素晴らしさを、ここで簡単にお伝えしたいと思います。
　まずPythonは、C系言語やJavaなど他の言語に比べ、記述の仕方がシンプルです。そして入力したプログラムの動作をすぐに確認することができます。Pythonは初心者が学ぶのに適したプログラミング言語であると言えます。
　またPythonは、様々な分野のソフトウェア開発を可能にするモジュールが充実しています。本職のプログラマーはそれらのモジュールを利用し、高度なプログラムを組むことができます。つまり間口が広く、かつ奥深いプログラミング言語であると言えます。優れた開発言語であることは、近年人気が急上昇し、企業のシステム開発、機械学習を用いた人工知能の開発、学術研究の分野などで使われるようになったことからも、お分かりいただけるでしょう。

　本書では、筆者が様々な商用ゲームソフトを開発してきた経験を元に、ゲーム開発に必要なテクニックを一通り網羅しましたので、みなさんが**オリジナルゲームを作る時の参考にしていただけます**。また、ゲーム開発を通してPythonをより深く学べることも念頭に執筆しましたので、**Pythonをもっと使いこなしたいという方にもご活用いただける**と思います。趣味のゲーム開発を楽しみたい方から、大きな夢を実現したい方まで、本書がお役に立てれば何よりの幸せです。

2019年秋　廣瀬 豪

Contents

まえがき 5
はじめに〜本書のご利用方法 10
Prologue ゲーム開発とプログラマー 15

Chapter 1 ゲーム開発の基礎知識1

Lesson 1-1	キー入力	24
Lesson 1-2	リアルタイム処理	29
Lesson 1-3	キャラクターのアニメーション	31
Lesson 1-4	二次元リストによるマップデータ管理	38
Lesson 1-5	床と壁の判定	41
COLUMN	Python用の統合開発環境	44

Chapter 2 ゲーム開発の基礎知識2

Lesson 2-1	ヒットチェック　その1	50
Lesson 2-2	ヒットチェック　その2	54
Lesson 2-3	三角関数の使い方	57
Lesson 2-4	インデックスとタイマー	65
Lesson 2-5	ミニゲームを作ろう！	68
COLUMN	ゲームの世界観について	75

Chapter 3 アクションゲームを作ろう！ 前編

Lesson 3-1	ドットイートゲームについて	78
Lesson 3-2	迷路を表示する	81
Lesson 3-3	キャラクターを動かす	84
Lesson 3-4	キャラクターの向きとアニメーション	89
Lesson 3-5	キャラクターを滑らかに動かす	93
Lesson 3-6	アイテムを取ってスコアを増やす	101
Lesson 3-7	敵を登場させる	105
Lesson 3-8	タイトル、クリア、ゲームオーバー	110
COLUMN	BASICとPython	120

Chapter 4 アクションゲームを作ろう！ 後編

Lesson 4-1	複数のステージを組み込む	122
Lesson 4-2	主人公の残り数を組み込む	131
Lesson 4-3	新しい敵を登場させる	136
Lesson 4-4	エンディングを作ろう	144
Lesson 4-5	色々なステージを用意しよう	156
Lesson 4-6	マップエディタの制作　その1	158
Lesson 4-7	マップエディタの制作　その2	161
COLUMN	有名アニメのゲーム開発秘話　その1	166

Chapter 5 Pygameの使い方

Lesson 5-1	Pygameについて	170
Lesson 5-2	Pygameのインストール	172
Lesson 5-3	Pygameの基本的な使い方	176
Lesson 5-4	Pygameで画像を描く	180
Lesson 5-5	画像の回転と拡大縮小表示	183
Lesson 5-6	同時キー入力を行う	187
COLUMN	レトロゲームについて	190

Chapter 6 シューティングゲームを作ろう！ 前編

Lesson 6-1	シューティングゲームについて	192
Lesson 6-2	Pygameで高速スクロール	196
Lesson 6-3	自機を動かす	199
Lesson 6-4	弾を発射する	206
Lesson 6-5	複数の弾を発射する	210
Lesson 6-6	弾幕を張る	217
COLUMN	有名アニメのゲーム開発秘話　その2	223

Chapter 7 シューティングゲームを作ろう！ 中編

- Lesson 7-1　敵機の処理 …… 226
- Lesson 7-2　敵機を弾で撃ち落とす …… 235
- Lesson 7-3　爆発演出を入れる …… 241
- Lesson 7-4　シールド制を入れる …… 248
- Lesson 7-5　タイトル、ゲームをプレイ、ゲームオーバー …… 256
- COLUMN　たった3行でパーティゲームが作れるPython …… 265

Chapter 8 シューティングゲームを作ろう！ 後編

- Lesson 8-1　サウンドを組み込む …… 268
- Lesson 8-2　敵の種類を増やす …… 279
- Lesson 8-3　ボス機を登場させる …… 286
- Lesson 8-4　ゲームを完成させる …… 297
- COLUMN　ゲームパッドで操作できるようにしよう！ …… 309

Chapter 9 3Dカーレースゲームを作ろう！ 前編

- Lesson 9-1　カーレースゲームについて …… 314
- Lesson 9-2　3DCGと疑似3Dについて …… 316
- Lesson 9-3　遠近法について …… 318
- Lesson 9-4　道路の見え方を考える …… 320
- Lesson 9-5　疑似3Dで道路を描く　その1 …… 322
- Lesson 9-6　疑似3Dで道路を描く　その2 …… 326
- Lesson 9-7　道路のカーブを表現する …… 328
- Lesson 9-8　道路の起伏を表現する　その1 …… 332
- Lesson 9-9　道路の起伏を表現する　その2 …… 335
- COLUMN　道路を自在に変化させるプログラム …… 339

Chapter 10 3Dカーレースゲームを作ろう！ 中編

- Lesson 10-1　Pygameを用いる …… 342
- Lesson 10-2　コースを緻密に描く …… 344
- Lesson 10-3　カーブに合わせ背景を動かす …… 351

Lesson 10-4	道路の起伏を表現する	356
Lesson 10-5	車線を区切るラインを描く	362
Lesson 10-6	コースの定義その1　カーブデータ	366
Lesson 10-7	コースの定義その2　起伏データ	369
Lesson 10-8	コースの定義その3　道路横の物体	371
Lesson 10-9	プレイヤーの車の制御	378
COLUMN	処理落ちを測定する	389

Chapter 11　3Dカーレースゲームを作ろう！　後編

Lesson 11-1	コンピュータの車を走らせる	392
Lesson 11-2	車の衝突判定を組み込む	402
Lesson 11-3	スタートからゴールまでの流れ	409
Lesson 11-4	ラップタイムを組み込む	418
Lesson 11-5	車種を選べるようにする	427
COLUMN	コンピュータゲーム用のAI	438

Appendix　特別付録

| Appendix 1 | Game Center 208X | 442 |
| Appendix 2 | 落ち物パズル『あにまる』 | 448 |

あとがき　449
索引　450

はじめに　本書のご利用方法

　ここでは、本書に登場する2人の女性ナビゲーターと、これから作るゲームの紹介、サポートページ利用方法、学習の進め方など、はじめに知っておいてほしい事柄を紹介します。

▶▶▶ 登場人物プロフィール

　本書では、1冊目の『Pythonでつくる ゲーム開発 入門講座』でもサポート役を担当した"水鳥川すみれ"と"白川いろは"がナビゲーターを務めます。Pythonのエキスパートである2人は、現在、次のような仕事をしています。

水鳥川すみれ（みとりかわすみれ）
IT企業の経営者。社内にコンピュータゲーム事業部を設立し、教育用ゲームソフトの開発をスタートする。母校の慶王大学でプログラミングを教える客員准教授もしている。

白川いろは（しらかわいろは）
慶王大学でプログラミングを学んだ理系女子。プログラミングの高い技術力を買われ、すみれの会社に入社し、ゲーム開発を行っている。それらのゲームソフトは、子供達が楽しみながらプログラミングを学べるようにと、教育機関や教科書出版社の依頼で作っており、責任ある仕事を誇りに、日々プログラミングに励んでいる。

▶▶▶ 本書で作るゲーム

　1～2章でゲーム開発の基礎技術を学び、その後は演習に取り組みます。
　アクション、弾幕シューティング、3Dカーレースといった人気ジャンルがどのようにプログラミングされているのか、ステップ・バイ・ステップでじっくりと解説します。
　演習を重ね、プログラミングの腕を磨きましょう！

Chapter 2　ミニゲーム

『METEOR』（左）と『どらねこ』（右）は、敵を避けるミニゲーム。ゲームプログラミングの基礎技術を学習するのに最適な題材です。

Chapter 3-4 アクションゲーム

『はらはら ペンギン ラビリンス』は、迷路内のキャンディをすべて取るとクリアできるドットイートゲームです。

Chapter 6-8 弾幕シューティング

『Galaxy Lancer』は、様々な動きをする敵機を撃ち落としながら進む、縦スクロールの弾幕シューティングです。

Chapter 9-11 3Dカーレースゲーム

隠れキャラがいるのに
気づきましたか？
（答えはP.314へ）

『Python Racer』は疑似3Dの技術をふんだんに用い、奥行、カーブ、起伏などをリアルに再現したカーレースです。

特典 ゲームランチャーと落ちものパズル

オリジナルゲームも起動できます！

『Game Center 208X』（左）は、好きなゲームを選んで起動できるゲームランチャー。『あにまる』（右）は、同色のブロックを並べて消していくというスタンダードな落ちものパズルです。

11

>>> サンプルプログラムの利用方法

本書に掲載しているサンプルプログラムは、書籍サポートページからダウンロードできます。下記URLからアクセスしてください。

書籍サポートページ　http://www.sotechsha.co.jp/sp/1256

サンプルプログラムはパスワード付きのZIP形式で圧縮されていますので、**P.453に記載のパスワードを入力して解凍してお使いください**。下図のように、各Chapterごとにフォルダに分けて保存されています。

本書の解説ごとに、どのサンプルプログラムを使っているのかは、そのつどフォルダ名とファイル名を明記してあります。ご自身でプログラムを入力してもうまく動作しないときなどは、該当するフォルダを開き、サンプルを参照してください。

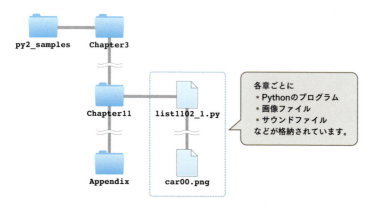

■ プログラムの表記について

本書掲載のプログラムは以下のように、**行番号・プログラム・解説**の3列で構成されています。1行に収まりきらない長いプログラムの場合は行番号をずらし、空行を入れています。また、前述したプログラムと重複する箇所は、省略する旨も記しています。

なおプログラムの色は、Pythonの開発ツールIDLEのエディタウィンドウに表示される色と同じにしています。プログラムをエディタで開き、見比べるときなどはご注意ください。

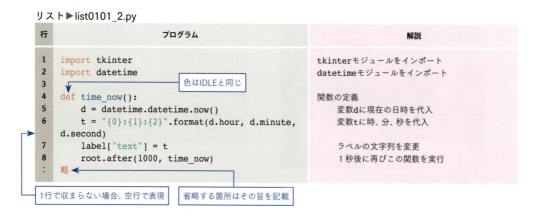

■ テキストエディタについて

　本書のプログラムは、Pythonに標準で付属する統合開発環境 **IDLE を使い、実行確認をしています**。極力短い行数で記述していますが、本書で学ぶ3つのゲームの完成形プログラムは、ある程度長い行数になっています。そのようなプログラムを確認するには、テキストエディタがあると便利です。

● 無料で使えるテキストエディタ

Visual Studio Code（ビジュアル スタジオ コード）	Microsoft社が開発している無料のテキストエディタです。Pythonを含む多くのプログラミング言語に対応しています。 https://code.visualstudio.com/

テキストエディタは様々なものがあるので、インターネットで情報を仕入れるなどして、自分に合ったエディタを使っていただくと良いでしょう。

Pythonの開発を便利にする、無料で使える統合開発環境があります。本格的なソフトウェア開発を行う方は、そういったものを利用する手もあります。Chapter 1のコラムで **Pycharm** という統合開発環境を紹介します。

■ 注意事項

　プログラム、画像、サウンドなど、すべてのサンプルファイルの著作権は、著者が所有しています。ただし、読者の皆さんが個人的に利用する限りにおいて、プログラムの改良や改変は自由に行なえます。

≫≫ 学習の進め方

本書は次のステップでゲーム開発を学んでいきます。

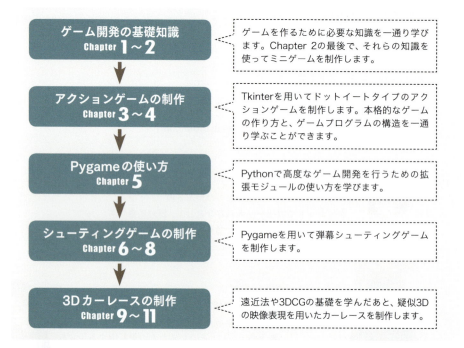

1冊目で学んでいただいた方は、Chapter 6からスタートすることもできます。ただしChapter 6以降は、Chapter 2で説明する「ヒットチェック」と「三角関数」の知識が必要ですので、それらを学んでから進んでください。

POINT

筆者からのアドバイス

　最後まで学んでいただくと、ゲーム開発の知識が、かなり高いレベルに到達できます。また各プログラムの中にPythonのプログラミングテクニックをちりばめたので、本書を読み終えた時、Pythonを使う力がぐんと伸びているはずです。

　本書はゲーム開発が題材ですから、楽しく、そして気軽に読み進めてください。難しい内容もあると思いますが、その場で全てを理解しようと苦しむ必要はありません。難しい部分は後で読み返すことにして、巻末の特別付録まで一通り進んでいきましょう。

特別付録でも、Pythonを使いこなす上で役立つ知識が学べるようになっています。

Prologue ゲーム開発とプログラマー

本格的な解説に入る前に、ゲーム開発そのものについてお話します。プロの開発現場はどのようなものか、また個人でゲームを作るにはどうしたらよいのかといった様々な疑問にお答えします。

01. ゲーム開発の流れ

読者の皆さんの中には、ゲームメーカーへの就職を希望する方や、ゲームクリエイターに転職したいという方がいらっしゃると思います。また、「Pythonは使っているけど、ゲーム開発は初めて」という方もいらっしゃるでしょう。そこで、最初にゲーム開発の概要を知っていただければと思い、

- プロの開発現場ではどのような流れでゲームが作られるのか
- 個人作者はどのような流れでゲームを開発するのか

という話をさせていただきます。

▶▶▶ プロの開発現場での工程

はじめにプロの開発現場の流れを見てみましょう。家庭用ゲームソフトやスマホのゲームアプリは、次の工程を経て、配信、発売されます。

1冊目のコラムで簡単にこの流れを説明しましたが、ここでは各工程でどのようなことが行われるかを詳しくお話しします。

企画立案は、どのようなゲームを作るかアイデアを練る段階です。ゲームのルールや設定などを考え、それを書面（企画書）にまとめます。主にプランナーと呼ばれる職種のクリエイターが企画書を書きます。ゲームの内容をまとめた企画書を元に「そのゲームを作る価値があるか」が社内で議論されます。具体的には「そのゲームは本当に面白いのか？」、そしてそれを開発することで「会社が利益を生み出せるか？」を検討するのです。

利益が出るかどうかを判断するには、開発費を想定する必要があります。**予算、人員の検討**では、

❶企画立案
↓
❷予算、人員の検討
↓
❸α版の開発
↓
❹β版の開発
↓
❺マスター版の制作
↓
❻完成

15

そのゲームを開発するのにどの職種のクリエイターが何人必要で、どの程度の開発期間があれば完成するかを検討し、必要な開発費を算出します。

　決裁権を持つ開発部長や役員などが、そのゲームを開発することで会社が利益を得ることができると判断すれば、開発がスタートします。小さな制作会社では、社長が自ら開発を始めるかどうかの判断を下すことも多いでしょう。

　開発が決まると α版の開発 に入ります。α版では一般的にゲームの主要部分を作り、ルールや操作方法はユーザーが理解できるものになっているかなどの確認が行われます。

プロの現場における開発チームの構成

　α版ができると、改良すべき点を洗い出し、β版の開発 に進みますが、α版の段階で「つまらないゲームであり、配信しても儲からない」あるいは「内容は良いけど、開発費が掛かり過ぎる」などと判断されると、そこで開発中止となることもあります。

　無事β版の開発に進むと、そのゲームの仕様全体を組み込んでいきます。β版の完成間近には、実際にユーザーがプレイすることを想定した意見出しなどが行われ、直すべきところはないかを確認します。

　それらの改善を含め、最終バージョンである マスター版の制作 に入ります。β版からマスター版への移行は、改良や仕様追加によりβ版の完成度を高めながら制作を続ける流れになります。マスター版の完成間近では（あるいはβ版の完成間近でも）、ゲームを細部までチェックし、バグ（プログラムやデータの不具合）を探し出し、修正する作業が行われます。これを デバッグ といいます。バグを探し出す作業は、ある程度規模の大きな会社であれば、デバッガーと呼ばれるスタッフが参加して行います。小さな制作会社や開発チームでは、チームメンバー全員でデバッグすることもあります。

>>> 個人や同人でのゲーム開発の工程

次に個人や同人でゲームを開発する工程を見てみましょう。個人や同人では一般的に右の図のような流れでゲームを制作します。

本格的なゲームを作るには、グラフィック素材やサウンド素材を手に入れる必要があります。身近にデザイナーやサウンドクリエイターがいれば、素材制作を相談できますが、個人開発では、周りに絵や音の素材を作れる人材がいないことが多いと思います。

そこで次に、ゲームを作るための素材を用意するヒントをお伝えします。

02. ゲームを作るための素材について

個人制作のゲームソフト用のグラフィック素材は、次の方法で用意しましょう。

- 自分で描く
- フリー素材を使う
- 絵の制作を請け負うクリエイターをインターネットで探して発注する

サウンド素材は自分で作ることが難しい方が多いと思いますので、はじめのうちはフリー素材を用いると良いでしょう。

ゲーム開発初心者の方は、いきなりグラフィックデザイナーやサウンドクリエイターを探し始める必要はありません。==絵の上手い下手は気にせず、まずは自分で用意してみる==ことをオススメします。またフリー素材を配信するサイトがたくさんあります。インターネットで好みの素材を手に入れるなどして、制作を始めてみましょう。

筆者はパソコン用ゲームソフトを個人や同人で制作し、ネットで配信する活動を行ったことがあります。その時の経験から、次のような流れで開発を進めるとよいという具体例をお伝えします。

❶ まず仮の素材でプログラミングを進める。仮素材は自分でデザインする
❷ ゲームがある程度動くようになったら、フリー素材に差し替えていく
❸ そのゲームで重要な素材を、デザイナーを探して描いてもらう

17

例えば、『スーパーマリオブラザーズ』のような2Dアクションゲームを作る場合を想像してください。ブロックのデザインはシンプルなので自分で描いて、背景の雲や山はフリー素材を使います。主人公と敵キャラは、見栄えの良いオリジナルのデザインにしたいでしょうから、デザイナーをネットで探してみるのです。そのような方法であれば、あまりお金を掛けずに、一定品質のゲームを作ることができると思います。

　なお、グラフィックやサウンド制作を請け負ってくれるフリーのクリエイターさんは玉石混淆で、請け負う金額に大きな開きがあります。本格的な素材を揃えたい方は、pixivなどで仕事を募集しているクリエイターを探し、まずは相談してみると良いでしょう。

フリー素材は商用利用可能なものから、無料ソフトであれば使ってよいものなど、様々なタイプがあります。インターネットから手に入れた素材は、それらを配信するサイトに書かれたルールを守って使うようにしましょう。

03. プログラマーの役割

　次はプログラマーの役割についてお話しします。この話は結論を述べる前に、コンピュータに関する名言を取り上げて進めていきます。

　「**パソコンは、ソフトがなければただの箱**」という名言があります。これはどんなに優れたコンピュータも、ソフトウェアがなければ動かないという意味です。

　パソコンを長い間使ってこられた方は、この言葉をご存知かもしれませんね。筆者はこの名言を、中高生の時に見ていたコンピュータ関連のテレビ番組で知った気がしますが、当時、読み漁っていたコンピュータ雑誌で知ったのかもしれません。宮永好道さんという日本のコンピュータ産業黎明期を支えた方が、この名言を残されたということは、大人になってから知りました。

　この名言はゲーム機やスマートフォンにも当てはまります。家庭用ゲーム機もスマートフォンもコンピュータ機器であり、それを動かすソフトウェアがなければ動作しません。どんなに高性能な部品を組み合わせて作っても、コンピュータ機器はソフトがなければ無意味なものになってしまいます。

　逆に**性能の低いハードでも、プログラムの工夫によって、ハードのスペックを超える処理を実現した優秀なソフトウェアを、筆者はいくつも見てきました**。読者のみなさんの中にも、そのようなソフトウェアをご存知の方がいらっしゃることでしょう。

ここから先はプログラマーの役割に話が向かいます。ゲームメーカーで働くプロのプログラマーも、個人でゲームを制作する趣味のプログラマーも、その役割は、ずばり、==ゲームを実際に動くものにする==ことです。

　プログラマーがキャラクターを動かすプログラムを作ることで、キャラクター達が動き始めます。キャラクターが生き生きと動き、ユーザーがその操作を気持ち良いと感じるのも、「このキャラ、なんだかカクついて、操作しにくいなぁ」と不満を漏らすのも、プログラムの組み方次第です。

　プログラマーはゲームの世界に命を与えるという重要な役割を担うのです。ゲームが面白くなるかどうかは、もちろん元のアイデアにかかっています。しかし、完成したゲームが優れているかどうかは、プログラマーの腕にかかっているのです。

　==優秀なプログラマーは、普通に面白い企画を、最高に楽しいゲームに変える==ことができます。本書ではゲームを制作する中で、ゲームを面白くするためのヒントもお伝えしていきます。

04. まずは作ってみよう！

　「ゲームを作りたいけどアイデアが浮かばない」という方はいらっしゃいませんか？
　ゼロからアイデアを考え出すのは、なかなか難しいかもしれません。アイデアが出ない時は、自分が好きなゲームを真似て作ってみるところからスタートしても良いでしょう。
　プログラミング初心者が市販ゲームと同じものを作ることは難しいでしょうから、最初は好きなゲームのエッセンスだけ真似ればよいのです。自分の好きなゲームの一部分を真似て、まずプログラミングしてみるのです。
　例えばステルスゲームと呼ばれる、できるだけ敵に見つからないようにキャラクターを操作するゲームがあります。そのようなゲームが好きであれば、敵は赤い丸、自分は青い丸、ゴールは緑の四角で表示し、青丸が一定距離、赤丸に近づいたら、赤丸が青丸を追いかけてくる処理を作ってみます。それができただけで、まずはプログラミングが成功したと言えます。次に障害物を配置したり、敵の視線（見ている方向）を表現するにはどうすればよいかを考えるというように、段階的に開発を進めていきます。その過程で「こんなルールを入れたら面白くなりそう」というアイデアも出てくるはずです。

　逆に最初からアイデアがどんどん出るという方は、それらのアイデアの中で最も実現したいものから作っていきましょう。プログラミングの経験が少ないうちは、色々な仕様を一度

19

に組み込もうとすると混乱してしまいます。本書ではゲームを完成させるのに必要な仕様を、段階的に組み込むようにプログラミングしていくので、参考になさってください。

例えば『パズドラ』が好きなら、画面に表示した複数の色の正方形をマウスで動かせるようにしてみます。それができたら、色が揃った時の処理を考えてみます。『モンスト』が好きなら、画面に表示した円をクリックすると動くようにしてみます。それができたら、円をドラッグして、弾く強さを調整できるようにしてみます。できるところから作り始め、徐々に難しい処理に挑戦していきましょう。

05. Pythonはゲーム開発に不向き？

Pythonは「3Dゲームが作れないのでゲーム開発に不向き」と考える方がいらっしゃいます。確かに筆者の知る限り、本書執筆時点で、3Dのモデルデータを手軽に扱えるPythonのライブラリ（ゲーム開発用に高速描画できるようなもの）は見当たりません。様々なライブラリが用意されているPythonですが、3DCGに関する機能が弱いことは、Pythonの数少ない欠点の1つであるのかもしれません。

数学とプログラミングの高度な知識と技術を持つ方なら、Pythonで三次元グラフィックスを描画するプログラムを自ら開発することができるかもしれませんが、多くの方にとってそれは難しく、現実的な話ではありません。

では、Pythonで3Dゲームを開発することは諦めるしかないのでしょうか？

いえ、そんなことはありません。「疑似的に3Dの世界を表現する」という手法であれば、工夫次第で3Dゲームを作ることができます。実際に1980年代から1990年代半ばまで、**2Dの描画能力しか備えていないハードで、創意工夫により様々な3Dゲームが作られました。**当時の疑似3Dゲームの名作に、任天堂の『F-ZERO』や『マリオカート』、セガの『アウトラン』などがあります。それらは今でも多くのファンを持つゲームで、筆者も大好きです。本書では疑似的に3Dを表現する手法で、カーレースゲームを開発する方法も解説します。

■教育現場での経験から

次章からゲーム開発技術の学習に入りますが、その前にもう1つ、お伝えしておきたいことがあります。筆者は大学や専門学校でゲーム開発を教えてきましたが、その経験から、ゲーム開発の基礎を学ぶには2Dのゲームが適していると考えています。

ゲーム開発初心者の学生に、筆者はまず、シンプルな2Dゲームの作り方を教えます。そして、どこを改良するとそのゲームがより面白くなるのか、を考えさせます。シンプルな2Dゲームであれば、演出などで誤魔化すことなく、ゲーム本来の面白さを追求することができます。例えば、「主人公の移動速度を上げるとどうか？」「敵の数を増やすとどうか？」「敵の行動パターンを変えるとどうか？」など。

2Dゲームの動作は平面上で行われ、画面全体を見渡せるので、プログラムの変更が画面にどう反映されるのか分かりやすいです。2Dゲームを開発することで、ゲームを面白くする

ために必要なルールや、操作性の大切さなどを学ぶことができます。**Pythonで作ったプログラムは手軽にコードを変更し、すぐに動作確認できるので、ゲーム開発を学ぶのにもうってつけ**です。2Dゲームを元に考えたゲームを面白くするための知識は、3Dゲームの開発にも生かすことができます。以上のような理由から、シンプルな記述で習得しやすいPythonでゲームを作ることは、ゲーム開発の基礎を固めるために有効であると言えます。

COLUMN

ゲームメーカーを立ち上げよう！

　ゲームソフトを配信するプラットフォーム（ハード）には、家庭用ゲーム機、パソコン、スマートフォンがあります。

　これらのハードの中で、家庭用ゲーム機用のゲームソフトを、個人で開発販売することは、ほぼ不可能です。家庭用ゲーム機用のゲームソフトは、ハードメーカーとの契約なしに開発することはできず、その契約ができるのは法人だけです。また家庭用ゲームソフトを発売するには、CEROという団体にゲーム内容の審査を依頼するなど、いくつかの手続きが必要になります。

　一方、パソコン用のソフトやスマートフォン用のアプリは、個人がアイデアを自由に形にして、配信、発売できることを、ご存じの方もいらっしゃるでしょう。パソコンゲームやスマホアプリであれば、一個人でゲームメーカーを立ち上げ、業界に参入できます。ゲームメーカーという言葉を使いましたが、法人を設立する必要はありません。

　「本当なの？」と驚かれる方がいらっしゃるかもしれませんね。少し詳しく説明すると、パソコン用ソフトは、それを配信する色々なサービスがあります。開発したゲームを、それらのサービスを使ってダウンロード型のソフトウェアとして配信、発売できます。スマートフォンでは、iOS端末用のアプリはApple社のApp Storeで、Android端末用のアプリはGoogle社のGoogle PLAYで配信できます。Windows用ソフト、Mac用ソフト、iOSアプリ、Androidアプリ、それらは全て、個人で開発したものを、様々なストアから世界に向けて配信することができるのです。

　パソコンソフトとスマホアプリの配信申請は難しいものではありません。ネットで調べながら行えば、誰でも手続きすることができます。ゲームソフトを作れるようになったプログラマーは、一個人でゲームメーカーを設立し、世界を相手にしたビジネスに乗り出すことができる！　というわけです。

インターネット登場以前は、法人を設立せずに一個人でゲームメーカーを作ることは不可能な話でした。今ではゲームだけなく、イラスト、漫画、アニメ、音楽、小説など様々なコンテンツを個人で制作し、インターネットを使って世の中に送り出すことで、チャンスをつかめる可能性のある時代になったのです。

　さて、商品として売るためのゲームソフトは、一般的にC++、C#、Java、Swiftなどのプログラミング言語で開発します。それらの言語はPythonより難しいため、商品になる品質のゲームを開発するには、一定期間プログラミングの勉強を続ける必要があります。

　Pythonは習得しやすいプログラミング言語ですので、ゲーム開発を学ぶのにうってつけであることは、先に述べた通りです。Pythonでプログラミングとゲーム開発の基礎を学んだ後、他のプログラミング言語に挑戦するという方法で、プログラミング全般に関する知識とソフトウェアの開発技術を、効率よく自分のものにできると筆者は考えています。

次の章からゲーム開発の技術を学びます。私達と一緒に、楽しみながら学習を進めていきましょう。

分からない箇所があれば、後で復習しやすいように付箋紙を貼るなどして、先へ進みましょう。プログラミングの知識が増えてくると、それまで分からなかったことが自然と飲み込めるようになるので、一度通読し、不明だった箇所を読み返すという学習法をオススメします。

はじめに、ゲームを作るために必要となる知識を、標準モジュールのtkinterを用いて学習します。Chapter 1ではゲーム開発の最も基本となるキー入力やリアルタイム処理など5つの項目を学びます。次のChapter 2ではヒットチェックや三角関数について学び、これらの知識の集大成としてミニゲームを完成させます。

1冊目の『Pythonでつくる ゲーム開発入門講座』をお読みいただいた方にとっては、重複する項目もありますが、ゲーム開発の重要知識ですので、ここでしっかり復習しましょう。

ゲーム開発の
基礎知識1

Chapter
1

Lesson 1-1 キー入力

ゲームソフトでは常にキーの入力を受け付け、押されたキーの値によりキャラクターを動かしたり、メニュー画面を開くなど、様々な処理を行います。キー入力のプログラムは、ゲーム制作の基本中の基本と言えます。ここではPythonでのキー入力方法について説明します。

ウィンドウを表示する

Pythonでは**tkinter**モジュールをインポートして、画面にウィンドウを表示します。ウィンドウにはテキスト表示部やボタンなどを配置できます。また画像や図形を描くキャンバスという部品を置くこともできます。

最初に、画面にウィンドウを表示し、テキスト表示用のラベルを配置するプログラムを確認します。キー入力はこのウィンドウ上で行うことになります。

次のプログラムを入力し、ファイル名を付けて保存し、実行しましょう。

リスト ▶ list0101_1.py （←同じファイル名で保存しましょう）

```
1  import tkinter
2
3  root = tkinter.Tk()
4  root.geometry("400x200")
5  root.title("PythonでGUIを扱う")
6  label = tkinter.Label(root, text="ゲーム開発の一
   歩", font=("Times New Roman", 20))
7  label.place(x=80, y=60)
8  root.mainloop()
```

1	tkinterモジュールをインポート
3	ウィンドウの部品を作る
4	ウィンドウのサイズを指定
5	ウィンドウのタイトルを指定
6	ラベルの部品を作る
7	ラベルを配置
8	ウィンドウを表示

> プログラムは書籍サポートページからダウンロードできますが、IDLEやテキストエディタを使って、ぜひ自分で入力してみましょう。そうすればプログラミングの力が、より身につくはずです。

このプログラムを実行すると、図1-1-1のようなウィンドウが表示されます。

3行目の**Tk()**命令でウィンドウの部品を作り、4行目の**geometry()**命令でそのサイズを指定し、5行目の**title()**命令でバーに表示するタイトルを指定します。

このプログラムでは、文字を表示するラベルという部品をウィンドウ上に配置しています。それを行っているが6〜7行目です。ラベルは**Label()**命令で作ります。Label()命令の()内に記述した1つ目のrootはラベルを配置するウィンドウです。text= で表示する文字列を指定し、その文字列のフォントはfont= で指定します。このプログラムでは、多くのパソコンで使えるTimes New Romanフォントを指定しています。7行目の**place()**が部品を配

置する命令で、ウィンドウ内のどこに置くかを、引数のx=、y=で指定します。
8行目の **mainloop()** 命令でウィンドウの処理を開始します。

図1-1-1　list0101_1.pyの実行結果

今回のようなプログラムでウィンドウにラベルを配置するなら、Label()命令の引数のrootを省略できます。以後のプログラムでは、各種の部品を作る命令で引数のrootは省略します。

ウィンドウの座標は、左上の角が原点(0, 0)になります。横方向がX軸、縦方向がY軸です。

図1-1-2　X軸とY軸の開始位置と方向

コンピュータ画面の座標に関する知識も重要です。ゲームを作る時には、画面の幅と高さを、それぞれ何ドットにするか決めます。そしてキャラクターの移動範囲、スコアやライフの表示位置など、様々な座標を決めていきます。

GUIについて

ボタンやテキスト入力欄が配置されたウィンドウは、操作方法が視覚的に分かりやすく、そのようなインタフェースを**グラフィカルユーザインタフェース**（GUI）といいます。PythonでGUIの部品を扱う命令には、主に次のようなものがあります。

表1-1-1　Pythonで扱える主なGUI命令

部品	命令	記述例
ラベル	Label()	label = tkinter.Label(text=文字列, font=フォント)
ボタン	Button()	button = tkinter.Button(text=文字列)
1行のテキスト入力欄	Entry()	entry = tkinter.Entry(width=文字数)
複数行のテキスト入力欄	Text()	text = tkinter.Text()
チェックボタン（チェックボックス）	Checkbutton()	cbtn = tkinter.Checkbutton(text=文字列)
キャンバス	Canvas()	canvas = tkinter.Canvas(width=幅, height=高さ)

これらのGUIの使い方は、1冊目の『Pythonでつくる ゲーム開発 入門講座』で詳しく説明していますので、参考になさってください。

bind()命令でキー入力を行う

キー入力を受け付けるウィンドウを作るプログラムを確認します。次のプログラムを入力し、ファイル名を付けて保存し、実行しましょう。

リスト ▶ list0101_2.py

```
1  import tkinter                                          tkinterモジュールをインポート
2
3  def key_down(e):                                        関数の定義
4      key_c = e.keycode                                       変数key_cにkeycodeの値を代入
5      label1["text"] = "keycode "+str(key_c)                  ラベル1にその値を表示
6      key_s = e.keysym                                        変数key_sにkeysymの値を代入
7      label2["text"] = "keysym "+key_s                        ラベル2にその値を表示
8
9  root = tkinter.Tk()                                     ウィンドウの部品を作る
10 root.geometry("400x200")                                ウィンドウのサイズを指定
11 root.title("キー入力")                                   ウィンドウのタイトルを指定
12 root.bind("<KeyPress>", key_down)                       キーが押された時に実行する関数を指定
13 fnt = ("Times New Roman", 30)                           フォントを定義
14 label1 = tkinter.Label(text="keycode", font=fnt)        ラベル1の部品を作る
15 label1.place(x=0, y=0)                                  ラベル1を配置
16 label2 = tkinter.Label(text="keysym", font=fnt)         ラベル2の部品を作る
17 label2.place(x=0, y=80)                                 ラベル2を配置
18 root.mainloop()                                         ウィンドウを表示
```

このプログラムを実行すると次のようなウィンドウが表示され、キーボードのキーを押すと、その値が表示されます。

図1-1-3 　list0101_2.pyの実行結果

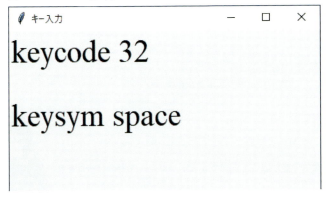

　tkinterで作ったウィンドウでキー入力を行うには、12行目のようにウィンドウの部品(root)に対し、キーが押された**イベント**(<KeyPress>)発生時に実行する関数を**bind()**命令で指定します。
　その関数を定義しているのが3〜7行目です。Pythonでは**def**で関数を定義します。

書式：関数の定義

```
def 関数名：
    処理
```

　今回定義したのは、キー入力のイベントを受け取る関数なので、def key_down(e):と記述し、引数eでイベントを受け取ります。
　キーの値は**keycode**と**keysym**があります。**keycodeはWindowsとMacで値が違うので、本書ではkeysymの値でキー入力を判定**します。

ユーザーがソフトウェアに対してキーやマウスを操作した時にイベントが発生します。例えばキーを押したり離した時にはキーイベントが発生し、マウスを動かしたり、マウスボタンをクリックした時にはマウスイベントが発生します。

bind()命令で取得できる主なイベントは次のようになります。

表1-1-2　bind()命令で取得できる主なイベント

<イベント>	イベントの内容
<KeyPress> あるいは <Key>	キーを押した
<KeyRelease>	キーを離した
<Motion>	マウスポインタを動かした
<ButtonPress> あるいは <Button>	マウスボタンをクリックした
<ButtonRelease>	マウスボタンを離した

マウス入力もbind()命令で受け取ることができます。マウス入力のゲームを作りたい方は、1冊目の『Pythonでつくる ゲーム開発 入門講座』の落ち物パズルで、マウスの入力方法を解説しているので、ご参考にしてください。

Lesson 1-2　リアルタイム処理

例えばアクションゲームをスタートすると、ユーザーが何もしなくてもゲーム内の時間が進み、敵キャラクターが迫ってきてプレイヤーキャラを攻撃してきます。時間軸に沿って進む、そのような処理をリアルタイム処理といいます。

ゲーム制作ではリアルタイム処理のプログラムが欠かせません。Pythonでリアルタイム処理を行う方法を説明します。

after()命令でリアルタイム処理を行う

Pythonでは**after()**命令でリアルタイム処理を行うことができます。ウィンドウに現在時刻を表示し続けるプログラムを確認し、リアルタイム処理のイメージをつかみます。次のプログラムを入力し、ファイル名を付けて保存し、実行しましょう。

リスト▶list0102_1.py

```python
import tkinter                                      # tkinterモジュールをインポート
import datetime                                     # datetimeモジュールをインポート

def time_now():                                     # 関数の定義
    d = datetime.datetime.now()                     # 変数dに現在の日時を代入
    t = "{0}:{1}:{2}".format(d.hour, d.minute, d.second)  # 変数tに時、分、秒を代入
    label["text"] = t                               # ラベルの文字列を変更
    root.after(1000, time_now)                      # 1秒後に再びこの関数を実行

root = tkinter.Tk()                                 # ウィンドウの部品を作る
root.geometry("400x100")                            # ウィンドウのサイズを指定
root.title("簡易時計")                               # ウィンドウのタイトルを指定
label = tkinter.Label(font=("Times New Roman", 60)) # ラベルの部品を作る
label.pack()                                        # ラベルを配置
time_now()                                          # time_now()関数を実行
root.mainloop()                                     # ウィンドウを表示
```

このプログラムを実行すると、図1-2-1のように現在時刻が表示され、時刻が更新され続けます。

図1-2-1　list0102_1.pyの実行結果

リアルタイム処理を行う関数を4～8行目で定義しています。この関数はdatetimeモジュールの命令を使って現在時刻を取得し、それをラベルに表示します。そしてafter()命令を使って再びこの関数を実行することで、時刻を表示し続けます。この処理を図示すると図1-2-2のようになります。

図1-2-2　after()命令で行うリアルタイム処理

日時の取得について

　このプログラムでは時間を扱うためにdatetimeモジュールをインポートしています。5行目のdatetime.now()命令で現在の日時を変数dに代入し、6行目のd.hourで時、d.minuteで分、d.secondで秒を取り出しています。西暦、月、日を取得するにはd.year、d.month、d.dayと記述します。

format()命令について

　6行目のformat()命令は、文字列の{}を引数の値に置き換えます。{}の順番通りに引数の値を置き換えるなら、{}内の数値を省略できます。

図1-2-3　format()命令の処理

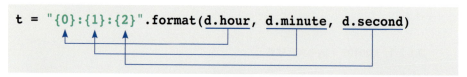

datetimeモジュールの使い方、format()命令ともに大切な知識ですので、ここで確認しておきましょう。

Lesson 1-3 キャラクターのアニメーション

ゲームに登場するキャラクターは、走ったり、跳ねたり、様々な動作をします。2Dゲームではキャラクターの動きを複数の画像で用意し、それらを順に表示してアニメーションさせます。ここではその方法を説明します。

画像を描画する

tkinterではキャンバスという部品に画像や図形を描きます。初めに1枚の画像ファイルを表示するプログラムを確認します。このプログラムでは次の画像ファイルを使います。画像ファイルは書籍サポートページからダウンロードできます。

図1-3-1 今回使用する画像ファイル

次のプログラムを入力し、ファイル名を付けて保存し、実行しましょう。

リスト▶list0103_1.py

```
1  import tkinter
2
3  root = tkinter.Tk()
4  root.title("Canvasに画像を描画する")
5  canvas = tkinter.Canvas(width=480, height=300)
6  canvas.pack()
7  img_bg = tkinter.PhotoImage(file="park.png")
8  canvas.create_image(240, 150, image=img_bg)
9  root.mainloop()
```

1	tkinterモジュールをインポート
3	ウィンドウの部品を作る
4	ウィンドウのタイトルを指定
5	キャンバスの部品を作る
6	キャンバスを配置
7	変数img_bgに画像を読み込む
8	キャンバスに画像を描画
9	ウィンドウを表示

このプログラムを実行すると、ウィンドウ内に画像が表示されます（図1-3-2）。
キャンバスは5行目のように**Canvas()**命令で幅と高さを指定して作ります。6行目の**pack()**命令で、ウィンドウにキャンバスを配置します。pack()はウィンドウ内にGUIを適宜、配置する命令で、今回のような使い方をすれば、キャンバスの大きさに合わせウィンドウサイズが決まります。

画像を読み込むのが7行目の**PhotoImage()**命令です。引数のfile=で画像のファイル名を指定します。8行目の**create_image()**命令で画像を描画します。この命令ではx座標、y座標、画像を読み込んだ変数を引数で記述します。画像を読み込んだ変数はimage=で指定します。

　create_image()命令で指定した座標は、**図1-3-3**のように画像の中心になります。

図1-3-2　list0103_1.pyの実行結果

図1-3-3　create_image()命令の座標

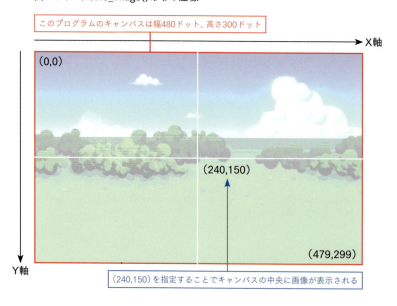

プログラミング言語によっては、このように画像を表示するには、座標(0,0)を指定します。PythonでもPygameでこの位置に表示する時は(0,0)を指定します。Pygameでの画像描画は、Chapter 5で説明します。

背景をスクロールする

次にこの背景を横にスクロールさせます。前のプログラムと同じpark.pngを使います。次のプログラムを入力し、ファイル名を付けて保存し、実行しましょう。

リスト ▶ list0103_2.py

```
1  import tkinter                                     tkinterモジュールをインポート
2
3  x = 0                                              スクロール位置を管理する変数
4  def scroll_bg():                                   関数の定義
5      global x                                       xをグローバル変数として扱う
6      x = x + 1                                      xの値を1増やす
7      if x == 480:                                   xが480になったら
8          x = 0                                      xを0にする
9      canvas.delete("BG")                            いったん背景画像を削除
10     canvas.create_image(x-240, 150, image=img_     背景画像を描画(左側)
bg, tag="BG")
11     canvas.create_image(x+240, 150, image=img_     背景画像を描画(右側)
bg, tag="BG")
12     root.after(50, scroll_bg)                      50ミリ秒後に再びこの関数を実行
13
14 root = tkinter.Tk()                                ウィンドウの部品を作る
15 root.title("画面のスクロール")                      ウィンドウのタイトルを指定
16 canvas = tkinter.Canvas(width=480, height=300)     キャンバスの部品を作る
17 canvas.pack()                                      キャンバスを配置
18 img_bg = tkinter.PhotoImage(file="park.png")       変数img_bgに画像を読み込む
19 scroll_bg()                                        画面をスクロールする関数を実行
20 root.mainloop()                                    ウィンドウを表示
```

このプログラムを実行すると、背景が横にスクロールします。実行画面は省略しますが、背景がスクロールし続けることを確認しましょう。

4～12行目でスクロール表示を行う関数を定義しています。この関数はafter()命令で50ミリ秒ごとに実行され続けます（リアルタイム処理）。

3行目で宣言した変数xで背景の描画位置を管理します。xの値は6～8行目の式とif文で0から479の間で変化します（480になると0に戻る）。xはscroll_bg()関数の外側で宣言しています。**Pythonでは、関数の外側で宣言した変数を関数内で変化させる時、5行目のようにglobal命令を用いてグローバル宣言する決まりがあります。**

10～11行目で、このxの値を使って座標を指定し、左右に2枚の背景を描画します。これでウィンドウ内に、次ページの図の赤枠で囲った範囲が表示されます（**図1-3-4**）。

図1-3-4　背景のスクロール

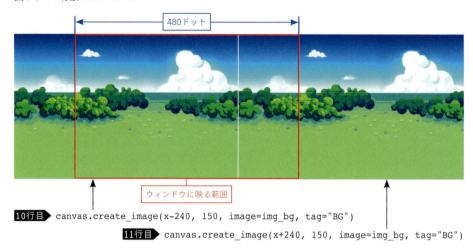

10行目　canvas.create_image(x-240, 150, image=img_bg, tag="BG")
11行目　canvas.create_image(x+240, 150, image=img_bg, tag="BG")

　scroll_bg()関数の内容が難しいという方は、11行目に、次のように#を付けて実行してください。すると左側の画像だけが表示されスクロールします。

```
#    canvas.create_image(x+240, 150, image=img_bg, tag="BG")
```

　次に11行目の#を外し、10行目に#を付けて実行してください。今度は右側の画像だけがスクロールします。これで、x座標の変化と描画される背景の位置関係をつかみましょう。

　#はPythonのコメントで用いる記号です。#以降の部分はプログラム実行時に無視されるので、#を付けた命令は実行されません。

　画像を描画するcreate_image()命令でtag=という引数を用いています。この引数は**タグ**と呼ばれます。キャンバスに画像や図形を描く時、タグは重要な要素になるので、それについて説明します。

﹥﹥﹥ タグについて

　Pythonではキャンバスに画像や図形を上書きし続けると、ソフトウェアの動作がおかしくなることがあります。これを防ぐには、一度描いた絵をdelete()命令で削除してから、新たに描き直すようにします。
　今回のプログラムでは9～11行目でそれを行っています。create_image()命令の引数でtag=タグ名として、表示する画像のタグ名を決めておき、delete()命令の引数で、そのタグ

を指定して画像を削除します。

　なおPython以外の多くのプログラミング言語では、画像や図形を削除することなしに上書きしてかまいません。またPythonでも、拡張モジュールのPygameでは、画像や図形を削除せずに上書きすることができます。

> Pythonのtkinterでは、絵の上書きはNGであるというルールに、初めは戸惑われる方もいらっしゃるかもしれません。これを難しく考える必要はなく、キャンバス上の絵を何度も描き変えるなら、こうする決まりと覚えておきましょう。

キャラクターをアニメーションさせる

　次はスクロールする公園を犬が歩いていくプログラムを確認します。前のプログラムのpark.pngの他に、次の画像ファイルを使います。画像ファイルは書籍サポートページからダウンロードできます（P.12参照）。

図1-3-5　アニメーションで使用する画像ファイル

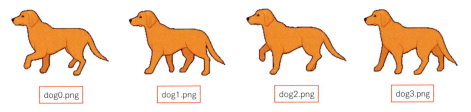

dog0.png　dog1.png　dog2.png　dog3.png

次のプログラムを入力し、ファイル名を付けて保存し、実行しましょう。

リスト▶ list0103_3.py

```
1   import tkinter                                      tkinterモジュールをインポート
2
3   x = 0                                               スクロール位置を管理する変数
4   ani = 0                                             犬のアニメーション用の変数
5   def animation():                                    関数の定義
6       global x, ani                                       これらをグローバル変数として扱う
7       x = x + 4                                           xの値を4増やす
8       if x == 480:                                        xが480になったら
9           x = 0                                               xを0にする
10      canvas.delete("BG")                                 いったん画像を削除
11      canvas.create_image(x-240, 150, image=img_          背景画像を描画(左側)
    bg, tag="BG")
12      canvas.create_image(x+240, 150, image=img_          背景画像を描画(右側)
    bg, tag="BG")
13      ani = (ani+1)%4                                     aniの値を0～3の範囲で変化させる
14      canvas.create_image(240, 200, image=img_            犬の画像を描画
    dog[ani], tag="BG")
15      root.after(200, animation)                          200ミリ秒後に再びこの関数を実行
```

```
16
17  root = tkinter.Tk()                                        ウィンドウの部品を作る
18  root.title("アニメーション")                                ウィンドウのタイトルを指定
19  canvas = tkinter.Canvas(width=480, height=300)             キャンバスの部品を作る
20  canvas.pack()                                              キャンバスを配置
21  img_bg = tkinter.PhotoImage(file="park.png")               変数img_bgに背景画像を読み込む
22  img_dog = [                                                リストimg_dogに犬の画像を読み込む
23      tkinter.PhotoImage(file="dog0.png"),                  ┐
24      tkinter.PhotoImage(file="dog1.png"),                  │アニメーション用の4枚
25      tkinter.PhotoImage(file="dog2.png"),                  │
26      tkinter.PhotoImage(file="dog3.png")                   ┘
27  ]
28  animation()                                                アニメーション表示する関数を実行
29  root.mainloop()                                            ウィンドウを表示
```

このプログラムを実行すると、背景がスクロールし、犬が歩くアニメーションが表示されます（**図1-3-6**）。

犬を動かすために4枚の画像を用意しています。それらの画像を22～27行目でimg_dogというリストに読み込みます。リストはC言語やJavaなどの配列にあたるもので、次のLesson 1-4で説明します。

14行目で犬を表示する際、画像のリストをaniという変数で指定しています。aniの値は13行目の式で0～3の範囲で繰り返すようになっています。この計算式に使っている％は余りを求める演算子です。ゲーム開発で％演算子を使うプログラマーは多いと思います（筆者もそうです）。ご存じの方も多いかと思いますが、次に％の使い方を説明します。

図1-3-6　list0103_3.pyの実行結果

％演算子について

例えば10％5は10を5で割った余りで、0になります。8％3は8を3で割った余りで、2になります。今回のプログラムでは

```
ani = (ani+1)%4
```

と記述しています。

この式はaniの値が0の時、ani = (0+1)%4 となり、aniに1が代入されます。

aniの値が1の時には、ani = (1+1)%4 となり、aniに2が代入されます。

aniの値が2の時には、ani = (2+1)%4 となり、aniに3が代入されます。

aniの値が3の時は ani = (3+1)%4 となり、4を4で割った余りは0なので、0が代入されます。

こうしてaniの値は1→2→3→0→1→2→3→0‥‥と0～3の範囲で変化を繰り返します。犬の絵の番号をこのaniの値で指定することで、アニメーションさせています。

```
ani = ani + 1
if ani == 4:
    ani = 0
```
という3行の計算式と条件式が、ani = (ani+1)%4というシンプルな式で記述できます。これは便利な書き方なので、覚えておきましょう。

このプログラムの7～9行目を、この書き方にすれば、
x = (x+4)%480
と1行で記述できます。

なお、ここで学んだのは2Dゲームのキャラクターのアニメーションです。3Dゲームでは、キャラクターのモデルデータと、その動きを定義したモーションデータを使ってキャラクターに色々な動作をさせます。

Lesson 1-4 二次元リストによるマップデータ管理

　　PythonのリストとはC言語やJavaなど他のプログラミング言語の配列に近いものです。Pythonのソフトウェア開発では、リストで様々なデータを管理します。リストについて説明した後、実際にそれを用いて、ゲームのデータを管理するプログラムを確認します。

▶▶▶ リストについて

　　リストとは変数に番号を付けて、数値や文字列などのデータをまとめて管理するものです。Pythonのリストでは、前のプログラムで確認したように、画像をまとめて扱うこともできます。

図1-4-1　一次元のリストのイメージ

　　このリストはdataという名でn個の箱があります。
　　箱の1つ1つを**要素**、[]内の数字を**添え字**といいます。

図1-4-2　二次元のリストのイメージ

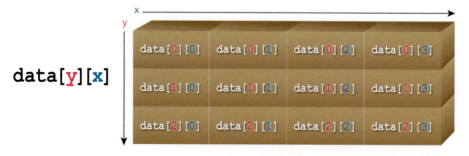

　　このリストは3行×4列になっており、全部で12個の箱があります。

マップを表示する

二次元リストでマップデータを定義し、マップを表示するプログラムを確認します。このプログラムは次の画像を使います。書籍サポートページからダウンロードしましょう。

図1-4-3　マップ作成のための画像ファイル

chip0.png　chip1.png　chip2.png　chip3.png

※このようなゲーム画面を構成する最小単位の画像をマップチップといいます

次のプログラムを入力し、ファイル名を付けて保存し、実行しましょう。

リスト▶list0104_1.py

```
1   import tkinter
2
3   root = tkinter.Tk()
4   root.title("マップデータ")
5   canvas = tkinter.Canvas(width=336, height=240)
6   canvas.pack()
7   img = [
8       tkinter.PhotoImage(file="chip0.png"),
9       tkinter.PhotoImage(file="chip1.png"),
10      tkinter.PhotoImage(file="chip2.png"),
11      tkinter.PhotoImage(file="chip3.png")
12  ]
13  map_data = [
14      [0, 1, 0, 2, 2, 2, 2],
15      [3, 0, 0, 0, 2, 2, 2],
16      [3, 0, 0, 1, 0, 0, 0],
17      [3, 3, 0, 0, 0, 0, 1],
18      [3, 3, 3, 3, 0, 0, 0]
19  ]
20  for y in range(5):
21      for x in range(7):
22          n = map_data[y][x]
23          canvas.create_image(x*48+24, y*48+24, image=img[n])
24  root.mainloop()
```

1	tkinterモジュールをインポート
3	ウィンドウの部品を作る
4	ウィンドウのタイトルを指定
5	キャンバスの部品を作る
6	キャンバスを配置
7	リストに画像を読み込む
8	草のマップチップ
9	花のマップチップ
10	森のマップチップ
11	海のマップチップ
13	二次元リストでマップデータを定義
14	〃
15	〃
16	〃
17	〃
20	繰り返し　yは0～4まで1ずつ増加
21	繰り返し　xは0～6まで1ずつ増加
22	変数nにリストの値を代入
23	マップチップを描画
24	ウィンドウを表示

このプログラムを実行すると、次のような画面が表示されます。

図1-4-4　list0104_1.pyの実行結果

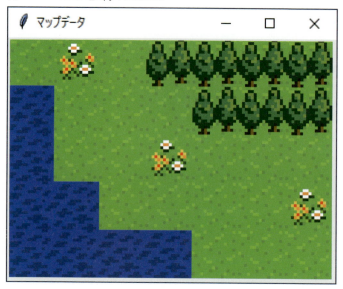

　13～19行目の二次元リストでマップデータを定義しています。
　20～23行目の二重ループの繰り返しで、map_data[y][x]の値を変数nに入れ、そのnの値のマップチップを描画します。今回の画像サイズは縦48、横48ドットなので、マップチップを描画する座標はx*48+24、y*48+24で指定します。

> forの中に、もう1つのforを入れ子にする処理は、いろいろなソフトウェア開発で使われます。forを入れ子にすることを"ネストする"と表現することもあります。

Lesson 1-5 床と壁の判定

ゲームソフトのマップ内を移動する時、一般的に入れる場所と入れない場所があります。入れる場所は床、入れない場所は壁と呼ばれます。キャラクターが移動するゲームでは、床と壁の判定が必要です。ここではその判定方法を説明します。

▶▶▶ マウスポインタの座標を用いる

ここでは、Lesson 1-4で表示したマップをクリックすると、マウスポインタの位置に何があるかを判定するプログラムを確認します。画像は同じものを使います。

次のプログラムを入力し、ファイル名を付けて保存し、実行しましょう。

リスト ▶ list0105_1.py

```python
import tkinter                                          # tkinterモジュールをインポート

def mouse_click(e):                                     # 関数の定義
    px = e.x                                            #     pxにマウスポインタのX座標を代入
    py = e.y                                            #     pyにマウスポインタのY座標を代入
    print("マウスポインタ座標は({},{})".format(px, py))    #     pxとpyの値を出力
    mx = int(px/48)                                     #     mxにpxを48で割った整数値を代入
    my = int(py/48)                                     #     myにpyを48で割った整数値を代入
    if 0 <= mx and mx <= 6 and 0 <= my and my <= 4:     #     mxとmyがデータの範囲内なら
        n = map_data[my][mx]                            #         nにマップチップの番号を代入
        print("ここにあるマップチップは" + CHIP_NAME[n])    #         マップチップの名称を出力

root = tkinter.Tk()                                     # ウィンドウの部品を作る
root.title("マップデータ")                                # ウィンドウのタイトルを指定
canvas = tkinter.Canvas(width=336, height=240)          # キャンバスの部品を作る
canvas.pack()                                           # キャンバスを配置
canvas.bind("<Button>", mouse_click)                    # キャンバスをクリックした時に実行する関数
CHIP_NAME = [ "草", "花", "森", "海" ]                    # マップチップの名称をリストで定義
img = [                                                 # リストに画像を読み込む
    tkinter.PhotoImage(file="chip0.png"),               #     草のマップチップ
    tkinter.PhotoImage(file="chip1.png"),               #     花のマップチップ
    tkinter.PhotoImage(file="chip2.png"),               #     森のマップチップ
    tkinter.PhotoImage(file="chip3.png")                #     海のマップチップ
]
map_data = [                                            # 二次元リストでマップデータを定義
    [0, 1, 0, 2, 2, 2, 2],                              #     〃
    [3, 0, 0, 0, 2, 2, 2],                              #     〃
    [3, 0, 0, 1, 0, 0, 0],                              #     〃
    [3, 3, 0, 0, 0, 0, 1],                              #     〃
    [3, 3, 3, 3, 0, 0, 0]                               #     〃
]
for y in range(5):                                      # 繰り返し yは0~4まで1ずつ増加
    for x in range(7):                                  #     繰り返し xは0~6まで1ずつ増加
        canvas.create_image(x*48+24, y*48+24, image=img[map_data[y][x]])  # マップチップを描画
root.mainloop()                                         # ウィンドウを表示
```

このプログラムを実行し、マップ上の色々な位置をクリックしてみましょう。クリックした座標とそこにあるものが、シェルウィンドウに表示されます（**図1-5-1**）。
　3〜11行目で、マウスボタンをクリックした時に実行する関数を定義しています。17行目のbind()命令でこの関数を指定し、キャンバスをクリックした時に実行されるようにします。

図1-5-1　list0105_1.pyの実行結果

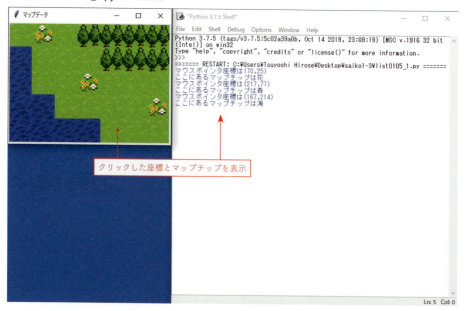

クリックした座標とマップチップを表示

　この関数を詳しく見てみましょう。4〜5行目でpx = e.x、py = e.yとして、ポインタの(x,y)座標を取得します。次にpxを48で割って小数点以下を切り捨てた値をmxに、pyを48で割って小数点以下を切り捨てた値をmyに代入します。小数点以下の切り捨てはint()命令で行います。48はマップチップ画像の幅と高さのドット数です。このmxとmyが、リストmap_dataのx方向とy方向の添え字になり、map_data[my][mx]の値を調べれば、そこに何があるのか分かります。
　これを図示すると次ページのようになります。

図1-5-2　キャンバス上の座標とリストの添え字の関係

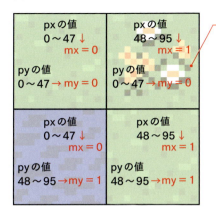
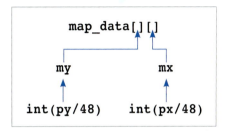

床と壁について

　このようなマップであれば、一般的に草、花、森は床になり、プレイヤーキャラはそこを歩くことができます。海は壁になって入ることはできません。今回のプログラムでは、マップデータ3（海）の場所を壁とし、キャラクターの移動を制限することで、入れる場所と入れない場所を分けることができます。

図1-5-3　ゲームの床と壁

壁となって入れない

ここで学んだ床と壁の判定の知識は、Chapter 3～4のアクションゲームの制作で使います。

COLUMN

Python用の統合開発環境

この章で入力したような短いプログラムなら、Pythonに付属のIDLEで入力と実行確認を問題なく行うことができます。IDLEの優れた点は、他の統合開発環境に比べて、動作が機敏でストレスなく使えるところです。低スペックのパソコンでもIDLEは瞬時に起動します。そういった理由から、行数が短めのプログラム開発や、簡単なアルゴリズムの研究などで、筆者はIDLEをよく使います。

ただ本格的なソフトウェア開発になると、機能が限られたIDLEでは、行数の長いプログラムの確認がしにくいなどの問題に直面することがあります。そのような時はPythonの開発を便利にする統合開発環境をインストールして使うとよいでしょう。ここではPyCharmという統合開発環境を紹介します。

PyCharmはチェコ共和国にあるジェットブレインズ社が開発しているPython用の統合開発環境です。

図1-A　PyCharmのダウンロード

PyCharmはジェットブレインズ社のホームページ（**https://www.jetbrains.com/pycharm/**）からダウンロードできます。

PyCharmは本書執筆時点で2つのバージョンがあります。筆者は無料のCommunity版を使用しています。Community版はPython専用の統合開発環境です。

図1-B　PyCharmのCommunity版のダウンロード

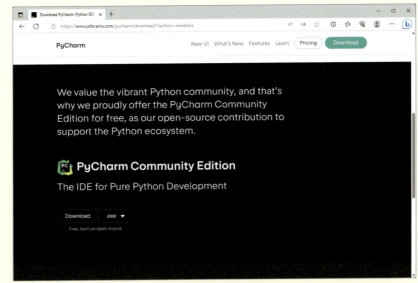

　Community版は「Download」ボタンをクリックして表示されるページを下にスクロールしたところからダウンロードできます（原稿執筆時点）。

▪ **PyCharmの使い方**

　使い方を簡単に説明します。

1 PyCharmを起動して、「New Project」を選びます。

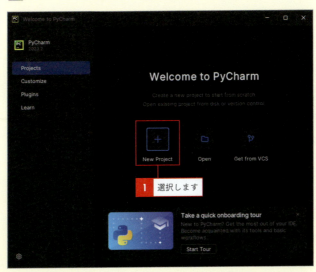

45

2 プロジェクト名を入力して、「Create」ボタンをクリックします。
ここでは、meteorというプロジェクト名にしています。

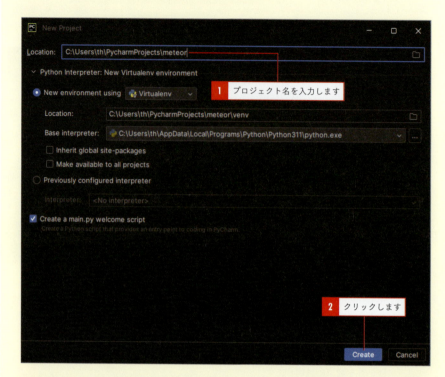

3 次のような開発画面が表示されます。

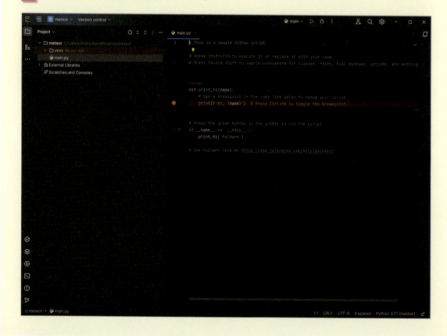

46

4 ウィンドウの左上にある☰をクリックして、「File」メニューの「New」から「Python File」を選びます。あるいは、下図のように右クリックして「New」から「Python File」を選びます。

5 プログラムのファイル名を入力すると、拡張子がpyのファイルが作られるので、そこにプログラムを入力します。

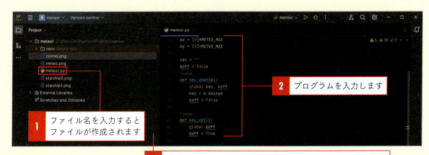

6 ファイルの保存などは、☰をクリックしてメニューから選択します。

7 ▷をクリックして、プログラムを実行します。プロジェクトに複数のプログラムがある場合は、実行するファイルを選択して▷をクリックします。

1 クリックして実行します

8 プログラムを実行した様子です。

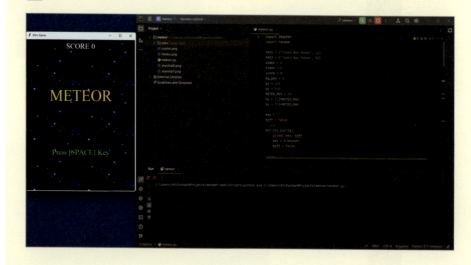

> この章ではゲームを作るための、やや高度な知識を学びます。そしてここで学んだ知識と、前章の知識を合わせ、ミニゲームを完成させます。
> 1冊目の『Pythonでつくる ゲーム開発入門講座』をお読みいただいた方は、ヒットチェックと三角関数が新しい知識になりますので、それらは特にしっかり目を通していただければと思います。

ゲーム開発の基礎知識2

Lesson 2-1 ヒットチェック その1

2つの物体が接触したか判定することをヒットチェックといいます。ヒットチェックはキャラクター同士の接触だけでなく、ゲームの様々な場面で用いられます。例えば放った弾丸が相手に当たったか、主人公がアイテムを拾ったかもヒットチェックで判定します。このLessonと次のLessonでヒットチェックの方法を説明します。

矩形によるヒットチェック

2つ矩形（長方形）が重なっているかを判定するプログラムを確認します。動作確認後に判定方法を説明します。次のプログラムを入力し、ファイル名を付けて保存し、実行しましょう。

リスト ▶ リスト list0201_1.py

1	`import tkinter`	tkinterモジュールをインポート
2		
3	`def hit_check_rect():`	関数の定義
4	`    dx = abs((x1+w1/2) - (x2+w2/2))`	dxに2つの矩形の中心間のX方向の距離を代入
5	`    dy = abs((y1+h1/2) - (y2+h2/2))`	dyに2つの矩形の中心間のY方向の距離を代入
6	`    if dx <= w1/2+w2/2 and dy <= h1/2+h2/2:`	矩形が重なる条件をifで判定
7	`        return True`	重なるならTrueを返す
8	`    return False`	重ならないならFalseを返す
9		
10	`def mouse_move(e):`	関数の定義
11	`    global x1, y1`	これらをグローバル変数とする
12	`    x1 = e.x - w1/2`	青い矩形のX座標をポインタの座標にする
13	`    y1 = e.y - h1/2`	青い矩形のY座標をポインタの座標にする
14	`    col = "blue"`	colにblueという文字列を代入
15	`    if hit_check_rect() == True:`	2つの矩形が接触していたら
16	`        col = "cyan"`	colにcyanの文字列を代入
17	`    canvas.delete("RECT1")`	いったん青い矩形を削除
18	`    canvas.create_rectangle(x1, y1, x1+w1, y1+h1, fill=col, tag="RECT1")`	青い矩形を描画
19		
20	`root = tkinter.Tk()`	ウィンドウの部品を作る
21	`root.title("矩形によるヒットチェック")`	ウィンドウのタイトルを指定
22	`canvas = tkinter.Canvas(width=600, height=400, bg="white")`	キャンバスの部品を作る
23	`canvas.pack()`	キャンバスを配置
24	`canvas.bind("<Motion>", mouse_move)`	マウスポインタを動かした時に実行する関数
25		
26	`x1 = 50`	青い矩形の左上角X座標
27	`y1 = 50`	青い矩形の左上角Y座標
28	`w1 = 120`	青い矩形の幅
29	`h1 = 60`	青い矩形の高さ
30	`canvas.create_rectangle(x1, y1, x1+w1, y1+h1, fill="blue", tag="RECT1")`	キャンバスに青い矩形を描画
31		
32	`x2 = 300`	赤い矩形の左上角X座標

```
33  y2 = 100                                        赤い矩形の左上角Y座標
34  w2 = 120                                        赤い矩形の幅
35  h2 = 160                                        赤い矩形の高さ
36  canvas.create_rectangle(x2, y2, x2+w2, y2+h2,   キャンバスに赤い矩形を描画
    fill="red")
37
38  root.mainloop()                                 ウィンドウを表示
```

　このプログラムを実行すると、次の図のように青と赤の矩形が表示されます。ウィンドウ上でマウスポインタを動かすと青い矩形を移動できます。青い矩形が赤い矩形に触れると水色になります。色々な方向から接触させて、ヒットチェックが行われることを確認しましょう。

図2-1-1　ヒットチェックの確認

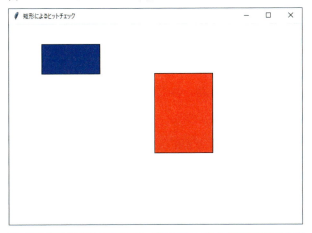

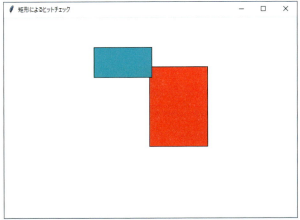

　矩形同士のヒットチェック方法を説明します。いくつかの判定方法がありますが、今回のプログラムでは、2つの矩形の中心座標間の距離（ドット数）で判定しています。やや難しい内容なので、**図2-1-2**を見ながら考えていきましょう。

図2-1-2　2つの矩形の中心間の距離

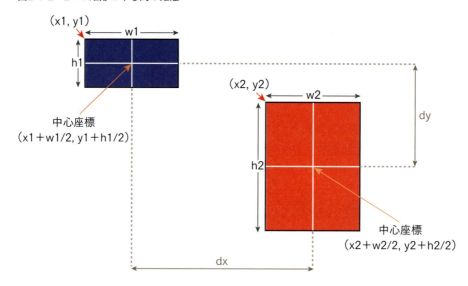

　この図のx1、y1、w1、h1はプログラムの26〜29行目、x2、y2、w2、h2は32〜35行目で宣言した変数です。

　2つの矩形の中心間の、X方向の距離dxとY方向の距離dyを考えます。青い矩形の中心座標は(x1＋w1/2, y1＋h1/2)、赤い矩形の中心座標は(x2＋w2/2, y2＋h2/2)になります。dxの値は、赤い矩形が青の右側にあれば(x2＋w2/2)−(x1＋w1/2)で、赤い矩形が青の左側にあれば(x1＋w1/2)−(x2＋w2/2)になります。つまりdxの値は、(x1＋w1/2)−(x2＋w2/2)の絶対値になります。

　Pythonでは**abs()**命令で絶対値を求めることができ、dxは

```
dx = abs((x1+w1/2) - (x2+w2/2))
```

と記述できます。
　同様にdyは

```
dy = abs((y1+h1/2) - (y2+h2/2))
```

となります。

　次にdxがどのような値の時にX軸方向で重なるかを、**図2-1-3**を見ながら考えてみましょう。

図2-1-3 X軸方向での重なり

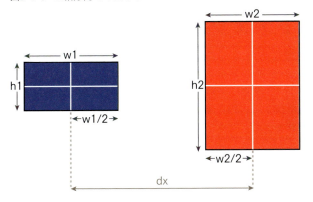

　この図から、dxの値が、青い矩形の幅の1/2と、赤い矩形の幅の1/2を合わせた数以下であれば、重なることが見て取れます。条件式にすれば、dx <= w1/2+w2/2であればX軸方向が重なります。同様にY軸方向が重なるのは、dy <= h1/2+h2/2となる時です。
　つまり、

```
dx <= w1/2+w2/2 かつ dy <= h1/2+h2/2
```

の時に2つの矩形が重なる（接触する）ことになります。

　以上の計算と判定を、3～8行目で定義したhit_check_rect()関数で行っています。この関数は矩形が接触している時にTrueを、離れている時にFalseを返すようになっています。

> Pythonで絶対値を求めるabs()命令は、何もインポートせずに使えます。
> 数学に関する命令ですが、mathモジュールのインポートは不要です。

　青い矩形の移動は10～18行目に定義した関数で行っています。マウスポインタを動かした時、この関数が実行されるように、24行目でキャンバスに対しbind()命令を記述しています。

Lesson 2-2 ヒットチェック その2

次は円によるヒットチェックを説明します。ヒットチェックには実は色々な方法がありますが、「矩形が重なったかの判定」と「円が重なったかの判定」の2つを覚えておけば、色々な場面に応用することができます。

》》》 円によるヒットチェック

2つの円が重なっているかを判定するプログラムを確認します。動作確認後に判定方法を説明します。次のプログラムを入力し、ファイル名を付けて保存し、実行しましょう。

リスト▶リスト list0202_1.py

1	`import tkinter`	tkinterモジュールをインポート
2	`import math`	mathモジュールをインポート
3		
4	`def hit_check_circle():`	関数の定義
5	`    dis = math.sqrt((x1-x2)*(x1-x2) + (y1-y2)*(y1-y2))`	disに二点間の距離を計算して代入
6	`    if dis <= r1 + r2:`	disの値が2つの円の半径の合計以下なら
7	`        return True`	Trueを返す
8	`    return False`	そうでないならFalseを返す
9		
10	`def mouse_move(e):`	関数の定義
11	`    global x1, y1`	これらをグローバル変数とする
12	`    x1 = e.x`	緑の円のX座標をポインタの座標にする
13	`    y1 = e.y`	緑の円のY座標をポインタの座標にする
14	`    col = "green"`	colにgreenという文字列を代入
15	`    if hit_check_circle() == True:`	2つの円が接触していたら
16	`        col = "lime"`	colにlimeの文字列を代入
17	`    canvas.delete("CIR1")`	いったん緑の円を削除
18	`    canvas.create_oval(x1-r1, y1-r1, x1+r1, y1+r1, fill=col, tag="CIR1")`	緑の円を描画
19		
20	`root = tkinter.Tk()`	ウィンドウの部品を作る
21	`root.title("円によるヒットチェック")`	ウィンドウのタイトルを指定
22	`canvas = tkinter.Canvas(width=600, height=400, bg="white")`	キャンバスの部品を作る
23	`canvas.pack()`	キャンバスを配置
24	`canvas.bind("<Motion>", mouse_move)`	マウスポインタを動かした時に実行する関数
25		
26	`x1 = 50`	緑の円の中心X座標
27	`y1 = 50`	緑の円の中心Y座標
28	`r1 = 40`	緑の円の半径
29	`canvas.create_oval(x1-r1, y1-r1, x1+r1, y1+r1, fill="green", tag="CIR1")`	キャンバスに緑の円を描画
30		
31	`x2 = 300`	オレンジの円の中心X座標
32	`y2 = 200`	オレンジの円の中心Y座標
33	`r2 = 80`	オレンジの円の半径
34	`canvas.create_oval(x2-r2, y2-r2, x2+r2, y2+r2,`	キャンバスにオレンジの円を描画

```
           fill="orange")
35
36     root.mainloop()                                             ウィンドウを表示
```

このプログラムを実行すると、次の図のように緑とオレンジの円が表示されます。ウィンドウ上でマウスポインタを動かすと緑の円を移動できます。緑の円はオレンジの円に触れると明るい色になります。いろいろな方向から接触させて、ヒットチェックが行われることを確認しましょう。

図2-2-1　ヒットチェックの確認

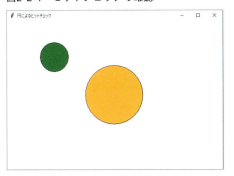
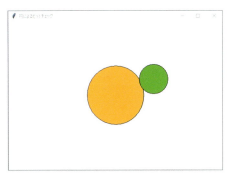

円のヒットチェックは、2つの円の中心間の距離（ドット数）で行います。このプログラムで緑の円の中心座標は(x1, y1)、半径はr1、オレンジの円の中心座標は(x2, y2)、半径はr2です。

図2-2-2　2つの円の中心間の距離

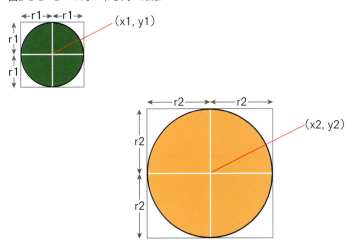

2つの円の中心が何ドット離れているかは、数学などで学ぶ**二点間の距離を求める公式**で計算できます。それはルートを用いた次ページのような公式です。

$$\sqrt{(x_1-x_2)^2+(y_1-y_2)^2}$$

　Pythonではルートの値を **sqrt()** 命令で求めます。sqrt()はmathモジュールをインポートして使います。
　2つの円の中心間の距離は

```
dis = math.sqrt((x1-x2)*(x1-x2) + (y1-y2)*(y1-y2))
```

と記述できます。
　この値が2つの円の半径の合計(r1 + r2)以下の時に円が重なります。

　以上の計算と判定を、4〜8行目で定義したhit_check_circle()関数で行っています。この関数は円が接触している時にTrueを、離れている時にFalseを返すようになっています。

二点間の距離やルートの計算など、数学の知識が入ってきました。難しいと感じる方は大枠を知っておき、ゲーム制作で実際にヒットチェックを使うことで、理解を深めていきましょう。

Lesson 2-3 三角関数の使い方

　三角関数とは、三角形の角の大きさと辺の長さの比を表す関数です。ゲーム開発では三角関数を用いることで、キャラクターの動きを凝ったものにしたり、エフェクトの軌跡を派手に描くことができます。本書ではシューティングゲームの制作で、三角関数で敵機の移動方向を計算したり、弾を放射状に飛ばします。

数学の三角関数

　数学では次のような図において、三角関数を右の式で表します。

図2-3-1　三角関数

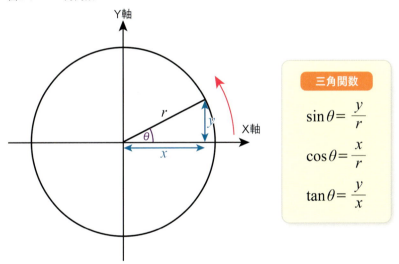

三角関数

$$\sin\theta = \frac{y}{r}$$

$$\cos\theta = \frac{x}{r}$$

$$\tan\theta = \frac{y}{x}$$

※この図で(x, y)は円周上の座標、rは円の半径

　数学の角度は、X軸の右向きからスタートし、反時計回りに数え、一周すると360度です。Pythonなどのプログラミング言語では、角度の向きは数学と逆（時計回り）になるので、注意しましょう。

sin（サイン）、cos（コサイン）、tan（タンジェント）の頭文字のs、c、tの筆記体の書き方で、それぞれ何を何で割るのかを覚えた方もいらっしゃると思います。

図2-3-2　sin、cos、tanを頭文字の筆記体で覚える

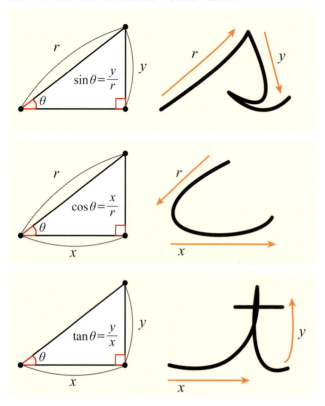

≫ sin、cos、tanの値を求める

　sin()命令、cos()命令、tan()命令で、それぞれの値を求めるプログラムを確認します。次のプログラムを入力し、ファイル名を付けて保存し、実行しましょう。

リスト ▶ list0203_1.py

```
1  import math                           mathモジュールをインポート
2  d = 45 # 度                           dに度の値を代入
3  a = math.radians(d) # ラジアンに変換    dの値をラジアンに変換しaに代入
4  s = math.sin(a)                      sにsinの値を代入
5  c = math.cos(a)                      cにcosの値を代入
6  t = math.tan(a)                      tにtanの値を代入
7  print("sin "+str(s))                 sinの値を出力
8  print("cos "+str(c))                 cosの値を出力
9  print("tan "+str(t))                 tanの値を出力
```

　このプログラムを実行すると、シェルウィンドウに45度のsin、cos、tanの値が出力されます（図2-3-3）。

図2-3-3　list0203_1.pyの実行結果

```
RESTART: C:\Users\Tsuyoshi Hirose\Desktop\ソーテック Python2\Chapter2\Chapter2_
program\list0203_1.py
sin 0.7071067811865475
cos 0.7071067811865476
tan 0.9999999999999999
>>>
```

プログラミング言語で小数を扱う時、誤差が生じることがあり、数学の計算とは少し違う値になることがあります。tan(45°)は正確には1ですが、このプログラムで0.999……となったのは、そういった理由からです。

　sin()、cos()、tan()を使うには、mathモジュールをインポートします。
　三角関数の計算で注意すべき点があります。それはPythonの三角関数の引数は、度ではなく **ラジアン** の値で指定することです。度をラジアンに変換するには、3行目のように **radians()** 命令を用います。
　180度が **π** ラジアン、360度が2πラジアンになります。また1ラジアンは(180／π)度です。

表2-3-1　度とラジアンの関係

度	ラジアン
0°	0rad
90°	(π/2)rad
180°	πrad
270°	(π*1.5)rad
360°	(π*2)rad

1冊目の『Pythonでつくるゲーム開発 入門講座』では、度をラジアンへ変換するのに、πの値を扱うmath.piを用いました。度とラジアンの関係をしっかり理解したい方は、1冊目のP.234を復習しましょう。

》》》 三角関数の計算ソフト

　前のプログラムを発展させ、ウィンドウのテキスト入力欄に角度を入力し、「計算」ボタンを押すと、ラベルに三角関数の値が表示されるようにします。次のプログラムを入力し、ファイル名を付けて保存し、実行しましょう。

リスト ▶ list0203_2.py

```
1  import tkinter                          tkinterモジュールをインポート
2  import math                             mathモジュールをインポート
3
4  def trigo():                            関数の定義
5      try:                                例外処理
6          d = float(entry.get())          dに入力欄の値を小数で代入
7          a = math.radians(d)             dの値をラジアンに変換しaに代入
8          s = math.sin(a)                 sにsinの値を代入
```

```
 9              c = math.cos(a)                       cにcosの値を代入
10              t = math.tan(a)                       tにtanの値を代入
11              label_s["text"] = "sin "+str(s)       ラベルにsの値を表示
12              label_c["text"] = "cos "+str(c)       ラベルにcの値を表示
13              label_t["text"] = "tan "+str(t)       ラベルにtの値を表示
14          except:                                   例外が発生した時は
15              print("角度を度の値で入力してください")      シェルウィンドウに注意文を出力
16
17      root = tkinter.Tk()                           ウィンドウの部品を作る
18      root.geometry("300x200")                      ウィンドウのサイズを指定
19      root.title("三角関数の値")                       ウィンドウのタイトルを指定
20
21      entry = tkinter.Entry(width=10)               1行のテキスト入力欄を作る
22      entry.place(x=20, y=20)                       テキスト入力欄を配置
23      button = tkinter.Button(text="計算", command=trigo)   ボタンの部品を作り、押した時に実行する関数を指定
24      button.place(x=110, y=20)                     ボタンを配置
25      label_s = tkinter.Label(text="sin")           ラベルの部品を作る(sin用)
26      label_s.place(x=20, y=60)                     ラベルを配置
27      label_c = tkinter.Label(text="cos")           ラベルの部品を作る(cos用)
28      label_c.place(x=20, y=100)                    ラベルを配置
29      label_t = tkinter.Label(text="tan")           ラベルの部品を作る(tan用)
30      label_t.place(x=20, y=140)                    ラベルを配置
31
32      root.mainloop()                               ウィンドウを表示
```

このプログラムを実行すると、テキスト入力欄とボタンが表示されます。入力欄に角度を入れ、ボタンを押すと、sin、cos、tanの値がラベルに表示されます。角度は度の値で入力してください。

図2-3-4　list0203_2.pyの実行結果

4〜15行目でボタンを押した時に実行する関数を定義しています。23行目のボタンを作るButton()命令の引数command=で、この関数を指定します。

図2-3-5　ボタンと関数の実行

```
def trigo():                      ← ボタンを押した時に実行される
    try:
        d = float(entry.get())
        a = math.radians(d)
        s = math.sin(a)
        c = math.cos(a)
        t = math.tan(a)
        label_s["text"] = "sin "+str(s)
        label_c["text"] = "cos "+str(c)
        label_t["text"] = "tan "+str(t)
    except:
        print("角度を度の値で入力してください")

button = tkinter.Button(text="計算", command=trigo)
```

この関数の処理は

❶テキスト入力欄の文字列を**float()**命令で小数に変換してdに代入
❷dの値をラジアンに変換してaに代入
❸三角関数の値を計算
❹ラベルに計算値を表示

となっています。
　テキスト入力欄に何も入れない状態でボタンを押したり、アルファベットや記号を入れてボタンを押すと、それを小数に変換できないので、❶でエラーが発生します。その対応のために**例外処理のtry～except**を用いて、エラーが発生した時はシェルウィンドウにメッセージを出力します。

　try～exceptの書式は次のようになります。

書式　try～except

```
try:
    例外が発生する可能性のある処理
except:
    例外が発生した時に行う処理
```

プログラムを実行中に起きるエラーを例外といいます。try～exceptを使って、エラーをうまく回避できるようになると、一人前のプログラマーといえると思います。

三角関数で図形を描く

　sin、cosの使い方を、画面に図形を表示して視覚的に確認します。座標を三角関数で計算し、線を引くプログラムです。次のプログラムを入力し、ファイル名を付けて保存し、実行しましょう。

リスト▶list0203_3.py

```
1  import tkinter                                    tkinterモジュールをインポート
2  import math                                       mathモジュールをインポート
3
4  root = tkinter.Tk()                               ウィンドウの部品を作る
5  root.title("三角関数で線を引く")                    ウィンドウのタイトルを指定
6  canvas = tkinter.Canvas(width=400, height=400,    キャンバスの部品を作る
   bg="white")
7  canvas.pack()                                     キャンバスを配置
8  for d in range(0, 90, 10):                        繰り返し dの値は0から90まで10ずつ増加
9      a = math.radians(d)                               dの値をラジアンに変換しaに代入
10     x = 300 * math.cos(a)                             線の終端のX座標をcosで計算
11     y = 300 * math.sin(a)                             線の終端のY座標をsinで計算
12     canvas.create_line(0, 0, x, y, fill="blue")       (0,0)から(x,y)に線を引く
13 root.mainloop()                                   ウィンドウを表示
```

　このプログラムは次のように、10度ずつ角度をずらしながら、長さ300ドットの線を引きます。

図2-3-6　list0203_3.pyの実行結果

　ウィンドウの左上角の原点(0, 0)から、cosとsinで計算した座標(x, y)まで、**create_line()** 命令で線を引いています。図示すると**図2-3-7**のようになります。

図2-3-7　10度ずつ角度をずらして描画

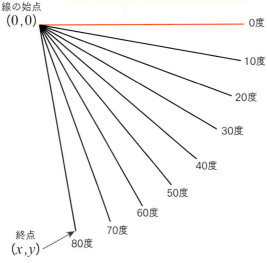

```
x = 300 * math.cos(角度)
y = 300 * math.sin(角度)
```

》》》 カラフルな線を引く

　三角関数の学習の最後は、少し凝った図形を描いてみます。次のプログラムを入力し、ファイル名を付けて保存し、実行しましょう。

リスト▶list0203_4.py

1	`import tkinter`	tkinterモジュールをインポート
2	`import math`	mathモジュールをインポート
3		
4	`root = tkinter.Tk()`	ウィンドウの部品を作る
5	`root.title("三角関数で図形を描く")`	ウィンドウのタイトルを指定
6	`canvas = tkinter.Canvas(width=600, height=600, bg="black")`	キャンバスの部品を作る
7	`canvas.pack()`	キャンバスを配置
8		
9	`COL = ["greenyellow", "limegreen", "aquamarine", "cyan", "deepskyblue", "blue", "blueviolet", "violet"]`	8つの色をリストで定義
10	`for d in range(0, 360):`	繰り返し　dの値は0から360まで1ずつ増加
11	`    x = 250 * math.cos(math.radians(d))`	線の終端の値をcosで計算
12	`    y = 250 * math.sin(math.radians(d))`	線の終端の値をsinで計算
13	`    canvas.create_line(300, 300, 300+x, 300+y, fill=COL[d%8], width=2)`	キャンバスの中心(300,300)から三角関数で計算した座標に線を引く
14	`root.mainloop()`	ウィンドウを表示

このプログラム実行すると、次のようにカラフルな線で描かれた円が表示されます。

図2-3-8　list0203_4.pyの実行結果

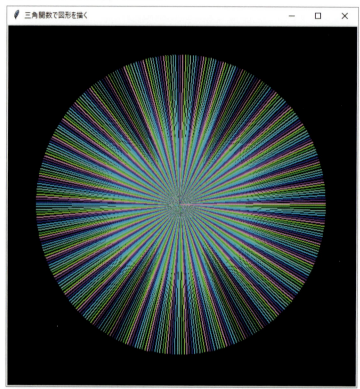

　このプログラムのポイントは13行目のcreate_line()命令の引数です。ウィンドウサイズは600x600ドットなので、その中心は(300, 300)です。そこから、三角関数で計算した距離250ドットの円周上に向かって線を引きます。線の色はCOL[d%8]で指定し、9行目で定義した色を繰り返しています。
　11〜12行目のcos()、sin()命令の引数に、radians()命令を記述しているところも確認しましょう。このように関数の引数に、別の関数を記述することができます。

三角関数は難しいという方は、現時点では概要をつかんでおきましょう。難しいからと言って、立ち止まる必要はありません。シューティングゲームの制作で三角関数を使うので、そこで復習しましょう。

Lesson 2-4 インデックスとタイマー

ゲームソフトは一般的に

という流れで進行します。このような処理の流れは、インデックスとタイマーという2つの変数を用いて管理すると、分かりやすいプログラムを作ることができます。ここではその方法を説明します。

ゲーム進行の管理

2つの変数（インデックスとタイマー）を用いて、タイトル画面、ゲームプレイ中の画面、ゲームオーバー画面を表示するプログラムを確認します。次のプログラムを入力し、ファイル名を付けて保存し、実行しましょう。

リスト ▶ list0204_1.py

```python
1   import tkinter                                        # tkinterモジュールをインポート
2
3   fnt1 = ("Times New Roman", 20)                         # フォントの定義(小さなサイズ)
4   fnt2 = ("Times New Roman", 40)                         # フォントの定義(大きなサイズ)
5   index = 0                                              # インデックス用の変数
6   timer = 0                                              # タイマー用の変数
7
8   key = ""                                               # キーの値を代入する変数
9   def key_down(e):                                       # 関数の定義
10      global key                                         #   keyをグローバル変数とする
11      key = e.keysym                                     #   keyにkeysymの値を代入
12
13  def main():                                            # メイン処理を行う関数
14      global index, timer                                #   これらをグローバル変数とする
15      canvas.delete("STATUS")                            #   いったんindexとtimerの表示を消す
16      timer = timer + 1                                  #   timerの値を1ずつ増やす
17      canvas.create_text(200, 30, text="index"+str       #   indexの値を表示
    (index), fill="white", font=fnt1, tag="STATUS")
18      canvas.create_text(400, 30, text="timer"+str       #   timerの値を表示
    (timer), fill="cyan", font=fnt1, tag="STATUS")
19
20      if index == 0:                                     #   index0の処理(タイトル画面)
21          if timer == 1:                                 #       timerが1なら
22              canvas.create_text(300, 150, text="タ      #           タイトルの文字を表示
    イトル", fill="white", font=fnt2, tag="TITLE")
23              canvas.create_text(300, 300, text="Pres    #           Press[SPACE]Keyと表示
    s[SPACE]Key", fill="lime", font=fnt1, tag="TITLE")
```

```
24          if key == "space":                    スペースキーが押されたら
25              canvas.delete("TITLE")                タイトルの文字を消し
26              canvas.create_rectangle(0, 0, 600,    キャンバスを青で塗り潰す
400, fill="blue", tag="GAME")
27              canvas.create_text(300, 150, text=    ゲーム中の文字を表示
"ゲーム中", fill="white", font=fnt2, tag="GAME")
28              canvas.create_text(300, 300, text="[E]   [E] 終了の文字を表示
終了", fill="yellow", font=fnt1, tag="GAME")
29              index = 1                             indexの値を1にする
30              timer = 0                             timerの値を0にする
31
32      if index == 1:                            index1の処理(プレイ中の画面)
33          if key == "e":                            Eキーが押されたら
34              canvas.delete("GAME")                 ゲーム中という文字を消し
35              canvas.create_rectangle(0, 0, 600,    キャンバスを栗色で塗り潰す
400, fill="maroon", tag="OVER")
36              canvas.create_text(300, 150, text="GAME  GAME OVERの文字を表示
OVER", fill="red", font=fnt2, tag="OVER")
37              index = 2                             indexの値を2にする
38              timer = 0                             timerの値を0にする
39
40      if index == 2:                            index2の処理(ゲームオーバー画面)
41          if timer == 30:                           timerの値が30になったら
42              canvas.delete("OVER")                 ゲームオーバーの文字を消し
43              index = 0                             indexの値を0にする
44              timer = 0                             timerの値を0にする
45
46      root.after(100, main)                     100ミリ秒後に再びmain()関数を実行
47
48  root = tkinter.Tk()                           ウィンドウの部品を作る
49  root.title("インデックスとタイマー")            ウィンドウのタイトルを指定
50  root.bind("<KeyPress>", key_down)             キーを押した時に実行する関数を指定
51  canvas = tkinter.Canvas(width=600, height=400, キャンバスの部品を作る
bg="black")
52  canvas.pack()                                 キャンバスを配置
53  main()                                        メイン処理を実行
54  root.mainloop()                               ウィンドウを表示
```

このプログラム実行すると、タイトル画面が表示されます。タイトル画面でスペースキーを押すと、ゲームプレイ中を想定した画面になります。そこでEキーを押すとゲームオーバー画面になります。ゲームオーバー画面で約3秒経つと自動的にタイトル画面に戻ります。

図2-4-1　list0204_1.pyの実行結果

このプログラムでは、5～6行目で宣言したインデックス（index）とタイマー（timer）という2つの変数で、ゲーム進行を管理します。
　main()関数は、after()命令を使って100ミリ秒（0.1秒）ごとに実行され続けます。このメイン処理の中で、16行目のようにtimerの値をカウントアップします。
　20～30行目がタイトル画面の処理、32～38行目がゲームプレイ中を想定した処理、40～44行目がゲームオーバー画面の処理です。
　タイトル画面では、24行目のif文でスペースキーが押された時に、indexを1にしてゲームプレイ中の画面に移行します。
　ゲームプレイ中の画面では、33行目のif文でEキーが押された時に、indexを2にしてゲームオーバー画面に移行します。その際、timerの値を0にしています。
　ゲームオーバー画面では、41行目のif文でtimerの値が30になった時に、indexを0にしてタイトル画面に戻します。

図2-4-1　indexの値と処理の内容

indexの値	画面
0	タイトル画面
1	ゲームプレイ中を想定した画面
2	ゲームオーバー画面

　indexとtimerの値を画面に表示しているので、それらの値の変化と、処理が移行する様子を確認しましょう。

1秒あたり画面を描きかえる回数をフレームレートといいます。このプログラムでは約0.1秒間ごとに処理を行っているので、フレームレートは10になります。

Lesson 2-5 ミニゲームを作ろう！

　ここまで学んできた知識を生かし、ミニゲームを制作します。キー入力、リアルタイム処理、アニメーション、リスト、ヒットチェック、そしてインデックスとタイマーの処理を組み込んだプログラムになります。

>>> 障害物を避けるゲームを作る

図2-5-1　今回使用する画像ファイル

　タイトルは流星という意味の『METEOR』で、左右のカーソルキーで宇宙船を動かし、画面上から流れてくる流星を避けるゲームになります。流星に一度でも接触するとゲームオーバーです。

　このプログラムでは図2-5-1の画像ファイルを使います。画像ファイルは、書籍サポートページからダウンロードできます（P.12参照）。

　プログラムの動作を確認した後、変数の用途と各処理を説明します。以下のプログラムを入力し、ファイル名を付けて保存し、実行しましょう。

meteo.png

starship0.png

starship1.png

リスト ▶ meteor.py　※ファイル名はこれまでのlist**.pyでなくmeteor.pyとしてあります

```
1  import tkinter                              tkinterモジュールをインポート
2  import random                               randomモジュールをインポート
3
4  fnt1 = ("Times New Roman", 24)              フォントの定義(小さなサイズ)
5  fnt2 = ("Times New Roman", 50)              フォントの定義(大きなサイズ)
6  index = 0                                   インデックス用の変数
7  timer = 0                                   タイマー用の変数
8  score = 0                                   スコア用の変数
9  bg_pos = 0                                  背景の表示位置用の変数
10 px = 240                                    プレイヤー(宇宙船)のX座標の変数
11 py = 540                                    プレイヤー(宇宙船)のY座標の変数
```

12	`METEO_MAX = 30`	流星の数
13	`mx = [0]*METEO_MAX`	流星のX座標を管理するリスト
14	`my = [0]*METEO_MAX`	流星のY座標を管理するリスト
15		
16	`key = ""`	キーの値を代入する変数
17	`koff = False`	キーが離された時に使う変数(フラグ)
18	`def key_down(e):`	キーが押された時に実行する関数
19	`    global key, koff`	これらをグローバル変数とする
20	`    key = e.keysym`	keyにkeysymの値を代入
21	`    koff = False`	koffにFalseを代入
22		
23	`def key_up(e):`	キーが離された時に実行する関数
24	`    global koff`	koffをグローバル変数とする
25	`    koff = True`	koffにTrueを代入
26		
27	`def main():`	メイン処理を行う関数
28	`    global key, koff, index, timer, score, bg_pos, px`	これらをグローバル変数とする
29	`    timer = timer + 1`	timerの値を1ずつ増やす
30	`    bg_pos = (bg_pos+1)%640`	背景の描画位置の計算
31	`    canvas.delete("SCREEN")`	いったん画面上の全ての絵や文字を削除
32	`    canvas.create_image(240, bg_pos-320, image=img_bg, tag="SCREEN")`	背景の宇宙の画像を描画
33	`    canvas.create_image(240, bg_pos+320, image=img_bg, tag="SCREEN")`	〃
34	`    if index == 0:`	index0の処理(タイトル画面)
35	`        canvas.create_text(240, 240, text="METEOR", fill="gold", font=fnt2, tag="SCREEN")`	タイトルの文字を表示
36	`        canvas.create_text(240, 480, text="Press [SPACE] Key", fill="lime", font=fnt1, tag="SCREEN")`	Press [SPACE] Keyと表示
37	`        if key == "space":`	スペースキーが押されたら
38	`            score = 0`	scoreを0にする
39	`            px = 240`	宇宙船の位置を画面中央にする
40	`            init_enemy()`	流星の座標に初期値を入れる
41	`            index = 1`	indexの値を1にする
42	`    if index == 1:`	index1の処理(ゲーム中)
43	`        score = score + 1`	scoreを増やす
44	`        move_player()`	宇宙船を動かす
45	`        move_enemy()`	流星を動かす
46	`    if index == 2:`	index2の処理(ゲームオーバー画面)
47	`        move_enemy()`	流星を動かす
48	`        canvas.create_text(240, timer*4, text="GAME OVER", fill="red", font=fnt2, tag="SCREEN")`	GAME OVERの文字を表示
49	`        if timer == 60:`	timerの値が60になったら
50	`            index = 0`	indexの値を0にする
51	`            timer = 0`	timerの値を0にする
52	`    canvas.create_text(240, 30, text="SCORE "+str(score), fill="white", font=fnt1, tag="SCREEN")`	スコアの表示
53	`    if koff == True:`	koffがTrueなら
54	`        key = ""`	keyの値をクリアし
55	`        koff = False`	koffにFalseを代入
56	`    root.after(50, main)`	50ミリ秒後に再びmain()関数を実行
57		
58	`def hit_check(x1, y1, x2, y2):`	ヒットチェックを行う関数
59	`    if((x1-x2)*(x1-x2) + (y1-y2)*(y1-y2) < 36*36):`	二点間の距離で判定、36ドット未満なら
60	`        return True`	Trueを返す
61	`    return False`	Falseを返す
62		
63	`def init_enemy():`	流星の座標を初期位置にする関数
64	`    for i in range(METEO_MAX):`	繰り返しで

```
65            mx[i] = random.randint(0, 480)              X座標を乱数で決める
66            my[i] = random.randint(-640, 0)             Y座標を乱数で決める
67
68   def move_enemy():                                    流星を動かす関数
69       global index, timer                                これらをグローバル変数とする
70       for i in range(METEO_MAX):                         繰り返しで
71           my[i] = my[i] + 6+i/5                              流星のY座標を変化させる
72           if my[i] > 660:                                    Y座標が660を超えたら
73               mx[i] = random.randint(0, 480)                     X座標を乱数で決め直す
74               my[i] = random.randint(-640, 0)                    Y座標を乱数で決め直す
75           if index == 1 and hit_check(px, py, mx[i],         ゲーム中に宇宙船と接触したら
my[i]) == True:
76               index = 2                                              indexを2にする
77               timer = 0                                              timerを0にする
78           canvas.create_image(mx[i], my[i], image=img_       流星を描画
enemy, tag="SCREEN")
79
80   def move_player():                                   宇宙船を動かす関数
81       global px                                          pxをグローバル変数とする
82       if key == "Left" and px > 30:                      左キーが押され、かつpx>30なら
83           px = px - 10                                       pxの値(X座標)を10減らす
84       if key == "Right" and px < 450:                    右キーが押され、かつpx<450なら
85           px = px + 10                                       pxの値(X座標)を10増やす
86       canvas.create_image(px, py, image=img_player       宇宙船を描画
[timer%2], tag="SCREEN")
87
88   root = tkinter.Tk()                                  ウィンドウの部品を作る
89   root.title("Mini Game")                              ウィンドウのタイトルを指定
90   root.bind("<KeyPress>", key_down)                    キーを押した時に実行する関数を指定
91   root.bind("<KeyRelease>", key_up)                    キーを離した時に実行する関数を指定
92   canvas = tkinter.Canvas(width=480, height=640)       キャンバスの部品を作る
93   canvas.pack()                                        キャンバスをウィンドウに配置
94   img_player = [                                       宇宙船の画像をリストに読み込む
95       tkinter.PhotoImage(file="starship0.png"),          ┐アニメーションさせるために
96       tkinter.PhotoImage(file="starship1.png")           ┘2枚の画像を用意
97   ]
98   img_enemy = tkinter.PhotoImage(file="meteo.png")     流星の画像を読み込む変数
99   img_bg = tkinter.PhotoImage(file="cosmo.png")        背景の画像を読み込む変数
100  main()                                               メイン処理を実行
101  root.mainloop()                                      ウィンドウを表示
```

このプログラムを実行し、流星を避けるゲームをプレイしましょう。操作はカーソルキーの左右のみです。何点取れるかを、ひたすらプレイする内容です。

図2-5-2　ミニゲーム『METEOR』

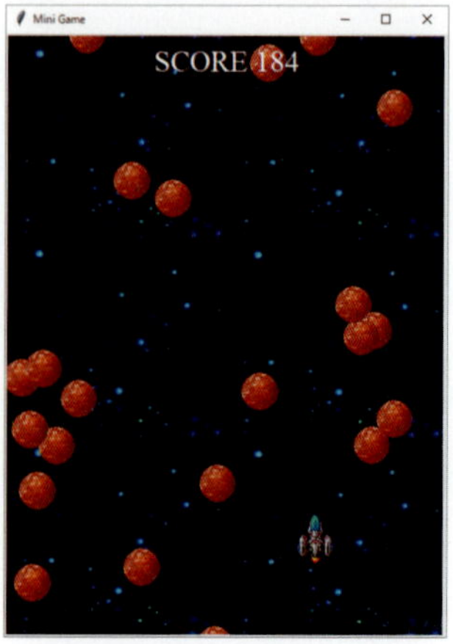

使っている変数とリスト、インデックスの値と行っている処理、定義した関数を確認しましょう。

変数とその用途は右表のようになります。

表2-5-1　変数とリスト、それらの用途

変数名	用途
index, timer	ゲーム進行の管理
score	点数
bg_pos	背景スクロール用の座標
px, py	宇宙船の座標
METEO_MAX	流れてくる流星の数
mx[], my[]	流星の座標

流星の数をMETEO_MAXという変数で定義しています。一度定義したら変更することのない値を**定数**といい、プログラミングでは定数をすべて大文字で記述することが通例になっています。

インデックスの値と処理は次のようになります。

表2-5-2　indexの値と処理の概要

indexの値	処理
0	**タイトル画面** ・スペースキーが押されたら、各変数に初期値を入れ、indexを1にする
1	**ゲームプレイ中の画面** ・宇宙船の移動と、流星の処理を行う ・流星の処理の中で、宇宙船と接触したらindexを2にする
2	**ゲームオーバー画面** ・約3秒間待ち、index0に移行

定義した関数は以下です。

表2-5-3　関数

関数名	処理
key_down(e)※	キーが押された時に実行する
key_up(e)※	キーが離された時に実行する
main()	メイン処理を行う
hit_check(x1, y1, x2, y2)	二点間の距離でヒットチェックする
init_enemy()	流星の座標に初期値を入れる
move_enemy()	流星を動かす
move_player()	宇宙船を動かす

※Macでキー入力を正しく行うために、あるテクニックを用いています。P.73で説明します。

宇宙船がプレイヤーキャラ、流星が敵キャラになるので、それぞれplayer、enemyという単語を用いて関数名を付けています。

流星はmove_enemy()関数内の71行目で my[i] = my[i] + 6+i/5 という計算式で座標を変化させ、流星によって速度が変わるようにしています。また75行目のように、この関数の中でヒットチェックを行い、流星と宇宙船が接触したらindexの値を2にしてゲームオーバーに移行します。

　ヒットチェックを行う関数を抜き出して説明します。

```
def hit_check(x1, y1, x2, y2):
    if((x1-x2)*(x1-x2) + (y1-y2)*(y1-y2) < 36*36):
        return True
    return False
```

　2点(x1,y1)と(x2,y2)の距離で判定する、円によるヒットチェックを行っていますが、√のsqrt()命令を用いていません。**図2-5-3**のように両辺を二乗してルートを外すことができるので、ここではそのような式を記述しました。

図2-5-3　ルートを使わない場合

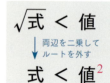

▶▶▶ sqrt()を用いなかった理由

　sqrt()命令を使わなかったのには理由があります。ごく初期のゲーム機やパソコンには、ルートの値を求める命令がなかったり、その命令が使えるハードでも、昔は命令の処理（計算）に少し時間が掛かりました。そのような理由から、長くゲーム開発を続けているプログラマーは「ルートを用いなくて済むなら用いない」ことがあります。ゲームプログラマーは==できるだけ処理を高速化し、ゲームが快適に動くようにする工夫を続けてきた==例の1つです。

　今のハードは高速なので、ルートの計算時間が問題になることはありません。ルートを使わない式を書くのは古い時代の名残と言えるでしょうが、==処理を高速化するという考えは今でも重要==です。たくさんの画像を扱うことが多い現在のゲームでは、主に描画関連の処理をいかに速くするかというところに力が注がれます。

　ゲーム開発を学んでいる現時点で、みなさんが処理速度を気にする必要はありません。もし将来、本格的なゲームを開発中に処理が重いという状況にぶつかったら、ここでの話を思い出してほしいと思います。ゲームの処理が重くなるのは描画周りに問題があることが多いので、描画関連の処理を見直すことをオススメします。

 ゲーム開発のプログラムには色々な工夫が施されているということですね。ちなみにsqrt()を使わなければ、mathモジュールをインポートしなくて済むので、プログラムを1行短くできます。

》》》 Mac でのキー入力について

　Macでは、after()命令を使ったリアルタイム処理のプログラムで、キー入力ができなくなることがあります。これはMacではキーを押した時、キープレス<KeyPress>イベントと、キーリリース<KeyRelease>イベントが連続して発生し、処理のタイミングによってはキーの値を取得できなくなるからです。

　そこでこのプログラムでは、koffというフラグを用意し、キーリリース時にkoffにTrueを代入し、プレイヤーキャラ（宇宙船）の移動後、koffがTrueであれば、キーの値が入った変数をクリアするという方法で、Macでも正しく動くようにしています。

　これを行っているのが、16～25行目、

```
key = ""
koff = False
def key_down(e):
    global key, koff
    key = e.keysym
    koff = False


def key_up(e):
    global koff
    koff = True
```

及び、53～55行目です。

```
        if koff == True:
            key = ""
            koff = False
```

　ただ、この方法を使うと、Windowsパソコンで少しキー反応が悪くなることがあります。Chapter 3～4のアクションゲームの制作で、Windowsパソコンでキー反応を良くする方法を説明します。

》》》 難易度を変えてプレイしよう

　ゲームをうまくプレイできるかどうかは、人によって大きな差があります。『METEOR』を難しく感じる方もいれば、簡単でいつまでもプレイできるという方もいるはずです。
　ゲームの難易度を調整する学習として、流星の数を定義したMETEO_MAXの値を変えて

73

みましょう。それから流星を移動させるmove_enemy()関数のmy[i] = my[i] + 6+i/5という式を変更し、流星の速度を変えてみてください。それらの値を変更しながらプレイし、自分に合った難易度を探してみましょう。

　ゲームの**難易度調整（バランス調整）は、ゲームを完成させる上で、とても大切**です。例えばこのゲームをさらに作り込むなら、ゲームをスタートして間もないうちは流星の数を少なくし、時間の経過とともに数を増やしていきます。そうすれば、アクション系の操作が苦手な人も得意な人も、より多くの方が同じようにゲームを楽しめるようになります。

❯❯❯ インデックスとタイマーで進行管理をしよう

　ゲーム制作の解説で、ゲーム本体が動くところまで作った後で、タイトルを表示するフラグを用意してタイトル画面を表示し、ゲームオーバーになった時のフラグを用意してゲームオーバーの文字を表示する……というプログラムを見かけることがあります。シンプルなゲームでしたら、そのような作り方でもかまいません。

　しかし、例えばステージセレクトを入れる、メニュー画面を追加するなど、仕様を増やしていくと、フラグによるゲーム進行管理では処理が煩雑になっていきます。ここで説明したように、**インデックスとタイマーを用いて場面ごとに進行を管理する**ことで、後から仕様を追加しても混乱のないプログラムを作ることができます。

けっこう熱くなるミニゲームです。
ギリギリのところで流星を避ける
スリルがたまりません♪
よし、2000点、突破！

いろはさん、今回は補足説明を忘れ、
ゲームに"はまって"ますね（笑）

あっ、そうでした、すみません。
リアルタイム処理やヒットチェックの知識があれば、ゲームが作れるようになることを、お分かりいただけたと思います。

そうですね。Chapter 1と2で学んだ知識は、ゲーム開発の基本、かつ、重要テクニックです。難しいと感じた項目があれば、後で読み返しましょう。

COLUMN

ゲームの世界観について

　ゲーム、漫画、小説などのコンテンツにおいて**世界観**という言葉が使われます。コンテンツの世界観とは、その作品がどのような世界設定になっているかという意味です。世界観は本来「この世界を人がどう捉え、理解するか」という意味の言葉ですが、ゲームなどにおいては少し違った意味で用いられます。

　Lesson 2-5で制作したのはSF（サイエンス・フィクション）の世界観をもったミニゲームです。このゲームに次のようなストーリーを用意すれば、遊ぶ人の想像力を掻き立て、ゲームにプラスアルファの楽しさを加えることができるでしょう。

> 『METEOR』ストーリー
> 20XX年、火星の植民地に物資を輸送する民間企業「Python Cargo」の宇宙船の進路上に、突如、流星群が飛来した。無数の障害物を感知した宇宙船のAIは、船内に警告音を響き渡らせた。船の自動操縦に組み込まれた障害物回避アルゴリズムでは、これほど多数の流星を避けることは不可能だ。AIは無情にも、衝突は避けられず数分以内に船が大破すると告げた。操縦士であるあなたは、この緊急事態を乗り切るため、船を手動操作に切り替えた……

　ゲームソフトはその世界観も重要です。世界観も、ゲームが楽しいものになるかどうかに影響します。このコラムでは、全く同じルールのゲームで世界観を変え、まるで別のゲームにすることができるという実例をお見せします。次のゲーム『どらねこ』は、『METEOR』の画像を差し替え、プログラムをほんの一部、変更したものです。このプログラムと画像データも書籍サポートページからダウンロードできます。『METEOR』と『どらねこ』を遊び比べて、世界観の参考や、みなさんがオリジナルゲームを作る時の設定などに役立てていただければと思います。

図2-5-A 『どらねこ』のゲーム画面

> 『どらねこ』ストーリー
> 彼の名は「どらねこ」。都会の片隅で暮らす、今では珍しい野良の猫です。どらねこの夢はサーカスの曲芸師になること。今日も今日とてビルの谷間で、上空のハトが落とすフンを避けながら、綱渡りの練習に励むのでした。

プログラムは次のようになっています。

リスト▶doraneko.py　※ meteor.pyからの変更箇所にマーカーを引いています。

```python
 1  import tkinter
 2  import random
 :    〜
 :  略：meteor.pyの通り（→P.68）
 :    〜
27  def main():
28      global key, koff, index, timer, score, bg_pos, px
29      timer = timer + 1
30      bg_pos = (bg_pos+1)%480
31      canvas.delete("SCREEN")
32      canvas.create_image(bg_pos-240, 320, image=img_bg, tag="SCREEN")
33      canvas.create_image(bg_pos+240, 320, image=img_bg, tag="SCREEN")
34      if index == 0:
35          canvas.create_text(240, 240, text="どらねこ", fill="gold", font=fnt2, tag="SCREEN")
36          canvas.create_text(240, 480, text="Press [SPACE] Key", fill="lime", font=fnt1, tag="SCREEN")
 :    〜
 :  略：meteor.pyの通り（→P.69）
 :    〜
88  root = tkinter.Tk()
89  root.title("Mini Game")
90  root.bind("<KeyPress>", key_down)
91  root.bind("<KeyRelease>", key_up)
92  canvas = tkinter.Canvas(width=480, height=640)
93  canvas.pack()
94  img_player = [
95      tkinter.PhotoImage(file="dora0.png"),
96      tkinter.PhotoImage(file="dora1.png")
97  ]
98  img_enemy = tkinter.PhotoImage(file="fun.png")
99  img_bg = tkinter.PhotoImage(file="building.png")
100 main()
101 root.mainloop()
```

『METEOR』と『どらねこ』、プログラムは一緒なのに、ぱっと見はまったく別のゲームですね。世界観の違いで、ゲームをプレイした時の感じ方まで変わってくるようです。

みなさんは『METEOR』のSF世界、『どらねこ』のほのぼのとした世界、どちらが好きですか？

Chapter 1と2で学んだ知識を使って、本格的なゲーム制作に入ります。この章ではtkinterを用いてアクションゲームを制作し、ゲームが一通り動くようになるところまで学習します。次のChapter 4で、複数のステージを入れ、敵の種類を増やすなどして、ゲームの中身を充実させます。

アクションゲームを作ろう！ 前編

Chapter

Lesson 3-1 ドットイートゲームについて

アクションゲームには様々なタイプがあります。開発に入る前に、アクションというゲームジャンルと、この章で制作するドットイートと呼ばれるゲームについて説明します。

アクションゲームとは

アクションゲームとは、リアルタイムにキャラクターを操作し、ゲーム内の目的を、いかにうまく達成するかを競うゲームです。目的とは

- ゴールに到達する
- ボスキャラを倒す
- アイテムを全て回収する

など、ゲームによって様々です。ゲーム内容も幅広く、例えば謎を解きながら進んでいくアクションゲームもあります。

アクションゲームの中に **ドットイート** と呼ばれるタイプのゲームがあります。
みなさんはドットイートゲームをご存知でしょうか？
有名なドットイートゲームに、ナムコの『パックマン』があります。口をパクパク動かす黄色いキャラクターを操作し、敵のモンスターを避けながら、通路に置かれたドットを食べていく（消していく）ゲームです。パックマンは1980年に業務用のビデオゲームとして発売されヒットしました。アメリカ合衆国では日本以上に大ヒットし、テレビアニメ化もされたそうです。その当時の多くのゲームメーカーは、業務用のドットイートゲームを開発し、ゲームセンターには様々なドットイートゲームが置かれていました。

ゲーム制作を学ぶのに適している

ドットイートゲームは、ゲーム開発初心者がゲーム制作を学ぶのに適しています。その理由として

- 迷路を二次元リストで定義することで、リストという大切な知識が身につく
- 床と壁の判定とキャラクターを動かす処理の基礎が学べる
- 敵キャラクターの行動パターンを作るというアルゴリズムの基礎が学べる
- 固定画面でゲーム全体が見渡せるので、どこを改良すれば面白くなるか検討しやすい

などが挙げられます。

本書では、ドットイートタイプのアクションゲームを作りながら、これらの項目を学んでいきます。

>>> これから制作するゲームの内容

新たにゲームを開発する際、ラフスケッチで画面構成を考えるとよいことを、1冊目の『Pythonでつくる ゲーム開発 入門講座』でお伝えしました。頭の中にあるアイデアを目に見える形にすることで、どのようなプログラムを作っていけばよいか、はっきりするからです。また必要と思われる処理を箇条書きにしてみると、何から作ればよいか分りやすくなります。

みなさんがオリジナルゲームを作る時には、そのような方法をお勧めしますが、これから作るゲームはアイデア出しから始めるのではなく、最初に完成形の画面とルールを確認し、それを作り上げることを目標に学習を進めます。

ゲームのタイトルは『はらはら ペンギン ラビリンス』としました。
ストーリー、画面、ルールを説明します。

■ ストーリー

主人公のキャラクターは「ペンペン」、敵として登場するライバルペンギンは「レッド」という名前です。ゲーム画面は次のようになります。

図3-1-1　ゲーム画面

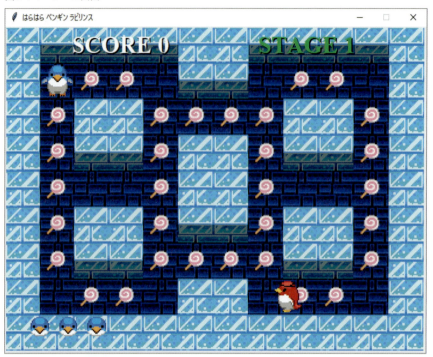

■ ゲームのルール

❶ ペンペンをカーソルキーで上下左右に動かす
❷ キャンディを全て拾うとステージクリア
❸ レッドに触れると、やられたことになる
❹ やられると、ペンペンの残り数が１つ減り、ゼロになるとゲームオーバー
❺ ステージが進むと、新たな敵「クマゴン」が現れる
❻ 全ステージをクリアすると、エンディングになる

この章では❶から❸を制作し、「タイトル画面→ゲームをプレイ→ゲーム終了」という流れが一通り完成するところまでを学びます。

Lesson 3-2 迷路を表示する

POINT

重要　この章からのフォルダ構成について

これから制作するゲームは多数の画像ファイルを使います。この章からは、プログラムと画像などの素材を入れるフォルダを、次のような構成にします。

図3-A　フォルダ構成のルール

「Chapter3」フォルダの中に「image_penpen」というフォルダを作り、画像ファイルは全て「image_penpen」フォルダに入れます。プログラムはこれまで通り「Chapter3」フォルダに入れます。これでフォルダの中身がすっきりし、作業がしやすくなります。

ゲーム制作に入ります。迷路を表示するプログラムを確認するところから始めましょう。

》》》迷路の表示

二次元リストで迷路のデータを定義し、それを表示するプログラムを確認します。このプログラムは次の画像を使います。書籍サポートページからダウンロードしてください。

図3-2-1　今回使用する画像ファイル

chip00.png　chip01.png　chip02.png　chip03.png

次ページのプログラムを入力し、ファイル名を付けて保存し、実行しましょう。

プログラムは書籍サポートページからダウンロードできますが、できるだけ自分で打ち込むことをお勧めします。実際に入力することで理解が進み、プログラミングの力がアップするからです。

リスト ▶ list0302_1.py

```
1  import tkinter
2
3  map_data = [
4      [0,1,1,1,0,0,1,1,1,1,0],
5      [0,2,3,3,2,1,1,2,3,3,2,0],
6      [0,3,0,0,3,3,3,3,0,0,3,0],
7      [0,3,1,1,3,0,0,3,1,1,3,0],
8      [0,3,2,2,3,0,0,3,2,2,3,0],
9      [0,3,0,0,3,1,1,3,0,0,3,0],
10     [0,3,1,1,3,3,3,3,1,1,3,0],
11     [0,2,3,3,2,0,0,2,3,3,2,0],
12     [0,0,0,0,0,0,0,0,0,0,0,0]
13 ]
14
15
16 def draw_screen(): # ゲーム画面を描く
17     for y in range(9):
18         for x in range(12):
19             canvas.create_image(x*60+30, y*60+30, image=img_bg[map_data[y][x]])
20
21
22 root = tkinter.Tk()
23 root.title("はらはら ペンギン ラビリンス")
24 root.resizable(False, False)
25 canvas = tkinter.Canvas(width=720, height=540)
26 canvas.pack()
27 img_bg = [
28     tkinter.PhotoImage(file="image_penpen/chip00.png"),
29     tkinter.PhotoImage(file="image_penpen/chip01.png"),
30     tkinter.PhotoImage(file="image_penpen/chip02.png"),
31     tkinter.PhotoImage(file="image_penpen/chip03.png")
32 ]
33 draw_screen()
34 root.mainloop()
```

tkinterモジュールをインポート

リストで迷路のデータを定義

迷路を描く関数
　　二重ループの
　　　繰り返しで
　　　　マップチップで迷路を描く

ウィンドウの部品を作る
ウィンドウのタイトルを指定
ウィンドウサイズを変更できなくする
キャンバスの部品を作る
キャンバスを配置
マップチップを読み込むリスト

迷路を描く関数を実行
ウィンドウを表示

このプログラムを実行すると、図3-2-2のような迷路が表示されます。

　Chapter 1のLesson 1-4で学んだマップを描くプログラムと一緒です。3～13行目の二次元リストで迷路のデータを定義しています。
　リストの値と画像は図3-2-3のようになります。16～19行目で定義したdraw_screen()関数で、これらの画像を使って迷路を描きます。

図3-2-2　list0302_1.pyの実行結果

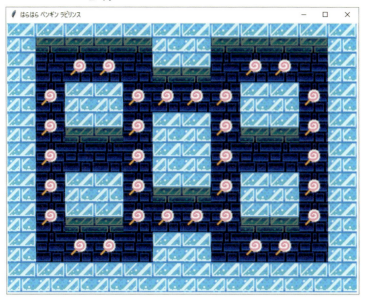

図3-2-3　リストの値と画像

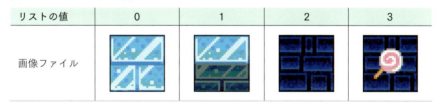

　ゲーム画面のウィンドウサイズは、プログラム実行中に変更する必要はありません。ウィンドウサイズを変更できなくするには **resizable()** 命令を使って、24行目のようにroot.resizable(False, False)とします。横方向、縦方向、それぞれのサイズ変更を許可するかどうかを、2つの引数で指定します。許可するならTrue、許可しないならFalseとします。

　list0302_1.pyは2Dゲームでマップを描画する基本的なプログラムです。このプログラムに、キャラクターの移動、キャンディを拾う処理などを追加していき、ゲームの完成を目指します。

Chapter 3　アクションゲームを作ろう！・前編

83

Lesson 3-3 キャラクターを動かす

主人公のペンペンが迷路内を歩けるようにします。キャラクターを動かすプログラムに必要なのは、キー入力とリアルタイム処理です。

▶▶▶ キー入力とリアルタイム処理

カーソルキーでペンペンを動かすプログラムを確認します。プログラムの内容が分かりやすいように、まずはマス目単位でキャラクターを動かします。マス目単位とは、床から隣の床へ一気に移動するという意味です。

> マス目単位で動くプログラムを学んでから、Lesson 3-5 でペンペンが床の上を滑らかに歩くようにします。

前のプログラムで用いたマップチップ画像に加え、ペンペンの画像を使います。

図3-3-1　今回使用する画像ファイル

pen03.png

次のプログラムを入力し、ファイル名を付けて保存し、実行しましょう。

リスト ▶ list0303_1.py　※前のプログラムからの追加変更箇所に マーカー を引いています

```
1  import tkinter
2
3  # キー入力
4  key = ""
5  koff = False
6  def key_down(e):
7      global key, koff
8      key = e.keysym
9      koff = False
10
11 def key_up(e):
12     global koff
```

tkinterモジュールをインポート	
キーの値を代入する変数	
キーが離された時に使う変数(フラグ)	
キーが押された時に実行する関数	
これらをグローバル変数とする	
keyにkeysymの値を代入	
koffにFalseを代入	
キーが離された時に実行する関数	
koffをグローバル変数とする	

84

```python
13              koff = True                                                 # koffにTrueを代入
14
15      DIR_UP = 0                                                          # キャラの向きを定義した変数(上向き)
16      DIR_DOWN = 1                                                        # キャラの向きを定義した変数(下向き)
17      DIR_LEFT = 2                                                        # キャラの向きを定義した変数(左向き)
18      DIR_RIGHT = 3                                                       # キャラの向きを定義した変数(右向き)
19
20      pen_x = 90                                                          # ペンペンのX座標
21      pen_y = 90                                                          # ペンペンのY座標
22
23      map_data = [                                                        # リストで迷路のデータを定義
24          [0,1,1,1,1,0,0,1,1,1,1,0],
25          [0,2,3,3,2,1,1,2,3,3,2,0],
26          [0,3,0,0,3,3,3,3,0,0,3,0],
27          [0,3,1,1,3,0,0,3,1,1,3,0],
28          [0,3,2,2,3,0,0,3,2,2,3,0],
29          [0,3,0,0,3,1,1,3,0,0,3,0],
30          [0,3,1,1,3,3,3,3,1,1,3,0],
31          [0,2,3,3,2,0,0,2,3,3,2,0],
32          [0,0,0,0,0,0,0,0,0,0,0,0]
33      ]
34
35
36      def draw_screen(): # ゲーム画面を描く                                # ゲーム画面を描く関数
37          canvas.delete("SCREEN")                                         # いったん全ての画像を削除
38          for y in range(9):                                              # 二重ループの
39              for x in range(12):                                         #     繰り返しで
40                  canvas.create_image(x*60+30, y*60+30, image             #         マップチップで迷路を描く
=img_bg[map_data[y][x]], tag="SCREEN")
41          canvas.create_image(pen_x, pen_y, image=img_pen,                # ペンペンを表示
tag="SCREEN")
42
43
44      def check_wall(cx, cy, di): # 各方向に壁があるか調べる               # 指定の向きに壁があるか調べる関数
45          chk = False                                                     # chkにFalseを代入
46          if di == DIR_UP:                                                # 上向きの時
47              mx = int(cx/60)                                             #     mxとmyに、リストの上方向
48              my = int((cy-60)/60)                                        #     を調べるための値を代入
49              if map_data[my][mx] <= 1:                                   #     そこが壁の場合
50                  chk = True                                              #         chkにTrueを代入
51          if di == DIR_DOWN:                                              # 下向きの時
52              mx = int(cx/60)                                             #     mxとmyに、リストの下方向
53              my = int((cy+60)/60)                                        #     を調べるための値を代入
54              if map_data[my][mx] <= 1:                                   #     そこが壁の場合
55                  chk = True                                              #         chkにTrueを代入
56          if di == DIR_LEFT:                                              # 左向きの時
57              mx = int((cx-60)/60)                                        #     mxとmyに、リストの左方向
58              my = int(cy/60)                                             #     を調べるための値を代入
59              if map_data[my][mx] <= 1:                                   #     そこが壁の場合
60                  chk = True                                              #         chkにTrueを代入
61          if di == DIR_RIGHT:                                             # 右向きの時
62              mx = int((cx+60)/60)                                        #     mxとmyに、リストの右方向
63              my = int(cy/60)                                             #     を調べるための値を代入
64              if map_data[my][mx] <= 1:                                   #     そこが壁の場合
65                  chk = True                                              #         chkにTrueを代入
66          return chk                                                      # chkの値を戻り値として返す
67
68
69      def move_penpen(): # ペンペンを動かす                                # ペンペンを動かす関数
70          global pen_x, pen_y                                             #     これらをグローバル変数とする
```

```
71      if key == "Up":
72          if check_wall(pen_x, pen_y, DIR_UP) == False:
73              pen_y = pen_y - 60
74      if key == "Down":
75          if check_wall(pen_x, pen_y, DIR_DOWN) ==
False:
76              pen_y = pen_y + 60
77      if key == "Left":
78          if check_wall(pen_x, pen_y, DIR_LEFT) ==
False:
79              pen_x = pen_x - 60
80      if key == "Right":
81          if check_wall(pen_x, pen_y, DIR_RIGHT) ==
False:
82              pen_x = pen_x + 60
83
84
85  def main(): # メインループ
86      global key, koff
87      draw_screen()
88      move_penpen()
89      if koff == True:
90          key = ""
91          koff = False
92      root.after(300, main)
93
94
95  root = tkinter.Tk()
96
97  img_bg = [
98      tkinter.PhotoImage(file="image_penpen/chip00.png"),
99      tkinter.PhotoImage(file="image_penpen/chip01.png"),
100     tkinter.PhotoImage(file="image_penpen/chip02.png"),
101     tkinter.PhotoImage(file="image_penpen/chip03.png")
102 ]
103 img_pen = tkinter.PhotoImage(file="image_penpen/pen03.png")
104
105 root.title("はらはら ペンギン ラビリンス")
106 root.resizable(False, False)
107 root.bind("<KeyPress>", key_down)
108 root.bind("<KeyRelease>", key_up)
109 canvas = tkinter.Canvas(width=720, height=540)
110 canvas.pack()
111 main()
112 root.mainloop()
```

　このプログラムを実行すると、ペンペンをカーソルキーで動かすことができます（**図3-3-2**）。

　15～18行目で、上下左右に移動する処理で使う4方向の値を、DIR_UP（値0）、DIR_DOWN（値1）、DIR_LEFT（値2）、DIR_RIGHT（値3）という変数名で定義しています。プログラム内で複数回使い、かつ値を変更しない数は、このように**定数**として定義しておくと、ゲーム開発を進めてプログラムが長くなっても、どこで何の処理を行っているか分かりやすいです。

図3-3-2　list0303_1.pyの実行結果

定数は、値を変更する通常の変数と区別できるように、全て大文字で記述することが一般的です。『はらはら ペンギン ラビリンス』では、キャラクターの向きを変えたり、移動させる処理を、DIR_UP、DIR_DOWN、DIR_LEFT、DIR_RIGHTを使って記述していきます。

　20〜21行目で宣言したpen_xとpen_yが、ペンペンのキャンバス上の座標です。この変数の値を69〜82行目で定義したmove_penpen()関数で、カーソルキーの入力に応じて増減し、ペンペンを移動します。
　move_penpen()関数では、44〜66行目で定義したcheck_wall()関数を使い、進行方向に壁があるかを判定しています。check_wall()関数を抜き出して説明します。

```python
def check_wall(cx, cy, di): # 各方向に壁があるか調べる
    chk = False
    if di == DIR_UP:
        mx = int(cx/60)
        my = int((cy-60)/60)
        if map_data[my][mx] <= 1:
            chk = True
    if di == DIR_DOWN:
        mx = int(cx/60)
        my = int((cy+60)/60)
        if map_data[my][mx] <= 1:
            chk = True
```

```
        if di == DIR_LEFT:
            mx = int((cx-60)/60)
            my = int(cy/60)
            if map_data[my][mx] <= 1:
                chk = True
        if di == DIR_RIGHT:
            mx = int((cx+60)/60)
            my = int(cy/60)
            if map_data[my][mx] <= 1:
                chk = True
        return chk
```

　Lesson 1-5で学んだように、(cx, cy)がキャンバス上の座標の時、cx、cyをそれぞれマップチップの幅と高さ（今回は60）で割り、小数点以下を切り捨てた値mx, myが、リストの添え字map_data[my][mx]になります。

　左方向を調べる記述を見てみましょう。次の太字部分のように60ドット左側の位置を調べます。

```
        if di == DIR_LEFT:
            mx = int((cx-60)/60)
            my = int(cy/60)
            if map_data[my][mx] <= 1:
                chk = True
```

　今回のプログラムでは、map_dataの値が0と1が壁で、2と3が床です。左側に壁があるならmap_data[my][mx]は0か1なので、その場合はchkにTrueを代入し、この関数の最後のreturn chkでTrueを返します。

　壁があるかどうかを調べる関数を用意したのには理由があります。それはペンペンの移動で、この関数を複数回記述しますし、また敵キャラクターのレッドの移動にも、この関数を使うからです。**何度も使う処理を関数として定義することで、無駄のないプログラムを書くことができます。**

Lesson 3-4 キャラクターの向きとアニメーション

次のLesson 3-5でペンペンの移動を滑らかにしますが、ペンペンの向きが分かるようにしておくと、プログラムを理解しやすくなるので、先にそれを組み込みます。また、ペンペンが足踏みするアニメーションも一緒に追加します。

アニメーション画像をリストに読み込む

カーソルキーの入力に応じて、ペンペンが向きを変えるプログラムを確認します。各方向につき3枚の画像で歩くアニメーションを行います。次の画像を使います。

図3-4-1　今回使用する画像ファイル

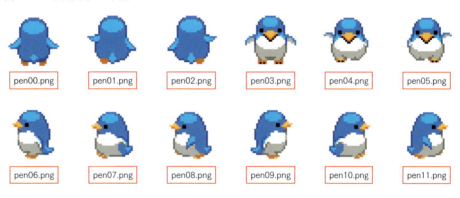

次のプログラムを入力し、ファイル名を付けて保存し、実行しましょう。

リスト▶list0304_1.py　※前のプログラムからの追加変更箇所にマーカーを引いています

```
1  import tkinter                          tkinterモジュールをインポート
2
3  # キー入力
4  key = ""                                キーの値を代入する変数
5  koff = False                            キーが離された時に使う変数(フラグ)
6  def key_down(e):                        キーが押された時に実行する関数
7      global key, koff                         これらをグローバル変数とする
8      key = e.keysym                           keyにkeysymの値を代入
9      koff = False                             koffにFalseを代入
10
11 def key_up(e):                          キーが離された時に実行する関数
12     global koff                              koffをグローバル変数とする
13     koff = True                              koffにTrueを代入
14
15 DIR_UP = 0                              キャラの向きを定義した変数(上向き)
16 DIR_DOWN = 1                            キャラの向きを定義した変数(下向き)
17 DIR_LEFT = 2                            キャラの向きを定義した変数(左向き)
```

```
18  DIR_RIGHT = 3                                          キャラの向きを定義した変数(右向き)
19  ANIMATION = [0, 1, 0, 2]                               アニメーション番号を定義したリスト
20
21  tmr = 0                                                タイマー
22
23  pen_x = 90                                             ペンペンのX座標
24  pen_y = 90                                             ペンペンのY座標
25  pen_d = 0                                              ペンペンの向き
26  pen_a = 0                                              ペンペンの画像番号
27
28  map_data = [                                           リストで迷路のデータを定義
29      [0,1,1,1,1,0,0,1,1,1,1,0],
30      [0,2,3,3,2,1,1,2,3,3,2,0],
31      [0,3,0,0,3,3,3,3,0,0,3,0],
32      [0,3,1,1,3,0,0,3,1,1,3,0],
33      [0,3,2,2,3,0,0,3,2,2,3,0],
34      [0,3,0,0,3,1,1,3,0,0,3,0],
35      [0,3,1,1,3,3,3,3,1,1,3,0],
36      [0,2,3,3,2,0,0,2,3,3,2,0],
37      [0,0,0,0,0,0,0,0,0,0,0,0]
38  ]
39
40
41  def draw_screen():  # ゲーム画面を描く              ゲーム画面を描く関数
42      canvas.delete("SCREEN")                            いったん全ての画像を削除
43      for y in range(9):                                 二重ループの
44          for x in range(12):                                繰り返しで
45              canvas.create_image(x*60+30, y*60+30, image        マップチップで迷路を描く
=img_bg[map_data[y][x]], tag="SCREEN")
46      canvas.create_image(pen_x, pen_y, image=img_       ペンペンを表示
pen[pen_a], tag="SCREEN")
47
48
49  def check_wall(cx, cy, di):  # 各方向に壁があるか調べる  指定の向きに壁があるか調べる関数
50      chk = False                                        chkにFalseを代入
51      if di == DIR_UP:                                   上向きの時
52          mx = int(cx/60)                                    mxとmyに、リストの上方向
53          my = int((cy-60)/60)                               を調べるための値を代入
54          if map_data[my][mx] <= 1:                          そこが壁の場合
55              chk = True                                         chkにTrueを代入
56      if di == DIR_DOWN:                                 下向きの時
57          mx = int(cx/60)                                    mxとmyに、リストの下方向
58          my = int((cy+60)/60)                               を調べるための値を代入
59          if map_data[my][mx] <= 1:                          そこが壁の場合
60              chk = True                                         chkにTrueを代入
61      if di == DIR_LEFT:                                 左向きの時
62          mx = int((cx-60)/60)                               mxとmyに、リストの左方向
63          my = int(cy/60)                                    を調べるための値を代入
64          if map_data[my][mx] <= 1:                          そこが壁の場合
65              chk = True                                         chkにTrueを代入
66      if di == DIR_RIGHT:                                右向きの時
67          mx = int((cx+60)/60)                               mxとmyに、リストの右方向
68          my = int(cy/60)                                    を調べるための値を代入
69          if map_data[my][mx] <= 1:                          そこが壁の場合
70              chk = True                                         chkにTrueを代入
71      return chk                                         chkの値を戻り値として返す
72
73
74  def move_penpen():  # ペンペンを動かす             ペンペンを動かす関数
75      global pen_x, pen_y, pen_d, pen_a                  これらをグローバル変数とする
```

```python
76          if key == "Up":                                    上キーが押されている時
77              pen_d = DIR_UP                                     ペンペンを上向きにする
78              if check_wall(pen_x, pen_y, pen_d) == False:       そちらが壁でないなら
79                  pen_y = pen_y - 60                                 y座標を減らし上に移動
80          if key == "Down":                                  下キーが押されている時
81              pen_d = DIR_DOWN                                   ペンペンを下向きにする
82              if check_wall(pen_x, pen_y, pen_d) == False:       そちらが壁でないなら
83                  pen_y = pen_y + 60                                 y座標を増やし下に移動
84          if key == "Left":                                  左キーが押されている時
85              pen_d = DIR_LEFT                                   ペンペンを左向きにする
86              if check_wall(pen_x, pen_y, pen_d) == False:       そちらが壁でないなら
87                  pen_x = pen_x - 60                                 x座標を減らし左に移動
88          if key == "Right":                                 右キーが押されている時
89              pen_d = DIR_RIGHT                                  ペンペンを右向きにする
90              if check_wall(pen_x, pen_y, pen_d) == False:       そちらが壁でないなら
91                  pen_x = pen_x + 60                                 x座標を増やし右に移動
92          pen_a = pen_d*3 + ANIMATION[tmr%4]              ペンペンのアニメ(画像)番号を計算
93
94
95      def main(): # メインループ                             メイン処理を行う関数
96          global key, koff, tmr                              これらをグローバル変数とする
97          tmr = tmr + 1                                      tmrの値を1増やす
98          draw_screen()                                      ゲーム画面を描く
99          move_penpen()                                      ペンペンの移動
100         if koff == True:                                   koffがTrueなら
101             key = ""                                           keyの値をクリアし
102             koff = False                                       koffにFalseを代入
103         root.after(300, main)                              300ミリ秒後に再びmain()関数を実行
104
105
106     root = tkinter.Tk()                                    ウィンドウの部品を作る
107
108     img_bg = [                                             マップチップの画像を読み込むリスト
109         tkinter.PhotoImage(file="image_penpen/chip00.png"),
110         tkinter.PhotoImage(file="image_penpen/chip01.png"),
111         tkinter.PhotoImage(file="image_penpen/chip02.png"),
112         tkinter.PhotoImage(file="image_penpen/chip03.png")
113     ]
114     img_pen = [                                            ペンペンの画像を読み込むリスト
115         tkinter.PhotoImage(file="image_penpen/pen00.png"),
116         tkinter.PhotoImage(file="image_penpen/pen01.png"),
117         tkinter.PhotoImage(file="image_penpen/pen02.png"),
118         tkinter.PhotoImage(file="image_penpen/pen03.png"),
119         tkinter.PhotoImage(file="image_penpen/pen04.png"),
120         tkinter.PhotoImage(file="image_penpen/pen05.png"),
121         tkinter.PhotoImage(file="image_penpen/pen06.png"),
122         tkinter.PhotoImage(file="image_penpen/pen07.png"),
123         tkinter.PhotoImage(file="image_penpen/pen08.png"),
124         tkinter.PhotoImage(file="image_penpen/pen09.png"),
125         tkinter.PhotoImage(file="image_penpen/pen10.png"),
126         tkinter.PhotoImage(file="image_penpen/pen11.png")
127     ]
128
129     root.title("はらはら ペンギン ラビリンス")            ウィンドウのタイトルを指定
130     root.resizable(False, False)                           ウィンドウサイズを変更できなくする
131     root.bind("<KeyPress>", key_down)                      キーを押した時に実行する関数を指定
132     root.bind("<KeyRelease>", key_up)                      キーを離した時に実行する関数を指定
133     canvas = tkinter.Canvas(width=720, height=540)         キャンバスの部品を作る
134     canvas.pack()                                          キャンバスをウィンドウに配置
135     main()                                                 メイン処理を行う関数を実行
136     root.mainloop()                                        ウィンドウを表示する
```

このプログラムを実行すると、ペンペンが足踏みするようになります。そしてカーソルキーを入力した方に向きを変えて移動します。

図3-4-2　list0304_1.pyの実行結果

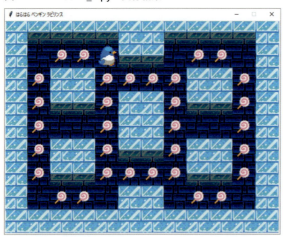

25行目で宣言したpen_dでペンペンの向きを、26行目で宣言したpen_aでアニメーションの番号（ペンペンの絵の番号）を管理します。

pen_aの値を定めるのにタイマー用のtmr変数を用います。21行目でtmrを宣言し、main()関数内でtmrの値を毎フレーム、カウントアップします。

ペンペンを動かすmove_penpen()関数で、カーソルキーの入力を判定する際、pen_dにペンペンの向きを代入します。pen_aには次の式でアニメーション番号を代入します（92行目）。

```
pen_a = pen_d*3 + ANIMATION[tmr%4]
```

各方向につき3枚の画像を用意しているのでpen_d*3とし、それにANIMATION[tmr%4]を加えます。ANIMATIONは19行目に記述した、足踏みさせるための番号を入れたリストです。

```
ANIMATION = [0, 1, 0, 2]
```

tmrの値は毎フレーム増えるので、tmr%4は「0→1→2→3→0→1→2→3→……」と繰り返されます。ANIMATION[tmr%4]の値は「0→1→0→2→0→1→0→2→……」となります。

pen_aにpen_d*3の値とANIMATION[tmr%4]の値を足して代入することで、ペンペンの各方向のアニメーション番号を計算しています。アニメーションの基本はChapter 1で学びました。曖昧な方はLesson 1-3を復習しましょう。

Lesson 3-5 キャラクターを滑らかに動かす

　次はキャラクターの動きを滑らかにします。前のプログラムでは、キーを押すごとに、X座標、Y座標を60ドットずつ変化させました。これを20ドットずつ変化させるプログラムに改良します。

▶▶▶ 移動先を調べる

　キャラクターを滑らかに動かすプログラムを確認します。次のプログラムを入力し、ファイル名を付けて保存し、実行しましょう。

リスト ▶ list0305_1.py　※前のプログラムからの追加変更箇所に マーカー を引いています

```
1   import tkinter                          tkinterモジュールをインポート
2
3   # キー入力
4   key = ""                                キーの値を代入する変数
5   koff = False                            キーが離された時に使う変数(フラグ)
6   def key_down(e):                        キーが押された時に実行する関数
7       global key, koff                        これらをグローバル変数とする
8       key = e.keysym                          keyにkeysymの値を代入
9       koff = False                            koffにFalseを代入
10
11  def key_up(e):                          キーが離された時に実行する関数
12      global koff   # Mac                     koffをグローバル変数とする
13      koff = True   # Mac                     koffにTrueを代入
14  #    global key   # Win                 コメント文 Windowsパソコン用
15  #    key = ""     # Win                 コメント文 Windowsパソコン用
16
17
18  DIR_UP = 0                              キャラの向きを定義した変数(上向き)
19  DIR_DOWN = 1                            キャラの向きを定義した変数(下向き)
20  DIR_LEFT = 2                            キャラの向きを定義した変数(左向き)
21  DIR_RIGHT = 3                           キャラの向きを定義した変数(右向き)
22  ANIMATION = [0, 1, 0, 2]                アニメーション番号を定義したリスト
23
24  tmr = 0                                 タイマー
25
26  pen_x = 90                              ペンペンのX座標
27  pen_y = 90                              ペンペンのY座標
28  pen_d = 0                               ペンペンの向き
29  pen_a = 0                               ペンペンの画像番号
30
31  map_data = [                            迷路のデータを入れるリスト
32      [0,1,1,1,1,0,0,1,1,1,1,0],
33      [0,2,3,3,2,1,1,2,3,3,2,0],
34      [0,3,0,0,3,3,3,3,0,0,3,0],
35      [0,3,1,1,3,0,0,3,1,1,3,0],
36      [0,3,2,2,3,0,0,3,2,2,3,0],
37      [0,3,0,0,3,1,1,3,0,0,3,0],
38      [0,3,1,1,3,3,3,3,1,1,3,0],
```

```python
39          [0,2,3,3,2,0,0,2,3,3,2,0],
40          [0,0,0,0,0,0,0,0,0,0,0,0]
41      ]
42
43
44      def draw_screen():  # ゲーム画面を描く
45          canvas.delete("SCREEN")
46          for y in range(9):
47              for x in range(12):
48                  canvas.create_image(x*60+30, y*60+30, image=img_bg[map_data[y][x]], tag="SCREEN")
49          canvas.create_image(pen_x, pen_y, image=img_pen[pen_a], tag="SCREEN")
50
51
52      def check_wall(cx, cy, di, dot):  # 各方向に壁があるか調べる
53          chk = False
54          if di == DIR_UP:
55              mx = int((cx-30)/60)
56              my = int((cy-30-dot)/60)
57              if map_data[my][mx] <= 1:  # 左上
58                  chk = True
59              mx = int((cx+29)/60)
60              if map_data[my][mx] <= 1:  # 右上
61                  chk = True
62          if di == DIR_DOWN:
63              mx = int((cx-30)/60)
64              my = int((cy+29+dot)/60)
65              if map_data[my][mx] <= 1:  # 左下
66                  chk = True
67              mx = int((cx+29)/60)
68              if map_data[my][mx] <= 1:  # 右下
69                  chk = True
70          if di == DIR_LEFT:
71              mx = int((cx-30-dot)/60)
72              my = int((cy-30)/60)
73              if map_data[my][mx] <= 1:  # 左上
74                  chk = True
75              my = int((cy+29)/60)
76              if map_data[my][mx] <= 1:  # 左下
77                  chk = True
78          if di == DIR_RIGHT:
79              mx = int((cx+29+dot)/60)
80              my = int((cy-30)/60)
81              if map_data[my][mx] <= 1:  # 右上
82                  chk = True
83              my = int((cy+29)/60)
84              if map_data[my][mx] <= 1:  # 右下
85                  chk = True
86          return chk
87
88
89      def move_penpen():  # ペンペンを動かす
90          global pen_x, pen_y, pen_d, pen_a
91          if key == "Up":
92              pen_d = DIR_UP
93              if check_wall(pen_x, pen_y, pen_d, 20) == False:
94                  pen_y = pen_y - 20
95          if key == "Down":
```

```
 96              pen_d = DIR_DOWN                              ペンペンを下向きにする
 97              if check_wall(pen_x, pen_y, pen_d, 20) ==     20ドット先が壁でないなら
    False:
 98                  pen_y = pen_y + 20                        y座標を増やし下に移動
 99          if key == "Left":                                 左キーが押されている時
100              pen_d = DIR_LEFT                              ペンペンを左向きにする
101              if check_wall(pen_x, pen_y, pen_d, 20) ==     20ドット先が壁でないなら
    False:
102                  pen_x = pen_x - 20                        x座標を減らし左に移動
103          if key == "Right":                                右キーが押されている時
104              pen_d = DIR_RIGHT                             ペンペンを右向きにする
105              if check_wall(pen_x, pen_y, pen_d, 20) ==     20ドット先が壁でないなら
    False:
106                  pen_x = pen_x + 20                        x座標を増やし右に移動
107          pen_a = pen_d*3 + ANIMATION[tmr%4]                ペンペンのアニメ(画像)番号を計算
108
109
110     def main(): # メインループ                               メイン処理を行う関数
111         global key, koff, tmr                             これらをグローバル変数とする
112         tmr = tmr + 1                                     tmrの値を1増やす
113         draw_screen()                                     ゲーム画面を描く
114         move_penpen()                                     ペンペンの移動
115         if koff == True:                                  koffがTrueなら
116             key = ""                                      keyの値をクリアし
117             koff = False                                  koffにFalseを代入
118         root.after(100, main)                             100ミリ秒後に再びmain()関数を実行
119
120
121     root = tkinter.Tk()                                   ウィンドウの部品を作る
122
123     img_bg = [                                            マップチップの画像を読み込むリスト
124         tkinter.PhotoImage(file="image_penpen/chip00.png"),
125         tkinter.PhotoImage(file="image_penpen/chip01.png"),
126         tkinter.PhotoImage(file="image_penpen/chip02.png"),
127         tkinter.PhotoImage(file="image_penpen/chip03.png")
128     ]
129     img_pen = [                                           ペンペンの画像を読み込むリスト
130         tkinter.PhotoImage(file="image_penpen/pen00.png"),
131         tkinter.PhotoImage(file="image_penpen/pen01.png"),
132         tkinter.PhotoImage(file="image_penpen/pen02.png"),
133         tkinter.PhotoImage(file="image_penpen/pen03.png"),
134         tkinter.PhotoImage(file="image_penpen/pen04.png"),
135         tkinter.PhotoImage(file="image_penpen/pen05.png"),
136         tkinter.PhotoImage(file="image_penpen/pen06.png"),
137         tkinter.PhotoImage(file="image_penpen/pen07.png"),
138         tkinter.PhotoImage(file="image_penpen/pen08.png"),
139         tkinter.PhotoImage(file="image_penpen/pen09.png"),
140         tkinter.PhotoImage(file="image_penpen/pen10.png"),
141         tkinter.PhotoImage(file="image_penpen/pen11.png")
142     ]
143
144     root.title("はらはら ペンギン ラビリンス")                   ウィンドウのタイトルを指定
145     root.resizable(False, False)                          ウィンドウサイズを変更できなくする
146     root.bind("<KeyPress>", key_down)                     キーを押した時に実行する関数を指定
147     root.bind("<KeyRelease>", key_up)                     キーを離した時に実行する関数を指定
148     canvas = tkinter.Canvas(width=720, height=540)        キャンバスの部品を作る
149     canvas.pack()                                         キャンバスをウィンドウに配置
150     main()                                                メイン処理を行う関数を実行
151     root.mainloop()                                       ウィンドウを表示する
```

このプログラムを実行し、ペンペンを動かしてみましょう。前のプログラムに比べ、滑らかに移動することが分かります。

図3-5-1　list0305_1.pyの実行結果

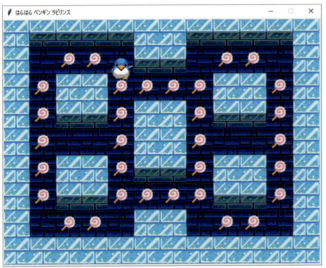

　check_wall()関数を改良し、引数で方向とドット数を与え、そこに壁があるか調べられるようにしました。この関数を抜き出して説明します。

```python
def check_wall(cx, cy, di, dot): # 各方向に壁があるか調べる
    chk = False
    if di == DIR_UP:
        mx = int((cx-30)/60)
        my = int((cy-30-dot)/60)
        if map_data[my][mx] <= 1: # 左上
            chk = True
        mx = int((cx+29)/60)
        if map_data[my][mx] <= 1: # 右上
            chk = True
    if di == DIR_DOWN:
        mx = int((cx-30)/60)
        my = int((cy+29+dot)/60)
        if map_data[my][mx] <= 1: # 左下
            chk = True
        mx = int((cx+29)/60)
        if map_data[my][mx] <= 1: # 右下
            chk = True
    if di == DIR_LEFT:
```

```
            mx = int((cx-30-dot)/60)
            my = int((cy-30)/60)
            if map_data[my][mx] <= 1: # 左上
                chk = True
            my = int((cy+29)/60)
            if map_data[my][mx] <= 1: # 左下
                chk = True
        if di == DIR_RIGHT:
            mx = int((cx+29+dot)/60)
            my = int((cy-30)/60)
            if map_data[my][mx] <= 1: # 右上
                chk = True
            my = int((cy+29)/60)
            if map_data[my][mx] <= 1: # 右下
                chk = True
        return chk
```

　太字にした、左方向（DIR_LEFT）を調べる処理を確認します。左方向に移動する時には、**図3-5-2**のように、頭の左側と、足元の左側を調べます。

図3-5-2　左へ移動できる時の判定

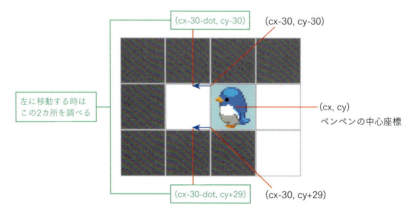

※dotの値は、ペンペンを20ドットずつ移動させるので、今回は20になっている

　ペンペンが次ページ**図3-5-3**のような位置にいるなら、check_wall()関数はTrueを返します。どちらも左方向には進めません。上、下、右についても、その方向に壁があるかを同じように判定します。

図3-5-3　左へ移動できない場合の判定

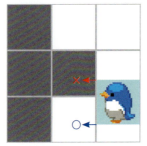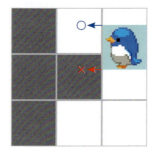

灰色は壁のマス

　ペンペンを移動させるmove_penpen()関数を合わせて確認しましょう。左キーを押した時の処理を抜き出します。

```
if key == "Left":
    pen_d = DIR_LEFT
    if check_wall(pen_x, pen_y, pen_d, 20) == False:
        pen_x = pen_x - 20
```

　左キーが押されているなら、ペンペンの向きを左にし、check_wall()関数で左の20ドット先に壁があるか調べ、ないならx座標を減らして移動させます。上、下、右方向についても同様です。
　この処理は「check_wall()関数を使い、ペンペンの体の一部が壁に入らないようにしている」と言い換えることもできます。

左右に向いている時はキャラクターの頭と足元の先、上下に向いている時は左手と右手の先に壁があるかを調べる仕組みです。

敵を動かす時にもcheck_wall()関数を使います。ペンペンとレッドの移動速度を変えるので、引数で何ドット先を調べるか指定できるようにしています。

ゲームの操作性について

ゲームの操作性とは、ユーザーがキーやボタンを操作した時に、キャラクターを思い通りに動かせるかどうかを意味する言葉です。キー反応が悪かったり、キャラクターの動きがもたつくようなゲームは"操作性が悪い"と表現します。

操作性の良し悪しという言葉は、他にも例えば、メニュー画面の構成が分かりにくくて、操作にとまどうような時にも使います。

Chapter 2のミニゲームで説明したように、after()命令を使ってリアルタイム処理を行うプログラムでは、Macでキー入力ができなくなることがあります。それを防ぐため、List0305_1.pyではミニゲームと同じように、Mac用のキー入力対策を行っています。しかしながらWindowsパソコンでは、Mac用の処理を入れるとキー反応が鈍くなり、操作性が悪くなることがあります。

特に『はらはら ペンギン ラビリンス』のようなアクションゲームは、操作性をなるべく良くしたいものです。WindowsパソコンではMac用の処理は不要なので、次の部分を書き換えると操作性が良くなります。

■ Windowsの操作性を良くする

❶ キーを離した時に実行する関数を変更

```python
def key_up(e):
    global koff # Mac
    koff = True # Mac
#    global key # Win
#    key = ""    # Win
```

⬇ これを次のように書き換える
（下2行のコメントを外し、上2行をコメントする）

```python
def key_up(e):
#    global koff # Mac
#    koff = True # Mac
    global key # Win
    key = ""    # Win
```

❷ main()関数内の次の3行が不要になるのでコメントアウト

```
    if koff == True:
        key = ""
        koff = False
```

↓ #でコメントアウトする

```
#    if koff == True:
#        key = ""
#        koff = False
```

なお❶を行えば、❷は変更せず、そのままでも良いです。❶さえ行えばWindowsパソコンでキー反応が良くなります。これ以後のプログラムにもMac用のキー入力対策を入れますが、Windowsをお使いの方は操作性が良くなるプログラムに書き換えて構いません。

以後はWindowsパソコンでゲームが難しいと感じたら、key_up()関数のコメントを付け替えて、キー反応を良くしてみましょう。

Lesson 3-6 アイテムを取ってスコアを増やす

迷路に落ちているキャンディを拾う処理を追加します。

》》》 リストの値を変更する

ペンペンがキャンディに触れると拾ったことになり、スコアが増えるプログラムを確認します。次のプログラムを入力し、ファイル名を付けて保存し、実行しましょう。

リスト ▶list0306_1.py　※前のプログラムからの追加変更箇所に マーカー を引いています

```
1  import tkinter                           tkinterモジュールをインポート
2
3  # キー入力
4  key = ""                                 キーの値を代入する変数
5  koff = False                             キーが離された時に使う変数（フラグ）
6  def key_down(e):                         キーが押された時に実行する関数
7      global key, koff                         これらをグローバル変数とする
8      key = e.keysym                           keyにkeysymの値を代入
9      koff = False                             koffにFalseを代入
10
11 def key_up(e):                           キーが離された時に実行する関数
12     global koff # Mac                        koffをグローバル変数とする
13     koff = True # Mac                        koffにTrueを代入
14 #    global key # Win                    コメント文 Windowsパソコン用
15 #    key = ""   # Win                    コメント文 Windowsパソコン用
16
17
18 DIR_UP = 0                               キャラの向きを定義した変数（上向き）
19 DIR_DOWN = 1                             キャラの向きを定義した変数（下向き）
20 DIR_LEFT = 2                             キャラの向きを定義した変数（左向き）
21 DIR_RIGHT = 3                            キャラの向きを定義した変数（右向き）
22 ANIMATION = [0, 1, 0, 2]                 アニメーション番号を定義したリスト
23
24 tmr = 0                                  タイマー
25 score = 0                                スコア
26
27 pen_x = 90                               ペンペンのX座標
28 pen_y = 90                               ペンペンのY座標
29 pen_d = 0                                ペンペンの向き
30 pen_a = 0                                ペンペンの画像番号
31
32 map_data = [                             迷路のデータを入れるリスト
33     [0,1,1,1,1,0,0,1,1,1,1,0],
34     [0,2,3,3,2,1,1,2,3,3,2,0],
35     [0,3,0,0,3,3,3,3,0,0,3,0],
36     [0,3,1,1,3,0,0,3,1,1,3,0],
37     [0,3,2,2,3,0,0,3,2,2,3,0],
38     [0,3,0,0,3,1,1,3,0,0,3,0],
39     [0,3,1,1,3,3,3,3,1,1,3,0],
40     [0,2,3,3,2,0,0,2,3,3,2,0],
41     [0,0,0,0,0,0,0,0,0,0,0,0],
```

42	`]`	
43		
44		
45	`def draw_txt(txt, x, y, siz, col):  # 影付き文字`	影付き文字を表示する関数
46	`    fnt = ("Times New Roman", siz, "bold")`	フォントの定義
47	`    canvas.create_text(x+2, y+2, text=txt, fill="black", font=fnt, tag="SCREEN")`	文字の影（2ドットずらし黒で表示）
48	`    canvas.create_text(x, y, text=txt, fill=col, font=fnt, tag="SCREEN")`	指定の色で文字を表示
49		
50		
51	`def draw_screen():  # ゲーム画面を描く`	ゲーム画面を描く関数
52	`    canvas.delete("SCREEN")`	いったん全ての画像と文字を削除
53	`    for y in range(9):`	二重ループの
54	`        for x in range(12):`	繰り返しで
55	`            canvas.create_image(x*60+30, y*60+30, image=img_bg[map_data[y][x]], tag="SCREEN")`	マップチップで迷路を描く
56	`    canvas.create_image(pen_x, pen_y, image=img_pen[pen_a], tag="SCREEN")`	ペンペンを表示
57	`    draw_txt("SCORE "+str(score), 200, 30, 30, "white")`	スコアを表示
58		
59		
60	`def check_wall(cx, cy, di, dot):  # 各方向に壁があるか調べる`	指定の向きに壁があるか調べる関数
61	`    chk = False`	chkにFalseを代入
62	`    if di == DIR_UP:`	上向きの時
63	`        mx = int((cx-30)/60)`	mxとmyに、リストの左上方向
64	`        my = int((cy-30-dot)/60)`	を調べるための値を代入
65	`        if map_data[my][mx] <= 1:  # 左上`	そこが壁の場合
66	`            chk = True`	chkにTrueを代入
67	`        mx = int((cx+29)/60)`	リスト右上方向を調べる値を代入
68	`        if map_data[my][mx] <= 1:  # 右上`	そこが壁の場合
69	`            chk = True`	chkにTrueを代入
70	`    if di == DIR_DOWN:`	下向きの時
71	`        mx = int((cx-30)/60)`	mxとmyに、リストの左下方向
72	`        my = int((cy+29+dot)/60)`	を調べるための値を代入
73	`        if map_data[my][mx] <= 1:  # 左下`	そこが壁の場合
74	`            chk = True`	chkにTrueを代入
75	`        mx = int((cx+29)/60)`	リスト右下方向を調べる値を代入
76	`        if map_data[my][mx] <= 1:  # 右下`	そこが壁の場合
77	`            chk = True`	chkにTrueを代入
78	`    if di == DIR_LEFT:`	左向きの時
79	`        mx = int((cx-30-dot)/60)`	mxとmyに、リストの左上方向
80	`        my = int((cy-30)/60)`	を調べるための値を代入
81	`        if map_data[my][mx] <= 1:  # 左上`	そこが壁の場合
82	`            chk = True`	chkにTrueを代入
83	`        my = int((cy+29)/60)`	リスト左下方向を調べる値を代入
84	`        if map_data[my][mx] <= 1:  # 左下`	そこが壁の場合
85	`            chk = True`	chkにTrueを代入
86	`    if di == DIR_RIGHT:`	右向きの時
87	`        mx = int((cx+29+dot)/60)`	mxとmyに、リストの右上方向
88	`        my = int((cy-30)/60)`	を調べるための値を代入
89	`        if map_data[my][mx] <= 1:  # 右上`	そこが壁の場合
90	`            chk = True`	chkにTrueを代入
91	`        my = int((cy+29)/60)`	リスト右下方向を調べる値を代入
92	`        if map_data[my][mx] <= 1:  # 右下`	そこが壁の場合
93	`            chk = True`	chkにTrueを代入
94	`    return chk`	chkの値を戻り値として返す
95		
96		
97	`def move_penpen():  # ペンペンを動かす`	ペンペンを動かす関数

```python
 98        global score, pen_x, pen_y, pen_d, pen_a
 99        if key == "Up":
100            pen_d = DIR_UP
101            if check_wall(pen_x, pen_y, pen_d, 20) ==
    False:
102                pen_y = pen_y - 20
103        if key == "Down":
104            pen_d = DIR_DOWN
105            if check_wall(pen_x, pen_y, pen_d, 20) ==
    False:
106                pen_y = pen_y + 20
107        if key == "Left":
108            pen_d = DIR_LEFT
109            if check_wall(pen_x, pen_y, pen_d, 20) ==
    False:
110                pen_x = pen_x - 20
111        if key == "Right":
112            pen_d = DIR_RIGHT
113            if check_wall(pen_x, pen_y, pen_d, 20) ==
    False:
114                pen_x = pen_x + 20
115        pen_a = pen_d*3 + ANIMATION[tmr%4]
116        mx = int(pen_x/60)
117        my = int(pen_y/60)
118        if map_data[my][mx] == 3: # キャンディに載ったか?
119            score = score + 100
120            map_data[my][mx] = 2
121
122
123    def main(): # メインループ
124        global key, koff, tmr
125        tmr = tmr + 1
126        draw_screen()
127        move_penpen()
128        if koff == True:
129            key = ""
130            koff = False
131        root.after(100, main)
132
133
134    root = tkinter.Tk()
135
136    img_bg = [
137        tkinter.PhotoImage(file="image_penpen/chip00.png"),
 :     略
 :     〜
140        tkinter.PhotoImage(file="image_penpen/chip03.png")
141    ]
142    img_pen = [
143        tkinter.PhotoImage(file="image_penpen/pen00.png"),
 :     略
 :     〜
154        tkinter.PhotoImage(file="image_penpen/pen11.png")
155    ]
156
157    root.title("はらはら ペンギン ラビリンス")
158    root.resizable(False, False)
159    root.bind("<KeyPress>", key_down)
160    root.bind("<KeyRelease>", key_up)
161    canvas = tkinter.Canvas(width=720, height=540)
```

```
162     canvas.pack()                                キャンバスをウィンドウに配置
163     main()                                       メイン処理を行う関数を実行
164     root.mainloop()                              ウィンドウを表示する
```

図3-6-1　list0306_1.pyの実行結果

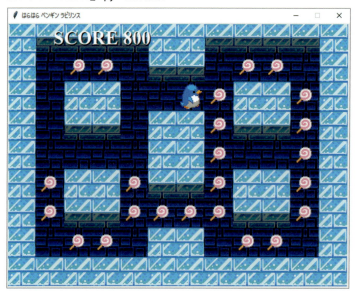

　move_penpen()関数の116〜120行目で、キャンディを拾う処理を行っています。リストmap_data[my][mx]の値が3のマスにキャンディがあります。ペンペンがそのマスに入ると、scoreを加算し、map_data[my][mx]を2にしてキャンディを消します。

ペンペンの座標（キャンバス上の座標）をマップチップのサイズ（今回は60ドット）で割ることで、二次元リストのmap_dataの添え字を求めます。その位置が何のマスかを調べる基本の方法です。

　45〜48行目で、影を付けた文字列を表示するdraw_txt()関数を定義しています。この関数でスコアを表示します。文字に影を付けているのは、背景の上に表示した文字が見にくくならないためと、ゲーム画面の見栄えを良くするための、2つの意味があります。

Lesson 3-7 敵を登場させる

このゲームは、主人公のライバルである「レッド」が、敵として登場する設定です。敵キャラクターを動かすプログラムを組み込みます。

敵の処理を組み込む

敵を動かすプログラムを確認します。このプログラムは次の画像を使います。書籍サポートページからダウンロードしてください。

図3-7-1　今回使用する画像ファイル

次のプログラムを入力し、ファイル名を付けて保存し、実行しましょう。

リスト ▶ list0307_1.py　※前のプログラムからの追加変更箇所にマーカーを引いています

```
1   import tkinter                          tkinterモジュールをインポート
2   import random                           randomモジュールをインポート
3
4   # キー入力
5   key = ""                                キーの値を代入する変数
6   koff = False                            キーが離された時に使う変数(フラグ)
7   def key_down(e):                        キーが押された時に実行する関数
8       global key, koff                        これらをグローバル変数とする
9       key = e.keysym                          keyにkeysymの値を代入
10      koff = False                            koffにFalseを代入
11
12  def key_up(e):                          キーが離された時に実行する関数
13      global koff # Mac                       koffをグローバル変数とする
14      koff = True # Mac                       koffにTrueを代入
15  #   global key  # Win                   コメント文 Windowsパソコン用
16  #   key = ""    # Win                   コメント文 Windowsパソコン用
17
```

```python
18
19  DIR_UP = 0                                          キャラの向きを定義した変数(上向き)
20  DIR_DOWN = 1                                        キャラの向きを定義した変数(下向き)
21  DIR_LEFT = 2                                        キャラの向きを定義した変数(左向き)
22  DIR_RIGHT = 3                                       キャラの向きを定義した変数(右向き)
23  ANIMATION = [0, 1, 0, 2]                            アニメーション番号を定義したリスト
24
25  tmr = 0                                             タイマー
26  score = 0                                           スコア
27
28  pen_x = 90                                          ペンペンのX座標
29  pen_y = 90                                          ペンペンのY座標
30  pen_d = 0                                           ペンペンの向き
31  pen_a = 0                                           ペンペンの画像番号
32
33  red_x = 630                                         レッドのX座標
34  red_y = 450                                         レッドのY座標
35  red_d = 0                                           レッドの向き
36  red_a = 0                                           レッドの画像番号
37
38  map_data = [                                        迷路のデータを入れるリスト
39      [0,1,1,1,1,0,0,1,1,1,1,0],
40      [0,2,3,3,2,1,1,2,3,3,2,0],
41      [0,3,0,0,3,3,3,3,0,0,3,0],
42      [0,3,1,1,3,0,0,3,1,1,3,0],
43      [0,3,2,2,3,0,0,3,2,2,3,0],
44      [0,3,0,0,3,1,1,3,0,0,3,0],
45      [0,3,1,1,3,3,3,3,1,1,3,0],
46      [0,2,3,3,2,0,0,2,3,3,2,0],
47      [0,0,0,0,0,0,0,0,0,0,0,0]
48  ]
49
50
51  def draw_txt(txt, x, y, siz, col):  # 影付き文字   影付き文字を表示する関数
52      fnt = ("Times New Roman", siz, "bold")          フォントの定義
53      canvas.create_text(x+2, y+2, text=txt, fill=    文字の影(2ドットずらし黒で表示)
    "black", font=fnt, tag="SCREEN")
54      canvas.create_text(x, y, text=txt, fill=col,    指定の色で文字を表示
    font=fnt, tag="SCREEN")
55
56
57  def draw_screen():  # ゲーム画面を描く              ゲーム画面を描く関数
58      canvas.delete("SCREEN")                         いったん全ての画像と文字を削除
59      for y in range(9):                              二重ループの
60          for x in range(12):                             繰り返しで
61              canvas.create_image(x*60+30, y*60+30, image      マップチップで迷路を描く
    =img_bg[map_data[y][x]], tag="SCREEN")
62      canvas.create_image(pen_x, pen_y, image=img_pen ペンペンを表示
    [pen_a], tag="SCREEN")
63      canvas.create_image(red_x, red_y, image=img_red レッドを表示
    [red_a], tag="SCREEN")
64      draw_txt("SCORE "+str(score), 200, 30, 30, "white") スコアを表示
65
66
67  def check_wall(cx, cy, di, dot):  # 各方向に壁があるか調べる  指定の向きに壁があるか調べる関数
:       略:list0306_1.pyの通り(→P.102)
:       〜
104 def move_penpen():  # ペンペンを動かす              ペンペンを動かす関数
:       略:list0306_1.pyの通り(→P.102〜103)
:       〜
```

```python
130  def move_enemy(): # レッドを動かす                  敵のレッドを動かす関数
131      global red_x, red_y, red_d, red_a              これらをグローバル変数とする
132      speed = 10                                     レッドの移動速度(ドット数)
133      if red_x%60 == 30 and red_y%60 == 30:          マス目ぴったりの位置にいる時
134          red_d = random.randint(0, 3)                   ランダムに向きを変える
135      if red_d == DIR_UP:                            レッドが上向きの時
136          if check_wall(red_x, red_y, red_d, speed) ==       そちらが壁でなければ
False:
137              red_y = red_y - speed                          Y座標を減らし上に移動
138      if red_d == DIR_DOWN:                          レッドが下向きの時
139          if check_wall(red_x, red_y, red_d, speed) ==       そちらが壁でなければ
False:
140              red_y = red_y + speed                          Y座標を増やし下に移動
141      if red_d == DIR_LEFT:                          レッドが左向きの時
142          if check_wall(red_x, red_y, red_d, speed) ==       そちらが壁でなければ
False:
143              red_x = red_x - speed                          X座標を減らし左に移動
144      if red_d == DIR_RIGHT:                         レッドが右向きの時
145          if check_wall(red_x, red_y, red_d, speed) ==       そちらが壁でなければ
False:
146              red_x = red_x + speed                          X座標を増やし右に移動
147      red_a = red_d*3 + ANIMATION[tmr%4]             レッドのアニメ(画像)番号を計算
148
149
150  def main(): # メインループ                          メイン処理を行う関数
151      global key, koff, tmr                          これらをグローバル変数とする
152      tmr = tmr + 1                                  tmrの値を1増やす
153      draw_screen()                                  ゲーム画面を描く
154      move_penpen()                                    ペンペンの移動
155      move_enemy()                                     レッドの移動
156      if koff == True:                               koffがTrueなら
157          key = ""                                       keyの値をクリアし
158          koff = False                                   koffにFalseを代入
159      root.after(100, main)                          100ミリ秒後に再びmain()関数を実行
160
161
162  root = tkinter.Tk()                                ウィンドウの部品を作る
163
164  img_bg = [                                         マップチップの画像を読み込むリスト
165      tkinter.PhotoImage(file="image_penpen/chip00.png"),
:    略
:    ～
168      tkinter.PhotoImage(file="image_penpen/chip03.png")
169  ]
170  img_pen = [                                        ペンペンの画像を読み込むリスト
171      tkinter.PhotoImage(file="image_penpen/pen00.png"),
:    略
:    ～
182      tkinter.PhotoImage(file="image_penpen/pen11.png")
183  ]
184  img_red = [                                        レッドの画像を読み込むリスト
185      tkinter.PhotoImage(file="image_penpen/red00.png"),
186      tkinter.PhotoImage(file="image_penpen/red01.png"),
187      tkinter.PhotoImage(file="image_penpen/red02.png"),
188      tkinter.PhotoImage(file="image_penpen/red03.png"),
189      tkinter.PhotoImage(file="image_penpen/red04.png"),
190      tkinter.PhotoImage(file="image_penpen/red05.png"),
191      tkinter.PhotoImage(file="image_penpen/red06.png"),
192      tkinter.PhotoImage(file="image_penpen/red07.png"),
193      tkinter.PhotoImage(file="image_penpen/red08.png"),
```

```
194         tkinter.PhotoImage(file="image_penpen/red09.png"),
195         tkinter.PhotoImage(file="image_penpen/red10.png"),
196         tkinter.PhotoImage(file="image_penpen/red11.png")
197     ]
198
199     root.title("はらはら ペンギン ラビリンス")           ウィンドウのタイトルを指定
200     root.resizable(False, False)                      ウィンドウサイズを変更できなくする
201     root.bind("<KeyPress>", key_down)                 キーを押した時に実行する関数を指定
202     root.bind("<KeyRelease>", key_up)                 キーを離した時に実行する関数を指定
203     canvas = tkinter.Canvas(width=720, height=540)    キャンバスの部品を作る
204     canvas.pack()                                     キャンバスをウィンドウに配置
205     main()                                            メイン処理を行う関数を実行
206     root.mainloop()                                   ウィンドウを表示する
```

このプログラムを実行すると、赤いペンギンが迷路内を歩くようになります。主人公を追いかけてくるようにはしていないので、あちこちをうろうろと移動します。今はまだ接触しても、やられたことにはなりません（**図3-7-2**）。

図3-7-2　敵キャラクターが登場するようになる

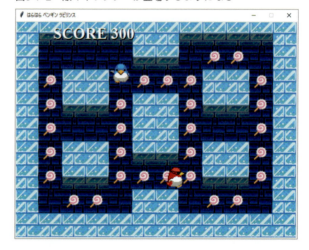

レッドの動きで乱数を用いるので、2行目でrandomモジュールをインポートします。

33〜36行目で宣言したred_x、red_y、red_d、red_aという変数で、レッドの座標、向き、アニメーション番号（絵の番号）を管理します。

レッドの移動は130〜147行目で定義したmove_enemy()関数で行います。その関数を抜き出して説明します。

```
def move_enemy(): # レッドを動かす
    global red_x, red_y, red_d, red_a
    speed = 10
    if red_x%60 == 30 and red_y%60 == 30:
        red_d = random.randint(0, 3)
    if red_d == DIR_UP:
        if check_wall(red_x, red_y, red_d, speed) == False:
            red_y = red_y - speed
    if red_d == DIR_DOWN:
```

```
        if check_wall(red_x, red_y, red_d, speed) == False:
            red_y = red_y + speed
    if red_d == DIR_LEFT:
        if check_wall(red_x, red_y, red_d, speed) == False:
            red_x = red_x - speed
    if red_d == DIR_RIGHT:
        if check_wall(red_x, red_y, red_d, speed) == False:
            red_x = red_x + speed
    red_a = red_d*3 + ANIMATION[tmr%4]
```

　レッドが1フレームで移動するドット数（移動速度）をspeedという変数で定義しています。
　if red_x%60 == 30 and red_y%60 == 30: という条件式で、レッドがマス目のぴったりの位置にいるかを判定し、ぴったりの位置にいる時に向きを変えています。

　マップチップのサイズは幅60ドット、高さ60ドットなので、マス目のぴったりの位置にいるキャラクターの(x,y)座標は、x,yの値ともに30,90,150,210,270‥‥となります。30,90,150,210,270‥‥は60で割ると30余る数です。

　マス目のぴったりの位置にいる時にred_d = random.randint(0, 3)として、レッドの向きに0から3の乱数を代入します。0が上向き（DIR_UP）、1が下向き（DIR_DOWN）、2が左向き（DIR_LEFT）、3が右向き（DIR_RIGHT）です。

　check_wall()関数で、レッドの向いた先に壁があるかを判定し、なければ座標を増減して移動させます。

図3-7-3　レッドのマス目上の位置

Pythonの乱数の命令を復習します。

r = random.random()
→rに0以上1未満の乱数が入ります。

r = random.randint(min, max)
→rにminからmaxまでの整数の乱数が入ります。

Lesson 3-8 タイトル、クリア、ゲームオーバー

「タイトル画面→ゲームをプレイ→ゲームクリアもしくはゲームオーバー」という一連の流れを組み込みます。

ゲームとして成立させる

- 全てのキャンディを拾ったらゲームクリア
- 敵に1回でも触れたらゲームオーバー

として、ゲームとして成立させます。
「ステージ数を増やし、次のステージに進める」「ペンペンの残り数を入れる」という仕様は、次の章で組み込みます。

ゲーム進行は前章で学んだように、インデックスとタイマーの2つの変数で管理します。今回のプログラムではインデックスを idx という変数名、タイマーを tmr という変数名にします。
前のプログラムの画像に加え、次の画像を使いますので、書籍サポートページからダウンロードしてください。

図3-8-1　今回使用する画像ファイル

title.png

次のプログラムを入力し、ファイル名を付けて保存し、実行しましょう。

リスト ▶ list0308_1.py　※前のプログラムからの追加変更箇所にマーカーを引いています

1	`import tkinter`	tkinterモジュールをインポート
2	`import random`	randomモジュールをインポート
3		
4	`# キー入力`	
5	`key = ""`	キーの値を代入する変数
6	`koff = False`	キーが離された時に使う変数(フラグ)
7	`def key_down(e):`	キーが押された時に実行する関数
8	`    global key, koff`	これらをグローバル変数とする
9	`    key = e.keysym`	keyにkeysymの値を代入

```
10      koff = False                                        koffにFalseを代入
11
12  def key_up(e):                                          キーが離された時に実行する関数
13      global koff  # Mac                                      koffをグローバル変数とする
14      koff = True  # Mac                                      koffにTrueを代入
15  #   global key  # Win                                   コメント文 Windowsパソコン用
16  #   key = ""    # Win                                   コメント文 Windowsパソコン用
17
18
19  DIR_UP = 0                                              キャラの向きを定義した変数(上向き)
20  DIR_DOWN = 1                                            キャラの向きを定義した変数(下向き)
21  DIR_LEFT = 2                                            キャラの向きを定義した変数(左向き)
22  DIR_RIGHT = 3                                           キャラの向きを定義した変数(右向き)
23  ANIMATION = [0, 1, 0, 2]                                アニメーション番号を定義したリスト
24
25  idx = 0                                                 インデックス
26  tmr = 0                                                 タイマー
27  score = 0                                               スコア
28  candy = 0                                               各ステージにあるキャンディの数
29
30  pen_x = 0                                               ペンペンのX座標
31  pen_y = 0                                               ペンペンのY座標
32  pen_d = 0                                               ペンペンの向き
33  pen_a = 0                                               ペンペンの画像番号
34
35  red_x = 0                                               レッドのX座標
36  red_y = 0                                               レッドのY座標
37  red_d = 0                                               レッドの向き
38  red_a = 0                                               レッドの画像番号
39
40  map_data = []                                           迷路のデータを入れるリスト
41
42  def set_stage():  # ステージのデータをセットする         ステージのデータをセットする関数
43      global map_data, candy                                  これらをグローバル変数とする
44      map_data = [                                            迷路データをリストに代入
45      [0,1,1,1,1,0,0,1,1,1,1,0],                              〃
46      [0,2,3,3,2,1,1,2,3,3,2,0],                              〃
47      [0,3,0,0,3,3,3,3,0,0,3,0],                              〃
48      [0,3,1,1,3,0,0,3,1,1,3,0],                              〃
49      [0,3,2,2,3,0,0,3,2,2,3,0],                              〃
50      [0,3,0,0,3,1,1,3,0,0,3,0],                              〃
51      [0,3,1,1,3,3,3,3,1,1,3,0],                              〃
52      [0,2,3,3,2,0,0,2,3,3,2,0],                              〃
53      [0,0,0,0,0,0,0,0,0,0,0,0]                               〃
54      ]
55      candy = 32                                              キャンディの数
56
57
58  def set_chara_pos():  # キャラのスタート位置             キャラのスタート位置をセットする関数
59      global pen_x, pen_y, pen_d, pen_a                       これらをグローバル変数とする
60      global red_x, red_y, red_d, red_a                       〃
61      pen_x = 90                                              ペンペンの(x,y)座標を代入
62      pen_y = 90
63      pen_d = DIR_DOWN                                        ペンペンを下向きに
64      pen_a = 3                                               ペンペンの絵の番号を代入
65      red_x = 630                                             レッドの(x,y)座標を代入
66      red_y = 450
67      red_d = DIR_DOWN                                        レッドを下向きに
68      red_a = 3                                               レッドの絵の番号を代入
69
```

```python
70
71  def draw_txt(txt, x, y, siz, col): # 影付き文字
72      fnt = ("Times New Roman", siz, "bold")
73      canvas.create_text(x+2, y+2, text=txt, fill="black", font=fnt, tag="SCREEN")
74      canvas.create_text(x, y, text=txt, fill=col, font=fnt, tag="SCREEN")
75
76
77  def draw_screen(): # ゲーム画面を描く
78      canvas.delete("SCREEN")
79      for y in range(9):
80          for x in range(12):
81              canvas.create_image(x*60+30, y*60+30, image=img_bg[map_data[y][x]], tag="SCREEN")
82      canvas.create_image(pen_x, pen_y, image=img_pen[pen_a], tag="SCREEN")
83      canvas.create_image(red_x, red_y, image=img_red[red_a], tag="SCREEN")
84      draw_txt("SCORE "+str(score), 200, 30, 30, "white")
85
86
87  def check_wall(cx, cy, di, dot): # 各方向に壁があるか調べる
88      chk = False
89      if di == DIR_UP:
90          mx = int((cx-30)/60)
91          my = int((cy-30-dot)/60)
92          if map_data[my][mx] <= 1: # 左上
93              chk = True
94          mx = int((cx+29)/60)
95          if map_data[my][mx] <= 1: # 右上
96              chk = True
97      if di == DIR_DOWN:
98          mx = int((cx-30)/60)
99          my = int((cy+29+dot)/60)
100         if map_data[my][mx] <= 1: # 左下
101             chk = True
102         mx = int((cx+29)/60)
103         if map_data[my][mx] <= 1: # 右下
104             chk = True
105     if di == DIR_LEFT:
106         mx = int((cx-30-dot)/60)
107         my = int((cy-30)/60)
108         if map_data[my][mx] <= 1: # 左上
109             chk = True
110         my = int((cy+29)/60)
111         if map_data[my][mx] <= 1: # 左下
112             chk = True
113     if di == DIR_RIGHT:
114         mx = int((cx+29+dot)/60)
115         my = int((cy-30)/60)
116         if map_data[my][mx] <= 1: # 右上
117             chk = True
118         my = int((cy+29)/60)
119         if map_data[my][mx] <= 1: # 右下
120             chk = True
121     return chk
122
123
124 def move_penpen(): # ペンペンを動かす
```

70	影付き文字を表示する関数
72	フォントの定義
73	文字の影(2ドットずらし黒で表示)
74	指定の色で文字を表示
77	ゲーム画面を描く関数
78	いったん全ての画像と文字を削除
79	二重ループの
80	繰り返しで
81	マップチップで迷路を描く
82	ペンペンを表示
83	レッドを表示
84	スコアを表示
87	指定の向きに壁があるか調べる関数
88	chkにFalseを代入
89	上向きの時
90-91	mxとmyに、リストの左上方向を調べるための値を代入
92	そこが壁の場合
93	chkにTrueを代入
94	リスト右上方向を調べる値を代入
95	そこが壁の場合
96	chkにTrueを代入
97	下向きの時
98-99	mxとmyに、リストの左下方向を調べるための値を代入
100	そこが壁の場合
101	chkにTrueを代入
102	リスト右下方向を調べる値を代入
103	そこが壁の場合
104	chkにTrueを代入
105	左向きの時
106-107	mxとmyに、リストの左上方向を調べるための値を代入
108	そこが壁の場合
109	chkにTrueを代入
110	リスト左下方向を調べる値を代入
111	そこが壁の場合
112	chkにTrueを代入
113	右向きの時
114-115	mxとmyに、リストの右上方向を調べるための値を代入
116	そこが壁の場合
117	chkにTrueを代入
118	リスト右下方向を調べる値を代入
119	そこが壁の場合
120	chkにTrueを代入
121	chkの値を戻り値として返す
124	ペンペンを動かす関数

```python
        global score, candy, pen_x, pen_y, pen_d, pen_a          # これらをグローバル変数とする
        if key == "Up":                                           # 上キーが押されている時
            pen_d = DIR_UP                                        #     ペンペンを上向きにする
            if check_wall(pen_x, pen_y, pen_d, 20) == False:      #     20ドット先が壁でないなら
                pen_y = pen_y - 20                                #         y座標を減らし上に移動
        if key == "Down":                                         # 下キーが押されている時
            pen_d = DIR_DOWN                                      #     ペンペンを下向きにする
            if check_wall(pen_x, pen_y, pen_d, 20) == False:      #     20ドット先が壁でないなら
                pen_y = pen_y + 20                                #         y座標を増やし下に移動
        if key == "Left":                                         # 左キーが押されている時
            pen_d = DIR_LEFT                                      #     ペンペンを左向きにする
            if check_wall(pen_x, pen_y, pen_d, 20) == False:      #     20ドット先が壁でないなら
                pen_x = pen_x - 20                                #         x座標を減らし左に移動
        if key == "Right":                                        # 右キーが押されている時
            pen_d = DIR_RIGHT                                     #     ペンペンを右向きにする
            if check_wall(pen_x, pen_y, pen_d, 20) == False:      #     20ドット先が壁でないなら
                pen_x = pen_x + 20                                #         x座標を増やし右に移動
        pen_a = pen_d*3 + ANIMATION[tmr%4]                        # ペンペンのアニメ(画像)番号を計算
        mx = int(pen_x/60)                                        # mxとmyにペンペンがいる位置の
        my = int(pen_y/60)                                        # リストを調べるための値を代入
        if map_data[my][mx] == 3: # キャンディに載ったか？          # キャンディのマスに入ったら
            score = score + 100                                   #     スコアを加算
            map_data[my][mx] = 2                                  #     キャンディを消す
            candy = candy - 1                                     #     キャンディの数を減らす


def move_enemy(): # レッドを動かす                                  # 敵のレッドを動かす関数
    global idx, tmr, red_x, red_y, red_d, red_a                   # これらをグローバル変数とする
    speed = 10                                                    # レッドの移動速度(ドット数)
    if red_x%60 == 30 and red_y%60 == 30:                         # マス目ぴったりの位置にいる時
        red_d = random.randint(0, 6)                              #     ランダムに向きを変える
        if red_d >= 4:                                            #     乱数が4以上の時
            if pen_y < red_y:                                     #         ペンペンが上の方にいるなら
                red_d = DIR_UP                                    #             レッドを上向きに
            if pen_y > red_y:                                     #         ペンペンが下の方にいるなら
                red_d = DIR_DOWN                                  #             レッドを下向きに
            if pen_x < red_x:                                     #         ペンペンが左の方にいるなら
                red_d = DIR_LEFT                                  #             レッドを左向きに
            if pen_x > red_x:                                     #         ペンペンが右の方にいるなら
                red_d = DIR_RIGHT                                 #             レッドを右向きに
    if red_d == DIR_UP:                                           # レッドが上向きの時
        if check_wall(red_x, red_y, red_d, speed) == False:       #     そちらが壁でなければ
            red_y = red_y - speed                                 #         Y座標を減らし上に移動
    if red_d == DIR_DOWN:                                         # レッドが下向きの時
        if check_wall(red_x, red_y, red_d, speed) == False:       #     そちらが壁でなければ
            red_y = red_y + speed                                 #         Y座標を増やし下に移動
    if red_d == DIR_LEFT:                                         # レッドが左向きの時
        if check_wall(red_x, red_y, red_d, speed) == False:       #     そちらが壁でなければ
            red_x = red_x - speed                                 #         X座標を減らし左に移動
    if red_d == DIR_RIGHT:                                        # レッドが右向きの時
        if check_wall(red_x, red_y, red_d, speed) == False:       #     そちらが壁でなければ
            red_x = red_x + speed                                 #         X座標を増やし右に移動
```

```python
            red_a = red_d*3 + ANIMATION[tmr%4]                          レッドのアニメ(画像)番号を計算
            if abs(red_x-pen_x) <= 40 and abs(red_y-pen_y)              ペンペンと接触したかを判定
<= 40:
                idx = 2                                                     接触したらidxを2、
                tmr = 0                                                     tmrを0にし、やられた処理へ


def main(): # メインループ                                              メイン処理を行う関数
    global key, koff, idx, tmr, score                                   これらをグローバル変数とする
    tmr = tmr + 1                                                       tmrの値を1増やす
    draw_screen()                                                       ゲーム画面を描く

    if idx == 0: # タイトル画面                                         idxが0の時(タイトル画面)
        canvas.create_image(360, 200, image=img_title,                      タイトルロゴの表示
tag="SCREEN")
        if tmr%10 < 5:                                                      tmrを10で割った余りが5未満なら
            draw_txt("Press SPACE !", 360, 380, 30,                             Press SPACE !の文字を表示
"yellow")
        if key == "space":                                                  スペースキーが押されたら
            score = 0                                                           スコアを0に
            set_stage()                                                         ステージデータをセット
            set_chara_pos()                                                     各キャラをスタート位置に
            idx = 1                                                             idxを1にしてゲーム開始

    if idx == 1: # ゲームをプレイ                                       idxが1の時(ゲームプレイ中の処理)
        move_penpen()                                                       ペンペンの移動
        move_enemy()                                                        レッドの移動
        if candy == 0:                                                      キャンディを全て取ったら
            idx = 4                                                             idxを4、
            tmr = 0                                                             tmrを0にして、クリアへ

    if idx == 2: # 敵にやられた                                         idxが2の時(敵にやられた処理)
        draw_txt("GAME OVER", 360, 270, 40, "red")                          GAME OVERの文字を表示
        if tmr == 50:                                                       tmrが50の時
            idx = 0                                                             idxを0にし、タイトル画面へ

    if idx == 4: # ステージクリア                                       idxが4の時(ステージクリア)
        draw_txt("STAGE CLEAR", 360, 270, 40, "pink")                       STAGE CLEARと表示
        if tmr == 50:                                                       tmrが50の時
            idx = 0                                                             idxを0にし、タイトル画面へ

    if koff == True:                                                    koffがTrueなら
        key = ""                                                            keyの値をクリアし
        koff = False                                                        koffにFalseを代入

    root.after(100, main)                                               100ミリ秒後に再びmain()関数を実行


root = tkinter.Tk()                                                     ウィンドウの部品を作る

img_bg = [                                                              マップチップの画像を読み込むリスト
    tkinter.PhotoImage(file="image_penpen/chip00.png"),
    tkinter.PhotoImage(file="image_penpen/chip01.png"),
    tkinter.PhotoImage(file="image_penpen/chip02.png"),
    tkinter.PhotoImage(file="image_penpen/chip03.png")
]
img_pen = [                                                             ペンペンの画像を読み込むリスト
    tkinter.PhotoImage(file="image_penpen/pen00.png"),
    tkinter.PhotoImage(file="image_penpen/pen01.png"),
    tkinter.PhotoImage(file="image_penpen/pen02.png"),
```

```
234        tkinter.PhotoImage(file="image_penpen/pen03.png"),
235        tkinter.PhotoImage(file="image_penpen/pen04.png"),
236        tkinter.PhotoImage(file="image_penpen/pen05.png"),
237        tkinter.PhotoImage(file="image_penpen/pen06.png"),
238        tkinter.PhotoImage(file="image_penpen/pen07.png"),
239        tkinter.PhotoImage(file="image_penpen/pen08.png"),
240        tkinter.PhotoImage(file="image_penpen/pen09.png"),
241        tkinter.PhotoImage(file="image_penpen/pen10.png"),
242        tkinter.PhotoImage(file="image_penpen/pen11.png")
243    ]
244    img_red = [                                                  レッドの画像を読み込むリスト
245        tkinter.PhotoImage(file="image_penpen/red00.png"),
246        tkinter.PhotoImage(file="image_penpen/red01.png"),
247        tkinter.PhotoImage(file="image_penpen/red02.png"),
248        tkinter.PhotoImage(file="image_penpen/red03.png"),
249        tkinter.PhotoImage(file="image_penpen/red04.png"),
250        tkinter.PhotoImage(file="image_penpen/red05.png"),
251        tkinter.PhotoImage(file="image_penpen/red06.png"),
252        tkinter.PhotoImage(file="image_penpen/red07.png"),
253        tkinter.PhotoImage(file="image_penpen/red08.png"),
254        tkinter.PhotoImage(file="image_penpen/red09.png"),
255        tkinter.PhotoImage(file="image_penpen/red10.png"),
256        tkinter.PhotoImage(file="image_penpen/red11.png")
257    ]
258    img_title = tkinter.PhotoImage(file="image_penpen/          タイトルロゴを読み込む変数
       title.png")
259
260    root.title("はらはら ペンギン ラビリンス")                        ウィンドウのタイトルを指定
261    root.resizable(False, False)                                 ウィンドウサイズを変更できなくする
262    root.bind("<KeyPress>", key_down)                            キーを押した時に実行する関数を指定
263    root.bind("<KeyRelease>", key_up)                            キーを離した時に実行する関数を指定
264    canvas = tkinter.Canvas(width=720, height=540)               キャンバスの部品を作る
265    canvas.pack()                                                キャンバスをウィンドウに配置
266    set_stage()                                                  ステージデータをセットする
267    set_chara_pos()                                              各キャラをスタート位置にする
268    main()                                                       メイン処理を行う関数を実行
269    root.mainloop()                                              ウィンドウを表示する
```

プログラムを実行し、

- キャンディを全て拾うとゲームクリアになる
- レッドに接触するとゲームオーバーになる

これらを確認しましょう。
実行結果は**図3-8-2**のようになります。

図3-8-2　プログラムの動作確認

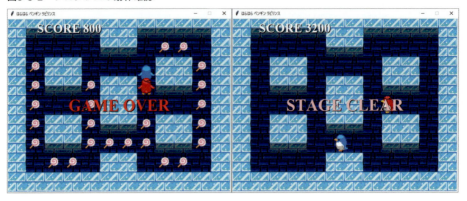

　変数の用途、インデックスの値と行っている処理をまとめます。また追加した関数について説明します。プログラムと合わせて確認していきましょう。
　変数の用途は**表3-8-1**のようになります。

表3-8-1　変数の用途

変数名	用途
idx, tmr	ゲーム進行の管理
score	スコア
candy	キャンディがいくつあるか
pen_x, pen_y, pen_d, pen_a	ペンペンの座標、向き、アニメパターン(絵の番号)
red_x, red_y, red_d, red_a	レッドの座標、向き、アニメパターン(絵の番号)

　インデックスの値と行っている処理は次のようになります。

表3-8-2　インデックスと処理の概要

idxの値	処理
0	**タイトル画面** ・スペースキーが押されたら、各変数に初期値を入れ、idxを1にする
1	**ゲームプレイ中の画面** ・ペンペンの移動、レッドの移動を行う ・レッドの処理の中で、ペンペンと接触したらidxを2にする ・キャンディを全て拾ったらidxを4にする
2	**敵にやられた(ゲームオーバー)画面** ・約5秒間待ち、idx0に移行
4	**ゲームクリア画面** ・約5秒間待ち、idx0に移行

※idx3を空けているのは、ペンペンの残り数の処理を追加するため

　追加した2つの関数ついて説明します。

set_stage()関数（42〜55行目）

迷路のデータをリストのmap_dataに代入します。リストは要素の1つ1つを変更するならグローバル宣言の必要はありませんが、この関数で行っているように、**リスト全体を書き換えるにはグローバル宣言が必要**です。

set_chara_pos()関数（58〜68行目）

ゲームスタート時のペンペンとレッドの座標を代入し、各キャラクターを下向き（正面向き）の絵にします。
タイトル画面でスペースキーを押した時に、これらの関数を実行し、ゲーム開始前にリストや変数に必要な値を代入します。

⟫⟫⟫ レッドの動きの改良と接触判定

move_enemy()関数に処理を追加し、レッドがペンペンを追いかけてくるようにしました。その部分を抜き出して説明します。

```python
if red_x%60 == 30 and red_y%60 == 30:
    red_d = random.randint(0, 6)
    if red_d >= 4:
        if pen_y < red_y:
            red_d = DIR_UP
        if pen_y > red_y:
            red_d = DIR_DOWN
        if pen_x < red_x:
            red_d = DIR_LEFT
        if pen_x > red_x:
            red_d = DIR_RIGHT
```

マス目のぴったりの位置にいる時、レッドの向きをランダムに変えます。乱数は0、1、2、3、4、5、6のいずれかが発生するようにし、0、1、2、3であれば上下左右に向きを変え、4、5、6であればペンペンがどちらにいるかを調べ、レッドの向きをペンペンがいる方にします。

ペンペンがレッドの上下左右どちらにいるかは、それぞれのキャラクターの座標を比較すれば分かります。例えばペンペンがレッドの左方向にいるなら、pen_x < red_xという条件式が成り立ちます。

それからmove_enemy()関数の178～180行目で、ペンペンとレッドの接触判定を行っています。その部分を抜き出して説明します。

```
if abs(red_x-pen_x) <= 40 and abs(red_y-pen_y) <= 40:
    idx = 2
    tmr = 0
```

これは前章で学んだ矩形のヒットチェックになります。ペンペンとレッドを、**図3-8-3**のように正方形に見たて、中心座標間の距離を比較します。

図3-8-3　ペンペンとレッドのヒットチェック

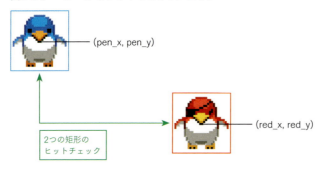

ペンペン、レッドの画像サイズは縦横60ドットですが、なぜabs(red_x-pen_x) <= 40、abs(red_y-pen_y) <= 40と、40ドットで比較しているのでしょうか？
　それは画像サイズの60という値で比較すると、**図3-8-4**のように、斜めに接触した時、見た目上はキャラクターが接触していないのに、触れたことになります。そのため40という値にしているのです。

図3-8-4　40ドットで判定する理由

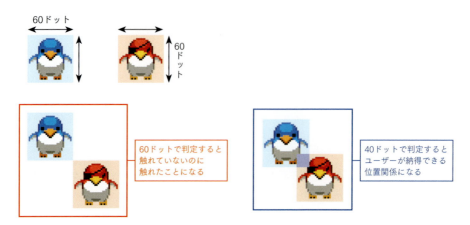

見た目に触れていないのに、やられてしまったら、遊ぶ人はおかしいと感じますよね。ヒットチェックは、遊ぶ人が納得するように、数値を調整する必要があります。

▶▶▶ 一連の流れができた！

　ゲームソフトを作る時、今回行ったように、必要最小限の仕様を組み込み、いったん完成させることをお勧めします。ゲーム開発初心者にとって、そうすることがゲームを完成させる秘訣にもなります。

　必要最小限の仕様の組み込みは、そのゲームの骨組みを作るということです。骨組みができれば、そのプログラムを元に、ゲーム内容を充実させていくことができます。次の章では、実際に仕様を追加して、ゲームをより面白くする改良を行います。

骨組みを作って実際に遊んでみると、もっと作り込みたい部分や、追加したい仕様が、はっきりしてくることが分かります。

COLUMN

BASICとPython

　筆者が初めて覚えたのはBASICというプログラミング言語です。BASICは今では使われる機会の少ないプログラミング言語ですが、初心者や子供達がプログラミングを覚えるのに向いています。命令数が限られており、記述の仕方がシンプルで、気軽にプログラムを組むことができるからです。

　家庭にパソコンが普及していった1980年代はBASIC全盛の時代でした。BASICで作られたゲームプログラムを掲載する雑誌が発売され、安いものでは数万円程度で買えた家庭用コンピュータにゲームプログラムを入力し、遊ぶことができました。

　筆者は中高生の時、BASICでのゲーム制作に"はまり"ました。大学生になってからは、気が向いた時にBASICでゲームを作り、友達に遊んでもらいました。当時、話題になり始めた『テトリス』を、見様見真似で作ったことがあります。ブロックの回転方向が逆と友人に笑われたことは、今では良い思い出の1つです。

　その後、ゲーム業界へ進んだ筆者は、アセンブリ言語で業務用ゲーム機の制御プログラムを書いたり、C++などでゲームソフトを作るようになり、BASICからは離れてしまいました。

　ゲーム制作会社を設立後は、C系言語、Java、JavaScriptなどを使ったソフトウェア開発に、どっぷりと浸る日々を送ってきました。そんな中で筆者はPythonに出会いました。初めてPythonに触れた時、「これはまるでBASICのようだ」と感じました。いくつかのプログラムを組んでみると、思った通りで、Pythonはとてもプログラムが組みやすいことが分かりました。そして、複雑高度化するコンピュータプログラミングの世界で、Pythonは初心者が気軽に手を出せる素晴らしい言語だと思いました。

　筆者がプログラミングを教える専門学校で、Pythonを習いたいという生徒がいたこともあり、Pythonでのゲーム開発も教えるようになりました。Pythonでゲームを作ると短時間で開発でき、生徒達は理解しやすいのです。Pythonがますます好きになったというか、Pythonに心底、惚れ込みました。ちなみに筆者はJavaやJavaScriptにも惚れ込んだので、プログラミング言語に関しては浮気が多いようです（笑）。

　Pythonでプログラミングしていると、BASICを使っていた少年時代を思い出します。それは筆者にとって古き良き思い出です。そしてBASICは筆者にとって、未来を切り開いてくれたアイテムの1つです。そのことに気付いたのは大人になってからですが。

　読者のみなさんにもプログラミングの楽しさを味わってもらうことが、筆者の願いです。そして筆者にとってBASICがそうであったように、Pythonがみなさんの未来を輝かせることになれば、大変素敵なことだと思います。

> 一通りプレイできるようになった『はらはら ペンギン ラビリンス』に、新たなステージや敵キャラを追加し、ゲーム内容を充実させます。またこの章では、迷路のデータを作るマップエディタの制作方法も解説します。

アクションゲームを作ろう！後編

Chapter 4

Lesson 4-1　複数のステージを組み込む

『はらはら ペンギン ラビリンス』に複数のステージを組み込み、ステージをクリアすると、次のステージに進むようにします。

▶▶▶ この章のフォルダ構成

章が変わったので、「Chapter4」フォルダ内にも「image_penpen」フォルダを作り、画像ファイルをそこに入れてください。

図4-1-1　Chapter4のフォルダ構成

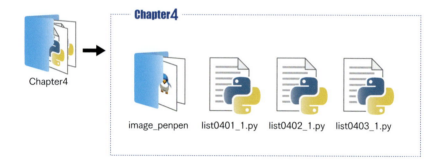

▶▶▶ 次のステージに進ませる

現時点で多くのステージを組み込んでしまうと、プログラムが長くなり、内容を確認しにくくなるので、新たに2つのステージを追加し、全3ステージで説明を進めます。

基本となるプログラムは、前章でゲームの流れを一通り組み込んだlist0308_1.pyです。そのプログラムに2つのステージデータと、次のステージに移る処理を追加します。

Chapter3と同様に、マップチップ、ペンペンとレッド、タイトルロゴの画像を使うので、それらのファイルを「Chapter4」フォルダ内の「image_penpen」フォルダに配置してください。

図4-1-2　使用する画像ファイル

chip00.png　chip01.png　chip02.png　chip03.png

次のプログラムを入力し、ファイル名を付けて保存し、実行しましょう。

リスト ▶ list0401_1.py　※list0308_1.pyからの追加変更箇所に マーカー を引いています

```
1  import tkinter
2  import random
3
4  # キー入力
5  key = ""
6  koff = False
7  def key_down(e):
8      global key, koff
9      key = e.keysym
10     koff = False
11
12 def key_up(e):
13     global koff # Mac
14     koff = True # Mac
```

tkinterをインポート
randomをインポート

キーの値を代入する変数
キーが離された時に使う変数(フラグ)
キーが押された時に実行する関数
　　これらをグローバル変数とする
　　keyにkeysymの値を代入
　　koffにFalseを代入

キーが離された時に実行する関数
　　koffをグローバル変数とする
　　koffにTrueを代入

```
15  #    global key # Win                          コメント文 Windowsパソコン用
16  #    key = ""   # Win                          コメント文 Windowsパソコン用
17
18
19  DIR_UP = 0                                     キャラの向きを定義した変数(上向き)
20  DIR_DOWN = 1                                   キャラの向きを定義した変数(下向き)
21  DIR_LEFT = 2                                   キャラの向きを定義した変数(左向き)
22  DIR_RIGHT = 3                                  キャラの向きを定義した変数(右向き)
23  ANIMATION = [0, 1, 0, 2]                       アニメーション番号を定義したリスト
24
25  idx = 0                                        インデックス
26  tmr = 0                                        タイマー
27  stage = 1                                      ステージ数
28  score = 0                                      スコア
29  candy = 0                                      各ステージにあるキャンディの数
30
31  pen_x = 0                                      ペンペンのX座標
32  pen_y = 0                                      ペンペンのY座標
33  pen_d = 0                                      ペンペンの向き
34  pen_a = 0                                      ペンペンの画像番号
35
36  red_x = 0                                      レッドのX座標
37  red_y = 0                                      レッドのY座標
38  red_d = 0                                      レッドの向き
39  red_a = 0                                      レッドの画像番号
40  red_sx = 0                                     レッドのスタート位置のX座標
41  red_sy = 0                                     レッドのスタート位置のY座標
42
43  map_data = [] # 迷路用のリスト                 迷路のデータを入れるリスト
44
45  def set_stage(): # ステージのデータをセットする   ステージのデータをセットする関数
46      global map_data, candy                     これらをグローバル変数とする
47      global red_sx, red_sy                      〃
48
49      if stage == 1:                             ステージ1の時
50          map_data = [                           迷路データをリストに代入
51          [0,1,1,1,1,0,0,1,1,1,1,0],             〃
52          [0,2,3,3,2,1,1,2,3,3,2,0],             〃
53          [0,3,0,0,3,3,3,3,0,0,3,0],             〃
54          [0,3,1,1,3,0,0,3,1,1,3,0],             〃
55          [0,3,2,2,3,0,0,3,2,2,3,0],             〃
56          [0,3,0,0,3,1,1,3,0,0,3,0],             〃
57          [0,3,1,1,3,3,3,3,1,1,3,0],             〃
58          [0,2,3,3,2,0,0,2,3,3,2,0],             〃
59          [0,0,0,0,0,0,0,0,0,0,0,0]              〃
60          ]
61          candy = 32                             キャンディの数
62          red_sx = 630                           レッドのスタート位置のX座標
63          red_sy = 450                           レッドのスタート位置のY座標
64
65      if stage == 2:                             ステージ2の時
66          map_data = [                           迷路データをリストに代入
67          [0,1,1,1,1,1,1,1,1,1,1,0],             〃
68          [0,2,2,2,3,3,3,3,2,2,2,0],             〃
69          [0,3,3,0,2,1,1,2,0,3,3,0],             〃
70          [0,3,3,1,3,3,3,3,1,3,3,0],             〃
71          [0,2,1,3,3,3,3,3,3,1,2,0],             〃
72          [0,3,0,3,3,3,3,3,0,3,0],               〃
73          [0,3,3,1,2,1,1,2,1,3,3,0],             〃
74          [0,2,2,2,3,3,3,3,2,2,2,0],             〃
```

```python
            [0,0,0,0,0,0,0,0,0,0,0,0]
        ]
        candy = 38
        red_sx = 630
        red_sy = 90

    if stage == 3:
        map_data = [
        [0,1,0,1,0,1,1,1,1,1,1,0],
        [0,2,1,3,1,2,2,3,3,3,3,0],
        [0,2,2,2,2,2,2,3,3,3,3,0],
        [0,2,1,1,1,2,2,1,1,1,1,0],
        [0,2,2,2,2,3,3,2,2,2,2,0],
        [0,1,1,2,0,2,2,0,1,1,2,0],
        [0,3,3,3,1,1,1,0,3,3,3,0],
        [0,3,3,3,2,2,2,0,3,3,3,0],
        [0,0,0,0,0,0,0,0,0,0,0,0]
        ]
        candy = 23
        red_sx = 630
        red_sy = 450


def set_chara_pos(): # キャラのスタート位置
    global pen_x, pen_y, pen_d, pen_a
    global red_x, red_y, red_d, red_a
    pen_x = 90
    pen_y = 90
    pen_d = DIR_DOWN
    pen_a = 3
    red_x = red_sx
    red_y = red_sy
    red_d = DIR_DOWN
    red_a = 3


def draw_txt(txt, x, y, siz, col): # 影付き文字
    fnt = ("Times New Roman", siz, "bold")
    canvas.create_text(x+2, y+2, text=txt, fill="black", font=fnt, tag="SCREEN")
    canvas.create_text(x, y, text=txt, fill=col, font=fnt, tag="SCREEN")


def draw_screen(): # ゲーム画面を描く
    canvas.delete("SCREEN")
    for y in range(9):
        for x in range(12):
            canvas.create_image(x*60+30, y*60+30, image=img_bg[map_data[y][x]], tag="SCREEN")
    canvas.create_image(pen_x, pen_y, image=img_pen[pen_a], tag="SCREEN")
    canvas.create_image(red_x, red_y, image=img_red[red_a], tag="SCREEN")
    draw_txt("SCORE "+str(score), 200, 30, 30, "white")
    draw_txt("STAGE "+str(stage), 520, 30, 30, "lime")


def check_wall(cx, cy, di, dot): # 各方向に壁があるか調べる
    chk = False
```

```python
130        if di == DIR_UP:                                        上向きの時
131            mx = int((cx-30)/60)                                    mxとmyに、リストの左上方向
132            my = int((cy-30-dot)/60)                                を調べるための値を代入
133            if map_data[my][mx] <= 1: # 左上                         そこが壁の場合
134                chk = True                                              chkにTrueを代入
135            mx = int((cx+29)/60)                                    リスト右上方向を調べる値を代入
136            if map_data[my][mx] <= 1: # 右上                         そこが壁の場合
137                chk = True                                              chkにTrueを代入
138        if di == DIR_DOWN:                                      下向きの時
139            mx = int((cx-30)/60)                                    mxとmyに、リストの左下方向
140            my = int((cy+29+dot)/60)                                を調べるための値を代入
141            if map_data[my][mx] <= 1: # 左下                         そこが壁の場合
142                chk = True                                              chkにTrueを代入
143            mx = int((cx+29)/60)                                    リスト右下方向を調べる値を代入
144            if map_data[my][mx] <= 1: # 右下                         そこが壁の場合
145                chk = True                                              chkにTrueを代入
146        if di == DIR_LEFT:                                      左向きの時
147            mx = int((cx-30-dot)/60)                                mxとmyに、リストの左上方向
148            my = int((cy-30)/60)                                    を調べるための値を代入
149            if map_data[my][mx] <= 1: # 左上                         そこが壁の場合
150                chk = True                                              chkにTrueを代入
151            my = int((cy+29)/60)                                    リスト左下方向を調べる値を代入
152            if map_data[my][mx] <= 1: # 左下                         そこが壁の場合
153                chk = True                                              chkにTrueを代入
154        if di == DIR_RIGHT:                                     右向きの時
155            mx = int((cx+29+dot)/60)                                mxとmyに、リストの右上方向
156            my = int((cy-30)/60)                                    を調べるための値を代入
157            if map_data[my][mx] <= 1: # 右上                         そこが壁の場合
158                chk = True                                              chkにTrueを代入
159            my = int((cy+29)/60)                                    リスト右下方向を調べる値を代入
160            if map_data[my][mx] <= 1: # 右下                         そこが壁の場合
161                chk = True                                              chkにTrueを代入
162        return chk                                              chkの値を戻り値として返す
163
164
165    def move_penpen(): # ペンペンを動かす                         ペンペンを動かす関数
166        global score, candy, pen_x, pen_y, pen_d, pen_a         これらをグローバル変数とする
167        if key == "Up":                                         上キーが押されている時
168            pen_d = DIR_UP                                          ペンペンを上向きにする
169            if check_wall(pen_x, pen_y, pen_d, 20) ==               20ドット先が壁でないなら
    False:
170                pen_y = pen_y - 20                                      y座標を減らし上に移動
171        if key == "Down":                                       下キーが押されている時
172            pen_d = DIR_DOWN                                        ペンペンを下向きにする
173            if check_wall(pen_x, pen_y, pen_d, 20) ==               20ドット先が壁でないなら
    False:
174                pen_y = pen_y + 20                                      y座標を増やし下に移動
175        if key == "Left":                                       左キーが押されている時
176            pen_d = DIR_LEFT                                        ペンペンを左向きにする
177            if check_wall(pen_x, pen_y, pen_d, 20) ==               20ドット先が壁でないなら
    False:
178                pen_x = pen_x - 20                                      x座標を減らし左に移動
179        if key == "Right":                                      右キーが押されている時
180            pen_d = DIR_RIGHT                                       ペンペンを右向きにする
181            if check_wall(pen_x, pen_y, pen_d, 20) ==               20ドット先が壁でないなら
    False:
182                pen_x = pen_x + 20                                      x座標を増やし右に移動
183        pen_a = pen_d*3 + ANIMATION[tmr%4]                      ペンペンのアニメ(画像)番号を計算
184        mx = int(pen_x/60)                                      mxとmyにペンペンがいる位置の
185        my = int(pen_y/60)                                      リストを調べるための値を代入
```

```python
186        if map_data[my][mx] == 3: # キャンディに載ったか？
187            score = score + 100
188            map_data[my][mx] = 2
189            candy = candy - 1
190
191
192 def move_enemy(): # レッドを動かす
193     global idx, tmr, red_x, red_y, red_d, red_a
194     speed = 10
195     if red_x%60 == 30 and red_y%60 == 30:
196         red_d = random.randint(0, 6)
197         if red_d >= 4:
198             if pen_y < red_y:
199                 red_d = DIR_UP
200             if pen_y > red_y:
201                 red_d = DIR_DOWN
202             if pen_x < red_x:
203                 red_d = DIR_LEFT
204             if pen_x > red_x:
205                 red_d = DIR_RIGHT
206     if red_d == DIR_UP:
207         if check_wall(red_x, red_y, red_d, speed) == False:
208             red_y = red_y - speed
209     if red_d == DIR_DOWN:
210         if check_wall(red_x, red_y, red_d, speed) == False:
211             red_y = red_y + speed
212     if red_d == DIR_LEFT:
213         if check_wall(red_x, red_y, red_d, speed) == False:
214             red_x = red_x - speed
215     if red_d == DIR_RIGHT:
216         if check_wall(red_x, red_y, red_d, speed) == False:
217             red_x = red_x + speed
218     red_a = red_d*3 + ANIMATION[tmr%4]
219     if abs(red_x-pen_x) <= 40 and abs(red_y-pen_y) <= 40:
220         idx = 2
221         tmr = 0
222
223
224 def main(): # メインループ
225     global key, koff, idx, tmr, stage, score
226     tmr = tmr + 1
227     draw_screen()
228
229     if idx == 0: # タイトル画面
230         canvas.create_image(360, 200, image=img_title, tag="SCREEN")
231         if tmr%10 < 5:
232             draw_txt("Press SPACE !", 360, 380, 30, "yellow")
233         if key == "space":
234             stage = 1
235             score = 0
236             set_stage()
237             set_chara_pos()
238             idx = 1
239
```

```
240        if idx == 1: # ゲームをプレイ
241            move_penpen()
242            move_enemy()
243            if candy == 0:
244                idx = 4
245                tmr = 0
246
247        if idx == 2: # 敵にやられた
248            draw_txt("GAME OVER", 360, 270, 40, "red")
249            if tmr == 50:
250                idx = 0
251
252        if idx == 4: # ステージクリア
253            if stage < 3:
254                draw_txt("STAGE CLEAR", 360, 270, 40, "pink")
255            else:
256                draw_txt("ALL STAGE CLEAR!", 360, 270, 40, "violet")
257            if tmr == 30:
258                if stage < 3:
259                    stage = stage + 1
260                    set_stage()
261                    set_chara_pos()
262                    idx = 1
263                else:
264                    idx = 0
265
266        if koff == True:
267            key = ""
268            koff = False
269
270        root.after(100, main)
271
272
273    root = tkinter.Tk()
274
275    img_bg = [
276        tkinter.PhotoImage(file="image_penpen/chip00.png"),
277        tkinter.PhotoImage(file="image_penpen/chip01.png"),
278        tkinter.PhotoImage(file="image_penpen/chip02.png"),
279        tkinter.PhotoImage(file="image_penpen/chip03.png")
280    ]
281    img_pen = [
282        tkinter.PhotoImage(file="image_penpen/pen00.png"),
283        tkinter.PhotoImage(file="image_penpen/pen01.png"),
284        tkinter.PhotoImage(file="image_penpen/pen02.png"),
285        tkinter.PhotoImage(file="image_penpen/pen03.png"),
286        tkinter.PhotoImage(file="image_penpen/pen04.png"),
287        tkinter.PhotoImage(file="image_penpen/pen05.png"),
288        tkinter.PhotoImage(file="image_penpen/pen06.png"),
289        tkinter.PhotoImage(file="image_penpen/pen07.png"),
290        tkinter.PhotoImage(file="image_penpen/pen08.png"),
291        tkinter.PhotoImage(file="image_penpen/pen09.png"),
292        tkinter.PhotoImage(file="image_penpen/pen10.png"),
293        tkinter.PhotoImage(file="image_penpen/pen11.png")
294    ]
295    img_red = [
296        tkinter.PhotoImage(file="image_penpen/red00.png"),
297        tkinter.PhotoImage(file="image_penpen/red01.png"),
298        tkinter.PhotoImage(file="image_penpen/red02.png"),
```

	idxが1の時(ゲームプレイ中の処理)
	ペンペンの移動
	レッドの移動
	キャンディを全て取ったら
	idxを4、
	tmrを0にして、クリアへ
	idxが2の時(敵にやられた処理)
	GAME OVERの文字を表示
	tmrが50の時
	idxを0にし、タイトル画面へ
	idxが4の時(ステージクリア)
	ステージ3未満なら
	STAGE CLEARと表示
	そうでなければ
	ALL STAGE CLEAR!と表示
	tmrが30の時
	ステージ3未満なら
	stageの値を増やし
	ステージデータをセット
	各キャラをスタート位置に
	idxを1にしてゲーム開始
	そうでなければ
	idxを0にしてタイトルへ
	koffがTrueなら
	keyの値をクリアし
	koffにFalseを代入
	100ミリ秒後に再びmain()関数を実行
	ウィンドウの部品を作る
	マップチップの画像を読み込むリスト
	ペンペンの画像を読み込むリスト
	レッドの画像を読み込むリスト

```
299        tkinter.PhotoImage(file="image_penpen/red03.png"),
300        tkinter.PhotoImage(file="image_penpen/red04.png"),
301        tkinter.PhotoImage(file="image_penpen/red05.png"),
302        tkinter.PhotoImage(file="image_penpen/red06.png"),
303        tkinter.PhotoImage(file="image_penpen/red07.png"),
304        tkinter.PhotoImage(file="image_penpen/red08.png"),
305        tkinter.PhotoImage(file="image_penpen/red09.png"),
306        tkinter.PhotoImage(file="image_penpen/red10.png"),
307        tkinter.PhotoImage(file="image_penpen/red11.png")
308    ]
309    img_title = tkinter.PhotoImage(file="image_penpen/title.png")    タイトルロゴを読み込む変数
310
311    root.title("はらはら ペンギン ラビリンス")                          ウィンドウのタイトルを指定
312    root.resizable(False, False)                                      ウィンドウサイズを変更できなくする
313    root.bind("<KeyPress>", key_down)                                 キーを押した時に実行する関数を指定
314    root.bind("<KeyRelease>", key_up)                                 キーを離した時に実行する関数を指定
315    canvas = tkinter.Canvas(width=720, height=540)                    キャンバスの部品を作る
316    canvas.pack()                                                     キャンバスをウィンドウに配置
317    set_stage()                                                       ステージデータをセットする
318    set_chara_pos()                                                   各キャラをスタート位置にする
319    main()                                                            メイン処理を行う関数を実行
320    root.mainloop()                                                   ウィンドウを表示する
```

　このプログラムでは、ステージ1のキャンディを全て取ると、ステージ2へ進みます。ステージ2をクリアするとステージ3へ進みます。現時点ではステージ3をクリアするとタイトル画面に戻ります。

図4-1-3　ステージクリアの画面

　27行目で宣言したstageという変数でステージ数を管理します。
　45～95行目に記述した、ステージデータをセットするset_stage()関数を確認しましょう。この関数で、stageの値に応じて、map_dataに迷路のデータを代入します。

set_stage()関数では、迷路データの代入の他に、ゲームスタート時のレッドの座標をred_sx、red_syという変数に代入します。そして各キャラクターをスタート時の位置にするset_chara_pos()関数で、

```
red_x = red_sx
red_y = red_sy
```

として、その座標をセットします。
　いったんred_sx、red_syに値を入れてから、それをred_x、red_yに代入しているのは、次のLessonでゲームを再スタートする時、キャラクターをスタート時の座標に戻すためです。なおペンペンは、どのステージも迷路の左上からスタートするものとします。

　29行目で宣言したcandyという変数で、各ステージに置かれたキャンディの数を管理します。set_stage()関数でcandyに値を代入し、ペンペンを動かすmove_penpen()関数で、キャンディを拾ったらその値を減らします。main()関数の243行目で、candyが0になったら、idxを4にしてステージクリアに移行します。
　ステージクリアの処理はmain()関数の252〜264行目で行っています。stageの値が3未満の時は、stageを1増やして次のステージに移行し、stageが3の時は「ALL STAGE CLEAR!」と表示後、タイトル画面に戻します。

ステージ数が増えると、先へ進みたいという気持ちが出てきます。それもゲームの楽しさの1つですね。ただ、今はまだ、ペンペンがレッドに触れると即ゲームオーバーになるので、3つのステージをクリアするのは難しいかもしれません。

次のLessonでペンペンの残り数を入れるので、難しい方は、次のプログラムでゲームクリアを確認しましょう。tkinterで行うリアルタイムのキー入力は、実は反応が良いというわけではないので、クリアするまでここで立ち止まらずに、次へ進んでかまいません。

Lesson 4-2 主人公の残り数を組み込む

アクションゲームは一般的に主人公のキャラクターに残り数があり、敵にやられても、残りがあれば復活して続きをプレイできます。そのルールを追加します。

残機制、ライフ制、時間制について

ここで、いくつかのゲームルールについて簡単に説明します。

アクションゲームやシューティングゲームでゲーム失敗となるルールに、==残機制==とライフ制があります。残機とは、手持ちの戦闘機やロボットなどがいくつあるかという意味で、主にメカを操作するアクションゲームやシューティングゲームで使われる言葉です。『はらはら ペンギン ラビリンス』は、主人公がペンギンなので、「残り数」ということにします。

==ライフ制==のルールでは、敵の攻撃を受けるとライフが減り、ゼロになるとゲームオーバーです。あるいは残機とライフを組み合わせ、ライフがゼロになると残機が減り、残機がなくなるとゲームオーバーになるルールもあります。

他にゲーム失敗となる条件として==時間制==があります。残りタイムがゼロになるまでにステージをクリアできない時に失敗となるルールです。

残り数を組み込む

ペンペンが3匹いて、レッドに触れると1匹ずつ減るプログラムを確認します。ペンペンの残り数がゼロになるとゲームオーバーです。このプログラムは右の画像を使います。

図4-2-1　今回使用する画像ファイル

pen_face.png

リスト▶list0402_1.py　※前のプログラムからの追加変更箇所に==マーカー==を引いています

```
1   import tkinter                      tkinterをインポート
2   import random                       randomをインポート
3
4   # キー入力
5   key = ""                            キーの値を代入する変数
6   koff = False                        キーが離された時に使う変数(フラグ)
7   def key_down(e):                    キーが押された時に実行する関数
8       global key, koff                    これらをグローバル変数とする
9       key = e.keysym                      keyにkeysymの値を代入
10      koff = False                        koffにFalseを代入
11
12  def key_up(e):                      キーが離された時に実行する関数
13      global koff # Mac                   koffをグローバル変数とする
```

```
14      koff = True  # Mac                              koffにTrueを代入
15  #   global key    # Win                             コメント文 Windowsパソコン用
16  #   key = ""      # Win                             コメント文 Windowsパソコン用
17
18
19  DIR_UP = 0                                          キャラの向きを定義した変数(上向き)
20  DIR_DOWN = 1                                        キャラの向きを定義した変数(下向き)
21  DIR_LEFT = 2                                        キャラの向きを定義した変数(左向き)
22  DIR_RIGHT = 3                                       キャラの向きを定義した変数(右向き)
23  ANIMATION = [0, 1, 0, 2]                            アニメーション番号を定義したリスト
24
25  idx = 0                                             インデックス
26  tmr = 0                                             タイマー
27  stage = 1                                           ステージ数
28  score = 0                                           スコア
29  nokori = 3                                          ペンペンの残り数
30  candy = 0                                           各ステージにあるキャンディの数
31
32  pen_x = 0                                           ペンペンのX座標
33  pen_y = 0                                           ペンペンのY座標
34  pen_d = 0                                           ペンペンの向き
35  pen_a = 0                                           ペンペンの画像番号
36
37  red_x = 0                                           レッドのX座標
38  red_y = 0                                           レッドのY座標
39  red_d = 0                                           レッドの向き
40  red_a = 0                                           レッドの画像番号
41  red_sx = 0                                          レッドのスタート位置のX座標
42  red_sy = 0                                          レッドのスタート位置のY座標
43
44  map_data = []  # 迷路用のリスト                      迷路のデータを入れるリスト
45
46  def set_stage():  # ステージのデータをセットする       ステージのデータをセットする関数
:       略:list0401_1.pyの通り(→P.124)
:       〜
99  def set_chara_pos():  # キャラのスタート位置          キャラのスタート位置をセットする関数
:       略:list0401_1.pyの通り(→P.125)
:       〜
112 def draw_txt(txt, x, y, siz, col):  # 影付き文字      影付き文字を表示する関数
:       略:list0401_1.pyの通り(→P.125)
:       〜
118 def draw_screen():  # ゲーム画面を描く                ゲーム画面を描く関数
119     canvas.delete("SCREEN")                          いったん全ての画像と文字を削除
120     for y in range(9):                               二重ループの
121         for x in range(12):                              繰り返しで
122             canvas.create_image(x*60+30, y*60+30, image      マップチップで迷路を描く
    =img_bg[map_data[y][x]], tag="SCREEN")
123     canvas.create_image(pen_x, pen_y, image=img_pen  ペンペンを表示
    [pen_a], tag="SCREEN")
124     canvas.create_image(red_x, red_y, image=img_red  レッドを表示
    [red_a], tag="SCREEN")
125     draw_txt("SCORE "+str(score), 200, 30, 30, "white")   スコアを表示
126     draw_txt("STAGE "+str(stage), 520, 30, 30, "lime")    ステージ数を表示
127     for i in range(nokori):                          繰り返しで
128         canvas.create_image(60+i*50, 500, image=img_        ペンペンの残り数(顔)を描画
    pen[12], tag="SCREEN")
129
130
131 def check_wall(cx, cy, di, dot):  # 各方向に壁があるか調べる   指定の向きに壁があるか調べる関数
:       略:list0401_1.pyの通り(→P.125)
```

```
    :
    〜
168 def move_penpen(): # ペンペンを動かす                    ペンペンを動かす関数
 :  略:list0401_1.pyの通り(→P.126)
 :  〜
195 def move_enemy(): # レッドを動かす                      敵のレッドを動かす関数
 :  略:list0401_1.pyの通り(→P.127)
 :  〜
227 def main(): # メインループ                              メイン処理を行う関数
228     global key, koff, idx, tmr, stage, score, nokori       これらをグローバル変数とする
229     tmr = tmr + 1                                          tmrの値を1増やす
230     draw_screen()                                          ゲーム画面を描く
231
232     if idx == 0: # タイトル画面                            idxが0の時(タイトル画面)
233         canvas.create_image(360, 200, image=img_title,        タイトルロゴの表示
tag="SCREEN")
234         if tmr%10 < 5:                                        tmrを10で割った余りが5未満なら
235             draw_txt("Press SPACE !", 360, 380, 30, "yellow")    Press SPACE !の文字を表示
236         if key == "space":                                    スペースキーが押されたら
237             stage = 1                                            ステージ数を1に
238             score = 0                                            スコアを0に
239             nokori = 3                                           残り数を3に
240             set_stage()                                          ステージデータをセット
241             set_chara_pos()                                      各キャラをスタート位置に
242             idx = 1                                              idxを1にしてゲーム開始
243
244     if idx == 1: # ゲームをプレイ                          idxが1の時(ゲームプレイ中の処理)
245         move_penpen()                                         ペンペンの移動
246         move_enemy()                                          レッドの移動
247         if candy == 0:                                        キャンディを全て取ったら
248             idx = 4                                              idxを4、
249             tmr = 0                                              tmrを0にして、クリアへ
250
251     if idx == 2: # 敵にやられた                            idxが2の時(敵にやられた処理)
252         draw_txt("MISS", 360, 270, 40, "orange")              MISSの文字を表示
253         if tmr == 1:                                          tmrが1の時
254             nokori = nokori - 1                                  残り数を減らす
255         if tmr == 30:                                         tmrが30の時
256             if nokori == 0:                                      残り数が0なら
257                 idx = 3                                             idxを3、
258                 tmr = 0                                             tmrを0にする
259             else:                                                そうでないなら
260                 set_chara_pos()                                     キャラを初めの位置にして
261                 idx = 1                                             再びプレイ
262
263     if idx == 3: # ゲームオーバー                          idxが3の時(ゲームオーバー)
264         draw_txt("GAME OVER", 360, 270, 40, "red")            GAME OVERの文字を表示
265         if tmr == 50:                                         tmrが50の時
266             idx = 0                                              idxを0にし、タイトル画面へ
267
268     if idx == 4: # ステージクリア                          idxが4の時(ステージクリア)
269         if stage < 3:                                         ステージ3未満なら
270             draw_txt("STAGE CLEAR", 360, 270, 40, "pink")        STAGE CLEARと表示
271         else:                                                 そうでなければ
272             draw_txt("ALL STAGE CLEAR!", 360, 270, 40,           ALL STAGE CLEAR!と表示
"violet")
273         if tmr == 30:                                         tmrが30の時
274             if stage < 3:                                        ステージ3未満なら
275                 stage = stage + 1                                   stageの値を増やし
276                 set_stage()                                         ステージデータをセット
277                 set_chara_pos()                                     各キャラをスタート位置に
```

```
278                idx = 1
279            else:
280                idx = 0
281
282    if koff == True:
283        key = ""
284        koff = False
285
286    root.after(100, main)
287
288
289 root = tkinter.Tk()
290
291 img_bg = [
292     tkinter.PhotoImage(file="image_penpen/chip00.png"),
293     tkinter.PhotoImage(file="image_penpen/chip01.png"),
294     tkinter.PhotoImage(file="image_penpen/chip02.png"),
295     tkinter.PhotoImage(file="image_penpen/chip03.png")
296 ]
297 img_pen = [
298     tkinter.PhotoImage(file="image_penpen/pen00.png"),
299     tkinter.PhotoImage(file="image_penpen/pen01.png"),
300     tkinter.PhotoImage(file="image_penpen/pen02.png"),
301     tkinter.PhotoImage(file="image_penpen/pen03.png"),
302     tkinter.PhotoImage(file="image_penpen/pen04.png"),
303     tkinter.PhotoImage(file="image_penpen/pen05.png"),
304     tkinter.PhotoImage(file="image_penpen/pen06.png"),
305     tkinter.PhotoImage(file="image_penpen/pen07.png"),
306     tkinter.PhotoImage(file="image_penpen/pen08.png"),
307     tkinter.PhotoImage(file="image_penpen/pen09.png"),
308     tkinter.PhotoImage(file="image_penpen/pen10.png"),
309     tkinter.PhotoImage(file="image_penpen/pen11.png"),
310     tkinter.PhotoImage(file="image_penpen/pen_face.png")
311 ]
312 img_red = [
313     tkinter.PhotoImage(file="image_penpen/red00.png"),
  :     略
  :     〜
324     tkinter.PhotoImage(file="image_penpen/red11.png")
325 ]
326 img_title = tkinter.PhotoImage(file="image_penpen/title.png")
327
328 root.title("はらはら ペンギン ラビリンス")
329 root.resizable(False, False)
330 root.bind("<KeyPress>", key_down)
331 root.bind("<KeyRelease>", key_up)
332 canvas = tkinter.Canvas(width=720, height=540)
333 canvas.pack()
334 set_stage()
335 set_chara_pos()
336 main()
337 root.mainloop()
```

	idxを1にしてゲーム開始
	そうでなければ
	idxを0にしてタイトルへ
	koffがTrueなら
	keyの値をクリアし
	koffにFalseを代入
	100ミリ秒後に再びmain()関数を実行
	ウィンドウの部品を作る
	マップチップの画像を読み込むリスト
	ペンペンの画像を読み込むリスト
	レッドの画像を読み込むリスト
	タイトルロゴを読み込む変数
	ウィンドウのタイトルを指定
	ウィンドウサイズを変更できなくする
	キーを押した時に実行する関数を指定
	キーを離した時に実行する関数を指定
	キャンバスの部品を作る
	キャンバスをウィンドウに配置
	ステージデータをセットする
	各キャラをスタート位置にする
	メイン処理を行う関数を実行
	ウィンドウを表示する

このプログラムを実行すると、画面左下にペンペンの残り数が顔のアイコンで表示されます。

図4-2-2　残り数の表示

　29行目で宣言したnokoriという変数でペンペンの残り数を管理します。
　レッドを動かすmove_enemy()関数の中で、レッドとペンペンが触れたことを判定し、その場合はidxを2にします。そしてmain()関数のif idx == 2のブロックで、254行目のようにnokoriの値を減らし、0になったらゲームオーバーにします。残り数があればset_chara_pos()関数でキャラクターの座標をスタート位置にし、ゲームを続行します。

前のプログラムで3つのステージをクリアすることを
確認していない方は、ここで確認しておきましょう。

Lesson 4-3 新しい敵を登場させる

ペンペンが3匹使えるようになり、何度かプレイしているうちに、ゲームが単調に感じるようになった方もいると思います。新しい敵を登場させ、ゲームの難易度と緊張感を適度に保ち、飽きずにプレイできるように改良します。

ゲームの攻略について

新しい敵はレッドと違う動きをするようにします。行動パターンの違う敵を用意すると、少し頭を使わないとゲームを攻略できなくなります。攻略という言葉ですが、元々は、敵地に攻め入り、相手の要塞や陣地を奪い取ることを意味します。これがコンピュータゲームでは、「〇〇ステージを攻略する」や「ボスを攻略する」など、「どのような手順でプレイすれば、効率良く勝利できるか」という意味で使われます。
==攻略要素（攻略性）のあるゲームは面白く、攻略要素のないゲームは単純作業になりがち==で、面白くないことが多いといえます。それが具体的にどのようなものかは、新しい敵を追加すると見えてくるので、プログラムの動作確認後に改めて説明します。

クマゴンを登場させる

新しい敵はクマゴンという名の白熊にします。クマゴンは同じ場所で、左右もしくは上下に移動を繰り返すようにします。今回のプログラムでは右の画像を使います。

図4-3-1　今回使用する画像ファイル

kuma00.png　　kuma01.png　　kuma02.png

次のプログラムを入力し、ファイル名を付けて保存し、実行しましょう。

リスト▶list0403_1.py　※前のプログラムからの追加変更箇所に マーカー を引いています

```
1  import tkinter                         tkinterをインポート
2  import random                          randomをインポート
3
4  # キー入力
5  key = ""                               キーの値を代入する変数
6  koff = False                           キーが離された時に使う変数(フラグ)
7  def key_down(e):                       キーが押された時に実行する関数
8      global key, koff                       これらをグローバル変数とする
9      key = e.keysym                         keyにkeysymの値を代入
10     koff = False                           koffにFalseを代入
11
12 def key_up(e):                         キーが離された時に実行する関数
```

```
13        global koff # Mac
14        koff = True # Mac
15    #   global key # Win
16    #   key = ""    # Win
17
18
19    DIR_UP = 0
20    DIR_DOWN = 1
21    DIR_LEFT = 2
22    DIR_RIGHT = 3
23    ANIMATION = [0, 1, 0, 2]
24
25    idx = 0
26    tmr = 0
27    stage = 1
28    score = 0
29    nokori = 3
30    candy = 0
31
32    pen_x = 0
33    pen_y = 0
34    pen_d = 0
35    pen_a = 0
36
37    red_x = 0
38    red_y = 0
39    red_d = 0
40    red_a = 0
41    red_sx = 0
42    red_sy = 0
43
44    kuma_x = 0
45    kuma_y = 0
46    kuma_d = 0
47    kuma_a = 0
48    kuma_sx = 0
49    kuma_sy = 0
50    kuma_sd = 0
51
52    map_data = [] # 迷路用のリスト
53
54    def set_stage(): # ステージのデータをセットする
55        global map_data, candy
56        global red_sx, red_sy
57        global kuma_sx, kuma_sy, kuma_sd
58
59        if stage == 1:
60            map_data = [
61            [0,1,1,1,1,0,0,1,1,1,0],
62            [0,2,3,3,2,1,1,2,3,3,2,0],
63            [0,3,0,0,3,3,3,3,0,0,3,0],
64            [0,3,1,1,3,0,0,3,1,1,3,0],
65            [0,3,2,2,3,0,0,3,2,2,3,0],
66            [0,3,0,0,3,1,1,3,0,0,3,0],
67            [0,3,1,1,3,3,3,3,1,1,3,0],
68            [0,2,3,3,2,0,0,2,3,3,2,0],
69            [0,0,0,0,0,0,0,0,0,0,0,0]
70            ]
71            candy = 32
72            red_sx = 630
```

```python
 73            red_sy = 450                                          レッドのスタート位置のY座標
 74            kuma_sd = -1                                          クマゴンは出現しない値を代入
 75
 76        if stage == 2:                                            ステージ2の時
 77            map_data = [                                          迷路データをリストに代入
 78            [0,1,1,1,1,1,1,1,1,1,0],                              〃
 79            [0,2,2,2,3,3,3,3,2,2,0],                              〃
 80            [0,3,3,0,2,1,1,2,0,3,0],                              〃
 81            [0,3,3,1,3,3,3,3,1,3,0],                              〃
 82            [0,2,1,3,3,3,3,3,1,2,0],                              〃
 83            [0,3,3,0,3,3,3,3,0,3,0],                              〃
 84            [0,3,3,1,2,1,1,2,1,3,0],                              〃
 85            [0,2,2,2,3,3,3,3,2,2,0],                              〃
 86            [0,0,0,0,0,0,0,0,0,0,0]                               〃
 87            ]
 88            candy = 38                                            キャンディの数
 89            red_sx = 630                                          レッドのスタート位置のX座標
 90            red_sy = 90                                           レッドのスタート位置のY座標
 91            kuma_sx = 330                                         クマゴンのスタート位置のX座標
 92            kuma_sy = 270                                         クマゴンのスタート位置のY座標
 93            kuma_sd = DIR_LEFT                                    クマゴンのスタート時の向き
 94
 95        if stage == 3:                                            ステージ3の時
 96            map_data = [                                          迷路データをリストに代入
 97            [0,1,0,1,0,1,1,1,1,1,0],                              〃
 98            [0,2,1,3,1,2,2,3,3,3,0],                              〃
 99            [0,2,2,2,2,2,2,3,3,3,0],                              〃
100            [0,2,1,1,1,2,2,1,1,1,0],                              〃
101            [0,2,2,2,2,3,3,2,2,2,0],                              〃
102            [0,1,1,2,0,2,2,0,1,2,0],                              〃
103            [0,3,3,3,1,1,1,0,3,3,0],                              〃
104            [0,3,3,3,2,2,2,0,3,3,0],                              〃
105            [0,0,0,0,0,0,0,0,0,0,0]                               〃
106            ]
107            candy = 23                                            キャンディの数
108            red_sx = 630                                          レッドのスタート位置のX座標
109            red_sy = 450                                          レッドのスタート位置のY座標
110            kuma_sx = 330                                         クマゴンのスタート位置のX座標
111            kuma_sy = 270                                         クマゴンのスタート位置のY座標
112            kuma_sd = DIR_RIGHT                                   クマゴンのスタート時の向き
113
114
115     def set_chara_pos():  # キャラのスタート位置                    キャラのスタート位置をセットする関数
116        global pen_x, pen_y, pen_d, pen_a                          これらをグローバル変数とする
117        global red_x, red_y, red_d, red_a                          〃
118        global kuma_x, kuma_y, kuma_d, kuma_a                      〃
119        pen_x = 90                                                 ⌐ペンペンの(x,y)座標を代入
120        pen_y = 90                                                 ⌙
121        pen_d = DIR_DOWN                                           ペンペンを下向きに
122        pen_a = 3                                                  ペンペンの絵の番号を代入
123        red_x = red_sx                                             ⌐レッドの(x,y)座標を代入
124        red_y = red_sy                                             ⌙
125        red_d = DIR_DOWN                                           レッドを下向きに
126        red_a = 3                                                  レッドの絵の番号を代入
127        kuma_x = kuma_sx                                           ⌐クマゴンの(x,y)座標を代入
128        kuma_y = kuma_sy                                           ⌙
129        kuma_d = kuma_sd                                           クマゴンの向きを代入
130        kuma_a = 0                                                 クマゴンの絵の番号を代入
131
132
```

```python
133  def draw_txt(txt, x, y, siz, col): # 影付き文字
134      fnt = ("Times New Roman", siz, "bold")
135      canvas.create_text(x+2, y+2, text=txt, fill="black", font=fnt, tag="SCREEN")
136      canvas.create_text(x, y, text=txt, fill=col, font=fnt, tag="SCREEN")
137
138
139  def draw_screen(): # ゲーム画面を描く
140      canvas.delete("SCREEN")
141      for y in range(9):
142          for x in range(12):
143              canvas.create_image(x*60+30, y*60+30, image=img_bg[map_data[y][x]], tag="SCREEN")
144      canvas.create_image(pen_x, pen_y, image=img_pen[pen_a], tag="SCREEN")
145      canvas.create_image(red_x, red_y, image=img_red[red_a], tag="SCREEN")
146      if kuma_sd != -1:
147          canvas.create_image(kuma_x, kuma_y, image=img_kuma[kuma_a], tag="SCREEN")
148      draw_txt("SCORE "+str(score), 200, 30, 30, "white")
149      draw_txt("STAGE "+str(stage), 520, 30, 30, "lime")
150      for i in range(nokori):
151          canvas.create_image(60+i*50, 500, image=img_pen[12], tag="SCREEN")
152
153
154  def check_wall(cx, cy, di, dot): # 各方向に壁があるか調べる
 :   略：list0401_1.pyの通り(→P.125)
 :   〜
191  def move_penpen(): # ペンペンを動かす
 :   略：list0401_1.pyの通り(→P.126)
 :   〜
218  def move_enemy(): # レッドを動かす
 :   略：list0401_1.pyの通り(→P.127)
 :   〜
250  def move_enemy2(): # クマゴンを動かす
251      global idx, tmr, kuma_x, kuma_y, kuma_d, kuma_a
252      speed = 5
253      if kuma_sd == -1:
254          return
255      if kuma_d == DIR_UP:
256          if check_wall(kuma_x, kuma_y, kuma_d, speed) == False:
257              kuma_y = kuma_y - speed
258          else:
259              kuma_d = DIR_DOWN
260      elif kuma_d == DIR_DOWN:
261          if check_wall(kuma_x, kuma_y, kuma_d, speed) == False:
262              kuma_y = kuma_y + speed
263          else:
264              kuma_d = DIR_UP
265      elif kuma_d == DIR_LEFT:
266          if check_wall(kuma_x, kuma_y, kuma_d, speed) == False:
267              kuma_x = kuma_x - speed
268          else:
269              kuma_d = DIR_RIGHT
```

影付き文字を表示する関数
　フォントの定義
　文字の影(2ドットずらし黒で表示)

　指定の色で文字を表示

ゲーム画面を描く関数
　いったん全ての画像と文字を削除
　二重ループの
　　繰り返しで
　　　マップチップで迷路を描く

　ペンペンを表示

　レッドを表示

　kuma_sdが-1でないなら
　　クマゴンを表示

　スコアを表示
　ステージ数を表示
　繰り返しで
　　ペンペンの残り数(顔)を描画

指定の向きに壁があるか調べる関数

ペンペンを動かす関数

敵のレッドを動かす関数

敵のクマゴンを動かす関数
　これらをグローバル変数とする
　クマゴンの移動速度(ドット数)
　kuma_sdが-1の時は
　　処理をしない(関数を抜ける)
　クマゴンが上向きの時
　　そちらが壁でなければ

　　　Y座標を減らし上に移動
　　そうでなければ
　　　クマゴンを下向きにする
　クマゴンが下向きの時
　　そちらが壁でなければ

　　　Y座標を増やし下に移動
　　そうでなければ
　　　クマゴンを上向きにする
　クマゴンが左向きの時
　　そちらが壁でなければ

　　　X座標を減らし左に移動
　　そうでなければ
　　　クマゴンを右向きにする

```
270        elif kuma_d == DIR_RIGHT:
271            if check_wall(kuma_x, kuma_y, kuma_d, speed) == False:
272                kuma_x = kuma_x + speed
273            else:
274                kuma_d = DIR_LEFT
275        kuma_a = ANIMATION[tmr%4]
276        if abs(kuma_x-pen_x) <= 40 and abs(kuma_y-pen_y) <= 40:
277            idx = 2
278            tmr = 0
279
280
281    def main(): # メインループ
282        global key, koff, idx, tmr, stage, score, nokori
283        tmr = tmr + 1
284        draw_screen()
285
286        if idx == 0: # タイトル画面
287            canvas.create_image(360, 200, image=img_title, tag="SCREEN")
288            if tmr%10 < 5:
289                draw_txt("Press SPACE !", 360, 380, 30, "yellow")
290            if key == "space":
291                stage = 1
292                score = 0
293                nokori = 3
294                set_stage()
295                set_chara_pos()
296                idx = 1
297
298        if idx == 1: # ゲームをプレイ
299            move_penpen()
300            move_enemy()
301            move_enemy2()
302            if candy == 0:
303                idx = 4
304                tmr = 0
305
306        if idx == 2: # 敵にやられた
307            draw_txt("MISS", 360, 270, 40, "orange")
308            if tmr == 1:
309                nokori = nokori - 1
310            if tmr == 30:
311                if nokori == 0:
312                    idx = 3
313                    tmr = 0
314                else:
315                    set_chara_pos()
316                    idx = 1
317
318        if idx == 3: # ゲームオーバー
319            draw_txt("GAME OVER", 360, 270, 40, "red")
320            if tmr == 50:
321                idx = 0
322
323        if idx == 4: # ステージクリア
324            if stage < 3:
325                draw_txt("STAGE CLEAR", 360, 270, 40, "pink")
```

```
326                else:
327                    draw_txt("ALL STAGE CLEAR!", 360, 270, 40,     そうでなければ
       "violet")                                                          ALL STAGE CLEAR!と表示
328                if tmr == 30:                                       tmrが30の時
329                    if stage < 3:                                       ステージ3未満なら
330                        stage = stage + 1                                 stageの値を増やし
331                        set_stage()                                       ステージデータをセット
332                        set_chara_pos()                                   各キャラをスタート位置に
333                        idx = 1                                           idxを1にしてゲーム開始
334                    else:                                             そうでなければ
335                        idx = 0                                           idxを0にしてタイトルへ
336
337        if koff == True:                                            koffがTrueなら
338            key = ""                                                    keyの値をクリアし
339            koff = False                                                koffにFalseを代入
340
341        root.after(100, main)                                       100ミリ秒後に再びmain()関数を実行
342
343
344    root = tkinter.Tk()                                             ウィンドウの部品を作る
345
346    img_bg = [                                                      マップチップの画像を読み込むリスト
347        tkinter.PhotoImage(file="image_penpen/chip00.png"),
348        tkinter.PhotoImage(file="image_penpen/chip01.png"),
349        tkinter.PhotoImage(file="image_penpen/chip02.png"),
350        tkinter.PhotoImage(file="image_penpen/chip03.png")
351    ]
352    img_pen = [                                                     ペンペンの画像を読み込むリスト
353        tkinter.PhotoImage(file="image_penpen/pen00.png"),
  :        略
  :        〜
365        tkinter.PhotoImage(file="image_penpen/pen_face.png")
366    ]
367    img_red = [                                                     レッドの画像を読み込むリスト
368        tkinter.PhotoImage(file="image_penpen/red00.png"),
  :        略
  :        〜
379        tkinter.PhotoImage(file="image_penpen/red11.png")
380    ]
381    img_kuma = [                                                    クマゴンの画像を読み込むリスト
382        tkinter.PhotoImage(file="image_penpen/kuma00.png"),
383        tkinter.PhotoImage(file="image_penpen/kuma01.png"),
384        tkinter.PhotoImage(file="image_penpen/kuma02.png")
385    ]
386    img_title = tkinter.PhotoImage(file="image_penpen/title.png")   タイトルロゴを読み込む変数
387
388    root.title("はらはら ペンギン ラビリンス")                        ウィンドウのタイトルを指定
389    root.resizable(False, False)                                    ウィンドウサイズを変更できなくする
390    root.bind("<KeyPress>", key_down)                               キーを押した時に実行する関数を指定
391    root.bind("<KeyRelease>", key_up)                               キーを離した時に実行する関数を指定
392    canvas = tkinter.Canvas(width=720, height=540)                  キャンバスの部品を作る
393    canvas.pack()                                                   キャンバスをウィンドウに配置
394    set_stage()                                                     ステージデータをセットする
395    set_chara_pos()                                                 各キャラをスタート位置にする
396    main()                                                          メイン処理を行う関数を実行
397    root.mainloop()                                                 ウィンドウを表示する
```

このプログラムではステージ2へ進むと、迷路の中央辺りにクマゴンが出現します。クマゴンは左右に往復し続けます。クマゴンとレッドの動きを見極めてキャンディを集めましょう。

図4-3-2　プログラムを実行するとクマゴンが出現

　44〜50行目で、クマゴンの座標と向き、アニメーション番号（絵の番号）、ゲームスタート時の座標を管理する変数を用意しています。
　250〜278行目に定義したmove_enemy2()関数がクマゴンの処理です。クマゴンをkuma_dの向きに移動させ、壁にぶつかる場合、kuma_dに反対向きの値を入れることで、同じ場所を往復させています。

　この関数では、253〜254行目の

```
if kuma_sd == -1:
    return
```

という条件分岐で、クマゴンを出現させないことができるようにしています。set_stage()関数でkuma_sdの値を-1にしておけば、この条件式が成り立ち、クマゴンの処理を行ないません。draw_screen()関数でkuma_sdが-1でなければクマゴンを表示していることも合わせて確認しましょう。

敵の種類を増やすなら、座標などをリストで管理することが好ましいですが、現時点では学習のために、変数でクマゴンを管理します。リストで複数の敵を管理する方法は、Chapter 6〜8のシューティングゲームの制作で学びます。

>>> 攻略する面白さについて

　クマゴンが現れるステージ2は、中央の広間にレッドが入ると、そこにあるキャンディを拾うことが難しくなります。レッドはペンペンを追いかけてくる"習性"があるので、中央に入ってしまった時は、うまく外側に誘導してから、キャンディを取りにいきます。

　それからクマゴンの往復する、左右の突き当りにあるキャンディは、クマゴンが離れている間に、さっと拾って逃げなくてはなりません。敵を1種類追加しただけで、ゲームを攻略するために、考える必要が出てくることがお分かりいただけると思います。

　ゲームを面白くするにはユーザーに考えさせることも必要です。「こういう方法や手順でプレイしたら、うまくクリアできた！」という気持ちは、ユーザーを喜ばせます。ただしクリアするための方法が難し過ぎると、ユーザーはプレイするのが嫌になり、そのゲームをつまらなく感じてしまいます。「少し頭を使えばクリアできる」という匙加減の要素を入れることが、ゲームを面白くする秘訣です。

なるほど。
私もゲーム開発の奥深さを
知ることができました。

Lesson 4-4 エンディングを作ろう

最後は全ステージをクリアした時に、エンディング画面が表示されるようにします。

》》》 エンディングについて

エンディングは最後までプレイしてくれた**ユーザーへのご褒美**です。エンディングを見たユーザーは、「完全にクリアできた！」と達成感が満たされます。個人作者が制作するゲームも、ネットで発表するなどして不特定多数の人達に遊んでもらうなら、エンディングはぜひ入れたいものです。

エンディングのプログラミングは、これまで学んだ内容と比べれば、実は難しくありません。そしてエンディングの制作は、筆者の経験上、**作り手が一番楽しめる仕事**です。気楽に読み進めてください。

いよいよ、エンディングを組み込んで、ゲームを完成させます。

》》》 エンディングを組み込む

エンディング画面を組み込んだプログラムを確認します。2つの新しいステージを追加し、全5ステージにしてあります。このプログラムは右の画像を使います。書籍サポートページからダウンロードしてください。

図4-4-1　今回使用する画像ファイル

ending.png

『はらはら ペンギン ラビリンス』の完成形のプログラムとなるので、ファイル名は「penpen.py」としました。

次のプログラムを入力し、ファイル名を付けて保存し、実行しましょう。

リスト▶penpen.py　※前のプログラムからの追加変更箇所に マーカー を引いています

1	`import tkinter`	tkinterをインポート
2	`import random`	randomをインポート
3		
4	`# キー入力`	
5	`key = ""`	キーの値を代入する変数
6	`koff = False`	キーが離された時に使う変数(フラグ)
7	`def key_down(e):`	キーが押された時に実行する関数

```python
8        global key, koff                                      これらをグローバル変数とする
9        key = e.keysym                                        keyにkeysymの値を代入
10       koff = False                                          koffにFalseを代入
11
12   def key_up(e):                                            キーが離された時に実行する関数
13       global koff    # Mac                                  koffをグローバル変数とする
14       koff = True    # Mac                                  koffにTrueを代入
15   #    global key    # Win                                  コメント文 Windowsパソコン用
16   #    key = ""      # Win                                  コメント文 Windowsパソコン用
17
18
19   DIR_UP = 0                                                キャラの向きを定義した変数(上向き)
20   DIR_DOWN = 1                                              キャラの向きを定義した変数(下向き)
21   DIR_LEFT = 2                                              キャラの向きを定義した変数(左向き)
22   DIR_RIGHT = 3                                             キャラの向きを定義した変数(右向き)
23   ANIMATION = [0, 1, 0, 2]                                  アニメーション番号を定義したリスト
24   BLINK = ["#fff", "#ffc", "#ff8", "#fe4", "#ff8", "#ffc"]  明滅色を定義したリスト
25
26   idx = 0                                                   インデックス
27   tmr = 0                                                   タイマー
28   stage = 1                                                 ステージ数
29   score = 0                                                 スコア
30   nokori = 3                                                ペンペンの残り数
31   candy = 0                                                 各ステージにあるキャンディの数
32
33   pen_x = 0                                                 ペンペンのX座標
34   pen_y = 0                                                 ペンペンのY座標
35   pen_d = 0                                                 ペンペンの向き
36   pen_a = 0                                                 ペンペンの画像番号
37
38   red_x = 0                                                 レッドのX座標
39   red_y = 0                                                 レッドのY座標
40   red_d = 0                                                 レッドの向き
41   red_a = 0                                                 レッドの画像番号
42   red_sx = 0                                                レッドのスタート位置のX座標
43   red_sy = 0                                                レッドのスタート位置のY座標
44
45   kuma_x = 0                                                クマゴンのX座標
46   kuma_y = 0                                                クマゴンのY座標
47   kuma_d = 0                                                クマゴンの向き
48   kuma_a = 0                                                クマゴンの画像番号
49   kuma_sx = 0                                               クマゴンのスタート位置のX座標
50   kuma_sy = 0                                               クマゴンのスタート位置のY座標
51   kuma_sd = 0                                               クマゴンのスタート時の向き
52
53   map_data = []  # 迷路用のリスト                            迷路のデータを入れるリスト
54
55   def set_stage():  # ステージのデータをセットする            ステージのデータをセットする関数
56       global map_data, candy                                これらをグローバル変数とする
57       global red_sx, red_sy                                   〃
58       global kuma_sx, kuma_sy, kuma_sd                        〃
59
60       if stage == 1:                                        ステージ1の時
61           map_data = [                                      迷路データをリストに代入
62           [0,1,1,1,1,0,0,1,1,1,1,0],                          〃
63           [0,2,3,3,2,1,1,2,3,3,2,0],                          〃
64           [0,3,0,0,3,3,3,3,0,0,3,0],                          〃
65           [0,3,1,1,3,0,0,3,1,1,3,0],                          〃
66           [0,3,2,2,3,0,0,3,2,2,3,0],                          〃
67           [0,3,0,0,3,1,1,3,0,0,3,0],                          〃
```

```
68              [0,3,1,1,3,3,3,3,1,1,3,0],                    〃
69              [0,2,3,3,2,0,0,2,3,3,2,0],                    〃
70              [0,0,0,0,0,0,0,0,0,0,0,0]                     〃
71          ]
72          candy = 32                                        キャンディの数
73          red_sx = 630                                      レッドのスタート位置のX座標
74          red_sy = 450                                      レッドのスタート位置のY座標
75          kuma_sd = -1                                      クマゴンは出現しない値を代入
76
77      if stage == 2:                                        ステージ2の時
78          map_data = [                                      迷路データをリストに代入
79              [0,1,1,1,1,1,1,1,1,1,1,0],                    〃
80              [0,2,2,2,3,3,3,3,2,2,2,0],                    〃
81              [0,3,3,0,2,1,1,2,0,3,3,0],                    〃
82              [0,3,3,1,3,3,3,3,1,3,3,0],                    〃
83              [0,2,1,3,3,3,3,3,3,1,2,0],                    〃
84              [0,3,3,0,3,3,3,3,0,3,3,0],                    〃
85              [0,3,3,1,2,1,1,2,1,3,3,0],                    〃
86              [0,2,2,2,3,3,3,3,2,2,2,0],                    〃
87              [0,0,0,0,0,0,0,0,0,0,0,0]                     〃
88          ]
89          candy = 38                                        キャンディの数
90          red_sx = 630                                      レッドのスタート位置のX座標
91          red_sy = 90                                       レッドのスタート位置のY座標
92          kuma_sx = 330                                     クマゴンのスタート位置のX座標
93          kuma_sy = 270                                     クマゴンのスタート位置のY座標
94          kuma_sd = DIR_LEFT                                クマゴンのスタート時の向き
95
96      if stage == 3:                                        ステージ3の時
97          map_data = [                                      迷路データをリストに代入
98              [0,1,0,1,0,1,1,1,1,1,0],                      〃
99              [0,2,1,3,1,2,2,3,3,3,3,0],                    〃
100             [0,2,2,2,2,2,2,3,3,3,3,0],                    〃
101             [0,2,1,1,1,2,2,1,1,1,1,0],                    〃
102             [0,2,2,2,2,3,3,2,2,2,2,0],                    〃
103             [0,1,1,2,0,2,2,0,1,1,2,0],                    〃
104             [0,3,3,3,1,1,1,0,3,3,3,0],                    〃
105             [0,3,3,3,2,2,2,0,3,3,3,0],                    〃
106             [0,0,0,0,0,0,0,0,0,0,0,0]                     〃
107         ]
108         candy = 23                                        キャンディの数
109         red_sx = 630                                      レッドのスタート位置のX座標
110         red_sy = 450                                      レッドのスタート位置のY座標
111         kuma_sx = 330                                     クマゴンのスタート位置のX座標
112         kuma_sy = 270                                     クマゴンのスタート位置のY座標
113         kuma_sd = DIR_RIGHT                               クマゴンのスタート時の向き
114
115     if stage == 4:                                        ステージ4の時
116         map_data = [                                      迷路データをリストに代入
117             [0,1,1,1,1,1,1,1,1,1,1,0],                    〃
118             [0,3,3,3,3,3,3,3,3,3,3,0],                    〃
119             [0,3,0,3,3,1,3,0,3,0,3,0],                    〃
120             [0,3,1,0,3,3,3,0,3,1,3,0],                    〃
121             [0,3,3,0,1,1,1,0,3,3,3,0],                    〃
122             [0,3,0,1,3,3,3,1,3,1,1,0],                    〃
123             [0,3,1,3,3,1,3,3,3,3,3,0],                    〃
124             [0,3,3,3,3,3,3,3,3,3,3,0],                    〃
125             [0,0,0,0,0,0,0,0,0,0,0,0]                     〃
126         ]
127         candy = 50                                        キャンディの数
```

```python
128            red_sx = 150                                         レッドのスタート位置のX座標
129            red_sy = 270                                         レッドのスタート位置のY座標
130            kuma_sx = 510                                        クマゴンのスタート位置のX座標
131            kuma_sy = 270                                        クマゴンのスタート位置のY座標
132            kuma_sd = DIR_UP                                     クマゴンのスタート時の向き
133
134        if stage == 5:                                           ステージ5の時
135            map_data = [                                         迷路データをリストに代入
136            [0,1,0,1,1,1,1,1,1,1,0],                             〃
137            [0,2,0,3,3,3,3,3,3,3,0],                             〃
138            [0,2,0,3,0,1,3,1,0,3,0],                             〃
139            [0,2,0,3,0,3,3,3,0,3,0],                             〃
140            [0,2,1,3,1,1,3,3,1,1,3,0],                           〃
141            [0,2,2,3,3,3,3,3,3,3,0],                             〃
142            [0,2,1,1,1,2,1,1,1,1,0],                             〃
143            [0,3,3,3,3,3,3,3,3,3,0],                             〃
144            [0,0,0,0,0,0,0,0,0,0,0],                             〃
145            ]
146            candy = 40                                           キャンディの数
147            red_sx = 630                                         レッドのスタート位置のX座標
148            red_sy = 450                                         レッドのスタート位置のY座標
149            kuma_sx = 390                                        クマゴンのスタート位置のX座標
150            kuma_sy = 210                                        クマゴンのスタート位置のY座標
151            kuma_sd = DIR_RIGHT                                  クマゴンのスタート時の向き
152
153
154    def set_chara_pos(): # キャラのスタート位置                     キャラのスタート位置をセットする関数
155        global pen_x, pen_y, pen_d, pen_a                         これらをグローバル変数とする
156        global red_x, red_y, red_d, red_a                         〃
157        global kuma_x, kuma_y, kuma_d, kuma_a                     〃
158        pen_x = 90                                                ┐ペンペンの(x,y)座標を代入
159        pen_y = 90                                                ┘
160        pen_d = DIR_DOWN                                          ペンペンを下向きに
161        pen_a = 3                                                 ペンペンの絵の番号を代入
162        red_x = red_sx                                            ┐レッドの(x,y)座標を代入
163        red_y = red_sy                                            ┘
164        red_d = DIR_DOWN                                          レッドを下向きに
165        red_a = 3                                                 レッドの絵の番号を代入
166        kuma_x = kuma_sx                                          ┐クマゴンの(x,y)座標を代入
167        kuma_y = kuma_sy                                          ┘
168        kuma_d = kuma_sd                                          クマゴンの向きを代入
169        kuma_a = 0                                                クマゴンの絵の番号を代入
170
171
172    def draw_txt(txt, x, y, siz, col): # 影付き文字                 影付き文字を表示する関数
173        fnt = ("Times New Roman", siz, "bold")                    フォントの定義
174        canvas.create_text(x+2, y+2, text=txt, fill="black",      文字の影(2ドットずらし黒で表示)
    font=fnt, tag="SCREEN")
175        canvas.create_text(x, y, text=txt, fill=col, font=        指定の色で文字を表示
    fnt, tag="SCREEN")
176
177
178    def draw_screen(): # ゲーム画面を描く                           ゲーム画面を描く関数
179        canvas.delete("SCREEN")                                   いったん全ての画像と文字を削除
180        for y in range(9):                                        二重ループの
181            for x in range(12):                                       繰り返しで
182                canvas.create_image(x*60+30, y*60+30, image            マップチップで迷路を描く
    =img_bg[map_data[y][x]], tag="SCREEN")
183        canvas.create_image(pen_x, pen_y, image=img_pen           ペンペンを表示
    [pen_a], tag="SCREEN")
```

```
184         canvas.create_image(red_x, red_y, image=img_red    レッドを表示
    [red_a], tag="SCREEN")
185         if kuma_sd != -1:                                  kuma_sdが-1でないなら
186             canvas.create_image(kuma_x, kuma_y, image=img_     クマゴンを表示
    kuma[kuma_a], tag="SCREEN")
187         draw_txt("SCORE "+str(score), 200, 30, 30, "white")  スコアを表示
188         draw_txt("STAGE "+str(stage), 520, 30, 30, "lime")   ステージ数を表示
189         for i in range(nokori):                            繰り返しで
190             canvas.create_image(60+i*50, 500, image=img_pen    ペンペンの残り数(顔)を描画
    [12], tag="SCREEN")
191
192
193     def check_wall(cx, cy, di, dot): # 各方向に壁があるか調べる  指定の向きに壁があるか調べる関数
194         chk = False                                        chkにFalseを代入
195         if di == DIR_UP:                                   上向きの時
196             mx = int((cx-30)/60)                               mxとmyに、リストの左上方向
197             my = int((cy-30-dot)/60)                           を調べるための値を代入
198             if map_data[my][mx] <= 1: # 左上                   そこが壁の場合
199                 chk = True                                         chkにTrueを代入
200             mx = int((cx+29)/60)                               リスト右上方向を調べる値を代入
201             if map_data[my][mx] <= 1: # 右上                   そこが壁の場合
202                 chk = True                                         chkにTrueを代入
203         if di == DIR_DOWN:                                 下向きの時
204             mx = int((cx-30)/60)                               mxとmyに、リストの左下方向
205             my = int((cy+29+dot)/60)                           を調べるための値を代入
206             if map_data[my][mx] <= 1: # 左下                   そこが壁の場合
207                 chk = True                                         chkにTrueを代入
208             mx = int((cx+29)/60)                               リスト右下方向を調べる値を代入
209             if map_data[my][mx] <= 1: # 右下                   そこが壁の場合
210                 chk = True                                         chkにTrueを代入
211         if di == DIR_LEFT:                                 左向きの時
212             mx = int((cx-30-dot)/60)                           mxとmyに、リストの左上方向
213             my = int((cy-30)/60)                               を調べるための値を代入
214             if map_data[my][mx] <= 1: # 左上                   そこが壁の場合
215                 chk = True                                         chkにTrueを代入
216             my = int((cy+29)/60)                               リスト左下方向を調べる値を代入
217             if map_data[my][mx] <= 1: # 左下                   そこが壁の場合
218                 chk = True                                         chkにTrueを代入
219         if di == DIR_RIGHT:                                右向きの時
220             mx = int((cx+29+dot)/60)                           mxとmyに、リストの右上方向
221             my = int((cy-30)/60)                               を調べるための値を代入
222             if map_data[my][mx] <= 1: # 右上                   そこが壁の場合
223                 chk = True                                         chkにTrueを代入
224             my = int((cy+29)/60)                               リスト右下方向を調べる値を代入
225             if map_data[my][mx] <= 1: # 右下                   そこが壁の場合
226                 chk = True                                         chkにTrueを代入
227         return chk                                         chkの値を戻り値として返す
228
229
230     def move_penpen(): # ペンペンを動かす                        ペンペンを動かす関数
231         global score, candy, pen_x, pen_y, pen_d, pen_a    これらをグローバル変数とする
232         if key == "Up":                                    上キーが押されている時
233             pen_d = DIR_UP                                     ペンペンを上向きにする
234             if check_wall(pen_x, pen_y, pen_d, 20) ==          20ドット先が壁でないなら
    False:
235                 pen_y = pen_y - 20                                 y座標を減らし上に移動
236         if key == "Down":                                  下キーが押されている時
237             pen_d = DIR_DOWN                                   ペンペンを下向きにする
238             if check_wall(pen_x, pen_y, pen_d, 20) ==          20ドット先が壁でないなら
    False:
```

```
239             pen_y = pen_y + 20                                              y座標を増やし下に移動
240         if key == "Left":                                                左キーが押されている時
241             pen_d = DIR_LEFT                                                ペンペンを左向きにする
242             if check_wall(pen_x, pen_y, pen_d, 20) ==                       20ドット先が壁でないなら
    False:
243                 pen_x = pen_x - 20                                          x座標を減らし左に移動
244         if key == "Right":                                               右キーが押されている時
245             pen_d = DIR_RIGHT                                               ペンペンを右向きにする
246             if check_wall(pen_x, pen_y, pen_d, 20) ==                       20ドット先が壁でないなら
    False:
247                 pen_x = pen_x + 20                                          x座標を増やし右に移動
248         pen_a = pen_d*3 + ANIMATION[tmr%4]                              ペンペンのアニメ(画像)番号を計算
249         mx = int(pen_x/60)                                              mxとmyにペンペンがいる位置の
250         my = int(pen_y/60)                                              リストを調べるための値を代入
251         if map_data[my][mx] == 3: # キャンディに載ったか？            キャンディのマスに入ったら
252             score = score + 100                                             スコアを加算
253             map_data[my][mx] = 2                                            キャンディを消す
254             candy = candy - 1                                               キャンディの数を減らす
255
256
257 def move_enemy(): # レッドを動かす                                     敵のレッドを動かす関数
258     global idx, tmr, red_x, red_y, red_d, red_a                         これらをグローバル変数とする
259     speed = 10                                                          レッドの移動速度(ドット数)
260     if red_x%60 == 30 and red_y%60 == 30:                               マス目ぴったりの位置にいる時
261         red_d = random.randint(0, 6)                                        ランダムに向きを変える
262         if red_d >= 4:                                                      乱数が4以上の時
263             if pen_y < red_y:                                               ペンペンが上の方にいるなら
264                 red_d = DIR_UP                                                  レッドを上向きに
265             if pen_y > red_y:                                               ペンペンが下の方にいるなら
266                 red_d = DIR_DOWN                                                レッドを下向きに
267             if pen_x < red_x:                                               ペンペンが左の方にいるなら
268                 red_d = DIR_LEFT                                                レッドを左向きに
269             if pen_x > red_x:                                               ペンペンが右の方にいるなら
270                 red_d = DIR_RIGHT                                               レッドを右向きに
271     if red_d == DIR_UP:                                                 レッドが上向きの時
272         if check_wall(red_x, red_y, red_d, speed) ==                        そちらが壁でなければ
    False:
273             red_y = red_y - speed                                           Y座標を減らし上に移動
274     if red_d == DIR_DOWN:                                               レッドが下向きの時
275         if check_wall(red_x, red_y, red_d, speed) ==                        そちらが壁でなければ
    False:
276             red_y = red_y + speed                                           Y座標を増やし下に移動
277     if red_d == DIR_LEFT:                                               レッドが左向きの時
278         if check_wall(red_x, red_y, red_d, speed) ==                        そちらが壁でなければ
    False:
279             red_x = red_x - speed                                           X座標を減らし左に移動
280     if red_d == DIR_RIGHT:                                              レッドが右向きの時
281         if check_wall(red_x, red_y, red_d, speed) ==                        そちらが壁でなければ
    False:
282             red_x = red_x + speed                                           X座標を増やし右に移動
283     red_a = red_d*3 + ANIMATION[tmr%4]                                  レッドのアニメ(画像)番号を計算
284     if abs(red_x-pen_x) <= 40 and abs(red_y-pen_y)                      ペンペンと接触したかを判定
    <= 40:
285         idx = 2                                                             接触したらidxを2、
286         tmr = 0                                                             tmrを0にし、やられた処理へ
287
288
289 def move_enemy2(): # クマゴンを動かす                                  敵のクマゴンを動かす関数
290     global idx, tmr, kuma_x, kuma_y, kuma_d, kuma_a                     これらをグローバル変数とする
291     speed = 5                                                           クマゴンの移動速度(ドット数)
```

292	`    if kuma_sd == -1:`	kuma_sdが-1の時は
293	`        return`	処理をしない(関数を抜ける)
294	`    if kuma_d == DIR_UP:`	クマゴンが上向きの時
295	`        if check_wall(kuma_x, kuma_y, kuma_d, speed) == False:`	そちらが壁でなければ
296	`            kuma_y = kuma_y - speed`	Y座標を減らし上に移動
297	`        else:`	そうでなければ
298	`            kuma_d = DIR_DOWN`	クマゴンを下向きにする
299	`    elif kuma_d == DIR_DOWN:`	クマゴンが下向きの時
300	`        if check_wall(kuma_x, kuma_y, kuma_d, speed) == False:`	そちらが壁でなければ
301	`            kuma_y = kuma_y + speed`	Y座標を増やし下に移動
302	`        else:`	そうでなければ
303	`            kuma_d = DIR_UP`	クマゴンを上向きにする
304	`    elif kuma_d == DIR_LEFT:`	クマゴンが左向きの時
305	`        if check_wall(kuma_x, kuma_y, kuma_d, speed) == False:`	そちらが壁でなければ
306	`            kuma_x = kuma_x - speed`	X座標を減らし左に移動
307	`        else:`	そうでなければ
308	`            kuma_d = DIR_RIGHT`	クマゴンを右向きにする
309	`    elif kuma_d == DIR_RIGHT:`	クマゴンが右向きの時
310	`        if check_wall(kuma_x, kuma_y, kuma_d, speed) == False:`	そちらが壁でなければ
311	`            kuma_x = kuma_x + speed`	X座標を増やし右に移動
312	`        else:`	そうでなければ
313	`            kuma_d = DIR_LEFT`	クマゴンを左向きにする
314	`    kuma_a = ANIMATION[tmr%4]`	クマゴンのアニメ(画像)番号を計算
315	`    if abs(kuma_x-pen_x) <= 40 and abs(kuma_y-pen_y) <= 40:`	ペンペンと接触したかを判定
316	`        idx = 2`	接触したらidxを2、
317	`        tmr = 0`	tmrを0にし、やられた処理へ
318		
319		
320	`def main(): # メインループ`	メイン処理を行う関数
321	`    global key, koff, idx, tmr, stage, score, nokori`	これらをグローバル変数とする
322	`    tmr = tmr + 1`	tmrの値を1増やす
323	`    draw_screen()`	ゲーム画面を描く
324		
325	`    if idx == 0: # タイトル画面`	idxが0の時(タイトル画面)
326	`        canvas.create_image(360, 200, image=img_title, tag="SCREEN")`	タイトルロゴの表示
327	`        if tmr%10 < 5:`	tmrを10で割った余りが5未満なら
328	`            draw_txt("Press SPACE !", 360, 380, 30, "yellow")`	Press SPACE !の文字を表示
329	`        if key == "space":`	スペースキーが押されたら
330	`            stage = 1`	ステージ数を1に
331	`            score = 0`	スコアを0に
332	`            nokori = 3`	残り数を3に
333	`            set_stage()`	ステージデータをセット
334	`            set_chara_pos()`	各キャラをスタート位置に
335	`            idx = 1`	idxを1にしてゲーム開始
336		
337	`    if idx == 1: # ゲームをプレイ`	idxが1の時(ゲームプレイ中の処理)
338	`        move_penpen()`	ペンペンの移動
339	`        move_enemy()`	レッドの移動
340	`        move_enemy2()`	クマゴンの移動
341	`        if candy == 0:`	キャンディを全て取ったら
342	`            idx = 4`	idxを4、
343	`            tmr = 0`	tmrを0にして、クリアへ
344		

```
345        if idx == 2: # 敵にやられた                      idxが2の時(敵にやられた処理)
346            draw_txt("MISS", 360, 270, 40, "orange")     MISSの文字を表示
347            if tmr == 1:                                 tmrが1の時
348                nokori = nokori - 1                          残り数を減らす
349            if tmr == 30:                                tmrが30の時
350                if nokori == 0:                              残り数が0なら
351                    idx = 3                                      idxを3、
352                    tmr = 0                                      tmrを0にする
353                else:                                        そうでないなら
354                    set_chara_pos()                              キャラを初めの位置にして
355                    idx = 1                                      再びプレイ
356
357        if idx == 3: # ゲームオーバー                    idxが3の時(ゲームオーバー)
358            draw_txt("GAME OVER", 360, 270, 40, "red")   GAME OVERの文字を表示
359            if tmr == 50:                                tmrが50の時
360                idx = 0                                      idxを0にし、タイトル画面へ
361
362        if idx == 4: # ステージクリア                    idxが4の時(ステージクリア)
363            if stage < 5:                                    ステージ5未満なら
364                draw_txt("STAGE CLEAR", 360, 270, 40, "pink")    STAGE CLEARと表示
365            else:                                            そうでなければ
366                draw_txt("ALL STAGE CLEAR!", 360, 270, 40,       ALL STAGE CLEAR!と表示
    "violet")
367            if tmr == 30:                                tmrが30の時
368                if stage < 5:                                ステージ5未満なら
369                    stage = stage + 1                            stageの値を増やし
370                    set_stage()                                  ステージデータをセット
371                    set_chara_pos()                              各キャラをスタート位置に
372                    idx = 1                                      idxを1にしてゲーム開始
373                else:                                        そうでなければ
374                    idx = 5                                      idxを5、
375                    tmr = 0                                      tmrを0にし、エンディングへ
376
377        if idx == 5: # エンディング                      idxが5の時(エンディング)
378            if tmr < 60:                                 tmrが60より小さい時
379                xr = 8*tmr                                   楕円の径を計算
380                yr = 6*tmr
381                canvas.create_oval(360-xr, 270-yr, 360+xr,   黒で楕円を描く
    270+yr, fill="black", tag="SCREEN")
382            else:                                        そうでなければ
383                canvas.create_rectangle(0, 0, 720, 540,      画面を黒で塗り潰し
    fill="black", tag="SCREEN")
384                canvas.create_image(360, 300, image=img_     エンディング画像を表示
    ending, tag="SCREEN")
385                draw_txt("Congratulations!", 360, 160,       Congratulations!と表示
    40, BLINK[tmr%6])
386            if tmr == 300:                               tmrが300になったら
387                idx = 0                                      idxを0にし、タイトル画面に
388
389        if koff == True:                                 koffがTrueなら
390            key = ""                                         keyの値をクリアし
391            koff = False                                     koffにFalseを代入
392
393    root.after(100, main)                                100ミリ秒後に再びmain()関数を実行
394
395
396 root = tkinter.Tk()                                     ウィンドウの部品を作る
397
398 img_bg = [                                              マップチップの画像を読み込むリスト
399     tkinter.PhotoImage(file="image_penpen/chip00.png"),
```

```
400        tkinter.PhotoImage(file="image_penpen/chip01.png"),
401        tkinter.PhotoImage(file="image_penpen/chip02.png"),
402        tkinter.PhotoImage(file="image_penpen/chip03.png")
403    ]
404    img_pen = [                                                     ペンペンの画像を読み込むリスト
405        tkinter.PhotoImage(file="image_penpen/pen00.png"),
406        tkinter.PhotoImage(file="image_penpen/pen01.png"),
407        tkinter.PhotoImage(file="image_penpen/pen02.png"),
408        tkinter.PhotoImage(file="image_penpen/pen03.png"),
409        tkinter.PhotoImage(file="image_penpen/pen04.png"),
410        tkinter.PhotoImage(file="image_penpen/pen05.png"),
411        tkinter.PhotoImage(file="image_penpen/pen06.png"),
412        tkinter.PhotoImage(file="image_penpen/pen07.png"),
413        tkinter.PhotoImage(file="image_penpen/pen08.png"),
414        tkinter.PhotoImage(file="image_penpen/pen09.png"),
415        tkinter.PhotoImage(file="image_penpen/pen10.png"),
416        tkinter.PhotoImage(file="image_penpen/pen11.png"),
417        tkinter.PhotoImage(file="image_penpen/pen_face.png")
418    ]
419    img_red = [                                                     レッドの画像を読み込むリスト
420        tkinter.PhotoImage(file="image_penpen/red00.png"),
421        tkinter.PhotoImage(file="image_penpen/red01.png"),
422        tkinter.PhotoImage(file="image_penpen/red02.png"),
423        tkinter.PhotoImage(file="image_penpen/red03.png"),
424        tkinter.PhotoImage(file="image_penpen/red04.png"),
425        tkinter.PhotoImage(file="image_penpen/red05.png"),
426        tkinter.PhotoImage(file="image_penpen/red06.png"),
427        tkinter.PhotoImage(file="image_penpen/red07.png"),
428        tkinter.PhotoImage(file="image_penpen/red08.png"),
429        tkinter.PhotoImage(file="image_penpen/red09.png"),
430        tkinter.PhotoImage(file="image_penpen/red10.png"),
431        tkinter.PhotoImage(file="image_penpen/red11.png")
432    ]
433    img_kuma = [                                                    クマゴンの画像を読み込むリスト
434        tkinter.PhotoImage(file="image_penpen/kuma00.png"),
435        tkinter.PhotoImage(file="image_penpen/kuma01.png"),
436        tkinter.PhotoImage(file="image_penpen/kuma02.png")
437    ]
438    img_title = tkinter.PhotoImage(file="image_penpen/title.png")    タイトルロゴを読み込む変数
439    img_ending = tkinter.PhotoImage(file="image_penpen/ending.      エンディング画像を読み込む変数
       png")
440
441    root.title("はらはら ペンギン ラビリンス")                              ウィンドウのタイトルを指定
442    root.resizable(False, False)                                    ウィンドウサイズを変更できなくする
443    root.bind("<KeyPress>", key_down)                               キーを押した時に実行する関数を指定
444    root.bind("<KeyRelease>", key_up)                               キーを離した時に実行する関数を指定
445    canvas = tkinter.Canvas(width=720, height=540)                  キャンバスの部品を作る
446    canvas.pack()                                                   キャンバスをウィンドウに配置
447    set_stage()                                                     ステージデータをセットする
448    set_chara_pos()                                                 各キャラをスタート位置にする
449    main()                                                          メイン処理を行う関数を実行
450    root.mainloop()                                                 ウィンドウを表示する
```

このプログラムを実行し、全ステージをクリアすると、**図4-4-2**のようなエンディング画面が表示されます。エンディング画面で約30秒経過すると、タイトル画面に戻ります。

図4-4-2　クリア後に表示されるエンディング画面

　エンディングの処理はmain()関数内の377～387行目です。タイマー用の変数tmrが60より小さい間は、黒い楕円を拡大しながら表示し、その後、黒い画面にペンペンとペン子の画像と、「Congratulations!」（おめでとう！）の文字を表示します。
　「Congratulations!」を明滅して表示するために、24行目で

```
BLINK = [16進数の色データ]
```

として、色を定義しています。次に16進数での色指定を説明します。

16進数での色指定

　16進数で色指定するには、光の三原色について知る必要があります。赤、緑、青の3つの光を三原色といい、赤と緑が混じると黄に、赤と青が混じると紫（マゼンタ）に、緑と青が混じると水色（シアン）になります。赤、緑、青3つを混ぜると白になります。光の強さが弱い（＝暗い色の）場合、混ぜた色もそれぞれ暗い色になります。

図4-4-3　光の三原色

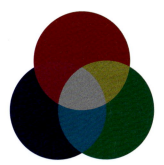

コンピュータでは赤（Red）の光の強さ、緑（Green）の光の強さ、青（Blue）の光の強さを、それぞれ0～255の256段階の数値で表します。例えば明るい赤はR=255、暗い赤はR=128です。暗い水色を表現するならR=0,G=128,B=128になります。

10進数の0～255を16進数にすると、表4-4-1の値になります。
16進数で色を指定するには、#RRGGBBあるいは#RGBと記述します。

#RRGGBBでは、赤、緑、青の値は256段階となり、例えば黒は#000000、明るい赤は#ff0000、明るい緑は#00ff00、灰色は#808080になります。

#RGBでは、赤、緑、青の値は16段階となり、例えば黒は#000、明るい赤は#f00、灰色は#888、白は#fffになります。

表4-4-1　10進数と16進数

10進数	16進数
0	00
1	01
2	02
3	03
4	04
5	05
6	06
7	07
8	08
9	09
10	0a
11	0b
12	0c
13	0d
14	0e
15	0f
16	10
17	11
:	:
127	7f
128	80
:	:
254	fe
255	ff

※a～fは大文字でもかまいません

本職のプログラマーは10進数と16進数の使い分けが必要な時があります。前著をお読みいただいた方は、16進数について学習済みですが、ここでもう一度、確認しておきましょう。

ゲームを改良しよう

ドットイートのアクションゲームが完成しました。このゲームをさらに作り込むなら、どこを改良したり、何を追加すると良いかを考えてみます。

❶敵の移動速度を変えてみよう

レッドの移動速度はenemy()関数内のspeedという変数、クマゴンの移動速度はenemy2()関数内のspeedという変数で定義しています。speedは1フレームで何ドット移動するかという値です。この値が大きければ敵は素早く移動し、もちろん難しくなります。この値を変えて、ゲームの難易度がどの程度変わるか確認してみましょう。

レッドの移動速度を変更する時に1つ注意点があります。このゲームの1マスは60×60

ドットなので、向きを変える判定を

```
if red_x%60 == 30 and red_y%60 == 30:
```

としています。この条件式を成り立たせるため、移動速度は1、2、3、4、5、6、10、12、15、20、30、60のいずれかにする必要があります。例えばspeedの値を7や11にすると、条件式が成り立たなくなり、レッドの動きがおかしくなります。

❷新たな敵を追加してみよう

クマゴンの追加を参考にして、新たな敵を登場させてみましょう。新たな敵を追加したい方のために、書籍サポートページからダウンロードできるzipファイルに、セイウチの画像が入っています。

図4-4-4　敵の追加

seiuchi00.png　　seiuchi01.png　　seiuchi02.png

zipファイルを解凍してできる
「Chapter4」→「image_penpen」
フォルダ内にあります

❸ステージ数を追加しよう

次のLessonでマップエディタを作り、ツールで迷路を作れるようにします。そのツールで新しい迷路を作り、追加しましょう。レッドやクマゴンのゲーム開始時の位置は、ゲームの難易度に影響します。敵の位置も変えてテストプレイしてみると良いでしょう。

ソフトウェアを改良することも、プログラミングの学習になります。

Lesson 4-5 色々なステージを用意しよう

　『はらはら ペンギン ラビリンス』は、ステージを1つずつクリアしていくゲームです。そのようなゲームを、ユーザーは新たなステージを期待してプレイするので、バラエティに富むステージをなるべく多く用意したいものです。
　ステージを増やすには、**マップエディタ**と呼ばれる、データ作成ツールがあると便利です。このLessonではマップエディタについて説明し、次のLesson 4-6と4-7で、迷路を作ることのできるマップエディタを制作します。

▶▶▶ マップエディタについて

　マップ（『はらはら ペンギン ラビリンス』では迷路）のデータを作るツールをマップエディタといいます。例えば2Dのロールプレイングゲームでは、マップエディタで町やダンジョンの構造を作り、様々な場面を用意します。
　データを手入力でプログラムに記述すると、広大なマップが必要な時や多数のステージを用意する時に、作業が膨大になり入力ミスも発生しやすくなります。マップエディタがあれば、作業効率がアップし、データの入力ミスも防ぐことができます。

　マップエディタは2Dゲーム開発時の必需品といえそうですね。

▶▶▶ マップエディタの仕様について

　マップエディタの仕様を考えてみましょう。

- 配置したいマップチップを選択できる
- マップ上（迷路の画面）をクリックし、マップチップを置くことができる

　これらができれば、まずは迷路を作ることができます。
　図にすると次ページのようになります。

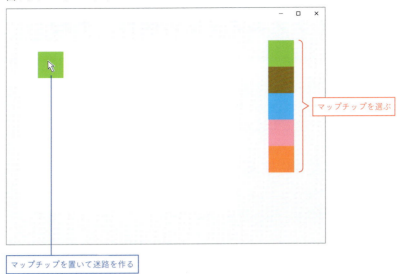

図4-5-1　マップエディタのラフスケッチ

　マップエディタは、ゲーム画面と同じ状態で迷路が作れるようにします。そうすれば「ここに敵を出そう」とか「アイテムをここに置こう」など、プレイした時のことを考えながら、迷路を作ることができるからです。

　マップエディタの仕様は、ペイントソフトに似ていますね。ペイントソフトは色を選び、マウスポインタを動かして、その色で塗っていくことができます。マップエディタでは、色の代わりにマップチップを選び、そのマップチップを使って絵を描く（画面構成を作る）イメージです。

Lesson 4-6 マップエディタの制作 その1

マップエディタのプログラミングに入ります。このLessonでは、選んだマップチップで迷路を作るところまで制作します。次のLessonで、作った迷路をプログラムで使えるデータとして出力できるようにします。

迷路を作れるようにする

選んだマップチップを迷路上に置くプログラムを確認します。次のプログラムを入力し、ファイル名を付けて保存し、実行しましょう。

リスト ▶ list0406_1.py

```
1   import tkinter                                              tkinterをインポート
2
3   chip = 0                                                    選んだマップチップの番号を入れる変数
4   map_data = []                                               迷路のデータを入れるリスト
5   for i in range(9):                                          繰り返しで
6       map_data.append([2,2,2,2,2,2,2,2,2,2,2,2])              リストを初期化する
7
8   def draw_map():                                             迷路を描く関数
9       cvs_bg.delete("BG")                                         いったん全ての画像を削除
10      for y in range(9):                                          二重ループの
11          for x in range(12):                                         繰り返しで
12              cvs_bg.create_image(60*x+30,                                マップチップで迷路を描く
    60*y+30, image=img[map_data[y][x]], tag="BG")
13
14  def set_map(e):                                             迷路にマップチップを置く関数
15      x = int(e.x/60)                                             リストの添え字を求める
16      y = int(e.y/60)                                             〃
17      if 0 <= x and x <= 11 and 0 <= y and y <= 8:                クリックした位置が迷路の範囲なら
18          map_data[y][x] = chip                                       リストにchipの値を入れ
19          draw_map()                                                  迷路を描く
20
21  def draw_chip():                                            選択用のマップチップを描く関数
22      cvs_chip.delete("CHIP")                                     いったん全ての画像を削除
23      for i in range(len(img)):                                   繰り返しで
24          cvs_chip.create_image(30, 30+i*60, image=                   マップチップを描く
    img[i], tag="CHIP")
25      cvs_chip.create_rectangle(4, 4+60*chip, 57,                 選んでいるチップに赤枠を表示
    57+60*chip, outline="red", width=3, tag="CHIP")
26
27  def select_chip(e):                                         マップチップを選ぶ関数
28      global chip                                                 chipをグローバル変数とする
29      y = int(e.y/60)                                             クリックしたY座標からチップの番号を計算
30      if 0 <= y and y < len(img):                                 クリックした位置がマップチップなら
31          chip = y                                                    chipに選んだマップチップ番号を代入
32          draw_chip()                                                 選択用チップを描画
33
34  root = tkinter.Tk()                                         ウィンドウの部品を作る
35  root.geometry("820x560")                                    ウィンドウのサイズを指定
```

```
36  root.title("マップエディタ")                                ウィンドウのタイトルを指定
37  cvs_bg = tkinter.Canvas(width=720, height=540,            キャンバスの部品を作る(迷路用)
    bg="white")
38  cvs_bg.place(x=10, y=10)                                  キャンバスを配置
39  cvs_bg.bind("<Button-1>", set_map)                        クリックした時の関数を指定
40  cvs_bg.bind("<B1-Motion>", set_map)                       クリック+ポインタ移動時の関数を指定
41  cvs_chip = tkinter.Canvas(width=60, height=540,           キャンバスの部品を作る(チップ選択用)
    bg="black")
42  cvs_chip.place(x=740, y=10)                               キャンバスを配置
43  cvs_chip.bind("<Button-1>", select_chip)                  クリックした時の関数を指定
44  img = [                                                   リストにマップチップの画像を読み込む
45  tkinter.PhotoImage(file="image_penpen/chip00.png"),
46  tkinter.PhotoImage(file="image_penpen/chip01.png"),
47  tkinter.PhotoImage(file="image_penpen/chip02.png"),
48  tkinter.PhotoImage(file="image_penpen/chip03.png")
49  ]
50  draw_map()                                                迷路を描画
51  draw_chip()                                               選択用のマップチップを描画
52  root.mainloop()                                           ウィンドウを表示
```

このプログラムを実行すると、図4-6-1のような画面が表示されます。右側に並んだマップチップをクリックして選び（赤枠が付きます）、左側の領域をクリックすると、そのマップチップを置くことができます。またマウスの左ボタンを押しながらポインタを動かすと、マップチップを連続して置くことができます。

図4-6-1　list0406_1.pyの実行結果

このプログラムでは2つのキャンバスを用います。37～40行目で迷路を描くキャンバス、41～43行目でマップチップ選択用のキャンバスを準備しています。

迷路を描くキャンバスには、次のように2つのbind()命令を記述しています。

```
cvs_bg.bind("<Button-1>", set_map)
cvs_bg.bind("<B1-Motion>", set_map)
```

<Button-1>はマウスの左ボタンを押した時、<B1-Motion>は左ボタンを押しながらマウスポインタを動かした時の指定です。どちらのbind()命令もset_map()関数を指定しています。このように複数のbind()命令で同じ関数を指定できます。

14～19行目が迷路にマップチップを置くset_map()関数です。この関数は、マウスポインタの座標をマップチップのサイズの60で割り、リストの添え字を求め、リストにマップチップの値を代入します。

27～32行目がマップチップを選ぶselect_chip()関数です。この関数は、クリックした時のマウスポインタの座標から、どのチップを選ぶか計算し、chipという変数にその値を入れます。

選択用のマップチップを描くのが、21～25行目のdraw_chip()関数で、選択したマップチップが分かるように、赤い枠を表示しています。

23行目と30行目で使っている**len()**は、リストの要素数（箱の数）を取得する命令です。このプログラムではimgに4枚の画像を読み込んでいるので、len(img)の値は4になります。

> マップエディタはマウスで操作するアプリケーションソフトウェアです。Pythonのtkinterの知識は、GUIを用いたツールソフト制作にも生かせるわけですね。

Lesson 4-7 マップエディタの制作 その2

前のプログラムに迷路のデータを出力できる機能を追加します。

▶▶▶ プロ仕様のツールについて

プログラムを確認する前に、プロの開発現場で使われるマップエディタについて簡単に説明します。商用のゲーム開発では、通常、たくさんのシーン（ゲーム内の場面）が必要になります。マップエディタで制作したデータは、独立したファイルとして出力されます。ゲーム本体のプログラムでは、数多くのファイルの中から、シーンに応じたものを読み込んで使います。

図4-7-1　本格的なマップエディタのイメージ

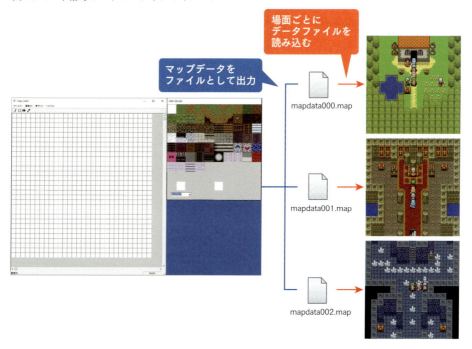

ゲーム開発を学んでいるみなさんが、今すぐにそのような本格的なツールを用意する必要はありません。今の段階ではツールソフトの作り方の基礎を知ることができれば十分ですので、今回は迷路の**データをGUIのテキスト入力欄に出力し、簡易的にデータを扱う**ようにします。テキスト入力欄の文字列はコピー＆ペーストできるので、コピペしてゲームのプログラムに持っていくことができます。

▶▶▶ テキスト入力欄とボタンを使う

　前のLessonのプログラムに「データ出力」ボタンとテキスト入力欄を配置し、ボタンを押すと迷路のデータが出力されるようにします。このプログラムのファイル名は、マップエディタの完成ということで「map_editor.py」としています。
　次のプログラムを入力し、ファイル名を付けて保存し、実行しましょう。

リスト▶map_editor.py　　※前のプログラムからの追加変更箇所に マーカー を引いています

```
1   import tkinter                                         tkinterをインポート
2
3   chip = 0                                               選んだマップチップの番号を入れる変数
4   map_data = []                                          迷路のデータを入れるリスト
5   for i in range(9):                                     繰り返しで
6       map_data.append([2,2,2,2,2,2,2,2,2,2,2,2])             リストを初期化する
7
8   def draw_map():                                        迷路を描く関数
9       cvs_bg.delete("BG")                                    いったん全ての画像を削除
10      for y in range(9):                                     二重ループの
11          for x in range(12):                                    繰り返しで
12              cvs_bg.create_image(60*x+30, 60*y+                     マップチップで迷路を描く
    30, image=img[map_data[y][x]], tag="BG")
13
14  def set_map(e):                                        迷路にマップチップを置く関数
15      x = int(e.x/60)                                        リストの添え字を求める
16      y = int(e.y/60)                                        〃
17      if 0 <= x and x <= 11 and 0 <= y and y <= 8:           クリックした位置が迷路の範囲なら
18          map_data[y][x] = chip                                  リストにchipの値を入れ
19          draw_map()                                             迷路を描く
20
21  def draw_chip():                                       選択用のマップチップを描く関数
22      cvs_chip.delete("CHIP")                                いったん全ての画像を削除
23      for i in range(len(img)):                              繰り返しで
24          cvs_chip.create_image(30, 30+i*60, image=              マップチップを描く
    img[i], tag="CHIP")
25      cvs_chip.create_rectangle(4, 4+60*chip, 57,            選んでいるチップに赤枠を表示
    57+60*chip, outline="red", width=3, tag="CHIP")
26
27  def select_chip(e):                                    マップチップを選ぶ関数
28      global chip                                            chipをグローバル変数とする
29      y = int(e.y/60)                                        クリックしたY座標からチップの番号を計算
30      if 0 <= y and y < len(img):                            クリックした位置がマップチップなら
31          chip = y                                               chipに選んだマップチップ番号を代入
32          draw_chip()                                            選択用チップを描画
33
34  def put_data():                                        データを出力する関数
35      c = 0                                                  キャンディを数えるための変数
36      text.delete("1.0", "end")                              テキスト入力欄の文字を全て削除
37      for y in range(9):                                     二重ループの
38          for x in range(12):                                    繰り返しで
39              text.insert("end", str(map_data[y]                     入力欄にデータを挿入
    [x])+",")
40              if map_data[y][x] == 3:                            キャンディがあるなら
41                  c = c + 1                                          それを数える
42          text.insert("end", "¥n")                           改行コードを挿入
43      text.insert("end", "candy = "+str(c))              キャンディの数を挿入
44
```

```
45  root = tkinter.Tk()                                        ウィンドウの部品を作る
46  root.geometry("820x760")                                   ウィンドウのサイズを指定
47  root.title("マップエディタ")                                 ウィンドウのタイトルを指定
48  cvs_bg = tkinter.Canvas(width=720, height=540,             キャンバスの部品を作る(迷路用)
    bg="white")
49  cvs_bg.place(x=10, y=10)                                   キャンバスを配置
50  cvs_bg.bind("<Button-1>", set_map)                         クリックした時の関数を指定
51  cvs_bg.bind("<B1-Motion>", set_map)                        クリック+ポインタ移動時の関数を指定
52  cvs_chip = tkinter.Canvas(width=60, height=540,            キャンバスの部品を作る(チップ選択用)
    bg="black")
53  cvs_chip.place(x=740, y=10)                                キャンバスを配置
54  cvs_chip.bind("<Button-1>", select_chip)                   クリックした時の関数を指定
55  text = tkinter.Text(width=40, height=14)                   テキスト入力欄の部品を作る
56  text.place(x=10, y=560)                                    テキスト入力欄を配置
57  btn = tkinter.Button(text="データ出力", font=("Times        ボタンの部品を作る
    New Roman", 16), fg="blue", command=put_data)
58  btn.place(x=400, y=560)                                    ボタンを配置
59  img = [                                                    リストにマップチップの画像を読み込む
60      tkinter.PhotoImage(file="image_penpen/chip00.png"),
61      tkinter.PhotoImage(file="image_penpen/chip01.png"),
62      tkinter.PhotoImage(file="image_penpen/chip02.png"),
63      tkinter.PhotoImage(file="image_penpen/chip03.png")
64  ]
65  draw_map()                                                 迷路を描画
66  draw_chip()                                                選択用のマップチップを描画
67  root.mainloop()                                            ウィンドウを表示
```

　このプログラムを実行すると、「データ出力」ボタンとテキスト入力欄が表示されます。迷路を作り、ボタンを押してみましょう。テキスト入力欄にデータが出力されます。

図4-7-2　エディットしたマップをデータ出力できる

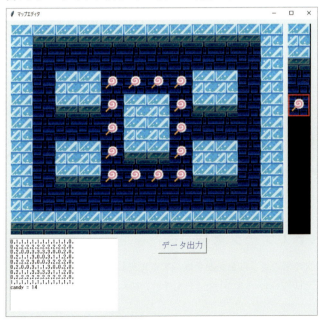

57行目のボタンの部品を作るButton()命令の引数で、command=put_dataと記述して、ボタンを押した時に実行する関数を指定します。put_data()関数を抜き出して説明します。

```python
def put_data():
    c = 0
    text.delete("1.0", "end")
    for y in range(9):
        for x in range(12):
            text.insert("end", str(map_data[y][x])+",")
            if map_data[y][x] == 3:
                c = c + 1
        text.insert("end", "¥n")
    text.insert("end", "candy = "+str(c))
```

delete() 命令でテキスト入力欄の文字列を削除します。引数の "1.0" と "end" は、入力欄全体を意味します。

図4-7-3　Textの文字列の位置指定

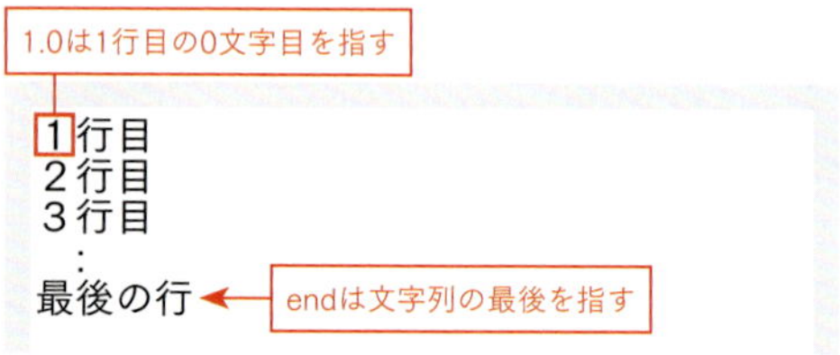

1.0は1行目の0文字目を指す

1行目
2行目
3行目
　：
最後の行 ← endは文字列の最後を指す

変数y,xを用いた二重ループの繰り返しで、map_data[y][x]の値をテキスト入力欄に出力します。**insert()** は文字列を挿入する命令です。この命令の引数の "end" は、文字列の最後尾に挿入するという意味です。

繰り返しの中で

```python
            if map_data[y][x] == 3:
                c = c + 1
```

として、キャンディを数えるところもポイントです。配置したキャンディを、人が目で見て数えるより、コンピュータに数えさせた方が楽ですし、数え間違うこともありません。ツールソフトには、このように便利な機能を入れておきます。

》》》 コピー＆ペーストでデータを扱う

出力したデータは、次の図のように全範囲を選んでコピーし、ゲームのプログラムに持っていきましょう。コピーはWindowsでは Ctrl + C キー、Macでは command + C キーです。

図4-7-4　データのコピー

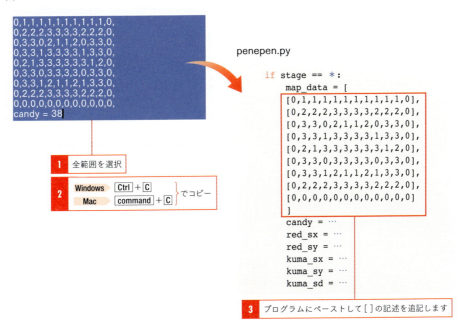

追加したステージをすぐに確認するなら、penepen.pyのmain()関数にあるstage = 1を、確認するステージ番号にします。

ステージを追加したら、全ステージクリアでエンディングに移行する判定の値を変更し忘れないようにしてください。念のためその部分を抜き出します。

```python
if idx == 4: # ステージクリア
    if stage < 5:
        draw_txt("STAGE CLEAR", 360, 270, 40, "pink")
    else:
        draw_txt("ALL STAGE CLEAR!", 360, 270, 40, "violet")
    if tmr == 30:
        if stage < 5:
```

それからクマゴンを出現させないステージにするなら、set_stage()関数に kuma_sd = -1 と記述します。

マップエディタで、新たな迷路を作り、ステージ数を増やしましょう！

COLUMN

有名アニメのゲーム開発秘話　その1

　筆者は『ドラえもん』や『ガッチャマン』などのアニメをゲーム化するプロジェクトに携わったことがあります。ドラえもんのゲームソフト開発にはプログラマーとして参加し、ガッチャマンのゲームアプリ開発にはプロデューサーとして参加しました。それぞれのプロジェクトでゲームクリエイターとして素晴らしい経験をさせていただきました。クリエイターを目指す方にとって、それらの経験談は何かしら参考になるかもしれませんので、ここで紹介します。

　ドラえもんのゲームソフトは、任天堂の子会社の社員だった時、ある玩具メーカーさんの依頼で開発することになりました。ドラえもんのゲーム化という話が決まり、チームが編成されたのですが、肝心のゲーム内容は後で決めるという流れでした。
　ゲームジャンルも決まっていない状態でのスタートです。任天堂の（その当時の）最新携帯型ゲーム機用のソフトで、そのゲーム機はまだ発売前のハードでした。筆者はメインプログラマーを務めることになりました。企画内容が決まらない間、ハードの研究をすることができたので、筆者にとってはラッキーでしたが、チームリーダー兼システムプログラマーのMさんは「ゲーム内容が決まらない〜」と、毎日、頭を抱えていましたし、デザイナー達は描くものがなくて暇そうでした。ちなみに開発するゲーム内容より先にチームが決まるという状況は、今ではコスト面からまずあり得ないのではと思います。
　そうこうするうちに、アクションゲームにすることが決まり、本格的な開発が始まりました。ドラえもんの世界ですので、ゲーム内容は基本的にほのぼのとしています。ひみつ道具を武器にして敵を倒しながら、所々にある、ちょっとした謎や仕掛を解いて進んでいきます。筆者にとってドラえもんは、子供の時に楽しく見たアニメで、小学生の頃は原作の漫画も読みました。そのような作品に携われるので、毎日楽しくプログラミングしました。
　当時の任天堂の携帯型ゲーム機は、通信ケーブルで対戦や協力プレイができることを売りの1つにしていました。開発の途中で、このゲームも通信で4人同時プレイができるようにすることになりました。アクションゲームを作ること自体は問題なく進んでいましたが、秒間30フレームのゲームでのリアルタイム通信は、筆者にとって初めての経験で、「これは重い仕事だぞ」と思いました。
　チーム内にも通信プレイのゲームを作った経験者がおらず、誰かに頼るわけにもいきません。通信ケーブルでやり取りできるデータ量は限られており、各ゲーム機の状態を全て送受信するようなことはできず（それができればずいぶん楽だったのですが）、少ないデータ量で仕様を設計する必要があります。Mさんに「どうしたらいいかな？」と相談され、色々考えて、筆者は次のような提案をしました。

- 各ゲーム機のボタン入力の値だけを送受信する
- 敵の攻撃パターンなどは、乱数の種[※1]を決めておくことで、4台全てで同じことが起きるようにする
- 処理落ちしないように、できる限り高速化する（処理落ちしたゲーム機は動作タイミングが変わってしまうため）

これらの仕組みでうまくいくのではないかと思えるのですが、本当に4人同時プレイが成功するかどうかは、実際に試さないと分かりません。これらの考えを元に一通りプログラムを組み、いざテストを始めてみると、データの送受信に失敗するゲーム機があったり、一見うまく動いても、何度かプレイするうちに違う動作を始めるゲーム機が出てくるなど、色々な問題が起こりました。どこがおかしいかチェックし、修正作業を行いました。

　修正を繰り返すうちに、誤動作を減らしていくことができましたが、長時間のプレイに不安が残りました。例えば子供たちが通信プレイしているうちに、おやつの時間になり、しばらく放っておいて、続きをプレイするようなことも考えられます。そこでMさんが、私の考えに加え、マップ切り替え時に同期を取り直すという処理を追加し、完全に正常動作するという確証が持てるところまで到達しました。

　こうして、ケーブルでつないだ4台のゲーム機で、ドラえもん、のび太、しずかちゃん、ジャイアン、スネ夫から1人ずつキャラクターを選び、協力プレイのできるゲームが無事完成しました。もちろん1人プレイもできるゲームです。

　アニメや漫画で慣れ親しんだキャラクター達が、力を合わせて物語を進めるという内容でゲームを完成させた時の達成感は、言いようもないものでした。このプロジェクトは私にとって大変嬉しい思い出の1つになりました。

　誤解のないように付け加えておきますが、これらの処理を私1人で作ったわけではありません。プログラマーは、システムプログラム担当1名、メインプログラム担当1名、サブプログラム担当2名の計4名おり、皆で作業分担し、力を合わせて完成させたのです。

　チームで進める仕事は力を合わせることが何より大切です。難しい通信処理でしたが、やればできるものだなと思いました。そうです、人はやればできるのです。

　ガッチャマンの開発秘話はChapter 6のコラムでお伝えします。

※1：乱数の種とは、乱数を作り出す素になる値のことです。乱数の種を決めておくと、例えばサイコロを振った時に、一回目は必ず5が出て、二回目は1が出るというように、出る乱数を一定のパターンに保つことができます。

ペンペン、可愛いですね。アイロンビーズでマスコットを作ってみようかな。

私はビーズでレッドのマスコットを制作済みです。これがそれ。

あっ、かわいい♪
すみれさんはレッドが好きなのですか？

そうです。
漫画などでも恋敵役のちょい悪キャラは主人公に負け、必ずやられてしまいます。そこがまたいいですね。

そ、そうなんですね……。

よく分からないという反応ですね。
人の趣味は人それぞれというわけです。

> Pythonでのゲーム開発を支援する拡張モジュールがPygameです。このモジュールを用いると、より高度なゲームを開発することができます。この章ではPygameについて説明し、Pygameをインストールします。そしてその基本的な使い方を学びます。

Pygameの使い方

Chapter 5

Lesson 5-1 Pygameについて

　本書ではPygameを用いて、Chapter 6〜8でシューティングゲームを、Chapter 9〜11で3Dカーレースゲームを作ります。初めにPygameについて説明します。

POINT

Pygame経験者の方へ

1冊目の『Pythonでつくる ゲーム開発 入門講座』をお読みになり、すでにPygameをインストール済みの方や、普段からPygameをお使いの方は、インストール方法等は読み飛ばして、P.174の「Pygameのバージョンアップ」へ進みましょう。

》》》 Pygameとは

　Pythonで本格的なゲーム開発を行うための拡張モジュールがPygameです。Pygameにはゲーム開発を支援する色々な機能が備わっています。例えば、画像を拡大縮小したり回転したりする命令、サウンドを出力する命令、キーの同時入力を行う命令などです。ゲームパッド（ジョイスティック）の情報を取得する命令もあり、ゲームパッドで操作するゲームを作ることもできます。

　シューティングゲーム完成後のコラムでは、ゲームパッドで操作できるように改良する方法を解説します。

　本書で制作するシューティングゲームと3Dカーレースゲームの画面を確認すると、Pygameで開発できるゲームのイメージがつかみやすいと思います。ここでそれらのゲーム画面を見てみましょう。（**図5-1-1**）

　Pygameには高速処理ができるという利点があります。市販のゲームソフトは1秒間に30回もしくは60回画面を描き換えるものが多いです。本書のシューティングゲームは1秒間に30回の処理を行い、3Dカーレースゲームは1秒間に60回の処理を行います。

　『はらはら ペンギン ラビリンス』はフレームレートを10としましたが、ここから先は市販ソフト並みのフレームレートでゲームを制作します。

図 5-1-1 Pygameで開発したシューティングとレースゲーム

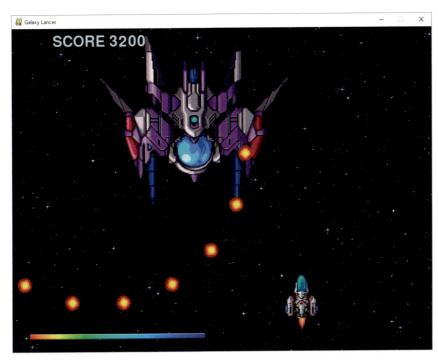

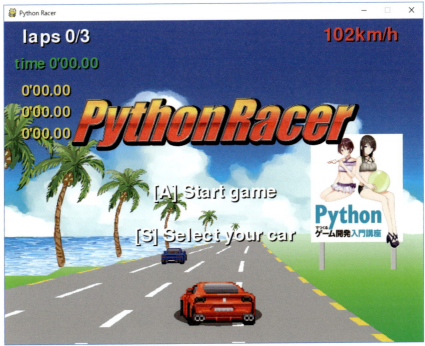

171

Lesson 5-2 Pygameのインストール

　Windows、Mac、それぞれへのPygameのインストール方法を説明します。Macをお使いの方は次ページへ進んでください。

POINT

Pythonのバージョンアップに伴う拡張モジュールの動作について

　Pythonがバージョンアップした際、Pygameに限らず、様々な拡張モジュールのインストールに失敗することがあります。
　その場合は、最新のPythonをアンインストールし、1つか2つ前の安定したバージョンのPythonをインストールしてお試しください。また、少し時間が経つと、拡張モジュールのほうがPythonに対応し、インストールできることもあります。

≫ Windowsパソコンへインストールする

❶コマンドプロンプトを起動し、次の図のように「pip3 install pygame」と入力して、Enterキーを押します。

MEMO

コマンドプロンプトの起動方法
コマンドプロンプトは、次のいずれかの方法で起動します。
・方法1▶スタートメニューから「Windowsシステムツール」にある「コマンドプロンプト」を選ぶ
・方法2▶画面左下の「ここに入力して検索」のアイコンをクリックして「cmd」と入力する
・方法3▶Cドライブ→「Windows」→「System32」フォルダに「cmd.exe」があるので、それをダブルクリックする

図5-2-1　Pygameのインストールコマンドを実行する

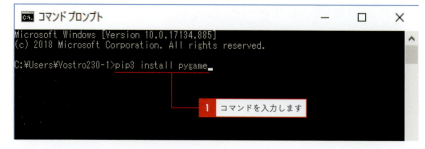

❷次のような画面になり、インストールが進みます。pipのバージョンが古いと黄色の文字でメッセージが表示されますが、Pygameのインストールに影響はありません。これでインストールは完了です。

図5-2-2　インストール完了

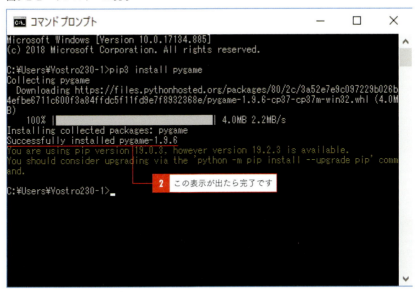

>>> Macへインストールする

❶ターミナルを起動します。

図5-2-3　ターミナルを起動

❷「pip3 install pygame」と入力して return キーを押します。

図5-2-4　Pygameのインストールコマンドを入力

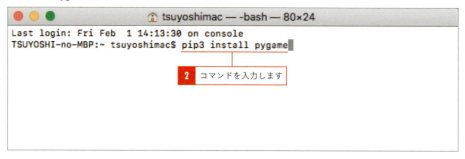

❸次のような画面になり、インストールが進みます。pipのバージョンが古いと黄色の文字でメッセージが表示されますが、Pygameのインストールに影響はありません。

図5-2-5　インストール完了

これでインストールは完了です。

⟫⟫⟫ Pygameのバージョンアップ

　Pythonが定期的にバージョンアップされるように、拡張モジュールもバージョンアップされることがあります。今回Pygameをインストールした方は、今すぐにバージョンアップする必要はありませんが、

- 過去にPygameをインストールしたので、バージョンアップが必要な場合
- 将来的にPygameをバージョンアップする場合

といった時のために、その方法を説明します。

Pygameをバージョンアップするには、コマンドプロンプト（Macはターミナル）で「pip3 install –U pygame Enter 」とします。これで古いPygameがアンインストールされ、新しいバージョンのPygameがインストールされます。

図5-2-6　MacのターミナルでPygameをバージョンアップした様子

![terminal screenshot showing pip3 install -U pygame command with "コマンドを実行します" annotation]

Lesson 5-3 Pygameの基本的な使い方

Pygameの基本的な動作を行うプログラムを確認します。これから確認するプログラムは、Pygameでゲームを作る大元となるものです。1冊目で学んでいただいた方も、一通り目を通して復習しておくのがよいでしょう。

▶▶▶ Pygameのシステム

まず、Pygameの基本的なプログラムを確認し、その後に各命令を説明します。次のプログラムを入力し、ファイル名を付けて保存し、実行しましょう。

リスト ▶ list0503_1.py

```
1   import pygame                                    pygameモジュールをインポート
2   import sys                                       sysモジュールをインポート
3
4   WHITE = (255, 255, 255)                          色の定義(白)
5   BLACK = (  0,   0,   0)                          色の定義(黒)
6
7   def main():                                      メイン処理を行う関数
8       pygame.init()                                    pygameモジュールの初期化
9       pygame.display.set_caption("Pygameの使い方")     ウィンドウに表示するタイトルを指定
10      screen = pygame.display.set_mode((800, 600))     描画面を初期化
11      clock = pygame.time.Clock()                      clockオブジェクトを作成
12      font = pygame.font.Font(None, 80)                フォントオブジェクトを作成
13      tmr = 0                                          時間を管理する変数tmrの宣言
14
15      while True:                                      無限ループ
16          for event in pygame.event.get():                 pygameのイベントを繰り返しで処理する
17              if event.type == pygame.QUIT:                    ウィンドウの×ボタンをクリックした時
18                  pygame.quit()                                    pygameモジュールの初期化を解除
19                  sys.exit()                                       プログラムを終了する
20
21          screen.fill(BLACK)                               指定した色で画面全体を塗りつぶす
22
23          tmr = tmr + 1                                    tmrの値を1増やす
24          col = (0, tmr%256, 0)                            colに色を指定するための値を代入
25          pygame.draw.rect(screen, col, [100, 100,           (100,100)から幅600、高さ400の矩形
     600, 400])                                             を描く
26          sur = font.render(str(tmr), True, WHITE)         Surfaceに文字列を描く
27          screen.blit(sur, [300, 200])                     文字列を描いたSurfaceを画面に転送
28
29          pygame.display.update()                          画面を更新する
30          clock.tick(30)                                   フレームレートを指定
31
32  if __name__ == '__main__':                       このプログラムが直接実行された時
33      main()                                           main()関数を呼び出す
```

このプログラムを実行すると、次のように数字がカウントアップされ、緑色の矩形が浮かび上がります。

図5-3-1　list0503_1.pyの実行結果

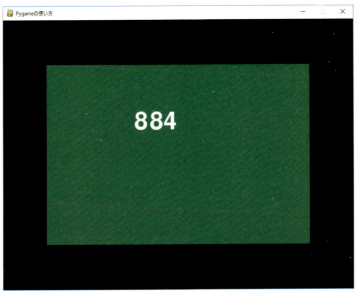

以下、プログラムの内容について説明します。

❶Pygameの初期化

　Pygameを使うには1行目のようにpygameモジュールをインポートし、8行目のようにpygame.init()でpygameモジュールを初期化します。

❷Pygameの色指定について

　Pygameの色指定は10進数のRGB値で行います。よく使う色は4〜5行目のように、英単語などで定義しておくと便利です。

❸ウィンドウを表示する準備

　Pygameでは描画面のことを**Surface（サーフェース）**といいます。10行目のscreen = pygame.display.set_mode((幅, 高さ))でウィンドウを初期化します。この記述で用意したscreenが文字や画像を描画するSurfaceになります。ウィンドウのタイトルは9行目のように、pygame.display.set_caption()で指定します。

❹フレームレートについて

　1秒間に画面を書き換える回数をフレームレートといいます。Pygameでは11行目のよう

にclockオブジェクトを作成し、30行目のようにメインループ内に記述したclock.tick()の引数でフレームレートを指定します。このプログラムでは30としているので、1秒間に約30回の処理が行われます。どれだけ高速に処理を行えるかは、制作するゲーム内容やパソコンのスペックによって変わってきます。

❺メインループについて

　7行目でmain()関数を宣言しています。Pygameではこの関数の中に、while Trueの無限ループを用意し、そこにリアルタイム処理を行うプログラムを記述します。while Trueのブロックの最後に、画面を更新するpygame.display.update()と、❹で説明したclock.tick()を記述します。

❻文字列の描画について

　Pygameの文字表示は、「フォントと文字サイズを指定→文字列をSurfaceに描く→そのSurfaceをウィンドウに貼り付ける」という手順で行います。これらの処理を抜き出して説明します。

表5-3-1　文字表示に関する処理

行番号	該当箇所	処理の働き
12行目	font = pygame.font.Font(None, 80)	フォントを指定し、フォントオブジェクトを作る。
26行目	sur = font.render(str(tmr), True, WHITE)	render()命令で文字列と色を指定し、文字列を描いたSurfaceを生成。2つ目の引数をTrueにすると文字の縁が滑らかになる。
27行目	screen.blit(sur, [300, 200])	blit()命令でSurfaceを画面に転送する。

❼Pygameのプログラムの終了の仕方

　Pygameでは16～19行目のように、発生したイベントをfor文で処理します。ウィンドウの×ボタンが押されたこともイベントで、それをif event.type == pygame.QUITで判定します。プログラムを終了するには18～19行目のように、pygame.quit()とsys.exit()を実行します。2行目でsysモジュールをインポートしているのは、sys.exit()を使うためです。

❽if __name__ == '__main__':について

　32行目のif __name__ == '__main__':は==このプログラムを直接実行した時にだけ起動する==ための記述です。Pythonのプログラムは、実行時に__name__という変数が作られ、実行したプログラムのモジュール名が代入されます。プログラムを直接実行した時は__name__に__main__という値が入ります。IDLEで実行したり、プログラムファイルをダブルクリックして実行すると、このif文が成り立ち、main()関数が呼び出されます。

　Pythonで作ったプログラムは、他のPythonのプログラムにインポート（import）して使うことができます。そのような使い方をした時、このif文を入れておけばインポートしたプ

ログラムは起動しません。以上のように、このif文にはインポートした時に処理が勝手に実行されるのを防ぐ意味があります。

このif文の意味が難しい方は、今は気にする必要はありません。本書の最後に付属するAppendixで、このif文についてもう一度説明します。

》》》 Pygameの図形描画について

Pygameの主な図形の描画命令は次のようになります。

表5-3-2　図形の描画命令

図形	命令
線	pygame.draw.line(surface, color, start_pos, end_pos, width=1)
矩形(四角形)	pygame.draw.rect(surface, color, rect, width=0)
多角形	pygame.draw.polygon(surface, color, pointlist, width=0)
円	pygame.draw.circle(surface, color, pos, radius, width=0)
楕円	pygame.draw.ellipse(surface, color, rect, width=0)
円弧	pygame.draw.arc(surface, color, rect, start_angle, stop_angle, width=1)

ポイントをまとめると、次のようになります。

- surfaceは描画面です。
- colorはRGB値で(R, G, B)とします。
- rectは矩形の左上角の座標と大きさで[x, y, w, h]とします。
- pointlistは[[x0,y0], [x1,y1], [x2,y2], ‥]というように複数の頂点を指定します。
- widthは枠線の太さ。width=0となっているものは、何も指定しなければ塗り潰した図形になります。
- 円弧のstart_angle(開始角)とstop_angle(終了角)はラジアンで指定します。

Pygameを用いたゲーム制作は、ここで確認したlist0503_1.pyがベースになります。このプログラムに色々な処理を追加してゲーム開発を進めます。

Lesson 5-4 Pygameで画像を描く

Pygameで画像を描画する方法を説明します。

▶▶▶ この章のフォルダ構成

「Chapter5」フォルダ内に「image」というフォルダを作り、画像ファイルをそこに入れてください。

図5-4-1　Chapter5のフォルダ構成

▶▶▶ 画像の読み込みと描画

Pygameで画像を読み込んで表示する方法を確認します。このプログラムは右の画像を使います。書籍サポートサイトからダウンロードしてください。

図5-4-2　今回使用する画像ファイル

galaxy.png

次のプログラムを入力し、ファイル名を付けて保存し、実行しましょう。

リスト ▶ list0504_1.py

```
1  import pygame                                          pygameモジュールをインポート
2  import sys                                             sysモジュールをインポート
3
4  img_galaxy = pygame.image.load("image/galaxy.png")     img_galaxyに星々の画像を読み込む
5
6  def main():                                            メイン処理を行う関数
```

```
7       pygame.init()                                              pygameモジュールの初期化
8       pygame.display.set_caption("Pygameの使い方")              ウィンドウに表示するタイトルを指定
9       screen = pygame.display.set_mode((960, 720))              描画面を初期化
10      clock = pygame.time.Clock()                                clockオブジェクトを作成
11
12      while True:                                                無限ループ
13          for event in pygame.event.get():                          pygameのイベントを繰り返しで処理する
14              if event.type == pygame.QUIT:                           ウィンドウの×ボタンをクリックした時
15                  pygame.quit()                                         pygameモジュールの初期化を解除
16                  sys.exit()                                            プログラムを終了する
17              if event.type == pygame.KEYDOWN:                        キーを押すイベントが発生した時
18                  if event.key == pygame.K_F1:                          F1キーなら
19                      screen = pygame.display.                            フルスクリーンモードにする
set_mode((960, 720), pygame.FULLSCREEN)
20                  if event.key == pygame.K_F2 or                        F2キーかEscキーなら
event.key == pygame.K_ESCAPE:
21                      screen = pygame.display.                            通常表示に戻す
set_mode((960, 720))
22
23          screen.blit(img_galaxy, [0, 0])                           画像を描画する
24          pygame.display.update()                                   画面を更新する
25          clock.tick(30)                                            フレームレートを指定
26
27  if __name__ == '__main__':                                     このプログラムが直接実行された時に
28      main()                                                         main()関数を呼び出す
```

このプログラムを実行すると、星々の画像が表示されます。F1キーでフルスクリーンモードに切り替わります。F2キーかEscキーで通常の画面サイズに戻ります。

図5-4-3　画像サイズを切り替えてみよう

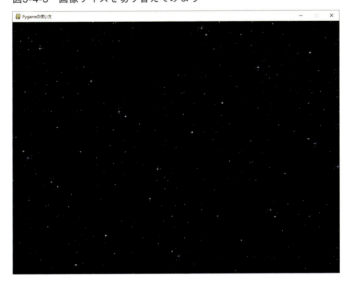

4行目のpygame.image.load()でファイル名を指定し、変数に画像を読み込みます。読み込んだ画像は23行目のように、screen.blit(画像を読み込んだ変数, [x座標, y座標])で描画します。この時の注意点は、(x,y)座標が画像の左上角になることです。tkinterでは指定し

た座標は画像の中心になりますが、Pygameでは左上角になるので混同しないようにしましょう。

》》》Pygameのキー入力について

　　Pygameでキー入力を判定する方法は2つあります。ここではイベントとしてキー入力を受け取る方法を使っています。
　　具体的にはイベントを処理するfor文のブロックで、17〜19行目のように

```
if event.type == pygame.KEYDOWN:
    if event.key == pygame.キーボード定数:
        処理
```

と記述し、キーを押すイベント（KEYDOWN）が発生した時に、どのキーが押されているか調べます。
　　今回のプログラムでは、この方法で F1 キーや F2 キーが押されたかを調べ、画面モードを切り替えています。

もう1つのキー入力方法は
Lesson 5-6で説明します。

》》》フルスクリーン表示について

　　19行目と21行目がフルスクリーンと通常の画面サイズを切り替える処理です。フルスクリーンモードにするには、pygame.display.set_mode()の引数に、次のようにpygame.FULLSCREENを記述します。

表5-4-1　画面サイズの切り替え

画面サイズ	記述方法
フルスクリーン	screen = pygame.display.set_mode((幅, 高さ), pygame.FULLSCREEN)
通常の画面サイズ	screen = pygame.display.set_mode((幅, 高さ))

Pygameでは簡単にフルスクリーンモードを利用できるので、オリジナルゲームを作る時にも、ぜひ画面モードの切り替えを入れてみてください。

Lesson 5-5 画像の回転と拡大縮小表示

Pygameでは画像を回転したり、拡大縮小して表示できます。ここではその方法を説明します。

>>> 画像の回転、拡大縮小

宇宙船の画像を回転させながら表示するプログラムを確認します。このプログラムは、星々の背景画像に加え、右の画像を使います。書籍サポートサイトからダウンロードしてください。

図5-5-1 今回使用する画像ファイル

starship.png

次のプログラムを入力し、ファイル名を付けて保存し、実行しましょう。

リスト ▶ list0505_1.py

```
1   import pygame                                              pygameモジュールをインポート
2   import sys                                                 sysモジュールをインポート
3
4   img_galaxy = pygame.image.load("image/galaxy.png")         img_galaxyに星々の画像を読み込む
5   img_sship = pygame.image.load("image/starship.png")        img_sshipに宇宙船の画像を読み込む
6
7   def main():                                                メイン処理を行う関数
8       pygame.init()                                              pygameモジュールの初期化
9       pygame.display.set_caption("Pygameの使い方")                ウィンドウに表示するタイトルを指定
10      screen = pygame.display.set_mode((960, 720))               描画面を初期化
11      clock = pygame.time.Clock()                                clockオブジェクトを作成
12      ang = 0                                                    回転角度を管理する変数angを宣言
13
14      while True:                                                無限ループ
15          for event in pygame.event.get():                           pygameのイベントを繰り返しで処理する
16              if event.type == pygame.QUIT:                              ウィンドウの×ボタンをクリックした時
17                  pygame.quit()                                              pygameモジュールの初期化を解除
18                  sys.exit()                                                 プログラムを終了する
19              if event.type == pygame.KEYDOWN:                           キーを押すイベントが発生した時
20                  if event.key == pygame.K_F1:                               F1キーなら
21                      screen = pygame.display.set_mode((960, 720), pygame.FULLSCREEN)      フルスクリーンモードにする
22                  if event.key == pygame.K_F2 or event.key == pygame.K_ESCAPE:             F2キーかEscキーなら
23                      screen = pygame.display.set_mode((960, 720))                         通常表示に戻す
24
25          screen.blit(img_galaxy, [0, 0])                        星々の画像を描画する
```

```
26
27              ang = (ang+1)%360                             回転角度を加算する
28              img_rz = pygame.transform.rotozoom(img_       回転した宇宙船の画像を作る
    sship, ang, 1.0)
29              x = 480 - img_rz.get_width()/2                表示するX座標を計算する
30              y = 360 - img_rz.get_height()/2               表示するY座標を計算する
31              screen.blit(img_rz, [x, y])                   回転した宇宙船の画像を描画する
32
33              pygame.display.update()                       画面を更新する
34              clock.tick(30)                                フレームレートを指定
35
36      if __name__ == '__main__':                            このプログラムが直接実行された時に
37          main()                                                main()関数を呼び出す
```

このプログラムを実行すると、星々の背景の上に表示された宇宙船が回転します。

図5-5-2　list0505_1.pyの実行結果

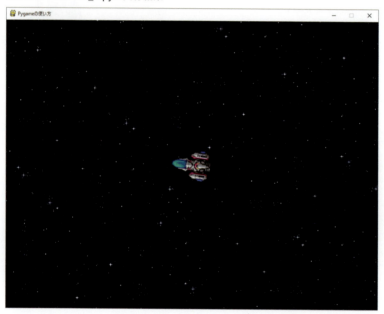

このプログラムでは画像の回転をpygame.transform.rotozoom()命令で行っています。
Pygameで画像を回転したり、拡大縮小したりする命令は次のようになります。

表5-5-1　画面の回転、拡大縮小

画面の動き	記述方法
回転	img_r = pygame.transform.rotate(img, 回転角)
拡大縮小	img_s = pygame.transform.scale(img, [幅, 高さ])
回転＋拡大縮小	img_rz = pygame.transform.rotozoom(img, 回転角, 大きさの比率)

imgは元の画像を読み込んだ変数、img_rがそれを回転した画像、img_sが拡大縮小した画像、img_rzが回転＋拡大縮小した画像です。それぞれの変数名は自由に付けてかまいません。これらの命令で回転や拡大縮小した画像が生成されるので、それをblit()命令で画面に描画します。
　回転角は度(degree)で指定します。
　大きさの比率は1.0が等倍で、例えば幅、高さを2倍にしたければ2.0を指定します。**図5-5-3**はこの値を5.0で指定した例です。

　scale()とrotate()は描画速度を優先する命令で、回転や拡大縮小後の画像に粗が目立つことがあります。list0505_1.pyではrotozoom()を使って滑らかな画像を描画しています。

図5-5-3　画像を拡大した例

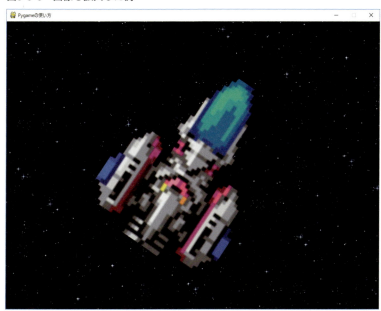

》》》画像の表示位置について

　このプログラムでは、宇宙船は常に画面中央に表示されます。27～31行目が、画像の回転と座標の計算、そして画像の描画です。その部分を抜き出して説明します。

```
ang = (ang+1)%360
img_rz = pygame.transform.rotozoom(img_sship, ang, 1.0)
x = 480 - img_rz.get_width()/2
y = 360 - img_rz.get_height()/2
screen.blit(img_rz, [x, y])
```

変数angを毎フレーム1ずつ加算します。angは359まで増えた後、0に戻り、再び359まで増えます。
　img_rzがangの角度で回転させた画像です。img_rz.get_width()でその画像の幅、img_rz.get_height()で高さを取得します。幅と高さの値はドット数です。
　このプログラムのウィンドウサイズは、幅960ドット、高さ720ドットです。中心座標は(960/2, 720/2)、すなわち(480, 360)です。画像を表示するX座標を、回転した画像の幅の半分を480から引いた値とし、Y座標を回転した画像の高さの半分を360から引いた値にすることで、宇宙船の位置が常に画面中央になります。

図5-5-4　表示位置の計算

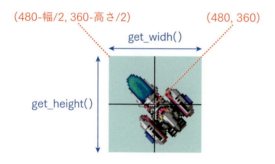

シューティングゲームの制作では、ここで説明した方法で敵機や自機の弾を表示します。

Lesson 5-6 同時キー入力を行う

　シューティングゲームの操作は、一般的にカーソルキーで自機を動かしながら、スペースキーで弾を発射します。またアクションゲームの操作は、カーソルキーで主人公を動かしながら、スペースキーで攻撃やジャンプを行います。そのようなゲームでは、カーソルキーとスペースキーが押されたことを同時に判定する必要があります。ここではPygameで複数のキーの入力を同時に判定する方法を説明します。

▶▶▶ pygame.key.get_pressed()を使う

　Pygameではkey = pygame.key.get_pressed()という1行の記述で、全てのキーの状態を取得できます。この命令を用いて、カーソルキーとスペースキーを同時に判定するプログラムを確認します。

　次のプログラムを入力し、ファイル名を付けて保存し、実行しましょう。

リスト▶list0506_1.py

```
1  import pygame                                          # pygameモジュールをインポート
2  import sys                                             # sysモジュールをインポート
3
4  WHITE = (255, 255, 255)                                # 色の定義(白)
5  BLACK = (  0,   0,   0)                                # 色の定義(黒)
6  BROWN = (192,   0,   0)                                # 色の定義(茶)
7  GREEN = (  0, 128,   0)                                # 色の定義(緑)
8  BLUE  = (  0,   0, 255)                                # 色の定義(青)
9
10 def main():                                            # メイン処理を行う関数
11     pygame.init()                                      # pygameモジュールの初期化
12     pygame.display.set_caption("Pygameの使い方")         # ウィンドウに表示するタイトルを指定
13     screen = pygame.display.set_mode((960, 720))       # 描画面を初期化
14     clock = pygame.time.Clock()                        # clockオブジェクトを作成
15     font = pygame.font.Font(None, 80)                  # フォントオブジェクトを作成
16
17     while True:                                        # 無限ループ
18         for event in pygame.event.get():               # pygameのイベントを繰り返しで処理する
19             if event.type == pygame.QUIT:              # ウィンドウの×ボタンをクリックした時
20                 pygame.quit()                          # pygameモジュールの初期化を解除
21                 sys.exit()                             # プログラムを終了する
22
23         screen.fill(BLACK)                             # 指定した色で画面全体を塗りつぶす
24
25         key = pygame.key.get_pressed()                 # keyに全てのキーの状態を代入
26         txt1 = font.render("UP{}　DOWN{}".format        # 上下キーの値を描いたSurfaceを生成
(key[pygame.K_UP], key[pygame.K_DOWN]), True,
WHITE, GREEN)
27         txt2 = font.render("LEFT{}　RIGHT{}".          # 左右キーの値を描いたSurfaceを生成
format(key[pygame.K_LEFT], key[pygame.K_RIGHT]),
True, WHITE, BLUE)
```

28　　　　txt3 = font.render("SPACE{}　Z{}".format(key[pygame.K_SPACE], key[pygame.K_z]), True, WHITE, BROWN)	スペースキーとZキーの値を描いたSurfaceを生成
29　　　　screen.blit(txt1, [200, 100])	文字列を描いたSurfaceを画面に転送
30　　　　screen.blit(txt2, [200, 300])	文字列を描いたSurfaceを画面に転送
31　　　　screen.blit(txt3, [200, 500])	文字列を描いたSurfaceを画面に転送
32	
33　　　　pygame.display.update()	画面を更新する
34　　　　clock.tick(10)	フレームレートを指定
35	
36　if __name__ == '__main__':	このプログラムが直接実行された時に
37　　　main()	main()関数を呼び出す

　このプログラムを実行すると、カーソルキー、スペースキー、Zキーを押した時に、次の図のように英単語の隣の値がTrue（以前のPygameでは1）になります。キーの組み合わせにもよりますが、2つ以上のキーの同時入力を判定できます。

図5-6-1　list0506_1.pyの実行結果

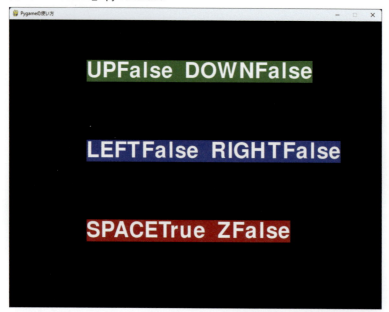

　key = pygame.key.get_pressed()という記述で、キーの状態がkeyに代入されます。キーが押されている時には、key[pygame.キーボード定数]の値がTrueになります。主なキーボード定数は次ページのようになります。

188

表5-6-1　Pygameのキーボード定数

キーの種類	キーボード定数
方向キー ↑ ↓ ← →	K_UP、K_DOWN、K_LEFT、K_RIGHT
スペースキー	K_SPACE
Enter / return キー	K_RETURN
Esc キー	K_ESCAPE
アルファベットキー A 〜 Z	K_a〜K_z
数字キー 0 〜 9	K_0〜K_9
シフトキー	K_RSHIFT、K_LSHIFT
ファンクションキー	K_F* *は数字

key = pygame.key.get_pressed() と記述して宣言したkeyはタプルになります。タプルとは値を変更できないリストのことです。

POINT

その他のPygameの命令について

　本格的なゲーム開発では、BGMや効果音を鳴らしたいですよね。Pygameにはサウンド出力命令も備わっています。サウンド関連の命令はシンプルな記述で使うことができるので、シューティングゲーム制作の章で説明します。

　本書で制作するシューティングゲームと3Dカーレースゲームはキーボードで操作します。マウス操作を行うゲームを作りたい方は、1冊目の『Pythonでつくる ゲーム開発 入門講座』でPygameのマウス入力方法を解説しているので、そちらをご参照ください。

　それからPygameは日本語の表示が苦手です。本書で制作するシューティングゲームと3Dカーレースゲームには日本語を使いませんが、日本語を表示するゲームを作りたい方は、その方法も1冊目で解説していますので、そちらをご覧ください。

COLUMN

レトロゲームについて

　筆者はレトロゲームが好きです。レトロゲームとは1970年代後半から1990年代にかけて作られたコンピュータゲームを指す言葉です。特に1980年代を中心とした、8bitCPUのゲーム機や8bitパソコンのゲームソフトを意味することが多いでしょう。1990年代に人気のあったメガドライブやスーパーファミコンという16ビットゲーム機のゲームソフトを含めることもあります。

　筆者は子供の頃からゲームが大好きで、中学生の時には、毎日のように駄菓子屋に置かれた業務用ゲームや（当時は駄菓子屋にゲーム筐体が置かれていました）、自宅のパソコンやゲーム機で遊んでいました。高校生になると、隣町の高校の近くにあったゲームセンターにもよく通いました。筆者が少年時代に遊んだゲームが時を経て、今レトロゲームになったわけです。みなさんが遊んでいる最新ゲームも、20年後や30年後にはレトロゲームと呼ばれるようになるのかもしれませんね。

　レトロゲームを再販したり、月額制で遊び放題になるサービスなどで、今でも新しいゲーム機やパソコンで当時のゲームをプレイできます。またレトロゲームが複数入った復刻版のゲーム機が発売されており、そうした製品を利用してプレイすることもできます。

　レトロゲームは、敵に1ドットでも触れたら即やられてしまうなど、今のゲームと比較すると、ずいぶん難しいものが多いです。筆者は今でも現役で動くファミコンを持っており、ゲームカセットが数十本あります。Wiiも大事に使っていて、ダウンロード購入したレトロゲームがいくつか入っています。気が向いた時にそういった古いゲームをプレイしますが、「こんな難しいゲームを、子供の時によくクリアしたなぁ」と昔の自分に感心することがあります（笑）。

＊　　＊　　＊

　さて、ゲーム大好き少年だった筆者ですが、中高生の時には定期試験の前に"ゲームを封印する"ということができたので、学校の成績に悪影響を及ぼすことはあまりなかったと思います。これがもし封印できない子供だったら、どんな状況になっていただろうと考えると、恐ろしい気がします。ですから子供がゲームばかりして困るという親の気持ちはよく分かります。

　筆者はたくさんのゲームで遊びましたが、ゲームを作る楽しさを知ったことで、ゲームに"はまりすぎる"ことがなかったように思います。例えば市販のゲームソフトで気に入ったものがあると、それで遊び続けるのではなく、似たようなゲームを作りたいと、方眼紙などにドット絵を描き、コンピュータに打ち込む数値を計算して、プログラミングしてみました。当時のパソコンの多くは、グラフィックツールで描いた絵を、そのままゲームのプログラムで使えるような機能はなかったので、絵は16進数のデータとして入力し、画面に表示しました。

　当時の筆者の技術力では、市販ソフトを真似て作るなど到底無理な話でしたが、主人公キャラに似せた絵をコンピュータの画面に表示できただけで嬉しさがこみ上げ、そのキャラをキーで動かせるようになった時には飛び上がりたいほどの感動がありました。

　そうです、ゲームは作ることも楽しいものなのです。今後、義務教育にプログラミングが取り入れられますが、教育関係者や政府には、ぜひ子供達が楽しいと思える教育を実現してほしいものです。ゲームは与えられたものを遊ぶだけのものではありません。自ら作れるものだということを、子供達に広く知ってもらいたいと切に願います。

> この章から拡張モジュールのPygameを使ってシューティングゲームを開発します。これから制作するのは本格的な内容のゲームであり、難しい処理も入るので、前編、中編、後編の3つに分けて学習を進めます。この前編では自機の移動と弾の発射の処理を制作します。

シューティングゲームを作ろう！
前編

Chapter **6**

Lesson 6-1 シューティングゲームについて

　開発に入る前に、シューティングゲームというジャンルと、これから制作するゲームの内容について説明します。

》》》 シューティングゲームとは

　弾を撃って敵を倒していくゲームを シューティングゲーム といいます。コンピュータゲーム業界が急激に成長を遂げた1980年代、シューティングゲームは最も人気のあるジャンルの1つでした。当時のシューティングゲームの多くは2Dの画面構成で、画面が上から下にスクロールするタイプか、横にスクロールするタイプに分かれていました。中には斜め方向にスクロールしたり、上下左右の全方向にスクロールするシューティングゲームもありました。

　1990年代になると3DCGの描画機能を備えたハードが普及し、3Dのシューティングゲームも登場しました。3Dの1人称視点で、銃などを使って敵を倒すゲームは FPS （ファーストパーソン・シューティング、あるいはファーストパーソン・シューター）と呼ばれ、戦闘機などを操作して敵機を撃ち落とすゲームと区別されます。

》》》 弾幕シューティングについて

　本書では2Dの画面構成で戦闘機を操作し、敵機を撃ち落としていくシューティングゲームを制作します。そのようなゲームに、 弾幕シューティング と呼ばれるタイプがあります。弾幕シューティングとは、文字通り画面上に大量の弾丸が飛び交うゲームです。

　筆者は1980年代から1990年代初頭のシューティングゲーム全盛の時代に、様々なシューティングゲームをプレイしました。大量の弾が飛び交うようになったのは1980年代後半からと記憶しています。これは筆者の考えですが、ハードの性能が向上するにつれ、大量の弾や敵機をコンピュータで処理できるようになり、たくさんの弾を撃って敵を倒す爽快感がユーザーに受けた結果、シューティングゲームを制作するゲームメーカーは、より多くの弾が飛び交うゲームを作るという流れになったのではないでしょうか。

　2000年代以降は敵機が大量の弾を放ち、まるで色彩アートのように画面いっぱいに弾幕が広がるシューティングゲームも作られるようになりました。

》》》 制作するゲームの内容

　本書では、自機が放った弾幕が敵機を一気に倒すところに爽快感がある、弾幕シューティングゲームを制作します。ゲームのタイトルは『Galaxy Lancer（ギャラクシー ランサー）』とします。先に完成形のゲーム画面、ストーリー（世界観）、ルールを確認しましょう。

図6-1-1 弾幕STG『Galaxy Lancer』 ※ゲームパッドでの操作にも対応しています（→P.309）

■ ストーリー

21XX年、地球は異星人による侵略の脅威にさらされた。太陽系外から突如、多数の機械生命が飛来し、人類が暮らす火星や木星の施設を襲ったのである。

アメリカ、ロシア、中国などの軍事大国は宇宙空間で戦える戦闘機を実用化しており、それらを異星人との戦いに投入し、多数の犠牲を払いつつも数度の侵略行為を食い止めた。しかし地球にはもはや武器は残されておらず、異星人の攻撃を防ぐ手立てがなくなりつつあった。

そんな中、宇宙事業を手がける民間企業Python Cargo社に、世界中から熱い視線が注がれた。同社が日本政府と密かに共同開発していた宇宙戦闘機「Galaxy Lancer」の性能に希望が持てたからだ。地球存亡の運命を託された本機がいま、最後の望みをかけて宇宙へ飛び立った……

異星人どもはオレがぶっ潰してやる！

Galaxy Lancerパイロット
剣ヶ埼レオ

異星人との戦闘シミュレーションテストで断トツの成績を収めた。性格診断では粗暴な一匹狼という判断が下され、彼の採用を反対する声もあったが、異星人相手の死闘には逆に好都合という意見からパイロットに選任された。

Chapter 6　シューティングゲームを作ろう！前編

■ ゲームルール

❶ カーソルキーで自機を動かす
❷ スペースキーで弾を発射する
❸ Zキーで弾幕を張る。ただし、一定量のシールドを使用する
❹ 敵機や敵の弾と接触するとシールドが減り、シールドが0になるとゲームオーバー
❺ シールドは敵機を撃ち落とすと少し回復する
❻ ボスを倒すとゲームクリア

この章では❶～❸を制作し、中編、後編で❹～❻を組み込みます。

シールドとはライフと同じ意味で、次章でシールドの処理を組み込む時に改めて説明します。また本書では、ユーザーが操作する機体を「自機」、敵として出現する機体を「敵機」と称します。敵機は1～3発の弾を当てて破壊できる「ザコ機」と、何発も弾を当てて倒す「ボス機」を登場させます。

それからハイスコアを保持し、それを更新できるかを競えるゲームとします。ハイスコアを更新した時は、ゲーム終了時にその旨をメッセージ表示する仕様にします。

この章のフォルダ構成

「Chapter6」フォルダ内に「image_gl」というフォルダを作り、『Galaxy Lancer』で使う画像ファイルを、そのフォルダに入れてください。

図6-1-2 「Chapter6」のフォルダ構成

POINT

まずは遊んでみよう！

『Galaxy Lancer』は本格的なシューティングゲームです。プログラムには難しい内容が入り、解説も長くなるため、まずは書籍サポートページから完成版をダウンロードし、実際にプレイしてみましょう。

ZIPファイルを解凍した「Chapter8」フォルダ内にある、galaxy_lancer.pyが完成版のプログラムです。同じ完成版でも、galaxy_lancer_gp.pyを実行すれば、ゲームパッドでプレイすることができます。ゲームパッドでプレイする時は、機器をパソコンに接続してからgalaxy_lancer_gp.pyを実行してください。

実際に遊んでみると、「弾幕を張る処理はどうやっているのだろう？」と、いろいろな疑問が浮かんでくるのではないでしょうか？

そうですね。弾を放射状に発射したり、敵機の中にぐるぐる回りながら向きを変えるものがあります。「物体の移動処理をPythonでどう記述するのか？」「大きなサイズのボスをどう制御しているのか？」……気になることでいっぱいです。

……その答えは、以降の説明を読みながら見つけていってくださいね。

Lesson 6-2 Pygameで高速スクロール

　Pygameを使うと、高速で動作するゲームを作ることができます。手始めにPygameの基礎学習を兼ねて、シューティングゲームの背景となる星々を高速スクロールさせるプログラムを確認します。

画像の読み込みと描画

　Pygameで画像を読み込んで表示する方法を確認します。このプログラムは次の画像を使います。書籍サポートページからダウンロードしてください。

図6-2-1　今回使用する画像ファイル

galaxy.png

　次のプログラムを入力し、ファイル名を付けて保存し、実行しましょう。

リスト ▶ list0602_1.py

```
1  import pygame                                          pygameモジュールをインポート
2  import sys                                             sysモジュールをインポート
3
4  # 画像の読み込み
5  img_galaxy = pygame.image.load("image_gl/galaxy.       背景の星々の画像を読み込む変数
   png")
6
7  bg_y = 0                                               背景スクロール用の変数
8
9  def main(): # メインループ                             メイン処理を行う関数
10     global bg_y                                            これをグローバル変数とする
11
12     pygame.init()                                      pygameモジュールの初期化
13     pygame.display.set_caption("Galaxy Lancer")        ウィンドウに表示するタイトルを指定
14     screen = pygame.display.set_mode((960, 720))       描画面を初期化
15     clock = pygame.time.Clock()                        clockオブジェクトを作成
```

```
16              while True:                                             無限ループ
17                  for event in pygame.event.get():                    pygameのイベントを繰り返しで処理する
18                      if event.type == pygame.QUIT:                   ウィンドウの×ボタンをクリック
19                          pygame.quit()                               pygameモジュールの初期化を解除
20                          sys.exit()                                  プログラムを終了する
21                      if event.type == pygame.KEYDOWN:                キーを押すイベントが発生した時
22                          if event.key == pygame.K_F1:                F1キーなら
23                              screen = pygame.display.                フルスクリーンモードにする
set_mode((960, 720), pygame.FULLSCREEN)
24                          if event.key == pygame.K_F2 or              F2キーかEscキーなら
event.key == pygame.K_ESCAPE:
25                              screen = pygame.display.                通常表示に戻す
set_mode((960, 720))
26
27                  # 背景のスクロール
28                  bg_y = (bg_y+16)%720                                背景のスクロール位置の計算
29                  screen.blit(img_galaxy, [0, bg_y-720])              背景を描く(上側)
30                  screen.blit(img_galaxy, [0, bg_y])                  背景を描く(下側)
31
32                  pygame.display.update()                             画面を更新する
33                  clock.tick(30)                                      フレームレートを指定
34
35      if __name__ == '__main__':                                      このプログラムが直接実行された時に
36          main()                                                      main()関数を呼び出す
```

このプログラムを実行すると、星々の背景がスクロールします。 F1 キーを押すと全画面表示に切り替わります。元の画面に戻すには F2 キーか Esc キーを押します。

図6-2-2 背景を高速スクロールさせる

5行目のpygame.image.load()でファイル名を指定し、画像を読み込みます。読み込んだ画像は30行目のように

> ```
> screen.blit(画像を読み込んだ変数, [x座標, y座標])
> ```

で描画します。
　この時の注意点は、(x,y)座標が画像の左上角になることです。tkinterでは指定した座標は画像の中心になりますが（→P.32）、Pygameでは左上角になるので混同しないようにしましょう。
　7行目で宣言したbg_yという変数で、背景をスクロールする座標を管理します。この変数を29行目の「bg_y = (bg_y+16)%720」という式で、値を16ずつ増やし、720になったら0に戻します。そして30〜31行目のように、上下に並べて2つの背景を描くことでスクロールさせます。

Chapter 1で公園の画像をスクロールさせた場合と同じ仕組みです。
曖昧な方はLesson 1-3で復習しましょう。

このプログラムに、自機の移動や弾の発射処理などを加えていき、ゲームの完成を目指します。

Lesson 6-3 自機を動かす

シューティングゲームの本格的なプログラミングに入ります。前Lessonのプログラムに、カーソルキーで自機を動かす処理を追加します。

▶▶▶ 自機の移動

カーソルキーで自機を上下左右に動かすプログラムを確認します。画像は右のものを使います。サポートページからダウンロードしてください。

図6-3-1 今回使用する画像ファイル

starship.png

次のプログラムを入力し、ファイル名を付けて保存し、実行しましょう。

リスト ▶ list0603_1.py　※前のプログラムからの追加変更箇所にマーカーを引いています

```
1  import pygame                                           pygameモジュールをインポート
2  import sys                                              sysモジュールをインポート
3
4  # 画像の読み込み
5  img_galaxy = pygame.image.load("image_gl/galaxy.        背景の星々の画像を読み込む変数
   png")
6  img_sship = pygame.image.load("image_gl/starship.       自機の画像を読み込む変数
   png")
7
8  bg_y = 0                                                背景スクロール用の変数
9
10 ss_x = 480                                              自機のX座標の変数
11 ss_y = 360                                              自機のY座標の変数
12
13
14 def move_starship(scrn, key):  # 自機の移動              自機を移動する関数
15     global ss_x, ss_y                                       これらをグローバル変数とする
16     if key[pygame.K_UP] == 1:                               上キーが押されたら
17         ss_y = ss_y - 20                                        Y座標を減らす
18         if ss_y < 80:                                           Y座標が80より小さくなったら
19             ss_y = 80                                               Y座標を80にする
20     if key[pygame.K_DOWN] == 1:                             下キーが押されたら
21         ss_y = ss_y + 20                                        Y座標を増やす
22         if ss_y > 640:                                          Y座標が640より大きくなったら
23             ss_y = 640                                              Y座標を640にする
24     if key[pygame.K_LEFT] == 1:                             左キーが押されたら
25         ss_x = ss_x - 20                                        X座標を減らす
26         if ss_x < 40:                                           X座標が40より小さくなったら
27             ss_x = 40                                               X座標を40にする
28     if key[pygame.K_RIGHT] == 1:                            右キーが押されたら
29         ss_x = ss_x + 20                                        X座標を増やす
```

```
30              if ss_x > 920:
31                  ss_x = 920
32          scrn.blit(img_sship, [ss_x-37, ss_y-48])
33
34
35      def main(): # メインループ
36          global bg_y
37
38          pygame.init()
39          pygame.display.set_caption("Galaxy Lancer")
40          screen = pygame.display.set_mode((960, 720))
41          clock = pygame.time.Clock()
42
43          while True:
44              for event in pygame.event.get():
45                  if event.type == pygame.QUIT:
46                      pygame.quit()
47                      sys.exit()
48                  if event.type == pygame.KEYDOWN:
49                      if event.key == pygame.K_F1:
50                          screen = pygame.display.set_mode((960, 720), pygame.FULLSCREEN)
51                      if event.key == pygame.K_F2 or event.key == pygame.K_ESCAPE:
52                          screen = pygame.display.set_mode((960, 720))
53
54              # 背景のスクロール
55              bg_y = (bg_y+16)%720
56              screen.blit(img_galaxy, [0, bg_y-720])
57              screen.blit(img_galaxy, [0, bg_y])
58
59              key = pygame.key.get_pressed()
60              move_starship(screen, key)
61
62              pygame.display.update()
63              clock.tick(30)
64
65
66      if __name__ == '__main__':
67          main()
```

	X座標が920より大きくなったら
	X座標を920にする
	自機を描く
	メイン処理を行う関数
	これをグローバル変数とする
	pygameモジュールの初期化
	ウィンドウに表示するタイトルを指定
	描画面を初期化
	clockオブジェクトを作成
	無限ループ
	pygameのイベントを繰り返しで処理する
	ウィンドウの×ボタンをクリック
	pygameモジュールの初期化を解除
	プログラムを終了する
	キーを押すイベントが発生した時
	F1キーなら
	フルスクリーンモードにする
	F2キーかEscキーなら
	通常表示に戻す
	背景のスクロール位置の計算
	背景を描く(上側)
	背景を描く(下側)
	keyに全てのキーの状態を代入
	自機を動かす
	画面を更新する
	フレームレートを指定
	このプログラムが直接実行された時に
	main()関数を呼び出す

このプログラムを実行すると、カーソルキーで自機を動かせます。Pygameはキーの同時入力ができるので、例えば右キーと上キーを同時に押すと、自機が右上に移動します。

図6-3-2　キーで自機を移動させる

前章で説明したように、Pygameでは59行目のkey = pygame.key.get_pressed()という記述で、keyに全てのキーの状態を代入できます。キーが押されている時には、

`key[pygame.キーボード定数]`

の値が1になります。

なお、key = pygame.key.get_pressed()で宣言したkeyは、**タプル**になります。

> タプルとは値を変更できないリストのことです。
> 例えば、以下のような違いがあります。
> （リストの例）
> val = [100, 200, 300]と宣言し、val[0]、val[1]、val[2]の値をそれぞれ変更できます。
> （タプルの例）
> val = (100, 200, 300)と、()を使って宣言します。()を使って宣言すると、val[0]、val[1]、val[2]の値を参照できますが、変更はできません。

10〜11行目で宣言したss_xとss_yという変数で自機の座標を管理します。

14〜32行目に定義したmove_starship()関数で自機を動かします。

move_starship()関数には2つの引数scrnとkeyがあります。scrnには描画面のSurface（サーフェース）の変数、keyにはkey = pygame.key.get_pressed()と記述したkeyを入れて、この関数を呼び出します。これを図示すると次のようになります。

図6-3-3　move_starship()関数の引数

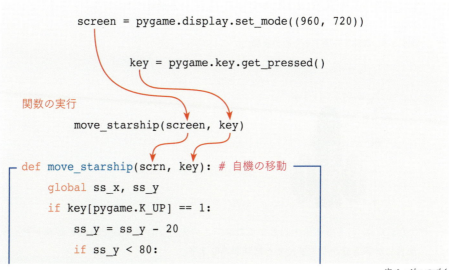

次ページへつづく

```
                ss_y = 80
            if key[pygame.K_DOWN] == 1:
                ss_y = ss_y + 20
                if ss_y > 640:
                    ss_y = 640
            if key[pygame.K_LEFT] == 1:
                ss_x = ss_x - 20
                if ss_x < 40:
                    ss_x = 40
            if key[pygame.K_RIGHT] == 1:
                ss_x = ss_x + 20
                if ss_x > 920:
                    ss_x = 920
            scrn.blit(img_sship, [ss_x-37, ss_y-48])
```

scrnが描画面（ゲーム画面）になるので、このblit()命令で画面に自機が表示される

　カーソルキーが押されていたらss_xとss_yの値を変化させます。ゲーム画面のサイズを幅960ドット、高さ720ドットとしており、if文で自機の座標が画面から出ないようにしています。

　move_starship()関数の最後のscrn.blit(img_sship[ss_d], [ss_x-37, ss_y-48])で自機を描画します。自機の画像サイズは幅74、高さ96ドットなので、X座標から37を引き、Y座標から48を引いた位置に描くことで、(ss_x, ss_y)が機体の中心座標になります。

図6-3-4　自機を描画するための座標

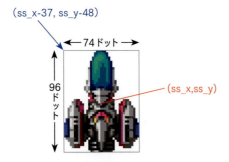

　(ss_x, ss_y)を機体の中心とするのは、この先のプログラムで敵機とヒットチェックする座標の計算を分かりやすくする意味があります。

≫≫ アニメーションを加える

前のプログラムを改良し、自機のエンジンが炎を噴き出すアニメーションを追加します。また左右キーを押した時、押した側に機体が傾くようにします。このプログラムは次の画像を使います。

図6-3-5　今回使用する画像ファイル

starship_burner.png　　starship_l.png　　starship_r.png

次のプログラムを入力し、ファイル名を付けて保存し、実行しましょう。

今回も、前のプログラムからの追加変更箇所にマーカーを引いていますが、**3行目の記述を加えると、キーボード定数やイベントの定数に付けるpygame.を省略できるため、前のプログラムにあった、それらの記述を省いています。**この点にご注意ください。

リスト ▶ list0603_2.py　※前のプログラムからの追加変更箇所にマーカーを引いています

1	`import pygame`	pygameモジュールをインポート
2	`import sys`	sysモジュールをインポート
3	`from pygame.locals import *`	pygame.定数の記述の省略
4		
5	`# 画像の読み込み`	
6	`img_galaxy = pygame.image.load("image_gl/galaxy.png")`	背景の星々の画像を読み込む変数
7	`img_sship = [`	自機の画像を読み込むリスト
8	`    pygame.image.load("image_gl/starship.png"),`	
9	`    pygame.image.load("image_gl/starship_l.png"),`	
10	`    pygame.image.load("image_gl/starship_r.png"),`	
11	`    pygame.image.load("image_gl/starship_burner.png")`	
12	`]`	
13		
14	`tmr = 0`	タイマーの変数
15	`bg_y = 0`	背景スクロール用の変数
16		
17	`ss_x = 480`	自機のX座標の変数
18	`ss_y = 360`	自機のY座標の変数
19	`ss_d = 0`	自機の傾き用の変数
20		
21		
22	`def move_starship(scrn, key):  # 自機の移動`	自機を移動する関数
23	`    global ss_x, ss_y, ss_d`	これらをグローバル変数とする
24	`    ss_d = 0`	機体の傾きの変数を0(傾き無し)にする
25	`    if key[K_UP] == 1:`	上キーが押されたら
26	`        ss_y = ss_y - 20`	Y座標を減らす
27	`        if ss_y < 80:`	Y座標が80より小さくなったら

```
28              ss_y = 80                                    Y座標を80にする
29          if key[K_DOWN] == 1:                             下キーが押されたら
30              ss_y = ss_y + 20                                 Y座標を増やす
31              if ss_y > 640:                                   Y座標が640より大きくなったら
32                  ss_y = 640                                       Y座標を640にする
33          if key[K_LEFT] == 1:                             左キーが押されたら
34              ss_d = 1                                         機体の傾きを1(左)にする
35              ss_x = ss_x - 20                                 X座標を減らす
36              if ss_x < 40:                                    X座標が40より小さくなったら
37                  ss_x = 40                                        X座標を40にする
38          if key[K_RIGHT] == 1:                            右キーが押されたら
39              ss_d = 2                                         機体の傾きを2(右)にする
40              ss_x = ss_x + 20                                 X座標を増やす
41              if ss_x > 920:                                   X座標が920より大きくなったら
42                  ss_x = 920                                       X座標を920にする
43          scrn.blit(img_sship[3], [ss_x-8, ss_y+40+        エンジンの炎を描く
    (tmr%3)*2])
44          scrn.blit(img_sship[ss_d], [ss_x-37, ss_y-48])   自機を描く
45
46
47      def main(): # メインループ                            メイン処理を行う関数
48          global tmr, bg_y                                     これらをグローバル変数とする
49
50          pygame.init()                                        pygameモジュールの初期化
51          pygame.display.set_caption("Galaxy Lancer")          ウィンドウに表示するタイトルを指定
52          screen = pygame.display.set_mode((960, 720))         描画面を初期化
53          clock = pygame.time.Clock()                          clockオブジェクトを作成
54
55          while True:                                          無限ループ
56              tmr = tmr + 1                                        tmrの値を1増やす
57              for event in pygame.event.get():                     pygameのイベントを繰り返しで処理する
58                  if event.type == QUIT:                               ウィンドウの×ボタンをクリック
59                      pygame.quit()                                        pygameモジュールの初期化を解除
60                      sys.exit()                                           プログラムを終了する
61                  if event.type == KEYDOWN:                            キーを押すイベントが発生した時
62                      if event.key == K_F1:                                F1キーなら
63                          screen = pygame.display.                             フルスクリーンモードにする
    set_mode((960, 720), FULLSCREEN)
64                      if event.key == K_F2 or event.                       F2キーかEscキーなら
    key == K_ESCAPE:
65                          screen = pygame.display.                             通常表示に戻す
    set_mode((960, 720))
66
67              # 背景のスクロール
68              bg_y = (bg_y+16)%720                                 背景のスクロール位置の計算
69              screen.blit(img_galaxy, [0, bg_y-720])               背景を描く(上側)
70              screen.blit(img_galaxy, [0, bg_y])                   背景を描く(下側)
71
72              key = pygame.key.get_pressed()                       keyに全てのキーの状態を代入
73              move_starship(screen, key)                           自機を動かす
74
75              pygame.display.update()                              画面を更新する
76              clock.tick(30)                                       フレームレートを指定
77
78
79      if __name__ == '__main__':                           このプログラムが直接実行された時に
80          main()                                               main()関数を呼び出す
```

204

このプログラムを実行すると、自機の後ろに炎が噴き出し、左右キーを押した時に機体が傾くようになります（**図6-3-6**）。

図6-3-6　炎の演出と自機の傾き

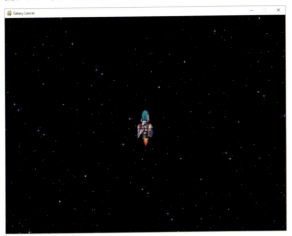

前のプログラムでは、pygame.K_UPやpygame.QUITのように、キーボード定数やイベントの定数にpygame.を記述していました。が、3行目のfrom pygame.locals import *を記述することで、それらの定数に付けるpygame.を省略できます。

以後のプログラムもfrom pygame.locals import *を記述して、キーボード定数やイベント定数に付けるpygame.を省きます。なお、pygame.init()などの命令に付けるpygame.は省略することができません。

このプログラムでは自機の画像を、7〜12行目のようにリストに読み込みます。機体の傾きは19行目で宣言したss_dという変数で管理します。左キーが押された時にss_dに1を、右キーが押された時にss_dに2を代入し、scrn.blit(img_sship[ss_d], [ss_x-37, ss_y-48])として、傾きに応じた機体の画像を描画しています。

それからこのプログラムにはタイマー用の変数tmrを追加しました。自機の後ろの炎は、43行目のように、表示するY座標をss_y+40+(tmr%3)*2として噴き出す様子を表現しています。

tmr%3は0→1→2→0→1→2……と繰り返すので、それを2倍した値をY座標に加え、表示位置を毎フレームずらしています。炎の画像は1枚ですが、座標を変化させて表示することで、エンジンから炎が噴き出す様子を表現できるわけです。

Lesson 6-4 弾を発射する

スペースキーを押すと、自機から弾を撃ち出せるようにします。

弾を発射する

弾を発射する処理を追加します。まず一発ずつ撃つプログラムを確認し、次のLessonで複数の弾を撃てるようにします。このプログラムは右の画像を使います。

図6-4-1　今回使用する画像ファイル

bullet.png

次のプログラムを入力し、ファイル名を付けて保存し、実行しましょう。

リスト ▶ list0604_1.py　※前のプログラムからの追加変更箇所にマーカーを引いています

```
1   import pygame                                              pygameモジュールをインポート
2   import sys                                                 sysモジュールをインポート
3   from pygame.locals import *                                pygame.定数の記述の省略
4
5   # 画像の読み込み
6   img_galaxy = pygame.image.load("image_gl/galaxy.           背景の星々の画像を読み込む変数
    png")
7   img_sship = [                                              自機の画像を読み込むリスト
8       pygame.image.load("image_gl/starship.png"),
9       pygame.image.load("image_gl/starship_l.png"),
10      pygame.image.load("image_gl/starship_r.png"),
11      pygame.image.load("image_gl/starship_burner.
    png")
12  ]
13  img_weapon = pygame.image.load("image_gl/bullet.           自機の弾の画像を読み込む変数
    png")
14
15  tmr = 0                                                    タイマーの変数
16  bg_y = 0                                                   背景スクロール用の変数
17
18  ss_x = 480                                                 自機のX座標の変数
19  ss_y = 360                                                 自機のY座標の変数
20  ss_d = 0                                                   自機の傾き用の変数
21
22  msl_f = False                                              弾が発射中か管理するフラグ用の変数
23  msl_x = 0                                                  弾のX座標の変数
24  msl_y = 0                                                  弾のY座標の変数
25
26
27  def move_starship(scrn, key): # 自機の移動             自機を移動する関数
28      global ss_x, ss_y, ss_d                                       これらをグローバル変数とする
```

```python
29          ss_d = 0
30          if key[K_UP] == 1:
31              ss_y = ss_y - 20
32              if ss_y < 80:
33                  ss_y = 80
34          if key[K_DOWN] == 1:
35              ss_y = ss_y + 20
36              if ss_y > 640:
37                  ss_y = 640
38          if key[K_LEFT] == 1:
39              ss_d = 1
40              ss_x = ss_x - 20
41              if ss_x < 40:
42                  ss_x = 40
43          if key[K_RIGHT] == 1:
44              ss_d = 2
45              ss_x = ss_x + 20
46              if ss_x > 920:
47                  ss_x = 920
48          if key[K_SPACE] == 1:
49              set_missile()
50          scrn.blit(img_sship[3], [ss_x-8, ss_y+40+(tmr%3)*2])
51          scrn.blit(img_sship[ss_d], [ss_x-37, ss_y-48])
52
53
54  def set_missile(): # 自機の発射する弾をセットする
55      global msl_f, msl_x, msl_y
56      if msl_f == False:
57          msl_f = True
58          msl_x = ss_x
59          msl_y = ss_y-50
60
61
62  def move_missile(scrn): # 弾の移動
63      global msl_f, msl_y
64      if msl_f == True:
65          msl_y = msl_y - 36
66          scrn.blit(img_weapon, [msl_x-10, msl_y-32])
67          if msl_y < 0:
68              msl_f = False
69
70
71  def main(): # メインループ
72      global tmr, bg_y
73
74      pygame.init()
75      pygame.display.set_caption("Galaxy Lancer")
76      screen = pygame.display.set_mode((960, 720))
77      clock = pygame.time.Clock()
78
79      while True:
80          tmr = tmr + 1
81          for event in pygame.event.get():
82              if event.type == QUIT:
83                  pygame.quit()
84                  sys.exit()
85              if event.type == KEYDOWN:
```

```
86                    if event.key == K_F1:
87                        screen = pygame.display.set_mode((960, 720), FULLSCREEN)
88                    if event.key == K_F2 or event.key == K_ESCAPE:
89                        screen = pygame.display.set_mode((960, 720))
90
91            # 背景のスクロール
92            bg_y = (bg_y+16)%720
93            screen.blit(img_galaxy, [0, bg_y-720])
94            screen.blit(img_galaxy, [0, bg_y])
95
96            key = pygame.key.get_pressed()
97            move_starship(screen, key)
98            move_missile(screen)
99
100           pygame.display.update()
101           clock.tick(30)
102
103
104  if __name__ == '__main__':
105      main()
```

F1キーなら
　　フルスクリーンモードにする

F2キーかEscキーなら
　　通常表示に戻す

背景のスクロール位置の計算
背景を描く(上側)
背景を描く(下側)

keyに全てのキーの状態を代入
自機を動かす
自機の弾を動かす

画面を更新する
フレームレートを指定

このプログラムが直接実行された時に
　main()関数を呼び出す

このプログラムを実行すると、スペースキーで弾を発射できます。

図6-4-2　list0604_1.py の実行結果

22〜24行目で宣言したmsl_f、msl_x、msl_yという変数で、弾の状態と座標を管理しま

す。その「状態」とは、弾が発射され飛んでいる時をTrue、発射されていない時をFalseとして、表現しています。

- msl_fがTrueなら画面上に弾が存在し
- msl_fがFalseなら弾は存在しない

というルールで弾の処理をプログラミングしていきます。

　54～59行目に定義したset_missile()関数で、弾の変数の値をセットします。この関数を、自機を動かすmove_starship()関数内で、スペースキーを押した時に呼び出し、弾を発射します。

　62～68行目に定義したmove_missile()関数で弾を動かします。この関数では、弾が発射された状態（msl_fがTrue）ならY座標を減らし、弾を移動します。画面外に出たらmsl_fをFalseとし、弾を存在しないようにします。これで弾が画面外に出た後、スペースキーを押すと再び発射できます。

Lesson 6-5 複数の弾を発射する

次は複数の弾を発射できるようにします。複数の弾を扱うにはリストを用います。

▶▶▶ リストで物体を管理する

前Lessonの弾を管理する変数をリストに変更して、複数の弾が発射できるようにしたプログラムを確認します。

次のプログラムを入力し、ファイル名を付けて保存し、実行しましょう。

リスト ▶ list0605_1.py ※前のプログラムからの追加変更箇所に マーカー を引いています

```python
import pygame                                              # pygameモジュールをインポート
import sys                                                 # sysモジュールをインポート
from pygame.locals import *                                # pygame.定数の記述の省略

# 画像の読み込み
img_galaxy = pygame.image.load("image_gl/galaxy.png")      # 背景の星々の画像を読み込む変数
img_sship = [                                              # 自機の画像を読み込むリスト
    pygame.image.load("image_gl/starship.png"),
    pygame.image.load("image_gl/starship_l.png"),
    pygame.image.load("image_gl/starship_r.png"),
    pygame.image.load("image_gl/starship_burner.png")
]
img_weapon = pygame.image.load("image_gl/bullet.png")      # 自機の弾の画像を読み込む変数

tmr = 0                                                    # タイマーの変数
bg_y = 0                                                   # 背景スクロール用の変数

ss_x = 480                                                 # 自機のX座標の変数
ss_y = 360                                                 # 自機のY座標の変数
ss_d = 0                                                   # 自機の傾き用の変数

MISSILE_MAX = 200                                          # 自機が発射する弾の最大数の定数
msl_no = 0                                                 # 弾の発射で使うリストの添え字用の変数
msl_f = [False]*MISSILE_MAX                                # 弾が発射中か管理するフラグのリスト
msl_x = [0]*MISSILE_MAX                                    # 弾のX座標のリスト
msl_y = [0]*MISSILE_MAX                                    # 弾のY座標のリスト


def move_starship(scrn, key):  # 自機の移動               # 自機を移動する関数
    global ss_x, ss_y, ss_d                                # これらをグローバル変数とする
    ss_d = 0                                               # 機体の傾きの変数を0(傾き無し)にする
    if key[K_UP] == 1:                                     # 上キーが押されたら
        ss_y = ss_y - 20                                   # Y座標を減らす
        if ss_y < 80:                                      # Y座標が80より小さくなったら
            ss_y = 80                                      # Y座標を80にする
    if key[K_DOWN] == 1:                                   # 下キーが押されたら
        ss_y = ss_y + 20                                   # Y座標を増やす
        if ss_y > 640:                                     # Y座標が640より大きくなったら
            ss_y = 640                                     # Y座標を640にする
```

```
40      if key[K_LEFT] == 1:                                   左キーが押されたら
41          ss_d = 1                                               機体の傾きを1(左)にする
42          ss_x = ss_x - 20                                       X座標を減らす
43          if ss_x < 40:                                          X座標が40より小さくなったら
44              ss_x = 40                                              X座標を40にする
45      if key[K_RIGHT] == 1:                                  右キーが押されたら
46          ss_d = 2                                               機体の傾きを2(右)にする
47          ss_x = ss_x + 20                                       X座標を増やす
48          if ss_x > 920:                                         X座標が920より大きくなったら
49              ss_x = 920                                             X座標を920にする
50      if key[K_SPACE] == 1:                                  スペースキーを押しているなら
51          set_missile()                                          弾を発射する
52      scrn.blit(img_sship[3], [ss_x-8, ss_y+40+(tmr%3)*2])    エンジンの炎を描く
53      scrn.blit(img_sship[ss_d], [ss_x-37, ss_y-48])         自機を描く
54
55
56  def set_missile():  # 自機の発射する弾をセットする             自機の発射する弾をセットする関数
57      global msl_no                                              これをグローバル変数とする
58      msl_f[msl_no] = True                                       発射したフラグをTrueに
59      msl_x[msl_no] = ss_x                                       弾のX座標を代入┐自機の鼻先の位置
60      msl_y[msl_no] = ss_y-50                                    弾のY座標を代入┘
61      msl_no = (msl_no+1)%MISSILE_MAX                            次にセットするための番号を計算
62
63
64  def move_missile(scrn):  # 弾の移動                           弾を移動する関数
65      for i in range(MISSILE_MAX):                               繰り返して
66          if msl_f[i] == True:                                       弾が発射された状態なら
67              msl_y[i] = msl_y[i] - 36                                   Y座標を計算
68              scrn.blit(img_weapon, [msl_x[i]-10,                        弾の画像を描く
    msl_y[i]-32])
69              if msl_y[i] < 0:                                           画面から出たら
70                  msl_f[i] = False                                           弾を消す
71
72
73  def main():  # メインループ                                    メイン処理を行う関数
 :  略：list0604_1.pyの通り(→P.207)
 ～
106 if __name__ == '__main__':                                 このプログラムが直接実行された時に
107     main()                                                     main()関数を呼び出す
```

このプログラムを実行すると、**図6-5-1**のように複数の弾を撃つことができます。このプログラムでは、スペースキーを押し続けると連続して発射されます。

図6-5-1　list0605_1.pyの実行結果

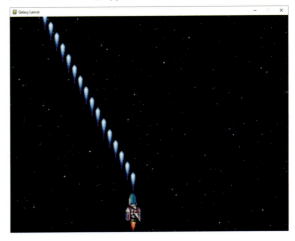

前のプログラムでは弾をmsl_f、msl_x、msl_yという変数で管理しましたが、今回のプログラムではmsl_f[]、msl_x[]、msl_y[]というリストで管理します。msl_f[n]がTrueならn番目の弾が存在し、msl_f[n]がFalseならn番目の弾は存在しないというルールで、複数の弾を管理します。

22行目に記述したMISSILE_MAX = 200は、弾を全部で何発扱うかという定数です。弾幕シューティングという特徴から、ここでは最大200発の弾を発射できるようにしています。

弾をセットするset_missile()関数を確認しましょう。

```python
def set_missile():  # 自機の発射する弾をセットする
    global msl_no
    msl_f[msl_no] = True
    msl_x[msl_no] = ss_x
    msl_y[msl_no] = ss_y-50
    msl_no = (msl_no+1)%MISSILE_MAX
```

23行目でmsl_noという変数を宣言し、msl_noを弾を管理するリストの添え字としています。set_missile()関数が呼ばれるごとに、msl_no = (msl_no+1)%MISSILE_MAX という式で、次のリストの添え字の値（箱の番号）を計算します。

msl_no = (msl_no+1)%MISSILE_MAXで、msl_noの値は1→2→3→4→……→198→199と1ずつ増え、再び0から繰り返します。

次に弾を移動するmove_missile()関数を抜き出して説明します。

```python
def move_missile(scrn):  # 弾の移動
    for i in range(MISSILE_MAX):
        if msl_f[i] == True:
            msl_y[i] = msl_y[i] - 36
            scrn.blit(img_weapon, [msl_x[i]-10, msl_y[i]-32])
            if msl_y[i] < 0:
                msl_f[i] = False
```

前のプログラムでは1発の弾をmsl_f、msl_x、msl_yという変数で管理していましたが、今回のプログラムでは、繰り返しを用いて全ての弾のリストに対して処理を行います。

自機を動かすmove_starship()関数内で、

- スペースキーが押されるとset_missile()を実行し、リストに発射する弾をセットし、次のリストの番号を計算しておく
- スペースキーを押し続けると、新たなリストに弾をセットし、さらに次のリストの番号を計算しておく

という流れで、弾が連続して発射されます。

ただし、今のままではスペースキーを押し続けると、まるでビームのように弾が出てしまいます。このプログラムを改良し、一定間隔で弾が発射されるようにします。

一定間隔で弾を発射する

一定間隔で弾を発射するようにしたプログラムを確認します。次のプログラムを入力し、ファイル名を付けて保存し、実行しましょう。

リスト ▶ list0605_2.py ※前のプログラムからの追加変更箇所にマーカーを引いています

```python
import pygame                                          # pygameモジュールをインポート
import sys                                             # sysモジュールをインポート
from pygame.locals import *                            # pygame.定数の記述の省略

# 画像の読み込み
img_galaxy = pygame.image.load("image_gl/galaxy.png")  # 背景の星々の画像を読み込む変数
img_sship = [                                          # 自機の画像を読み込むリスト
    pygame.image.load("image_gl/starship.png"),
    pygame.image.load("image_gl/starship_l.png"),
    pygame.image.load("image_gl/starship_r.png"),
    pygame.image.load("image_gl/starship_burner.png")
]
img_weapon = pygame.image.load("image_gl/bullet.png")  # 自機の弾の画像を読み込む変数

tmr = 0                                                # タイマーの変数
bg_y = 0                                               # 背景スクロール用の変数

ss_x = 480                                             # 自機のX座標の変数
ss_y = 360                                             # 自機のY座標の変数
ss_d = 0                                               # 自機の傾き用の変数
key_spc = 0                                            # スペースキーを押した時に使う変数

MISSILE_MAX = 200                                      # 自機が発射する弾の最大数の定数
msl_no = 0                                             # 弾の発射で使うリストの添え字用の変数
msl_f = [False]*MISSILE_MAX                            # 弾が発射中か管理するフラグのリスト
msl_x = [0]*MISSILE_MAX                                # 弾のX座標のリスト
msl_y = [0]*MISSILE_MAX                                # 弾のY座標のリスト


def move_starship(scrn, key):    # 自機の移動                自機を移動する関数
    global ss_x, ss_y, ss_d, key_spc                   #     これらをグローバル変数とする
    ss_d = 0                                           #     機体の傾きの変数を0(傾き無し)にする
```

```
33      if key[K_UP] == 1:                          上キーが押されたら
34          ss_y = ss_y - 20                        Y座標を減らす
35          if ss_y < 80:                           Y座標が80より小さくなったら
36              ss_y = 80                           Y座標を80にする
37      if key[K_DOWN] == 1:                        下キーが押されたら
38          ss_y = ss_y + 20                        Y座標を増やす
39          if ss_y > 640:                          Y座標が640より大きくなったら
40              ss_y = 640                          Y座標を640にする
41      if key[K_LEFT] == 1:                        左キーが押されたら
42          ss_d = 1                                機体の傾きを1(左)にする
43          ss_x = ss_x - 20                        X座標を減らす
44          if ss_x < 40:                           X座標が40より小さくなったら
45              ss_x = 40                           X座標を40にする
46      if key[K_RIGHT] == 1:                       右キーが押されたら
47          ss_d = 2                                機体の傾きを2(右)にする
48          ss_x = ss_x + 20                        X座標を増やす
49          if ss_x > 920:                          X座標が920より大きくなったら
50              ss_x = 920                          X座標を920にする
51      key_spc = (key_spc+1)*key[K_SPACE]          スペースキーを押している間、この変数を加算
52      if key_spc%5 == 1:                          1回目に押した時と、以後、5フレームごとに
53          set_missile()                           弾を発射する
54      scrn.blit(img_sship[3], [ss_x-8, ss_y+40+   エンジンの炎を描く
(tmr%3)*2])
55      scrn.blit(img_sship[ss_d], [ss_x-37, ss_    自機を描く
y-48])
56
57
58  def set_missile():  # 自機の発射する弾をセットする    自機の発射する弾をセットする関数
59      global msl_no                               これをグローバル変数とする
60      msl_f[msl_no] = True                        発射したフラグをTrueに
61      msl_x[msl_no] = ss_x                        弾のX座標を代入 ─┐自機の鼻先の位置
62      msl_y[msl_no] = ss_y-50                     弾のY座標を代入 ─┘
63      msl_no = (msl_no+1)%MISSILE_MAX             次にセットするための番号を計算
64
65
66  def move_missile(scrn):  # 弾の移動               弾を移動する関数
67      for i in range(MISSILE_MAX):                繰り返しで
68          if msl_f[i] == True:                    弾が発射された状態なら
69              msl_y[i] = msl_y[i] - 36            Y座標を計算
70              scrn.blit(img_weapon, [msl_x[i]-    弾の画像を描く
10, msl_y[i]-32])
71              if msl_y[i] < 0:                    画面から出たら
72                  msl_f[i] = False                弾を消す
73
74
75  def main():  # メインループ                       メイン処理を行う関数
:   略：list0604_1.pyの通り(→P.207)
:   ↯
108 if __name__ == '__main__':                      このプログラムが直接実行された時に
109     main()                                      main()関数を呼び出す
```

このプログラムは、スペースキーを押し続けると、弾が一定間隔で発射されます。

図6-5-2　list0605_2.pyの実行結果

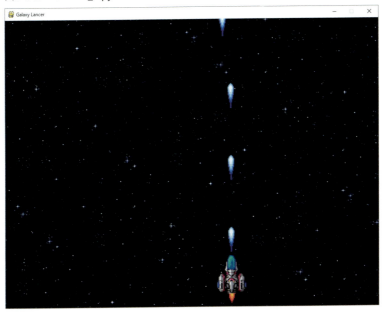

　21行目で宣言したkey_spcという変数で、弾の発射タイミングを調整しています。その方法ですが、move_starship()関数内の、次の記述を確認してください。

```
key_spc = (key_spc+1)*key[K_SPACE]
if key_spc%5 == 1:
    set_missile()
```

　key[K_SPACE]の値は、スペースキーが押されていると1に、離されていると0になります。key_spc = (key_spc+1)*key[K_SPACE] という式で、key_spcの値はスペースキーが押されている間、1→2→3→4→5→6→7→8→9→10→11→12……と増え続けます。またスペースキーを離したらkey[K_SPACE]が0になるので、key_spcも0になります。
　弾の発射を if key_spc%5 == 1: という条件式が成り立つ時に行うことで、key_spcの値が1、6、11、16……の時に弾が撃ち出されます。つまり、スペースキーを1回押すとkey_spcが1になるので即座に発射し、スペースキーを押し続けると5フレームごとに発射するようになっています。

もっと短い間隔で発射したいなら%nの数値を小さくし、発射間隔を空けたいならその数値を大きくします。

> key_spc = (key_spc+1)*key[K_SPACE] をif文を使って書くと
>
> ```
> if key[K_SPACE] == 1:
>     key_spc = key_spc + 1
> else:
>     key_spc = 0
> ```
>
> となります。
> 計算式をうまく記述すると、4行の処理を1行にできるわけです。

》》》 連打も可能

　ここで組み込んだ弾の発射タイミングを調整する方法は、スペースキーを連打すれば、押しっぱなしにするよりも多くの弾を発射できます。if key_spc%10 == 1 くらいの数値で試すと、連打と押しっぱなしの弾の数の違いがよく分かります。

Lesson 6-6 弾幕を張る

いよいよ弾幕を張れるようにします。『Galaxy Lancer』の弾幕は、自機から放射状に発射されるようにします。弾を放射状に飛ばすには三角関数を用います。

三角関数で向きと移動量を決める

三角関数を用いて、複数の弾を放射状に飛ばすプログラムを確認します。次のプログラムを入力し、ファイル名を付けて保存し、実行しましょう。

リスト ▶ list0606_1.py ※前のプログラムからの追加変更箇所にマーカーを引いています

```python
import pygame                                          # pygameモジュールをインポート
import sys                                             # sysモジュールをインポート
import math                                            # mathモジュールをインポート
from pygame.locals import *                            # pygame.定数の記述の省略

# 画像の読み込み
img_galaxy = pygame.image.load("image_gl/galaxy.      # 背景の星々の画像を読み込む変数
png")
img_sship = [                                          # 自機の画像を読み込むリスト
    pygame.image.load("image_gl/starship.png"),
    pygame.image.load("image_gl/starship_l.png"),
    pygame.image.load("image_gl/starship_r.png"),
    pygame.image.load("image_gl/starship_burner.
png")
]
img_weapon = pygame.image.load("image_gl/bullet.png") # 自機の弾の画像を読み込む変数

tmr = 0                                                # タイマーの変数
bg_y = 0                                               # 背景スクロール用の変数

ss_x = 480                                             # 自機のX座標の変数
ss_y = 360                                             # 自機のY座標の変数
ss_d = 0                                               # 自機の傾き用の変数
key_spc = 0                                            # スペースキーを押した時に使う変数
key_z = 0                                              # Zキーを押した時に使う変数

MISSILE_MAX = 200                                      # 自機が発射する弾の最大数の定数
msl_no = 0                                             # 弾の発射で使うリストの添え字用の変数
msl_f = [False]*MISSILE_MAX                            # 弾が発射中か管理するフラグのリスト
msl_x = [0]*MISSILE_MAX                                # 弾のX座標のリスト
msl_y = [0]*MISSILE_MAX                                # 弾のY座標のリスト
msl_a = [0]*MISSILE_MAX                                # 弾が飛んでいく角度のリスト


def move_starship(scrn, key):  # 自機の移動         # 自機を移動する関数
    global ss_x, ss_y, ss_d, key_spc, key_z            #   これらをグローバル変数とする
    ss_d = 0                                           #   機体の傾きの変数を0(傾き無し)にする
    if key[K_UP] == 1:                                 #   上キーが押されたら
        ss_y = ss_y - 20                               #       Y座標を減らす
```

38	`        if ss_y < 80:`	Y座標が80より小さくなったら
39	`            ss_y = 80`	Y座標を80にする
40	`    if key[K_DOWN] == 1:`	下キーが押されたら
41	`        ss_y = ss_y + 20`	Y座標を増やす
42	`        if ss_y > 640:`	Y座標が640より大きくなったら
43	`            ss_y = 640`	Y座標を640にする
44	`    if key[K_LEFT] == 1:`	左キーが押されたら
45	`        ss_d = 1`	機体の傾きを1(左)にする
46	`        ss_x = ss_x - 20`	X座標を減らす
47	`        if ss_x < 40:`	X座標が40より小さくなったら
48	`            ss_x = 40`	X座標を40にする
49	`    if key[K_RIGHT] == 1:`	右キーが押されたら
50	`        ss_d = 2`	機体の傾きを2(右)にする
51	`        ss_x = ss_x + 20`	X座標を増やす
52	`        if ss_x > 920:`	X座標が920より大きくなったら
53	`            ss_x = 920`	X座標を920にする
54	`    key_spc = (key_spc+1)*key[K_SPACE]`	スペースキーを押している間、この変数を加算
55	`    if key_spc%5 == 1:`	1回目に押した時と、以後、5フレームごとに
56	`        set_missile(0)`	弾を発射する
57	`    key_z = (key_z+1)*key[K_z]`	Zキーを押している間、この変数を加算
58	`    if key_z == 1:`	1回押した時
59	`        set_missile(10)`	弾幕を張る
60	`    scrn.blit(img_sship[3], [ss_x-8, ss_y+40+(tmr%3)*2])`	エンジンの炎を描く
61	`    scrn.blit(img_sship[ss_d], [ss_x-37, ss_y-48])`	自機を描く
62		
63		
64	`def set_missile(typ): # 自機の発射する弾をセットする`	自機の発射する弾をセットする関数
65	`    global msl_no`	これをグローバル変数とする
66	`    if typ == 0: # 単発`	単発の時
67	`        msl_f[msl_no] = True`	発射したフラグをTrueに
68	`        msl_x[msl_no] = ss_x`	弾のX座標を代入 ┐自機の鼻先の位置
69	`        msl_y[msl_no] = ss_y-50`	弾のY座標を代入 ┘
70	`        msl_a[msl_no] = 270`	弾の飛ぶ角度
71	`        msl_no = (msl_no+1)%MISSILE_MAX`	次にセットするための番号を計算
72	`    if typ == 10: # 弾幕`	弾幕の時
73	`        for a in range(160, 390, 10):`	繰り返しで扇状に弾を発射
74	`            msl_f[msl_no] = True`	発射したフラグをTrueに
75	`            msl_x[msl_no] = ss_x`	弾のX座標を代入 ┐自機の鼻先の位置
76	`            msl_y[msl_no] = ss_y-50`	弾のY座標を代入 ┘
77	`            msl_a[msl_no] = a`	弾の飛ぶ角度
78	`            msl_no = (msl_no+1)%MISSILE_MAX`	次にセットするための番号を計算
79		
80		
81	`def move_missile(scrn): # 弾の移動`	弾を移動する関数
82	`    for i in range(MISSILE_MAX):`	繰り返しで
83	`        if msl_f[i] == True:`	弾が発射された状態なら
84	`            msl_x[i] = msl_x[i] + 36*math.cos(math.radians(msl_a[i]))`	X座標を計算
85	`            msl_y[i] = msl_y[i] + 36*math.sin(math.radians(msl_a[i]))`	Y座標を計算
86	`            img_rz = pygame.transform.rotozoom(img_weapon, -90-msl_a[i], 1.0)`	飛んで行く角度に回転させた画像を作り
87	`            scrn.blit(img_rz, [msl_x[i]-img_rz.get_width()/2, msl_y[i]-img_rz.get_height()/2])`	その画像を描く
88	`            if msl_y[i] < 0 or msl_x[i] < 0 or msl_x[i] > 960:`	画面から出たら
89	`                msl_f[i] = False`	弾を消す
90		
91		

```
 92  def main(): # メインループ                               メイン処理を行う関数
 93      global tmr, bg_y                                      これらをグローバル変数とする
 94
 95      pygame.init()                                         pygameモジュールの初期化
 96      pygame.display.set_caption("Galaxy Lancer")           ウィンドウに表示するタイトルを指定
 97      screen = pygame.display.set_mode((960, 720))          描画面を初期化
 98      clock = pygame.time.Clock()                           clockオブジェクトを作成
 99
100      while True:                                           無限ループ
101          tmr = tmr + 1                                         tmrの値を1増やす
102          for event in pygame.event.get():                      pygameのイベントを繰り返しで処理する
103              if event.type == QUIT:                                ウィンドウの×ボタンをクリック
104                  pygame.quit()                                         pygameモジュールの初期化を解除
105                  sys.exit()                                            プログラムを終了する
106              if event.type == KEYDOWN:                             キーを押すイベントが発生した時
107                  if event.key == K_F1:                                 F1キーなら
108                      screen = pygame.display.
set_mode((960, 720), FULLSCREEN)                                              フルスクリーンモードにする
109                  if event.key == K_F2 or event.
key == K_ESCAPE:                                                          F2キーかEscキーなら
110                      screen = pygame.display.
set_mode((960, 720))                                                          通常表示に戻す
111
112          # 背景のスクロール
113          bg_y = (bg_y+16)%720                                  背景のスクロール位置の計算
114          screen.blit(img_galaxy, [0, bg_y-720])                背景を描く(上側)
115          screen.blit(img_galaxy, [0, bg_y])                    背景を描く(下側)
116
117          key = pygame.key.get_pressed()                        keyに全てのキーの状態を代入
118          move_starship(screen, key)                            自機を動かす
119          move_missile(screen)                                  自機の弾を動かす
120
121          pygame.display.update()                               画面を更新する
122          clock.tick(30)                                        フレームレートを指定
123
124
125  if __name__ == '__main__':                                このプログラムが直接実行された時に
126      main()                                                    main()関数を呼び出す
```

このプログラムを実行すると、Zキーで弾幕を張ることができます。

図6-6-1　list0606_1.pyの実行結果

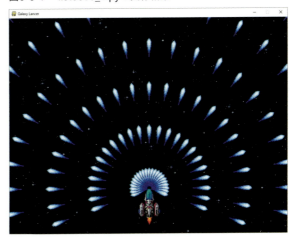

30行目で宣言したmsl_aというリストで、弾の飛んでいく向き（角度）を管理します。

前のプログラムから、set_missile()関数とmove_missile()関数を改良しています。set_missile()関数には引数を設け、引数が0の時は単発の弾、10の時は弾幕をセットするようにしました。set_missile()関数内の弾幕をセットする72〜78行目の処理を抜き出して説明します。

```
if typ == 10: # 弾幕
    for a in range(160, 390, 10):
        msl_f[msl_no] = True
        msl_x[msl_no] = ss_x
        msl_y[msl_no] = ss_y-50
        msl_a[msl_no] = a
        msl_no = (msl_no+1)%MISSILE_MAX
```

set_missile()関数に引数10を与えて呼び出すと、160度から380度の角度に10度刻みで弾が飛んで行くように、繰り返しのforでリストに値をセットします。msl_aに代入する角度の値は"度"になります。

for a in range(160, 390, 10): のrange()命令の範囲は、160から始まり、390の直前の380までになります。aに390は入らないことに注意しましょう。

MEMO

set_missile()関数の引数を0と10にしたのは、単発の弾は一桁の引数、複数の弾は二桁の引数で関数を呼び出すという筆者自身が決めたルールからです。シューティングゲームは武器がパワーアップしていくタイプが多いので、そのようなゲームに改良する時のことを考え、前もって分かりやすいルールを決めておいたというわけです。

次に弾を移動するmove_missile()関数を確認します。move_missile()関数では、三角関数で弾のX軸方向、Y軸方向の移動量を計算し、弾の座標を変化させます。move_missile()関数を抜き出して説明します。

```
def move_missile(scrn): # 弾の移動
    for i in range(MISSILE_MAX):
        if msl_f[i] == True:
            msl_x[i] = msl_x[i] + 36*math.cos(math.radians(msl_a[i]))
            msl_y[i] = msl_y[i] + 36*math.sin(math.radians(msl_a[i]))
            img_rz = pygame.transform.rotozoom(img_weapon, -90-msl_a[i], 1.0)
```

次ページへつづく

```
            scrn.blit(img_rz, [msl_x[i]-img_rz.get_width()/2, msl_y[i]-img_
rz.get_height()/2])
            if msl_y[i] < 0 or msl_x[i] < 0 or msl_x[i] > 960:
                msl_f[i] = False
```

このうち、次の2行が弾の座標を変化させる式です。

- msl_x[i] = msl_x[i] + **36*math.cos(math.radians(msl_a[i]))**
- msl_y[i] = msl_y[i] + **36*math.sin(math.radians(msl_a[i]))**

太字部分の意味は、

- ドット数*math.cos(角度)がX軸方向の座標の変化量
- ドット数*math.sin(角度)がY軸方向の座標の変化量

となり、図示すると次のようになります。

図6-6-2　弾の座標の計算

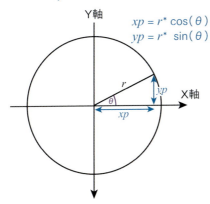
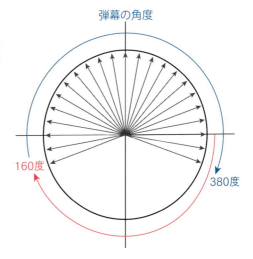

Pythonの三角関数の命令の引数はラジアンという単位なので、math.radians(msl_a[i])で度をラジアンに変換し、移動量を計算しています。

弾の画像は進行方向に回転させて表示します。画像を回転、拡大縮小する命令は次ページの通りです。

```
pygame.transform.rotozoom(元の画像, 回転角, 拡大率)
```

　この命令の引数の角度は度(degree)の値です。拡大率は1.0が元の大きさのまま、半分のサイズにするなら0.5、二倍のサイズにするなら2.0と指定します。
　回転させる前の弾の画像は真上に向いています。rotozoom()命令の角度は、三角関数と逆回りになるので、-90-msl_a[i]で指定し、三角関数の角度と同じ向きの弾の画像を生成しています。

　回転した画像をblit()命令で描画する際の座標は次のようにしています。

```
[msl_x[i]-img_rz.get_width()/2, msl_y[i]-img_rz.get_height()/2]
```

　(msl_x, msl_y)を画像の中心とするため、回転して作り出した画像img_rzの幅の半分と高さの半分の値を、それぞれX座標、Y座標から引きます。

> 弾の画像の回転や、画面に描く時に座標の中心を指定する方法が曖昧な方は、Lesson 5-5で宇宙船を回転させて表示するプログラムの復習をしましょう。

　弾幕は、[z]キーを押した時に1度だけ張られ、連続して弾幕を張るには[z]キーを連打します。この仕組みをどうプログラミングしているかを、move_starship()関数から、[z]キーの判定と弾幕を張る部分を抜き出して説明します。

```
key_z = (key_z+1)*key[K_z]
if key_z == 1:
    set_missile(10)
```

　その方法ですが、実は前のプログラムで学んだ、スペースキーを押した時に一定間隔で弾を発射する仕組みと一緒です。key_z = (key_z+1)*key[K_z]という式で、[z]キーが押されると変数key_zの値は1になり、以後[z]キーを押し続けている間、key_zは2→3→4→5→……と増え続けます。[z]キーを離すとkey[K_z]が0になるので、key_zも0になります。
　key_zを1にするにはいったん[z]キーを離す必要があります。if key_z == 1という条件式で、[z]キーを1回押した時と連打した時に弾幕が張られます。

COLUMN

有名アニメのゲーム開発秘話 その2

　筆者が経営するゲーム制作会社で、懇意にしていたゲームメーカーさんから、タツノコプロさんの有名アニメを使ったゲームを作らないかという話をいただいたことがあります。それは『科学忍者隊ガッチャマン』のゲームアプリ化の話でした。筆者は子供の頃、テレビアニメが大好きで、当時放送されていたタツノコプロのアニメはほぼ全て見ていたと思います。もちろん、ガッチャマンもです。そのようなアニメ作品のゲーム化の話ですので、即答でお受けしました。

　ゲームメーカーさんの意向で、ジャンルはロールプレイングゲームに決まりました。ガッチャマンをご存じの方は、「なぜアクションゲームじゃないの？」と不思議に思われるかもしれません。このゲームは携帯電話（ガラケー）用だったため、ガラケーのボタンではアクションは遊びにくかったからです。また筆者の会社は長年RPGを作ってきたので、RPG開発のノウハウがありました。そのような経緯で、『RPG科学忍者隊ガッチャマン』の開発が始まりました。

　ゲームのシナリオは、ファミコン『ファイナルファンタジー』三部作や、数々のアニメの脚本家として知られる寺田憲史さんが書いてくださることになりました。筆者が子供の時に見ていた多くのアニメのスタッフロールに寺田さんのお名前があり、FFシリーズが大好きな筆者にとって寺田さんは雲の上の存在です。そんな寺田さんと一緒にお仕事ができるということで、ワクワクする日々が始まりました。

　ちなみに筆者は『ファイナルファンタジー』の、特にファミコンとスーファミのシリーズが好きで、新ハードでのリメイク版も出るたびにプレイしました。

　『RPG科学忍者隊ガッチャマン』のゲームシステムは、筆者の会社に任されることになりました。開発メンバーを選び、自分はプロデューサーとして参加しましたが、小さな制作会社ですのでプランナーも兼ねることになります。ゲームシステムを考える際に、タツノコプロさんからお借りしたガッチャマンの原作DVDを全て見て研究しました。そして子供の時には分からなかったテーマの奥深さやドラマ性などに気づかされました。

　アニメのアクションシーンを生かすため、戦闘シーンは科学忍者隊の5人のメンバーが画面内をリアルタイムに動き回り、敵を倒す仕様にしました。メンバーはアニメと同じ武器を使い、「竜巻ファイター」という必殺技を使うシーンも入れることにしました。

　好きなアニメのゲーム化ということで、筆者は意気揚々と仕事を始めつつも、有名なプロダクションの作品に著名な脚本家が参加するというプロジェクトですので、「失礼があってはいけない、仕事上の失敗は許されない」と緊張していました。

　しかし寺田さんは気さくな方で、「ゲームとして必要な修正があれば遠慮なく言って」と仰ってくださったことで、緊張がほぐれました。また、PRGにはNPCにゲームのヒントを話させるなど、色々なセリフが必要になりますが、「脇役のセリフはそちらで考えてOKだよ」とも仰っていただいたことで、開発をスムーズに進めることができました。

　原作があるものをゲーム化する場合、権利元からリテイク要望が出ることがあります。

例えばキャラクターの形状をもう少し変えたいとか、ある部分の色味が違うなど。権利元は大切な作品のキャラクターイメージや世界観を崩されるわけにはいきませんので、細かな部分にも注文を出すのは当然です。

『RPG科学忍者隊ガッチャマン』の開発でも、そのことは覚悟していたので、できるだけダメ出しを食らわないように、信頼できる腕の立つデザイナーに主要な画像を任せることにしました。例えば、イベントシーンでは主人公達が会話をします。顔はキャラクターの命ともいうべき大事な要素ですから、原作を確認しながら慎重にデザインしました。一通り絵を用意し、タツノコプロさんに確認していただくよう送付した時には、「修正依頼が少なければいいなぁ……」とドキドキして返答を待ちました。

タツノコプロさんから来た連絡は、あっさり「全てOKです」というものでした。緊張が一気に解けて拍子抜けするとともに、原作のイメージ通りの絵を用意し、一発で全てのデザインを成功させたデザイナーに感謝しました。

数か月の制作期間を経て『RPG科学忍者隊ガッチャマン』が完成しました。戦闘シーンでは、大鷲の健、コンドルのジョー、白鳥のジュン、燕の甚平、みみずくの竜が、科学忍者隊に変身し、携帯電話の液晶画面を所狭しと駆け回り、敵を倒していきます。筆者自身もガッチャマンのファンであり、「原作ファンが納得できるゲームを作る」という目標を達成してゲーム化できたと思いました。好きなアニメ作品をゲームとして完成させた時の喜びは、とても大きなものでした。

寺田さんは筆者を事務所に遊びに来るように誘ってくださいました。もちろん喜んでお伺いし、アニメ業界や出版業界の話を色々と聞かせていただきました。

脚本家、作家である寺田さんは数々の著書をお持ちです。事務所の棚に並ぶ著書を拝見し、私もいつか本を書きたいですと言うと、寺田さんは必ずチャンスが来ると励ましてくださいました。それから10年かかりましたが、技術書の著者としてみなさんに技術を伝えるという形で、私の夢は現実のものになりました。

『RPG科学忍者隊ガッチャマン』の開発で実に素晴らしい経験をすることができ、このゲームは筆者にとって思い出深い作品の1つとなりました。

『Galaxy Lancer』に敵機の処理やシールド（ライフ）のルールを組み込みます。そしてタイトル画面を追加し、ゲームとして一通りプレイできるようにします。

シューティングゲームを作ろう！
中編

Chapter
7

Lesson 7-1 敵機の処理

前章では自機の操作処理を組み込みました。次は敵機を動かすプログラムを組み込みます。

この章のフォルダ構成

章が変わったので、「Chapter7」フォルダ内にも「image_gl」フォルダを作り、画像ファイルをそこに入れてください。

図7-1-1 「Chapter7」のフォルダ構成

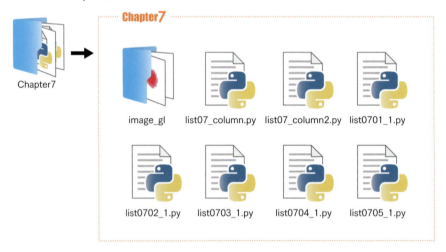

前章で用いた星々の背景、自機の画像、弾の画像も使うので、このフォルダに入れましょう。

三角関数を用いる

敵機の移動も自機の弾と同様に、三角関数を使ってプログラミングします。敵機の進む向きを角度で管理すれば、その値を変えるだけで、360度好きな方向に移動させることができます。進行方向を角度で管理することで、敵の動きのバリエーションを効率良く増やすことができるようになります。

敵の弾と機体をまとめて管理する

敵の弾と機体は1つの処理で管理することができるので、そのようなプログラムを用意しました。動作確認後に、弾と機体をまとめて管理する方法を説明します。このプログラムは

右の画像を使います。enemy0.pngが敵の発射する弾、enemy1.pngが機体です。書籍サポートページからダウンロードしてください。

図7-1-2　今回使用する画像ファイル

enemy0.png　　enemy1.png

次のプログラムを入力し、ファイル名を付けて保存し、実行しましょう。

リスト▶list0701_1.py　※前章のLesson 6-6のプログラムからの追加変更箇所にマーカーを引いています

1	`import pygame`	pygameモジュールをインポート
2	`import sys`	sysモジュールをインポート
3	`import math`	mathモジュールをインポート
4	`import random`	randomモジュールをインポート
5	`from pygame.locals import *`	pygame.定数の記述の省略
6		
7	`# 画像の読み込み`	
8	`img_galaxy = pygame.image.load("image_gl/galaxy.png")`	背景の星々の画像を読み込む変数
9	`img_sship = [`	自機の画像を読み込むリスト
10	`    pygame.image.load("image_gl/starship.png"),`	
11	`    pygame.image.load("image_gl/starship_l.png"),`	
12	`    pygame.image.load("image_gl/starship_r.png"),`	
13	`    pygame.image.load("image_gl/starship_burner.png")`	
14	`]`	
15	`img_weapon = pygame.image.load("image_gl/bullet.png")`	自機の弾の画像を読み込む変数
16	`img_enemy = [`	敵機の画像を読み込むリスト
17	`    pygame.image.load("image_gl/enemy0.png"),`	
18	`    pygame.image.load("image_gl/enemy1.png")`	
19	`]`	
20		
21	`tmr = 0`	タイマーの変数
22	`bg_y = 0`	背景スクロール用の変数
23		
24	`ss_x = 480`	自機のX座標の変数
25	`ss_y = 360`	自機のY座標の変数
26	`ss_d = 0`	自機の傾き用の変数
27	`key_spc = 0`	スペースキーを押した時に使う変数
28	`key_z = 0`	Zキーを押した時に使う変数
29		
30	`MISSILE_MAX = 200`	自機が発射する弾の最大数の定数
31	`msl_no = 0`	弾の発射で使うリストの添え字用の変数
32	`msl_f = [False]*MISSILE_MAX`	弾が発射中か管理するフラグのリスト
33	`msl_x = [0]*MISSILE_MAX`	弾のX座標のリスト
34	`msl_y = [0]*MISSILE_MAX`	弾のY座標のリスト
35	`msl_a = [0]*MISSILE_MAX`	弾が飛んでいく角度のリスト
36		
37	`ENEMY_MAX = 100`	敵の最大数の定数
38	`emy_no = 0`	敵を出す時に使うリストの添え字用の変数
39	`emy_f = [False]*ENEMY_MAX`	敵が出現中か管理するフラグのリスト
40	`emy_x = [0]*ENEMY_MAX`	敵のX座標のリスト
41	`emy_y = [0]*ENEMY_MAX`	敵のY座標のリスト
42	`emy_a = [0]*ENEMY_MAX`	敵が飛行する角度のリスト

```
43    emy_type = [0]*ENEMY_MAX                              敵の種類のリスト
44    emy_speed = [0]*ENEMY_MAX                             敵の速度のリスト
45
46    LINE_T = -80                                          敵が出現する(消える)上端の座標
47    LINE_B = 800                                          敵が出現する(消える)下端の座標
48    LINE_L = -80                                          敵が出現する(消える)左端の座標
49    LINE_R = 1040                                         敵が出現する(消える)右端の座標
50
51
52    def move_starship(scrn, key): # 自機の移動               自機を移動する関数
53        global ss_x, ss_y, ss_d, key_spc, key_z               これらをグローバル変数とする
54        ss_d = 0                                              機体の傾きの変数を0(傾き無し)にする
55        if key[K_UP] == 1:                                    上キーが押されたら
56            ss_y = ss_y - 20                                      Y座標を減らす
57            if ss_y < 80:                                         Y座標が80より小さくなったら
58                ss_y = 80                                             Y座標を80にする
59        if key[K_DOWN] == 1:                                  下キーが押されたら
60            ss_y = ss_y + 20                                      Y座標を増やす
61            if ss_y > 640:                                        Y座標が640より大きくなったら
62                ss_y = 640                                            Y座標を640にする
63        if key[K_LEFT] == 1:                                  左キーが押されたら
64            ss_d = 1                                              機体の傾きを1(左)にする
65            ss_x = ss_x - 20                                      X座標を減らす
66            if ss_x < 40:                                         X座標が40より小さくなったら
67                ss_x = 40                                             X座標を40にする
68        if key[K_RIGHT] == 1:                                 右キーが押されたら
69            ss_d = 2                                              機体の傾きを2(右)にする
70            ss_x = ss_x + 20                                      X座標を増やす
71            if ss_x > 920:                                        X座標が920より大きくなったら
72                ss_x = 920                                            X座標を920にする
73        key_spc = (key_spc+1)*key[K_SPACE]                    スペースキーを押している間、この変数を加算
74        if key_spc%5 == 1:                                    1回目に押した時と、以後、5フレームごとに
75            set_missile(0)                                        弾を発射する
76        key_z = (key_z+1)*key[K_z]                            Zキーを押している間、この変数を加算
77        if key_z == 1:                                        1回押した時
78            set_missile(10)                                       弾幕を張る
79        scrn.blit(img_sship[3], [ss_x-8, ss_y+40              エンジンの炎を描く
    +(tmr%3)*2])
80        scrn.blit(img_sship[ss_d], [ss_x-37, ss_              自機を描く
    y-48])
81
82
83    def set_missile(typ): # 自機の発射する弾をセットする         自機の発射する弾をセットする関数
84        global msl_no                                         これをグローバル変数とする
85        if typ == 0: # 単発                                   単発の時
86            msl_f[msl_no] = True                                  発射したフラグをTrueに
87            msl_x[msl_no] = ss_x                                  弾のX座標を代入 ┐自機の鼻先の位置
88            msl_y[msl_no] = ss_y-50                               弾のY座標を代入 ┘
89            msl_a[msl_no] = 270                                   弾の飛ぶ角度
90            msl_no = (msl_no+1)%MISSILE_MAX                       次にセットするための番号を計算
91        if typ == 10: # 弾幕                                  弾幕の時
92            for a in range(160, 390, 10):                         繰り返しで扇状に弾を発射
93                msl_f[msl_no] = True                                  発射したフラグをTrueに
94                msl_x[msl_no] = ss_x                                  弾のX座標を代入 ┐自機の鼻先の位置
95                msl_y[msl_no] = ss_y-50                               弾のY座標を代入 ┘
96                msl_a[msl_no] = a                                     弾の飛ぶ角度
97                msl_no = (msl_no+1)%MISSILE_MAX                       次にセットするための番号を計算
98
99
100   def move_missile(scrn): # 弾の移動                      弾を移動する関数
```

```
101      for i in range(MISSILE_MAX):                             繰り返しで
102          if msl_f[i] == True:                                 弾が発射された状態なら
103              msl_x[i] = msl_x[i] + 36*math.cos                    X座標を計算
    (math.radians(msl_a[i]))
104              msl_y[i] = msl_y[i] + 36*math.sin                    Y座標を計算
    (math.radians(msl_a[i]))
105              img_rz = pygame.transform.rotozoom                   飛んで行く角度に回転させた画像を作り
    (img_weapon, -90-msl_a[i], 1.0)
106              scrn.blit(img_rz, [msl_x[i]-img_rz.                  その画像を描く
    get_width()/2, msl_y[i]-img_rz.get_height()/2])
107              if msl_y[i] < 0 or msl_x[i] < 0 or                   画面から出たら
    msl_x[i] > 960:
108                  msl_f[i] = False                                     弾を消す
109
110
111  def bring_enemy(): # 敵を出す                                 敵機を出現させる関数
112      if tmr%30 == 0:                                              このタイミングで
113          set_enemy(random.randint(20, 940), LINE_                     ザコ機1を出す
    T, 90, 1, 6)
114
115
116  def set_enemy(x, y, a, ty, sp): # 敵機をセットする             敵機のリストに座標や角度をセットする関数
117      global emy_no                                                これをグローバル変数とする
118      while True:                                                  無限ループ
119          if emy_f[emy_no] == False:                                   空いているリストなら
120              emy_f[emy_no] = True                                         フラグを立て
121              emy_x[emy_no] = x                                            X座標を代入
122              emy_y[emy_no] = y                                            Y座標を代入
123              emy_a[emy_no] = a                                            角度を代入
124              emy_type[emy_no] = ty                                        敵の種類を代入
125              emy_speed[emy_no] = sp                                       敵の速度を代入
126              break                                                        繰り返しを抜ける
127          emy_no = (emy_no+1)%ENEMY_MAX                                次にセットするための番号を計算
128
129
130  def move_enemy(scrn): # 敵機の移動                            敵機を動かす関数
131      for i in range(ENEMY_MAX):                                   繰り返しで
132          if emy_f[i] == True:                                         敵機が存在するなら
133              ang = -90-emy_a[i]                                           angに画像の回転角度を代入
134              png = emy_type[i]                                            pngに絵の番号を代入
135              emy_x[i] = emy_x[i] + emy_speed[i]                           X座標を変化させる
    *math.cos(math.radians(emy_a[i]))
136              emy_y[i] = emy_y[i] + emy_speed[i]                           Y座標を変化させる
    *math.sin(math.radians(emy_a[i]))
137              if emy_type[i] == 1 and emy_y[i] >                           敵機のY座標が360を超えたら
    360:
138                  set_enemy(emy_x[i], emy_y[i],                                弾を放つ
    90, 0, 8)
139                  emy_a[i] = -45                                               向きを変える
140                  emy_speed[i] = 16                                            速さを変える
141              if emy_x[i] < LINE_L or LINE_R < emy_                        画面上下左右から出たら
    x[i] or emy_y[i] < LINE_T or LINE_B < emy_y[i]:
142                  emy_f[i] = False                                             敵機を消す
143              img_rz = pygame.transform.rotozoom                           敵機を回転させた画像を作り
    (img_enemy[png], ang, 1.0)
144              scrn.blit(img_rz, [emy_x[i]-img_rz.                          その画像を描く
    get_width()/2, emy_y[i]-img_rz.get_height()/2])
145
146
147  def main(): # メインループ                                    メイン処理を行う関数
```

```
148         global tmr, bg_y                               これらをグローバル変数とする
149
150     pygame.init()                                       pygameモジュールの初期化
151     pygame.display.set_caption("Galaxy Lancer")         ウィンドウに表示するタイトルを指定
152     screen = pygame.display.set_mode((960, 720))        描画面を初期化
153     clock = pygame.time.Clock()                         clockオブジェクトを作成
154
155     while True:                                         無限ループ
156         tmr = tmr + 1                                       tmrの値を1増やす
157         for event in pygame.event.get():                    pygameのイベントを繰り返しで処理する
158             if event.type == QUIT:                              ウィンドウの×ボタンをクリック
159                 pygame.quit()                                       pygameモジュールの初期化を解除
160                 sys.exit()                                          プログラムを終了する
161             if event.type == KEYDOWN:                           キーを押すイベントが発生した時
162                 if event.key == K_F1:                               F1キーなら
163                     screen = pygame.display.
set_mode((960, 720), FULLSCREEN)                                            フルスクリーンモードにする
164                 if event.key == K_F2 or event.
key == K_ESCAPE:                                                        F2キーかEscキーなら
165                     screen = pygame.display.
set_mode((960, 720))                                                        通常表示に戻す
166
167         # 背景のスクロール
168         bg_y = (bg_y+16)%720                                背景のスクロール位置の計算
169         screen.blit(img_galaxy, [0, bg_y-720])              背景を描く(上側)
170         screen.blit(img_galaxy, [0, bg_y])                  背景を描く(下側)
171
172         key = pygame.key.get_pressed()                      keyに全てのキーの状態を代入
173         move_starship(screen, key)                          自機を動かす
174         move_missile(screen)                                自機の弾を動かす
175         bring_enemy()                                       敵機を出現させる
176         move_enemy(screen)                                  敵機を動かす
177
178         pygame.display.update()                             画面を更新する
179         clock.tick(30)                                      フレームレートを指定
180
181
182 if __name__ == '__main__':                              このプログラムが直接実行された時に
183     main()                                                  main()関数を呼び出す
```

このプログラムを実行すると、画面上から敵機が出現し、画面の中ほどで弾を撃ち、向きを変えて飛び去ります。自機の弾で撃ち落としたり、自機と敵機が接触する処理は、まだ入っていません。

図7-1-3　敵機と弾が描画される

39〜44行目で宣言したemy_f、emy_x、emy_y、emy_a、emy_type、emy_speedというリストで敵機を管理します。それぞれのリストの役割は次のようになります。

表7-1-1　敵機を管理するリスト

emy_f	敵機が存在するか 存在する（移動中）ならTrue、存在しないならFalse
emy_x	敵機のX座標
emy_y	敵機のY座標
emy_a	敵機の進む向き（角度）
emy_type	敵機の種類、画像番号を兼ねる
emy_speed	敵機の速さ（1フレームで移動するドット数）

37行目で宣言したENEMY_MAX = 100という定数は、これらのリストの要素数（箱の数）で、敵を何機処理するかという値です。今回は最大100機を同時に出せるようにしています。
38行目のemy_noは、敵機のリストに値をセットする時に使います。

46〜49行目で定義したLINE_T、LINE_B、LINE_L、LINE_Rという定数は、画面の上部、下部、左側、右側それぞれの敵機の出現位置、及びそこを越えたら敵を消すという座標です。『Galaxy Lancer』のウィンドウのサイズは幅960、高さ720ドットで、LINE_T、LINE_B、LINE_L、LINE_Rは下図のように、画面の80ドット外側としています。

図7-1-4　敵の出現ライン

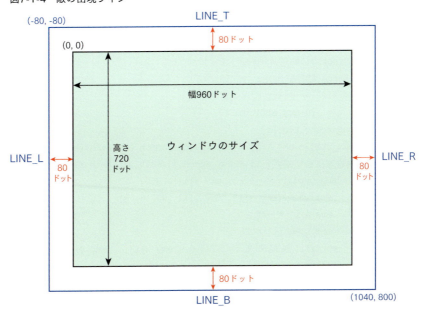

111〜113行目に記述したbring_enemy()関数が敵機を出現させる関数です。この関数

は30フレームに1回、116～127行目に定義したset_enemy()関数を呼び出します。set_enemy()関数で、敵機の出現位置や角度などをセットします。set_enemy()関数を抜き出して説明します。

```python
def set_enemy(x, y, a, ty, sp): # 敵機をセットする
    global emy_no
    while True:
        if emy_f[emy_no] == False:
            emy_f[emy_no] = True
            emy_x[emy_no] = x
            emy_y[emy_no] = y
            emy_a[emy_no] = a
            emy_type[emy_no] = ty
            emy_speed[emy_no] = sp
            break
        emy_no = (emy_no+1)%ENEMY_MAX
```

while Trueの繰り返しで、空いているリスト（emy_fの値がFalseのリスト）を探し、敵機の座標などのデータをセットしたらbreakで処理を抜けます。emy_noの値はemy_no = (emy_no+1)%ENEMY_MAX という式で1ずつ増え、ENEMY_MAXになると0に戻るので、いずれか空いているリストが見つかり、そこに敵機のデータをセットする仕組みになっています。

130～144行目に定義したmove_enemy()関数で敵機を移動します。この関数を抜き出して説明します。

```python
def move_enemy(scrn): # 敵機の移動
    for i in range(ENEMY_MAX):
        if emy_f[i] == True:
            ang = -90-emy_a[i]
            png = emy_type[i]
            emy_x[i] = emy_x[i] + emy_speed[i]*math.cos(math.radians(emy_a[i]))
            emy_y[i] = emy_y[i] + emy_speed[i]*math.sin(math.radians(emy_a[i]))
            if emy_type[i] == 1 and emy_y[i] > 360:
                set_enemy(emy_x[i], emy_y[i], 90, 0, 8)
                emy_a[i] = -45
                emy_speed[i] = 16
            if emy_x[i] < LINE_L or LINE_R < emy_x[i] or emy_y[i] < LINE_T or LINE_B < emy_y[i]:
                emy_f[i] = False
            img_rz = pygame.transform.rotozoom(img_enemy[png], ang, 1.0)
            scrn.blit(img_rz, [emy_x[i]-img_rz.get_width()/2, emy_y[i]-img_rz.get_height()/2])
```

自機の弾と同様に、emy_fがTrueの時に敵機が存在すると定めています。for文で全てのリストに対し検索を行い、emy_fがTrueの時に敵機の移動や描画を行います。
　敵機の画像を進行方向に回転させる角度をang = -90-emy_a[i]として変数angに代入し、敵の画像の番号はpng = emy_type[i]として変数pngに代入しています。angは先のLessonで回転しながら移動するザコ機の準備として、pngはボス機を撃った時にフラッシュさせる準備として用意したので、今はこれらの変数について気にする必要はありません。
　敵機の移動は、三角関数のsin()命令とcos()命令を使ってX方向、Y方向それぞれの移動量を求め、座標を変化させます。座標を変化させた後、

if emy_x[i] < LINE_L or LINE_R < emy_x[i] or emy_y[i] < LINE_T or LINE_B < emy_y[i]:

という条件分岐で、上下左右の出現ラインを越えたらemy_f[i] = Falseとして敵機を消します。

　今回のプログラムでは、出現した敵は90度の角度で移動し、画面中ほどで-45度に向きを変えます。図示すると次のようになります。

図7-1-5　敵機の向きと移動量の計算

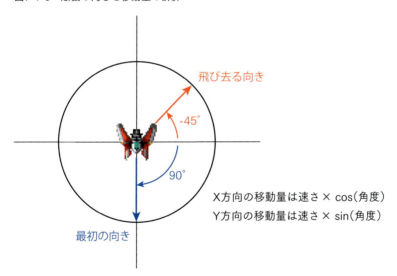

敵機が向きを変える条件分岐を抜き出して確認します。

```
if emy_type[i] == 1 and emy_y[i] > 360:
    set_enemy(emy_x[i], emy_y[i], 90, 0, 8)
    emy_a[i] = -45
    emy_speed[i] = 16
```

emy_typeの値0が敵の弾、値1が機体です。機体のY座標が360を超えたら、set_enemy(emy_x[i], emy_y[i], 90, 0, 8)を実行して弾を１つ撃ちます。

本書では敵の弾と機体の処理を分けることはせず、

- **set_enemy()関数で、機体をセットし、弾を撃つ**
- **move_enemy()関数で、弾も機体も移動させる**

というプログラムを作っていきます。機体と弾の処理を同じ関数で行えば、プログラムを短くでき、色々なメリットがあります。

短いプログラムであれば、例えばバグ（何らかの不具合）が発生した時に、その原因を探しやすいです。それもメリットの１つです。

敵機は、Pygameの画像を回転させる命令で、移動する向きに回転した画像を作ってから、それを画面に転送（描画）します。その部分を抜き出します。

```
img_rz = pygame.transform.rotozoom(img_enemy[png], ang, 1.0)
scrn.blit(img_rz, [emy_x[i]-img_rz.get_width()/2, emy_y[i]-img_rz.get_height()/2])
```

pygame.transform.rotozoom()で回転した画像を作り、blit()で画面に描画します。

敵機の処理のポイントをまとめると

- **敵機の進む向きを角度で管理し、移動量を三角関数で計算する**
- **画像を回転する命令で、敵機が進む向きの画像を作る**

となります。これらの処理で、敵機を360度どの方向にも移動させることができます。

三角関数による移動量の計算と、画像を回転させる命令がポイントですが、難しいと感じる方は、すぐに理解しようと悩む必要はありません。こんな方法があると頭に入れて先へ進みましょう。いったん最後まで読み通し、もう一度読み返すと、それまで分からなかった部分が分かるようになります。

Lesson 7-2 敵機を弾で撃ち落とす

自機から発射した弾で敵機を撃ち落とせるようにします。

弾と敵機のヒットチェック

弾と敵機のヒットチェックは、2つの円の中心間の距離で判定する方法を用います。プログラムの動作を確認後に説明します。次のプログラムを入力し、ファイル名を付けて保存し、実行しましょう。

リスト ▶ list0702_1.py　※前のプログラムからの追加変更箇所に マーカー を引いています

```python
import pygame                                              # pygameモジュールをインポート
import sys                                                 # sysモジュールをインポート
import math                                                # mathモジュールをインポート
import random                                              # randomモジュールをインポート
from pygame.locals import *                                # pygame.定数の記述の省略

# 画像の読み込み
img_galaxy = pygame.image.load("image_gl/galaxy.png")      # 背景の星々の画像を読み込む変数
img_sship = [                                              # 自機の画像を読み込むリスト
    pygame.image.load("image_gl/starship.png"),
    pygame.image.load("image_gl/starship_l.png"),
    pygame.image.load("image_gl/starship_r.png"),
    pygame.image.load("image_gl/starship_burner.png")
]
img_weapon = pygame.image.load("image_gl/bullet.png")      # 自機の弾の画像を読み込む変数
img_enemy = [                                              # 敵機の画像を読み込むリスト
    pygame.image.load("image_gl/enemy0.png"),
    pygame.image.load("image_gl/enemy1.png")
]

tmr = 0                                                    # タイマーの変数
bg_y = 0                                                   # 背景スクロール用の変数

ss_x = 480                                                 # 自機のX座標の変数
ss_y = 360                                                 # 自機のY座標の変数
ss_d = 0                                                   # 自機の傾き用の変数
key_spc = 0                                                # スペースキーを押した時に使う変数
key_z = 0                                                  # Zキーを押した時に使う変数

MISSILE_MAX = 200                                          # 自機が発射する弾の最大数の定数
msl_no = 0                                                 # 弾の発射で使うリストの添え字用の変数
msl_f = [False]*MISSILE_MAX                                # 弾が発射中か管理するフラグのリスト
msl_x = [0]*MISSILE_MAX                                    # 弾のX座標のリスト
msl_y = [0]*MISSILE_MAX                                    # 弾のY座標のリスト
msl_a = [0]*MISSILE_MAX                                    # 弾が飛んでいく角度のリスト
```

```
 37  ENEMY_MAX = 100                              敵の最大数の定数
 38  emy_no = 0                                   敵を出す時に使うリストの添え字用の変数
 39  emy_f = [False]*ENEMY_MAX                    敵が出現中か管理するフラグのリスト
 40  emy_x = [0]*ENEMY_MAX                        敵のX座標のリスト
 41  emy_y = [0]*ENEMY_MAX                        敵のY座標のリスト
 42  emy_a = [0]*ENEMY_MAX                        敵が飛行する角度のリスト
 43  emy_type = [0]*ENEMY_MAX                     敵の種類のリスト
 44  emy_speed = [0]*ENEMY_MAX                    敵の速度のリスト
 45
 46  EMY_BULLET = 0                               敵の弾の番号を管理する定数
 47  LINE_T = -80                                 敵が出現する(消える)上端の座標
 48  LINE_B = 800                                 敵が出現する(消える)下端の座標
 49  LINE_L = -80                                 敵が出現する(消える)左端の座標
 50  LINE_R = 1040                                敵が出現する(消える)右端の座標
 51
 52
 53  def get_dis(x1, y1, x2, y2): # 二点間の距離を求める   二点間の距離を求める関数
 54      return( (x1-x2)*(x1-x2) + (y1-y2)*(y1-y2) )   二乗した値を返す(ルートは使わない)
 55
 56
 57  def move_starship(scrn, key): # 自機の移動    自機を移動する関数
 58      global ss_x, ss_y, ss_d, key_spc, key_z      これらをグローバル変数とする
 59      ss_d = 0                                         機体の傾きの変数を0(傾き無し)にする
 60      if key[K_UP] == 1:                               上キーが押されたら
 61          ss_y = ss_y - 20                                 Y座標を減らす
 62          if ss_y < 80:                                    Y座標が80より小さくなったら
 63              ss_y = 80                                        Y座標を80にする
 64      if key[K_DOWN] == 1:                             下キーが押されたら
 65          ss_y = ss_y + 20                                 Y座標を増やす
 66          if ss_y > 640:                                   Y座標が640より大きくなったら
 67              ss_y = 640                                       Y座標を640にする
 68      if key[K_LEFT] == 1:                             左キーが押されたら
 69          ss_d = 1                                         機体の傾きを1(左)にする
 70          ss_x = ss_x - 20                                 X座標を減らす
 71          if ss_x < 40:                                    X座標が40より小さくなったら
 72              ss_x = 40                                        X座標を40にする
 73      if key[K_RIGHT] == 1:                            右キーが押されたら
 74          ss_d = 2                                         機体の傾きを2(右)にする
 75          ss_x = ss_x + 20                                 X座標を増やす
 76          if ss_x > 920:                                   X座標が920より大きくなったら
 77              ss_x = 920                                       X座標を920にする
 78      key_spc = (key_spc+1)*key[K_SPACE]               スペースキーを押している間、この変数を加算
 79      if key_spc%5 == 1:                               1回目に押した時と、以後、5フレームごとに
 80          set_missile(0)                                   弾を発射する
 81      key_z = (key_z+1)*key[K_z]                       Zキーを押している間、この変数を加算
 82      if key_z == 1:                                   1回押した時
 83          set_missile(10)                                  弾幕を張る
 84      scrn.blit(img_sship[3], [ss_x-8, ss_y+40         エンジンの炎を描く
 +(tmr%3)*2])
 85      scrn.blit(img_sship[ss_d], [ss_x-37, ss_         自機を描く
 y-48])
 86
 87
 88  def set_missile(typ): # 自機の発射する弾をセットする   自機の発射する弾をセットする関数
  :     略：list0701_1.pyの通り(→P.228)
  :     〜
105  def move_missile(scrn): # 弾の移動              弾を移動する関数
  :     略：list0701_1.pyの通り(→P.228〜229)
  :     〜
116  def bring_enemy(): # 敵を出す                   敵機を出現させる関数
```

```
  :     略：list0701_1.pyの通り（→P.229）
  :     〜
121   def set_enemy(x, y, a, ty, sp):  # 敵機をセットする
  :     略：list0701_1.pyの通り（→P.229）
  :     〜
135   def move_enemy(scrn):  # 敵機の移動
136       for i in range(ENEMY_MAX):
137           if emy_f[i] == True:
138               ang = -90-emy_a[i]
139               png = emy_type[i]
140               emy_x[i] = emy_x[i] + emy_speed[i]*math.cos(math.radians(emy_a[i]))
141               emy_y[i] = emy_y[i] + emy_speed[i]*math.sin(math.radians(emy_a[i]))
142               if emy_type[i] == 1 and emy_y[i] > 360:
143                   set_enemy(emy_x[i], emy_y[i], 90, 0, 8)
144                   emy_a[i] = -45
145                   emy_speed[i] = 16
146               if emy_x[i] < LINE_L or LINE_R < emy_x[i] or emy_y[i] < LINE_T or LINE_B < emy_y[i]:
147                   emy_f[i] = False
148
149               if emy_type[i] != EMY_BULLET:  # プレイヤーの弾とのヒットチェック
150                   w = img_enemy[emy_type[i]].get_width()
151                   h = img_enemy[emy_type[i]].get_height()
152                   r = int((w+h)/4)+12
153                   for n in range(MISSILE_MAX):
154                       if msl_f[n] == True and get_dis(emy_x[i], emy_y[i], msl_x[n], msl_y[n]) < r*r:
155                           msl_f[n] = False
156                           emy_f[i] = False
157
158               img_rz = pygame.transform.rotozoom(img_enemy[png], ang, 1.0)
159               scrn.blit(img_rz, [emy_x[i]-img_rz.get_width()/2, emy_y[i]-img_rz.get_height()/2])
160
161
162   def main():  # メインループ
163       global tmr, bg_y
164
165       pygame.init()
166       pygame.display.set_caption("Galaxy Lancer")
167       screen = pygame.display.set_mode((960, 720))
168       clock = pygame.time.Clock()
169
170       while True:
171           tmr = tmr + 1
172           for event in pygame.event.get():
173               if event.type == QUIT:
174                   pygame.quit()
175                   sys.exit()
176               if event.type == KEYDOWN:
177                   if event.key == K_F1:
178                       screen = pygame.display.
```

```
                set_mode((960, 720), FULLSCREEN)
179                 if event.key == K_F2 or event.key == K_ESCAPE:                    F2キーかEscキーなら
180                     screen = pygame.display.set_mode((960, 720))                  通常表示に戻す
181
182         # 背景のスクロール
183         bg_y = (bg_y+16)%720                                                       背景のスクロール位置の計算
184         screen.blit(img_galaxy, [0, bg_y-720])                                     背景を描く(上側)
185         screen.blit(img_galaxy, [0, bg_y])                                         背景を描く(下側)
186
187         key = pygame.key.get_pressed()                                             keyに全てのキーの状態を代入
188         move_starship(screen, key)                                                 自機を動かす
189         move_missile(screen)                                                       自機の弾を動かす
190         bring_enemy()                                                              敵機を出現させる
191         move_enemy(screen)                                                         敵機を動かす
192
193         pygame.display.update()                                                    画面を更新する
194         clock.tick(30)                                                             フレームレートを指定
195
196
197 if __name__ == '__main__':                                                         このプログラムが直接実行された時に
198     main()                                                                         main()関数を呼び出す
```

このプログラムを実行すると、スペースキーやZキーで発射する弾で敵機を撃ち落とすことができます。実行画面は省略しますが、弾を当てた敵機が消えることを確認してください。敵の弾と自機の弾は接触しても消えないことも確認しましょう。

Chapter 2で学習した、2つの円の中心間の距離でヒットチェックする方法を用いています。右のように敵機と弾を円に見立て、中心座標間の距離が、ある数値未満なら接触したことにします。ある数値とは152行目でr = int((w+h)/4)+12として求めている値で、この先で詳しく説明します。

図7-2-1　敵機と弾のヒットチェック

この距離がある数値未満ならヒット

53～54行目に定義したget_dis()関数が二点間の距離を求める関数です。この関数は、P.72で説明したようにsqrt()命令は使わず、二乗した値を返します。

```
def get_dis(x1, y1, x2, y2):  # 二点間の距離を求める
    return( (x1-x2)*(x1-x2) + (y1-y2)*(y1-y2) )
```

敵機を動かすmove_enemy()関数内で、get_dis()関数を使い、自機の弾とのヒットチェッ

クを行っています。その部分を抜き出して説明します。

```
                if emy_type[i] != EMY_BULLET: # プレイヤーの弾とのヒット
チェック
                    w = img_enemy[emy_type[i]].get_width()
                    h = img_enemy[emy_type[i]].get_height()
                    r = int((w+h)/4)+12
                    for n in range(MISSILE_MAX):
                        if msl_f[n] == True and get_dis(emy_x[i], emy_y[i], msl_x[n], msl_y[n]) < r*r:
                            msl_f[n] = False
                            emy_f[i] = False
```

emy_typeの値は、0が敵の弾、1が敵の機体です。

表7-2-1　emy_typeの値と敵の種類

emy_typeの値	0	1
画像ファイル		

　敵の弾の管理を分かりやすくするために、46行目でEMY_BULLET = 0という定数を定義します。そして、if emy_type[i] != EMY_BULLET: という条件分岐で、敵の機体だけをヒットチェックします。
　ヒットチェックの距離は敵機の画像サイズから算出します。get_width()命令で画像の幅、get_height()命令で画像の高さを取得し、r = int((w+h)/4)+12 という式で計算した値が、ヒットチェック用の距離です。今回は自機の弾の半径を12ドットに見立て、ヒットチェックの距離を決めています。

⟫⟫⟫ ヒットチェックには色々な方法がある

　本書では矩形同士の接触判定と、円同士の接触判定によるヒットチェックを用いています。これらのヒットチェックは幅広く応用が利き、プログラムが複雑にならないので便利です。ただキャラクターの形状によっては、矩形による判定、円による判定とも、接触していないのに接触したように見えてしまうことがあります。
　ゲームソフトの開発環境によっては、2つの物体が1ドットでも触れると、接触したと判定できるものもあります。将来、ゲームプログラマーになった方は、開発環境にヒットチェック機能が備わっているかを確認し、備わっている場合はそれを利用すると良いでしょう。ゲームメーカーによっては、ゲーム開発用の技術を蓄積してきたシステムプログラムがあ

り、命令1つでヒットチェックを行えることもあります。そのような便利なヒットチェックがない時には、自分でプログラミングすることになりますが、ユーザーが納得できるキャラクターの接触判定を考え、ヒットチェックのプログラムを作るようにしましょう。

一方、趣味でプログラミングを行う方は、難しいことを考える必要はありません。たいていのゲームは矩形や円によるヒットチェックで対応できます。なるべくシンプルなプログラムを記述し、ゲーム制作を手軽に楽しんでいきましょう。

敵の弾と機体は、同じ関数でセットし、動かしています。そして、if emy_type[i] != EMY_BULLET: という条件分岐で、自機の弾と敵の弾はヒットチェックしないようにしています。これで敵の弾と機体を別々に処理せずに済みます。

そうですね。set_enemy()関数とmove_enemy()関数は、無駄のない効率の良いプログラムになっています。そういった部分も参考にしてください。

Lesson 7-3 爆発演出を入れる

弾を当てた敵が爆発する演出を組み込みます。

》》》 エフェクトについて

コンピュータゲームには様々な**エフェクト**（画面効果、画面演出）が入っています。例えばロールプレイングゲームで魔法やスキルを使う時、アクションゲームで必殺技を使う時などに、キャラクターが特別な動きをしたり、ポーズを決めるだけでなく、光の渦や爆発などのエフェクトを表示してゲームを盛り上げます。

プロの開発現場では、ゲームの開発環境に付属するツールや、エフェクトを制作する専用ツールを使ってエフェクトを作ります。そのゲームメーカーが独自に開発したエフェクト作成ツールを使うこともあります。

一方、趣味のプログラミングでは、プログラマーが自らエフェクトをプログラミングすることが多いでしょう。『Galaxy Lancer』には、敵機や自機が爆発する演出を組み込み、エフェクト描画の基礎を学びます。

》》》 シューティングゲームの爆発演出

エフェクトは、画面のどこに何を表示するか指定できる関数を用意し、その関数を呼び出せば、後は自動的に表示されるようにすると便利です。『Galaxy Lancer』ではエフェクトは爆発演出のみとするので、座標を指定すれば、そこに爆発の画像が自動的に表示される仕組みを作ります。

本書はゲーム開発の入門書ですので、プログラミングしやすさを重視し、5パターンで用意した爆発画像を順に表示するというシンプルなエフェクトにします。

このプログラムは次の画像を使います。

図7-3-1　今回使用する画像ファイル

　explosion2.png　explosion3.png　explosion4.png　explosion5.png

敵機が爆発する演出を組み込んだプログラムを確認します。次ページのプログラムを入力し、ファイル名を付けて保存し、実行しましょう。

リスト▶list0703_1.py　※前のプログラムからの追加変更箇所にマーカーを引いています

1	`import pygame`	pygameモジュールをインポート
2	`import sys`	sysモジュールをインポート
3	`import math`	mathモジュールをインポート
4	`import random`	randomモジュールをインポート
5	`from pygame.locals import *`	pygame.定数の記述の省略
6		
7	`# 画像の読み込み`	
8	`img_galaxy = pygame.image.load("image_gl/galaxy.png")`	背景の星々の画像を読み込む変数
9	`img_sship = [`	自機の画像を読み込むリスト
10	`    pygame.image.load("image_gl/starship.png"),`	
11	`    pygame.image.load("image_gl/starship_l.png"),`	
12	`    pygame.image.load("image_gl/starship_r.png"),`	
13	`    pygame.image.load("image_gl/starship_burner.png")`	
14	`]`	
15	`img_weapon = pygame.image.load("image_gl/bullet.png")`	自機の弾の画像を読み込む変数
16	`img_enemy = [`	敵機の画像を読み込むリスト
17	`    pygame.image.load("image_gl/enemy0.png"),`	
18	`    pygame.image.load("image_gl/enemy1.png")`	
19	`]`	
20	`img_explode = [`	爆発演出の画像を読み込むリスト
21	`    None,`	
22	`    pygame.image.load("image_gl/explosion1.png"),`	
23	`    pygame.image.load("image_gl/explosion2.png"),`	
24	`    pygame.image.load("image_gl/explosion3.png"),`	
25	`    pygame.image.load("image_gl/explosion4.png"),`	
26	`    pygame.image.load("image_gl/explosion5.png")`	
27	`]`	
28		
29	`tmr = 0`	タイマーの変数
30	`bg_y = 0`	背景スクロール用の変数
31		
32	`ss_x = 480`	自機のX座標の変数
33	`ss_y = 360`	自機のY座標の変数
34	`ss_d = 0`	自機の傾き用の変数
35	`key_spc = 0`	スペースキーを押した時に使う変数
36	`key_z = 0`	Zキーを押した時に使う変数
37		
38	`MISSILE_MAX = 200`	自機が発射する弾の最大数の定数
39	`msl_no = 0`	弾の発射で使うリストの添え字用の変数
40	`msl_f = [False]*MISSILE_MAX`	弾が発射中か管理するフラグのリスト
41	`msl_x = [0]*MISSILE_MAX`	弾のX座標のリスト
42	`msl_y = [0]*MISSILE_MAX`	弾のY座標のリスト
43	`msl_a = [0]*MISSILE_MAX`	弾が飛んでいく角度のリスト
44		
45	`ENEMY_MAX = 100`	敵の最大数の定数
46	`emy_no = 0`	敵を出す時に使うリストの添え字用の変数
47	`emy_f = [False]*ENEMY_MAX`	敵が出現中か管理するフラグのリスト
48	`emy_x = [0]*ENEMY_MAX`	敵のX座標のリスト
49	`emy_y = [0]*ENEMY_MAX`	敵のY座標のリスト
50	`emy_a = [0]*ENEMY_MAX`	敵が飛行する角度のリスト
51	`emy_type = [0]*ENEMY_MAX`	敵の種類のリスト
52	`emy_speed = [0]*ENEMY_MAX`	敵の速度のリスト
53		
54	`EMY_BULLET = 0`	敵の弾の番号を管理する定数
55	`LINE_T = -80`	敵が出現する(消える)上端の座標
56	`LINE_B = 800`	敵が出現する(消える)下端の座標

```
 57   LINE_L = -80                              敵が出現する(消える)左端の座標
 58   LINE_R = 1040                             敵が出現する(消える)右端の座標
 59
 60   EFFECT_MAX = 100                          爆発演出の最大数の定数
 61   eff_no = 0                                爆発演出を出す時に使うリストの添え字用の変数
 62   eff_p = [0]*EFFECT_MAX                    爆発演出の画像番号用のリスト
 63   eff_x = [0]*EFFECT_MAX                    爆発演出のX座標のリスト
 64   eff_y = [0]*EFFECT_MAX                    爆発演出のY座標のリスト
 65
 66
 67   def get_dis(x1, y1, x2, y2):  # 二点間の距離を求める    二点間の距離を求める関数
 68       return( (x1-x2)*(x1-x2) + (y1-y2)*(y1-y2) )        二乗した値を返す(ルートは使わない)
 69
 70
 71   def move_starship(scrn, key):  # 自機の移動           自機を移動する関数
 72       global ss_x, ss_y, ss_d, key_spc, key_z           これらをグローバル変数とする
 73       ss_d = 0                                          機体の傾きの変数を0(傾き無し)にする
 74       if key[K_UP] == 1:                                上キーが押されたら
 75           ss_y = ss_y - 20                                  Y座標を減らす
 76           if ss_y < 80:                                     Y座標が80より小さくなったら
 77               ss_y = 80                                         Y座標を80にする
 78       if key[K_DOWN] == 1:                              下キーが押されたら
 79           ss_y = ss_y + 20                                  Y座標を増やす
 80           if ss_y > 640:                                    Y座標が640より大きくなったら
 81               ss_y = 640                                        Y座標を640にする
 82       if key[K_LEFT] == 1:                              左キーが押されたら
 83           ss_d = 1                                          機体の傾きを1(左)にする
 84           ss_x = ss_x - 20                                  X座標を減らす
 85           if ss_x < 40:                                     X座標が40より小さくなったら
 86               ss_x = 40                                         X座標を40にする
 87       if key[K_RIGHT] == 1:                             右キーが押されたら
 88           ss_d = 2                                          機体の傾きを2(右)にする
 89           ss_x = ss_x + 20                                  X座標を増やす
 90           if ss_x > 920:                                    X座標が920より大きくなったら
 91               ss_x = 920                                        X座標を920にする
 92       key_spc = (key_spc+1)*key[K_SPACE]                スペースキーを押している間、この変数を加算
 93       if key_spc%5 == 1:                                1回目に押した時と、以後、5フレームごとに
 94           set_missile(0)                                    弾を発射する
 95       key_z = (key_z+1)*key[K_z]                        Zキーを押している間、この変数を加算
 96       if key_z == 1:                                    1回押した時
 97           set_missile(10)                                   弾幕を張る
 98       scrn.blit(img_sship[3], [ss_x-8, ss_y+40          エンジンの炎を描く
 +(tmr%3)*2])
 99       scrn.blit(img_sship[ss_d], [ss_x-37, ss_          自機を描く
 y-48])
100
101
102   def set_missile(typ):  # 自機の発射する弾をセットする   自機の発射する弾をセットする関数
  :   略：list0701_1.pyの通り(→P.228)
  :   ⟨
119   def move_missile(scrn):  # 弾の移動                  弾を移動する関数
  :   略：list0701_1.pyの通り(→P.228～229)
  :   ⟨
130   def bring_enemy():  # 敵を出す                      敵機を出現させる関数
  :   略：list0701_1.pyの通り(→P.229)
  :   ⟨
135   def set_enemy(x, y, a, ty, sp):  # 敵機をセットする   敵機のリストに座標や角度をセットする関数
  :   略：list0701_1.pyの通り(→P.229)
  :   ⟨
149   def move_enemy(scrn):  # 敵機の移動                  敵機を動かす関数
```

```python
150         for i in range(ENEMY_MAX):                          繰り返しで
151             if emy_f[i] == True:                            敵機が存在するなら
152                 ang = -90-emy_a[i]                          angに画像の回転角度を代入
153                 png = emy_type[i]                           pngに絵の番号を代入
154                 emy_x[i] = emy_x[i] + emy_speed[i]          X座標を変化させる
*math.cos(math.radians(emy_a[i]))
155                 emy_y[i] = emy_y[i] + emy_speed[i]          Y座標を変化させる
*math.sin(math.radians(emy_a[i]))
156                 if emy_type[i] == 1 and emy_y[i] >          敵機のY座標が360を超えたら
360:
157                     set_enemy(emy_x[i], emy_y[i],           弾を放つ
90, 0, 8)
158                     emy_a[i] = -45                          向きを変える
159                     emy_speed[i] = 16                       速さを変える
160                 if emy_x[i] < LINE_L or LINE_R < emy_       画面上下左右から出たら
x[i] or emy_y[i] < LINE_T or LINE_B < emy_y[i]:
161                     emy_f[i] = False                        敵機を消す
162
163                 if emy_type[i] != EMY_BULLET: # プ           敵の弾以外、プレイヤーの弾とヒットチェックする
レイヤーの弾とのヒットチェック
164                     w = img_enemy[emy_type[i]].             敵の画像の幅(ドット数)
get_width()
165                     h = img_enemy[emy_type[i]].             敵の画像の高さ
get_height()
166                     r = int((w+h)/4)+12                     ヒットチェックに使う距離を計算
167                     for n in range(MISSILE_MAX):            繰り返しで
168                         if msl_f[n] == True and get_        自機の弾と接触したか調べる
dis(emy_x[i], emy_y[i], msl_x[n], msl_y[n]) < r*r:
169                             msl_f[n] = False                弾を削除
170                             set_effect(emy_x[i],            爆発のエフェクト
emy_y[i])
171                             emy_f[i] = False                敵機を削除
172
173                 img_rz = pygame.transform.rotozoom          敵機を回転させた画像を作り
(img_enemy[png], ang, 1.0)
174                 scrn.blit(img_rz, [emy_x[i]-img_rz.         その画像を描く
get_width()/2, emy_y[i]-img_rz.get_height()/2])
175
176
177 def set_effect(x, y): # 爆発をセットする                      爆発演出をセットする関数
178     global eff_no                                            これをグローバル変数とする
179     eff_p[eff_no] = 1                                        爆発演出の画像番号を代入
180     eff_x[eff_no] = x                                        爆発演出のX座標を代入
181     eff_y[eff_no] = y                                        爆発演出のY座標を代入
182     eff_no = (eff_no+1)%EFFECT_MAX                           次にセットするための番号を計算
183
184
185 def draw_effect(scrn): # 爆発の演出                           爆発演出を表示する関数
186     for i in range(EFFECT_MAX):                              繰り返しで
187         if eff_p[i] > 0:                                     演出中なら
188             scrn.blit(img_explode[eff_p[i]],                 爆発演出を描く
[eff_x[i]-48, eff_y[i]-48])
189             eff_p[i] = eff_p[i] + 1                          eff_pを1増やし
190             if eff_p[i] == 6:                                eff_pが6になったら
191                 eff_p[i] = 0                                 eff_pを0にして演出を終了
192
193
194 def main(): # メインループ                                    メイン処理を行う関数
195     global tmr, bg_y                                         これらをグローバル変数とする
196
```

```
197        pygame.init()                                           pygameモジュールの初期化
198        pygame.display.set_caption("Galaxy Lancer")             ウィンドウに表示するタイトルを指定
199        screen = pygame.display.set_mode((960, 720))            描画面を初期化
200        clock = pygame.time.Clock()                             clockオブジェクトを作成
201
202        while True:                                             無限ループ
203            tmr = tmr + 1                                           tmrの値を1増やす
204            for event in pygame.event.get():                        pygameのイベントを繰り返しで処理する
205                if event.type == QUIT:                                  ウィンドウの×ボタンをクリック
206                    pygame.quit()                                           pygameモジュールの初期化を解除
207                    sys.exit()                                              プログラムを終了する
208                if event.type == KEYDOWN:                               キーを押すイベントが発生した時
209                    if event.key == K_F1:                                   F1キーなら
210                        screen = pygame.display.
set_mode((960, 720), FULLSCREEN)                                                        フルスクリーンモードにする
211                    if event.key == K_F2 or event.                          F2キーかEscキーなら
key == K_ESCAPE:
212                        screen = pygame.display.                                通常表示に戻す
set_mode((960, 720))
213
214            # 背景のスクロール
215            bg_y = (bg_y+16)%720                                    背景のスクロール位置の計算
216            screen.blit(img_galaxy, [0, bg_y-720])                  背景を描く(上側)
217            screen.blit(img_galaxy, [0, bg_y])                      背景を描く(下側)
218
219            key = pygame.key.get_pressed()                          keyに全てのキーの状態を代入
220            move_starship(screen, key)                              自機を動かす
221            move_missile(screen)                                    自機の弾を動かす
222            bring_enemy()                                           敵機を出現させる
223            move_enemy(screen)                                      敵機を動かす
224            draw_effect(screen)                                     爆発の演出を描く
225
226            pygame.display.update()                                 画面を更新する
227            clock.tick(30)                                          フレームレートを指定
228
229
230 if __name__ == '__main__':                                  このプログラムが直接実行された時に
231     main()                                                      main()関数を呼び出す
```

このプログラムを実行し、敵機を撃つと、爆発する演出が表示されます。

図7-3-2　敵機の爆発演出

62～64行目で宣言したeff_p、eff_x、eff_yというリストで、表示するエフェクト（爆発演出）の番号と座標を管理します。

60行目のEFFECT_MAX = 100という定数で、エフェクト用のリストの要素数を定めています。今回は最大100個の爆発演出を表示できるようにします。

61行目のeff_noは、エフェクトのリストに値をセットする時に使います。

177～182行目に定義したset_effect()関数で、爆発演出を表示する座標を指定します。この関数を抜き出して説明します。

```python
def set_effect(x, y): # 爆発をセットする
    global eff_no
    eff_p[eff_no] = 1
    eff_x[eff_no] = x
    eff_y[eff_no] = y
    eff_no = (eff_no+1)%EFFECT_MAX
```

この関数でeff_p[eff_no]を1にします。eff_pの値が1以上なら爆発の画像を表示します。つまりeff_pは、エフェクトを表示するかしないかというフラグの役目も果たします。

185～191行目に定義したdraw_effect()関数でエフェクトを描画します。この関数を抜き出して説明します。

```python
def draw_effect(scrn): # 爆発の演出
    for i in range(EFFECT_MAX):
        if eff_p[i] > 0:
            scrn.blit(img_explode[eff_p[i]], [eff_x[i]-48, eff_y[i]-48])
            eff_p[i] = eff_p[i] + 1
            if eff_p[i] == 6:
                eff_p[i] = 0
```

eff_pが1から5の時に、次の画像を順に表示していきます。

表7-3-1　eff_pの値と爆発画像の種類

eff_pの値	1	2	3	4	5
画像ファイル	◯	◯	◯	◯	◯

eff_pの値が0より大きければ、その番号の画像を表示し、eff_pを1ずつ増やし、6になるとeff_pを0にして表示を終了します。爆発演出の画像サイズは5枚とも幅96ドット、高さ96ドットなので、表示する座標を[eff_x[i]-48, eff_y[i]-48]とし、(eff_x, eff_y)が画像の中心になるようにします。

　draw_effect()関数はメインループ内に記述します。set_effect()関数は、敵機を動かすmove_enemy()関数で、敵機が自機の弾に当たった時に呼び出し、敵機の位置に爆発演出を表示する仕組みになっています。

爆発演出の画像のリストについて

20〜27行目で定義した爆発演出の画像のリストを確認します。

```python
img_explode = [
    None,
    pygame.image.load("image_gl/explosion1.png"),
    pygame.image.load("image_gl/explosion2.png"),
    pygame.image.load("image_gl/explosion3.png"),
    pygame.image.load("image_gl/explosion4.png"),
    pygame.image.load("image_gl/explosion5.png")
]
```

　img_explode[0]を **None** という値にしています。Pythonでは何も存在しないことをNoneという値で表します。今回のプログラムでは、爆発の画像番号をeff_pで管理し、eff_pが0の時は表示しないので、画像リストの最初の要素をNoneとしました。

> set_effect()関数で、好きな時に好きな位置にエフェクトを表示できる……これは便利ですね。

Lesson 7-4 シールド制を入れる

『Galaxy Lancer』は残機制ではなく**ライフ制のゲーム**とします。戦闘機やロボットなどのメカを操作するゲームでは、ライフをエネルギーやパワー、あるいは**シールド**と表現した方がイメージに合うので、『Galaxy Lancer』ではライフをシールドと呼ぶことにします。ここでは敵機に接触するとシールドが減るルールを組み込みます。

≫ シールドのルール

- シールドの最大量は100
- 敵機に接触すると10減る
- 弾幕を張ると10減る
- 敵機を撃ち落とすと1増える

シールドがなくなるとゲームオーバーになる処理は、次のLessonで組み込みます。

≫ 無敵状態について

「敵機に接触したら一定時間、無敵になる」という処理も組み込みます。コンピュータゲームでは、ダメージを受けた時に、一定時間の無敵状態を設けないと、複数の敵に連続して接触し、あっという間にゲームオーバーになってしまうことがあるからです。

≫ プログラムの確認

シールド制と無敵状態を入れたプログラムを確認します。このプログラムは次の画像を使います。

図7-4-1　今回使用する画像ファイル

shield.png

次ページのプログラムを入力し、ファイル名を付けて保存し、実行しましょう。

リスト ▶ list0704_1.py　※前のプログラムからの追加変更箇所にマーカーを引いています

```python
import pygame                                              # pygameモジュールをインポート
import sys                                                 # sysモジュールをインポート
import math                                                # mathモジュールをインポート
import random                                              # randomモジュールをインポート
from pygame.locals import *                                # pygame.定数の記述の省略

# 画像の読み込み
img_galaxy = pygame.image.load("image_gl/galaxy.png")      # 背景の星々の画像を読み込む変数
img_sship = [                                              # 自機の画像を読み込むリスト
    pygame.image.load("image_gl/starship.png"),
    pygame.image.load("image_gl/starship_l.png"),
    pygame.image.load("image_gl/starship_r.png"),
    pygame.image.load("image_gl/starship_burner.png")
]
img_weapon = pygame.image.load("image_gl/bullet.png")      # 自機の弾の画像を読み込む変数
img_shield = pygame.image.load("image_gl/shield.png")      # シールドの画像を読み込む変数
img_enemy = [                                              # 敵機の画像を読み込むリスト
    pygame.image.load("image_gl/enemy0.png"),
    pygame.image.load("image_gl/enemy1.png")
]
img_explode = [                                            # 爆発演出の画像を読み込むリスト
    None,
    pygame.image.load("image_gl/explosion1.png"),
    pygame.image.load("image_gl/explosion2.png"),
    pygame.image.load("image_gl/explosion3.png"),
    pygame.image.load("image_gl/explosion4.png"),
    pygame.image.load("image_gl/explosion5.png")
]

tmr = 0                                                    # タイマーの変数
bg_y = 0                                                   # 背景スクロール用の変数

ss_x = 480                                                 # 自機のX座標の変数
ss_y = 360                                                 # 自機のY座標の変数
ss_d = 0                                                   # 自機の傾き用の変数
ss_shield = 100                                            # 自機のシールド量の変数
ss_muteki = 0                                              # 自機の無敵状態の変数
key_spc = 0                                                # スペースキーを押した時に使う変数
key_z = 0                                                  # Zキーを押した時に使う変数

MISSILE_MAX = 200                                          # 自機が発射する弾の最大数の定数
msl_no = 0                                                 # 弾の発射で使うリストの添え字用の変数
msl_f = [False]*MISSILE_MAX                                # 弾が発射中か管理するフラグのリスト
msl_x = [0]*MISSILE_MAX                                    # 弾のX座標のリスト
msl_y = [0]*MISSILE_MAX                                    # 弾のY座標のリスト
msl_a = [0]*MISSILE_MAX                                    # 弾が飛んでいく角度のリスト

ENEMY_MAX = 100                                            # 敵の最大数の定数
emy_no = 0                                                 # 敵を出す時に使うリストの添え字用の変数
emy_f = [False]*ENEMY_MAX                                  # 敵が出現中か管理するフラグのリスト
emy_x = [0]*ENEMY_MAX                                      # 敵のX座標のリスト
emy_y = [0]*ENEMY_MAX                                      # 敵のY座標のリスト
emy_a = [0]*ENEMY_MAX                                      # 敵が飛行する角度のリスト
emy_type = [0]*ENEMY_MAX                                   # 敵の種類のリスト
emy_speed = [0]*ENEMY_MAX                                  # 敵の速度のリスト
```

```
 56
 57    EMY_BULLET = 0                                      敵の弾の番号を管理する定数
 58    LINE_T = -80                                        敵が出現する(消える)上端の座標
 59    LINE_B = 800                                        敵が出現する(消える)下端の座標
 60    LINE_L = -80                                        敵が出現する(消える)左端の座標
 61    LINE_R = 1040                                       敵が出現する(消える)右端の座標
 62
 63    EFFECT_MAX = 100                                    爆発演出の最大数の定数
 64    eff_no = 0                                          爆発演出を出す時に使うリストの添え字用の変数
 65    eff_p = [0]*EFFECT_MAX                              爆発演出の画像番号用のリスト
 66    eff_x = [0]*EFFECT_MAX                              爆発演出のX座標のリスト
 67    eff_y = [0]*EFFECT_MAX                              爆発演出のY座標のリスト
 68
 69
 70    def get_dis(x1, y1, x2, y2): # 二点間の距離を求める      二点間の距離を求める関数
 71        return( (x1-x2)*(x1-x2) + (y1-y2)*(y1-y2) )          二乗した値を返す(ルートは使わない)
 72
 73
 74    def move_starship(scrn, key): # 自機の移動             自機を移動する関数
 75        global ss_x, ss_y, ss_d, ss_shield, ss_               これらをグローバル変数とする
       muteki, key_spc, key_z
 76        ss_d = 0                                              機体の傾きの変数を0(傾き無し)にする
 77        if key[K_UP] == 1:                                    上キーが押されたら
 78            ss_y = ss_y - 20                                      Y座標を減らす
 79            if ss_y < 80:                                         Y座標が80より小さくなったら
 80                ss_y = 80                                             Y座標を80にする
 81        if key[K_DOWN] == 1:                                  下キーが押されたら
 82            ss_y = ss_y + 20                                      Y座標を増やす
 83            if ss_y > 640:                                        Y座標が640より大きくなったら
 84                ss_y = 640                                            Y座標を640にする
 85        if key[K_LEFT] == 1:                                  左キーが押されたら
 86            ss_d = 1                                              機体の傾きを1(左)にする
 87            ss_x = ss_x - 20                                      X座標を減らす
 88            if ss_x < 40:                                         X座標が40より小さくなったら
 89                ss_x = 40                                             X座標を40にする
 90        if key[K_RIGHT] == 1:                                 右キーが押されたら
 91            ss_d = 2                                              機体の傾きを2(右)にする
 92            ss_x = ss_x + 20                                      X座標を増やす
 93            if ss_x > 920:                                        X座標が920より大きくなったら
 94                ss_x = 920                                            X座標を920にする
 95        key_spc = (key_spc+1)*key[K_SPACE]                    スペースキーを押している間、この変数を加算
 96        if key_spc%5 == 1:                                    1回目に押した時と、以後、5フレームごとに
 97            set_missile(0)                                        弾を発射する
 98        key_z = (key_z+1)*key[K_z]                            Zキーを押している間、この変数を加算
 99        if key_z == 1 and ss_shield > 10:                     1回押した時、シールドが10より大きければ
100            set_missile(10)                                       弾幕を張る
101            ss_shield = ss_shield - 10                            シールドを10減らす
102
103        if ss_muteki%2 == 0:                                  無敵状態で点滅させるためのif文
104            scrn.blit(img_sship[3], [ss_x-8, ss_                  エンジンの炎を描く
       y+40+(tmr%3)*2])
105            scrn.blit(img_sship[ss_d], [ss_x-37,                  自機を描く
       ss_y-48])
106
107        if ss_muteki > 0:                                     無敵状態であれば
108            ss_muteki = ss_muteki - 1                             ss_mutekiの値を減らす
109            return                                                関数を抜ける(敵とのヒットチェックは無し)
110        for i in range(ENEMY_MAX): # 敵とのヒット             繰り返しで敵とのヒットチェックを行う
       チェック
111            if emy_f[i] == True:                                  敵機が存在するなら
```

```
112             w = img_enemy[emy_type[i]].get_            敵機の画像の幅
width()
113             h = img_enemy[emy_type[i]].get_            敵機の画像の高さ
height()
114             r = int((w+h)/4 + (74+96)/4)               ヒットチェックする距離を計算
115             if get_dis(emy_x[i], emy_y[i], ss_          敵機と自機がその距離未満なら
x, ss_y) < r*r:
116                 set_effect(ss_x, ss_y)                 爆発演出をセット
117                 ss_shield = ss_shield - 10             シールドを減らす
118                 if ss_shield <= 0:                     ss_shieldが0以下なら
119                     ss_shield = 0                          ss_shieldを0にする
120                     if ss_muteki == 0:                     無敵状態でなければ
121                         ss_muteki = 60                         無敵状態にする
122                 emy_f[i] = False                       敵機を消す
123
124
125 def set_missile(typ): # 自機の発射する弾をセットする      自機の発射する弾をセットする関数
  : 略：list0701_1.pyの通り (→P.228)
  :  〜
142 def move_missile(scrn): # 弾の移動                       弾を移動する関数
  : 略：list0701_1.pyの通り (→P.228〜229)
  :  〜
153 def bring_enemy(): # 敵を出す                            敵機を出現させる関数
  : 略：list0701_1.pyの通り (→P.229)
  :  〜
158 def set_enemy(x, y, a, ty, sp): # 敵機をセットする       敵機のリストに座標や角度をセットする関数
  : 略：list0701_1.pyの通り (→P.229)
  :  〜
172 def move_enemy(scrn): # 敵機の移動                       敵機を動かす関数
173     global ss_shield                                    これをグローバル変数とする
174     for i in range(ENEMY_MAX):                          繰り返して
175         if emy_f[i] == True:                            敵機が存在するなら
176             ang = -90-emy_a[i]                          angに画像の回転角度を代入
177             png = emy_type[i]                           pngに絵の番号を代入
178             emy_x[i] = emy_x[i] + emy_speed[i]          X座標を変化させる
*math.cos(math.radians(emy_a[i]))
179             emy_y[i] = emy_y[i] + emy_speed[i]          Y座標を変化させる
*math.sin(math.radians(emy_a[i]))
180             if emy_type[i] == 1 and emy_y[i] >          敵機のY座標が360を超えたら
360:
181                 set_enemy(emy_x[i], emy_y[i],           弾を放つ
90, 0, 8)
182                 emy_a[i] = -45                          向きを変える
183                 emy_speed[i] = 16                       速さを変える
184             if emy_x[i] < LINE_L or LINE_R < emy_       画面上下左右から出たら
x[i] or emy_y[i] < LINE_T or LINE_B < emy_y[i]:
185                 emy_f[i] = False                        敵機を消す
186
187             if emy_type[i] != EMY_BULLET: # プ          敵の弾以外、プレイヤーの弾とヒットチェックする
レイヤーの弾とのヒットチェック
188                 w = img_enemy[emy_type[i]].             敵の画像の幅(ドット数)
get_width()
189                 h = img_enemy[emy_type[i]].             敵の画像の高さ
get_height()
190                 r = int((w+h)/4)+12                     ヒットチェックに使う距離を計算
191                 for n in range(MISSILE_MAX):            繰り返して
192                     if msl_f[n] == True and              自機の弾と接触したか調べ
get_dis(emy_x[i], emy_y[i], msl_x[n], msl_y[n])
< r*r:
193                         msl_f[n] = False                弾を削除
```

```
194                         set_effect(emy_x[i], emy_y[i])              爆発のエフェクト
195                         emy_f[i] = False                             敵機を削除
196                     if ss_shield < 100:                              自機のシールドが100
197                         ss_shield = ss_shield + 1                        未満なら増やす
198
199             img_rz = pygame.transform.rotozoom(img_enemy[png], ang, 1.0)   敵機を回転させた画像を作り
200             scrn.blit(img_rz, [emy_x[i]-img_rz.get_width()/2, emy_y[i]-img_rz.get_height()/2])   その画像を描く
201
202
203 def set_effect(x, y): # 爆発をセットする                               爆発演出をセットする関数
204     global eff_no                                                    これをグローバル変数とする
205     eff_p[eff_no] = 1                                                爆発演出の画像番号を代入
206     eff_x[eff_no] = x                                                爆発演出のX座標を代入
207     eff_y[eff_no] = y                                                爆発演出のY座標を代入
208     eff_no = (eff_no+1)%EFFECT_MAX                                   次にセットするための番号を計算
209
210
211 def draw_effect(scrn): # 爆発の演出                                    爆発演出を表示する関数
212     for i in range(EFFECT_MAX):                                      繰り返しで
213         if eff_p[i] > 0:                                                 演出中なら
214             scrn.blit(img_explode[eff_p[i]], [eff_x[i]-48, eff_y[i]-48])   爆発演出を描く
215             eff_p[i] = eff_p[i] + 1                                      eff_pを1増やし
216             if eff_p[i] == 6:                                            eff_pが6になったら
217                 eff_p[i] = 0                                                 eff_pを0にして演出を終了
218
219
220 def main(): # メインループ                                             メイン処理を行う関数
221     global tmr, bg_y                                                 これらをグローバル変数とする
222
223     pygame.init()                                                    pygameモジュールの初期化
224     pygame.display.set_caption("Galaxy Lancer")                      ウィンドウに表示するタイトルを指定
225     screen = pygame.display.set_mode((960, 720))                     描画面を初期化
226     clock = pygame.time.Clock()                                      clockオブジェクトを作成
227
228     while True:                                                      無限ループ
229         tmr = tmr + 1                                                    tmrの値を1増やす
230         for event in pygame.event.get():                                 pygameのイベントを繰り返しで処理する
231             if event.type == QUIT:                                           ウィンドウの×ボタンをクリック
232                 pygame.quit()                                                    pygameモジュールの初期化を解除
233                 sys.exit()                                                       プログラムを終了する
234             if event.type == KEYDOWN:                                        キーを押すイベントが発生した時
235                 if event.key == K_F1:                                            F1キーなら
236                     screen = pygame.display.set_mode((960, 720), FULLSCREEN)         フルスクリーンモードにする
237                 if event.key == K_F2 or event.key == K_ESCAPE:                   F2キーかEscキーなら
238                     screen = pygame.display.set_mode((960, 720))                     通常表示に戻す
239
240         # 背景のスクロール
241         bg_y = (bg_y+16)%720                                             背景のスクロール位置の計算
242         screen.blit(img_galaxy, [0, bg_y-720])                           背景を描く（上側）
243         screen.blit(img_galaxy, [0, bg_y])                               背景を描く（下側）
244
245         key = pygame.key.get_pressed()                                   keyに全てのキーの状態を代入
```

```
246             move_starship(screen, key)                  自機を動かす
247             move_missile(screen)                        自機の弾を動かす
248             bring_enemy()                               敵機を出現させる
249             move_enemy(screen)                          敵機を動かす
250             draw_effect(screen)                         爆発の演出を描く
251             screen.blit(img_shield, [40, 680])          シールドの画像を描く
252             pygame.draw.rect(screen, (64,32,32),        減った分を矩形で塗り潰して描く
        [40+ss_shield*4, 680, (100-ss_shield)*4, 12])
253
254             pygame.display.update()                     画面を更新する
255             clock.tick(30)                              フレームレートを指定
256
257
258     if __name__ == '__main__':                          このプログラムが直接実行された時に
259         main()                                          main()関数を呼び出す
```

　このプログラムを実行すると画面左下にシールドが表示されます。敵の弾や機体に接触するとシールドが減ります。接触後は自機が点滅し、その間はダメージを受けないことを確認しましょう。なお今はシールドがゼロになってもゲームオーバーにはなりません。

図7-4-2　シールドの表示と機能の確認

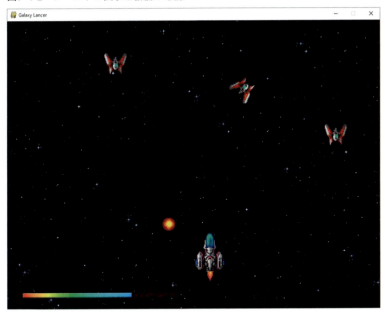

　36行目で宣言したss_shieldという変数でシールドの量を、37行目で宣言したss_mutekiという変数で無敵時間を管理します。

　自機を動かすmove_starship()関数の110～122行目で、敵とのヒットチェックを行います。その部分を107行目から抜き出して説明します。

```
            if ss_muteki > 0:
                ss_muteki = ss_muteki - 1
                return
            for i in range(ENEMY_MAX): # 敵とのヒットチェック
                if emy_f[i] == True:
                    w = img_enemy[emy_type[i]].get_width()
                    h = img_enemy[emy_type[i]].get_height()
                    r = int((w+h)/4 + (74+96)/4)
                    if get_dis(emy_x[i], emy_y[i], ss_x, ss_y) < r*r:
                        set_effect(ss_x, ss_y)
                        ss_shield = ss_shield - 10
                        if ss_shield <= 0:
                            ss_shield = 0
                        if ss_muteki == 0:
                            ss_muteki = 60
                        emy_f[i] = False
```

　if ss_muteki > 0という条件分岐で、無敵状態の時にはss_mutekiの値を減らし、return命令で関数から戻ることで、ヒットチェックを行いません。

　ヒットチェックは繰り返しで全ての敵について判定します。『Galaxy Langer』では機体を円に見立て、2点間の距離でヒットチェックします。

図7-4-3　自機と敵機を円に見立てる

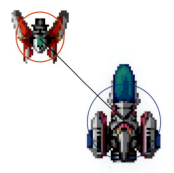

　敵機の半径は「敵画像の幅と高さの合計の1/4」、自機の半径は「幅74ドット、高さ96ドットの合計の1/4」として計算しています。具体的にはr = int((w+h)/4 + (74+96)/4)という式です。敵機の中心座標と自機の中心座標の距離が、この値未満なら接触したことにして、シールド量を減らします。その際、ss_mutekiが0ならss_mutekiに60を代入し、約2秒間（60フレーム間）、無敵にします。

　無敵状態の自機の点滅は103行目のif文で行っています。

```
        if ss_muteki%2 == 0:
            scrn.blit(img_sship[3], [ss_x-8, ss_y+40+(tmr%3)*2])
            scrn.blit(img_sship[ss_d], [ss_x-37, ss_y-48])
```

　ss_muteki%2の値は0→1→0→1→……と0と1を交互に繰り返すので、このif文で自機が点滅します。

無敵状態でない（ss_mutekiが0）なら、この条件式が成り立つので、自機は点滅せずに表示されます。

　シールドは、move_enemy()関数内の196〜197行目で、敵機を撃ち落とした時に1ずつ回復させています。

```
        if ss_shield < 100:
            ss_shield = ss_shield + 1
```

　シールドの描画は251〜252行目で行っています。

```
        screen.blit(img_shield, [40, 680])
        pygame.draw.rect(screen, (64,32,32), [40+ss_shield*4, 680,
(100-ss_shield)*4, 12])
```

　ss_shieldの値から暗い小豆色（64,32,32）の矩形の座標と幅を計算し、シールド画像に矩形を重ねることで、シールドが増減する様子を表現します。

このpygame.draw.rect()の引数の

・40+ss_shield*4 が矩形のX座標
・(100-ss_shield)*4 が矩形の幅

です。
ss_shieldの値が小さいほど、矩形は左側の位置に長い幅で描かれます。そしてss_shieldの値が0の時に、矩形がシールド画像をすっぽりと覆う計算になっています。

Lesson 7-5 タイトル、ゲームをプレイ、ゲームオーバー

シールドがなくなるとゲームオーバーになるようにし、いったんゲームとして成立させます。次の章で敵の種類を増やし、ボスを出現させる処理を追加して、ゲーム内容を充実させ完成させます。

▶▶▶ ゲームとして成立させる

ゲームを起動するとタイトル画面になり、ゲームがプレイでき、ゲームオーバーかゲームクリアになるという、全体の流れを組み込みます。このプログラムは次の画像を使います。

図7-5-1　今回使用する画像ファイル

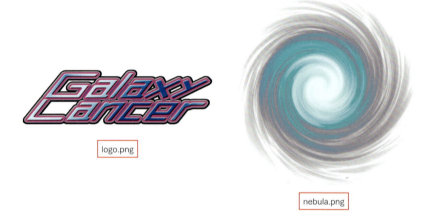

logo.png

nebula.png

次のプログラムを入力し、ファイル名を付けて保存し、実行しましょう。

リスト▶list0705_1.py　※前のプログラムからの追加変更箇所にマーカーを引いています

```
1  import pygame                          pygameモジュールをインポート
2  import sys                             sysモジュールをインポート
3  import math                            mathモジュールをインポート
4  import random                          randomモジュールをインポート
5  from pygame.locals import *            pygame.定数の記述の省略
6
7  BLACK = (  0,   0,   0)                色の定義(黒)
8  SILVER= (192, 208, 224)                色の定義(銀)
9  RED   = (255,   0,   0)                色の定義(赤)
10 CYAN  = (  0, 224, 255)                色の定義(水色)
11
12 # 画像の読み込み
```

```
13  img_galaxy = pygame.image.load("image_gl/         背景の星々の画像を読み込む変数
    galaxy.png")
14  img_sship = [                                    自機の画像を読み込むリスト
15      pygame.image.load("image_gl/starship.png"),
16      pygame.image.load("image_gl/starship_l.png"),
17      pygame.image.load("image_gl/starship_r.png"),
18      pygame.image.load("image_gl/starship_burner.
    png")
19  ]
20  img_weapon = pygame.image.load("image_gl/bullet.  自機の弾の画像を読み込む変数
    png")
21  img_shield = pygame.image.load("image_gl/shield.  シールドの画像を読み込む変数
    png")
22  img_enemy = [                                    敵機の画像を読み込むリスト
23      pygame.image.load("image_gl/enemy0.png"),
24      pygame.image.load("image_gl/enemy1.png")
25  ]
26  img_explode = [                                  爆発演出の画像を読み込むリスト
27      None,
28      pygame.image.load("image_gl/explosion1.png"),
29      pygame.image.load("image_gl/explosion2.png"),
30      pygame.image.load("image_gl/explosion3.png"),
31      pygame.image.load("image_gl/explosion4.png"),
32      pygame.image.load("image_gl/explosion5.png")
33  ]
34  img_title = [                                    タイトル画面の画像を読み込むリスト
35      pygame.image.load("image_gl/nebula.png"),
36      pygame.image.load("image_gl/logo.png")
37  ]
38
39  idx = 0                                          インデックスの変数
40  tmr = 0                                          タイマーの変数
41  score = 0                                        スコアの変数
42  bg_y = 0                                         背景スクロール用の変数
43
44  ss_x = 0                                         自機のX座標の変数
45  ss_y = 0                                         自機のY座標の変数
46  ss_d = 0                                         自機の傾き用の変数
47  ss_shield = 0                                    自機のシールド量の変数
48  ss_muteki = 0                                    自機の無敵状態の変数
49  key_spc = 0                                      スペースキーを押した時に使う変数
50  key_z = 0                                        Zキーを押した時に使う変数
51
52  MISSILE_MAX = 200                                自機が発射する弾の最大数の定数
53  msl_no = 0                                       弾の発射で使うリストの添え字用の変数
54  msl_f = [False]*MISSILE_MAX                      弾が発射中か管理するフラグのリスト
55  msl_x = [0]*MISSILE_MAX                          弾のX座標のリスト
56  msl_y = [0]*MISSILE_MAX                          弾のY座標のリスト
57  msl_a = [0]*MISSILE_MAX                          弾が飛んでいく角度のリスト
58
59  ENEMY_MAX = 100                                  敵の最大数の定数
60  emy_no = 0                                       敵を出す時に使うリストの添え字用の変数
61  emy_f = [False]*ENEMY_MAX                        敵が出現中か管理するフラグのリスト
62  emy_x = [0]*ENEMY_MAX                            敵のX座標のリスト
63  emy_y = [0]*ENEMY_MAX                            敵のY座標のリスト
64  emy_a = [0]*ENEMY_MAX                            敵が飛行する角度のリスト
65  emy_type = [0]*ENEMY_MAX                         敵の種類のリスト
66  emy_speed = [0]*ENEMY_MAX                        敵の速度のリスト
67
68  EMY_BULLET = 0                                   敵の弾の番号を管理する定数
```

```
 69   LINE_T = -80                                         敵が出現する(消える)上端の座標
 70   LINE_B = 800                                         敵が出現する(消える)下端の座標
 71   LINE_L = -80                                         敵が出現する(消える)左端の座標
 72   LINE_R = 1040                                        敵が出現する(消える)右端の座標
 73
 74   EFFECT_MAX = 100                                     爆発演出の最大数の定数
 75   eff_no = 0                                           爆発演出を出す時に使うリストの添え字用の変数
 76   eff_p = [0]*EFFECT_MAX                               爆発演出の画像番号用のリスト
 77   eff_x = [0]*EFFECT_MAX                               爆発演出のX座標のリスト
 78   eff_y = [0]*EFFECT_MAX                               爆発演出のY座標のリスト
 79
 80
 81   def get_dis(x1, y1, x2, y2): # 二点間の距離を求める      二点間の距離を求める関数
 82       return( (x1-x2)*(x1-x2) + (y1-y2)*(y1-y2) )          二乗した値を返す(ルートは使わない)
 83
 84
 85   def draw_text(scrn, txt, x, y, siz, col): # 文        文字を表示する関数
      字の表示
 86       fnt = pygame.font.Font(None, siz)                    フォントオブジェクトを作成
 87       sur = fnt.render(txt, True, col)                     文字列を描いたSurfaceを生成
 88       x = x - sur.get_width()/2                            センタリング表示するためX座標を計算
 89       y = y - sur.get_height()/2                           センタリング表示するためY座標を計算
 90       scrn.blit(sur, [x, y])                               文字列を描いたSurfaceを画面に転送
 91
 92
 93   def move_starship(scrn, key): # 自機の移動             自機を移動する関数
 94       global idx, tmr, ss_x, ss_y, ss_d, ss_               これらをグローバル変数とする
      shield, ss_muteki, key_spc, key_z
 95       ss_d = 0                                             機体の傾きの変数を0(傾き無し)にする
 96       if key[K_UP] == 1:                                   上キーが押されたら
 97           ss_y = ss_y - 20                                     Y座標を減らす
 98           if ss_y < 80:                                        Y座標が80より小さくなったら
 99               ss_y = 80                                            Y座標を80にする
100       if key[K_DOWN] == 1:                                 下キーが押されたら
101           ss_y = ss_y + 20                                     Y座標を増やす
102           if ss_y > 640:                                       Y座標が640より大きくなったら
103               ss_y = 640                                           Y座標を640にする
104       if key[K_LEFT] == 1:                                 左キーが押されたら
105           ss_d = 1                                             機体の傾きを1(左)にする
106           ss_x = ss_x - 20                                     X座標を減らす
107           if ss_x < 40:                                        X座標が40より小さくなったら
108               ss_x = 40                                            X座標を40にする
109       if key[K_RIGHT] == 1:                                右キーが押されたら
110           ss_d = 2                                             機体の傾きを2(右)にする
111           ss_x = ss_x + 20                                     X座標を増やす
112           if ss_x > 920:                                       X座標が920より大きくなったら
113               ss_x = 920                                           X座標を920にする
114       key_spc = (key_spc+1)*key[K_SPACE]                   スペースキーを押している間、この変数を加算
115       if key_spc%5 == 1:                                   1回目に押した時と、以後、5フレームごとに
116           set_missile(0)                                       弾を発射する
117       key_z = (key_z+1)*key[K_z]                           Zキーを押している間、この変数を加算
118       if key_z == 1 and ss_shield > 10:                    1回押した時、シールドが10より大きければ
119           set_missile(10)                                      弾幕を張る
120           ss_shield = ss_shield - 10                           シールドを10減らす
121
122       if ss_muteki%2 == 0:                                 無敵状態で点滅させるためのif文
123           scrn.blit(img_sship[3], [ss_x-8, ss_                 エンジンの炎を描く
      y+40+(tmr%3)*2])
124           scrn.blit(img_sship[ss_d], [ss_x-37,                 自機を描く
      ss_y-48])
```

```
125
126            if ss_muteki > 0:                                              無敵状態であれば
127                ss_muteki = ss_muteki - 1                                      ss_mutekiの値を減らし
128                return                                                        関数を抜ける(敵とのヒットチェックは無し)
129            elif idx == 1:                                                 無敵でなくidxが1なら
130                for i in range(ENEMY_MAX): # 敵とのヒッ                      繰り返しで敵とのヒットチェックを行う
トチェック
131                    if emy_f[i] == True:                                        敵機が存在するなら
132                        w = img_enemy[emy_type[i]].                                敵機の画像の幅
get_width()
133                        h = img_enemy[emy_type[i]].                                敵機の画像の高さ
get_height()
134                        r = int((w+h)/4 + (74+96)/4)                               ヒットチェックする距離を計算
135                        if get_dis(emy_x[i], emy_y[i],                             敵機と自機がその距離未満なら
ss_x, ss_y) < r*r:
136                            set_effect(ss_x, ss_y)                                    爆発演出をセット
137                            ss_shield = ss_shield - 10                                シールドを減らす
138                            if ss_shield <= 0:                                        ss_shieldが0以下なら
139                                ss_shield = 0                                             ss_shieldを0にする
140                                idx = 2                                                   ゲームオーバーへ移行
141                                tmr = 0
142                            if ss_muteki == 0:                                        無敵状態でなければ
143                                ss_muteki = 60                                            無敵状態にする
144                            emy_f[i] = False                                          敵機を消す
145
146
147 def set_missile(typ): # 自機の発射する弾をセットする                        自機の発射する弾をセットする関数
148     global msl_no                                                              これをグローバル変数とする
149     if typ == 0: # 単発                                                        単発の時
150         msl_f[msl_no] = True                                                       発射したフラグをTrueに
151         msl_x[msl_no] = ss_x                                                       弾のX座標を代入 ─┐自機の鼻先の位置
152         msl_y[msl_no] = ss_y-50                                                    弾のY座標を代入 ─┘
153         msl_a[msl_no] = 270                                                        弾の飛ぶ角度
154         msl_no = (msl_no+1)%MISSILE_MAX                                            次にセットするための番号を計算
155     if typ == 10: # 弾幕                                                       弾幕の時
156         for a in range(160, 390, 10):                                              繰り返しで扇状に弾を発射
157             msl_f[msl_no] = True                                                       発射したフラグをTrueに
158             msl_x[msl_no] = ss_x                                                       弾のX座標を代入 ─┐自機の鼻先の位置
159             msl_y[msl_no] = ss_y-50                                                    弾のY座標を代入 ─┘
160             msl_a[msl_no] = a                                                          弾の飛ぶ角度
161             msl_no = (msl_no+1)%MISSILE_MAX                                            次にセットするための番号を計算
162
163
164 def move_missile(scrn): # 弾の移動                                          弾を移動する関数
165     for i in range(MISSILE_MAX):                                               繰り返しで
166         if msl_f[i] == True:                                                       弾が発射された状態なら
167             msl_x[i] = msl_x[i] + 36*math.cos                                          X座標を計算
(math.radians(msl_a[i]))
168             msl_y[i] = msl_y[i] + 36*math.sin                                          Y座標を計算
(math.radians(msl_a[i]))
169             img_rz = pygame.transform.rotozoom                                         飛んで行く角度に回転させた画像を作り
(img_weapon, -90-msl_a[i], 1.0)
170             scrn.blit(img_rz, [msl_x[i]-img_rz.                                        その画像を描く
get_width()/2, msl_y[i]-img_rz.get_height()/2])
171             if msl_y[i] < 0 or msl_x[i] < 0 or                                         画面から出たら
msl_x[i] > 960:
172                 msl_f[i] = False                                                           弾を消す
173
174
175 def bring_enemy(): # 敵を出す                                               敵機を出現させる関数
```

176	`        if tmr%30 == 0:`	このタイミングで
177	`            set_enemy(random.randint(20, 940), LINE_T, 90, 1, 6)`	ザコ機1を出す
178		
179		
180	`def set_enemy(x, y, a, ty, sp): # 敵機をセットする`	敵機のリストに座標や角度をセットする関数
181	`    global emy_no`	これをグローバル変数とする
182	`    while True:`	無限ループ
183	`        if emy_f[emy_no] == False:`	空いているリストなら
184	`            emy_f[emy_no] = True`	フラグを立て
185	`            emy_x[emy_no] = x`	X座標を代入
186	`            emy_y[emy_no] = y`	Y座標を代入
187	`            emy_a[emy_no] = a`	角度を代入
188	`            emy_type[emy_no] = ty`	敵の種類を代入
189	`            emy_speed[emy_no] = sp`	敵の速度を代入
190	`            break`	繰り返しを抜ける
191	`        emy_no = (emy_no+1)%ENEMY_MAX`	次にセットするための番号を計算
192		
193		
194	`def move_enemy(scrn): # 敵機の移動`	敵機を動かす関数
195	`    global idx, tmr, score, ss_shield`	これらをグローバル変数とする
196	`    for i in range(ENEMY_MAX):`	繰り返しで
197	`        if emy_f[i] == True:`	敵機が存在するなら
198	`            ang = -90-emy_a[i]`	angに画像の回転角度を代入
199	`            png = emy_type[i]`	pngに絵の番号を代入
200	`            emy_x[i] = emy_x[i] + emy_speed[i]*math.cos(math.radians(emy_a[i]))`	X座標を変化させる
201	`            emy_y[i] = emy_y[i] + emy_speed[i]*math.sin(math.radians(emy_a[i]))`	Y座標を変化させる
202	`            if emy_type[i] == 1 and emy_y[i] > 360:`	敵機のY座標が360を超えたら
203	`                set_enemy(emy_x[i], emy_y[i], 90, 0, 8)`	弾を放つ
204	`                emy_a[i] = -45`	向きを変える
205	`                emy_speed[i] = 16`	速さを変える
206	`            if emy_x[i] < LINE_L or LINE_R < emy_x[i] or emy_y[i] < LINE_T or LINE_B < emy_y[i]:`	画面上下左右から出たら
207	`                emy_f[i] = False`	敵機を消す
208		
209	`            if emy_type[i] != EMY_BULLET: # プレイヤーの弾とのヒットチェック`	敵の弾以外、プレイヤーの弾とヒットチェックする
210	`                w = img_enemy[emy_type[i]].get_width()`	敵の画像の幅(ドット数)
211	`                h = img_enemy[emy_type[i]].get_height()`	敵の画像の高さ
212	`                r = int((w+h)/4)+12`	ヒットチェックに使う距離を計算
213	`                for n in range(MISSILE_MAX):`	繰り返しで
214	`                    if msl_f[n] == True and get_dis(emy_x[i], emy_y[i], msl_x[n], msl_y[n]) < r*r:`	自機の弾と接触したか調べ
215	`                        msl_f[n] = False`	弾を削除
216	`                        set_effect(emy_x[i], emy_y[i])`	爆発のエフェクト
217	`                        score = score + 100`	スコアを加算
218	`                        emy_f[i] = False`	敵機を削除
219	`                        if ss_shield < 100:`	自機のシールドが100
220	`                            ss_shield = ss_shield + 1`	未満なら増やす
221		
222	`            img_rz = pygame.transform.rotozoom(img_enemy[png], ang, 1.0)`	敵機を回転させた画像を作り

```
223                scrn.blit(img_rz, [emy_x[i]-img_rz.get_width()/2, emy_y[i]-img_rz.get_height()/2])
224
225
226    def set_effect(x, y):  # 爆発をセットする
227        global eff_no
228        eff_p[eff_no] = 1
229        eff_x[eff_no] = x
230        eff_y[eff_no] = y
231        eff_no = (eff_no+1)%EFFECT_MAX
232
233
234    def draw_effect(scrn):  # 爆発の演出
235        for i in range(EFFECT_MAX):
236            if eff_p[i] > 0:
237                scrn.blit(img_explode[eff_p[i]], [eff_x[i]-48, eff_y[i]-48])
238                eff_p[i] = eff_p[i] + 1
239                if eff_p[i] == 6:
240                    eff_p[i] = 0
241
242
243    def main():  # メインループ
244        global idx, tmr, score, bg_y, ss_x, ss_y, ss_d, ss_shield, ss_muteki
245
246        pygame.init()
247        pygame.display.set_caption("Galaxy Lancer")
248        screen = pygame.display.set_mode((960, 720))
249        clock = pygame.time.Clock()
250
251        while True:
252            tmr = tmr + 1
253            for event in pygame.event.get():
254                if event.type == QUIT:
255                    pygame.quit()
256                    sys.exit()
257                if event.type == KEYDOWN:
258                    if event.key == K_F1:
259                        screen = pygame.display.set_mode((960, 720), FULLSCREEN)
260                    if event.key == K_F2 or event.key == K_ESCAPE:
261                        screen = pygame.display.set_mode((960, 720))
262
263            # 背景のスクロール
264            bg_y = (bg_y+16)%720
265            screen.blit(img_galaxy, [0, bg_y-720])
266            screen.blit(img_galaxy, [0, bg_y])
267
268            key = pygame.key.get_pressed()
269
270            if idx == 0:  # タイトル
271                img_rz = pygame.transform.rotozoom(img_title[0], -tmr%360, 1.0)
272                screen.blit(img_rz, [480-img_rz.get_width()/2, 280-img_rz.get_height()/2])
273                screen.blit(img_title[1], [70, 160])
274                draw_text(screen, "Press [SPACE]
```

```
            to start!", 480, 600, 50, SILVER)
275             if key[K_SPACE] == 1:                      スペースキーが押されたら
276                 idx = 1                                idxを1に
277                 tmr = 0                                タイマーを0に
278                 score = 0                              スコアを0に
279                 ss_x = 480                             スタート時の自機のX座標
280                 ss_y = 600                             スタート時の自機のY座標
281                 ss_d = 0                               自機の傾きを0に
282                 ss_shield = 100                        シールドを100に
283                 ss_muteki = 0                          無敵時間を0に
284                 for i in range(ENEMY_MAX):             繰り返しで
285                     emy_f[i] = False                   敵を出現していない状態に
286                 for i in range(MISSILE_MAX):           繰り返しで
287                     msl_f[i] = False                   自機の弾を発射してない状態に
288
289         if idx == 1: # ゲームプレイ中                    idxが1の時(ゲームプレイ中)
290             move_starship(screen, key)                  自機を動かす
291             move_missile(screen)                        自機の弾を動かす
292             bring_enemy()                               敵機を出現させる
293             move_enemy(screen)                          敵機を動かす
294             if tmr == 30*60:                            tmrが30*60の値になったら
295                 idx = 3                                 idxを3にしてゲームクリアへ
296                 tmr = 0                                 tmrを0にする
297
298         if idx == 2: # ゲームオーバー                    idxが2の時(ゲームオーバー)
299             move_missile(screen)                        自機の弾を動かす
300             move_enemy(screen)                          敵機を動かす
301             draw_text(screen, "GAME OVER", 480,         GAME OVERの文字を描く
        300, 80, RED)
302             if tmr == 150:                              tmrが150になったら
303                 idx = 0                                 idxを0にしてタイトルに戻る
304                 tmr = 0                                 tmrを0にする
305
306         if idx == 3: # ゲームクリア                      idxが3の時(ゲームクリア)
307             move_starship(screen, key)                  自機を動かす
308             move_missile(screen)                        自機の弾を動かす
309             draw_text(screen, "GAME CLEAR",             GAME CLEARの文字を描く
        480, 300, 80, SILVER)
310             if tmr == 150:                              tmrが150になったら
311                 idx = 0                                 idxを0にしてタイトルに戻る
312                 tmr = 0                                 tmrを0にする
313
314         draw_effect(screen) # 爆発の演出                 爆発の演出を描く
315         draw_text(screen, "SCORE "+str(score),          スコアの文字を描く
        200, 30, 50, SILVER)
316         if idx != 0: # シールドの表示                    idxが0でなければ(タイトル画面以外で)
317             screen.blit(img_shield, [40, 680])          シールドの画像を描く
318             pygame.draw.rect(screen, (64,32,32),        減った分を矩形で塗り潰して描く
        [40+ss_shield*4, 680, (100-ss_shield)*4, 12])
319
320         pygame.display.update()                         画面を更新する
321         clock.tick(30)                                  フレームレートを指定
322
323
324 if __name__ == '__main__':                              このプログラムが直接実行された時に
325     main()                                              main()関数を呼び出す
```

このプログラムを実行すると、ザコ機が出現し続けます。ゲームをスタートして約1分経つとゲームクリアになり、途中でシールドがなくなるとゲームオーバーになります。

図7-5-2　タイトルの表示からゲームクリアまで

ゲームの流れは、これまで学んできたように、インデックスとタイマーで管理します。インデックスはidx、タイマーはtmrという変数名で、39～40行目で宣言しています。

idxとtmrの値を用いてmain()関数内でゲーム進行を管理します。インデックスの値と処理の概要は次のようになります。

表7-5-1　インデックスと処理の概要

idxの値	処理の概要
0	**タイトル画面** ・スペースキーが押されたら、各変数に初期値を入れ、idxを1にする
1	**ゲームプレイ中の画面** ・自機の処理、弾の処理、敵機の処理を行う ・自機の処理の中でシールドがなくなったらidxを2にする※ ・スタートして約1分（30*60フレーム）でidxを3にする
2	**ゲームオーバー画面** ・一定時間経過後、idx0に移行
3	**ゲームクリア画面** ・一定時間経過後、idx0に移行

※自機と敵機のヒットチェックはidx1の時にだけ行えばよいので、129行目にelif idx == 1:という条件分岐を追加しています。

文字列を表示するdraw_text()関数を85～90行目に追加しました。この関数を抜き出して説明します。

```
def draw_text(scrn, txt, x, y, siz, col): # 文字の表示
    fnt = pygame.font.Font(None, siz)
    sur = fnt.render(txt, True, col)
    x = x - sur.get_width()/2
    y = y - sur.get_height()/2
    scrn.blit(sur, [x, y])
```

　Pygameで文字列を表示するには、まずフォントの種類とサイズを指定してフォントオブジェクトを作ります。そのフォントオブジェクトからrender()命令で文字列と色を指定し、文字列のサーフェース（文字列を描いた画像）を作り、それを画面に描画します。
　この関数では、引数で指定する座標が文字列の中心になるように、サーフェースの幅の1/2と高さの1/2を引いた座標に、blit()命令で文字列を描いています。

図7-5-3　文字列の描画

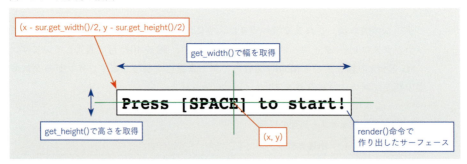

draw_text()関数では

- タイトル画面の"Press [SPACE] to start!"
- ゲームオーバー時の"GAME OVER"
- ゲームクリア時の"GAME CLEAR"
- スコア

を表示します。
　スコアは41行目で宣言したscoreという変数で管理します。ゲームスタート時にscoreを0にし、敵に弾が当たった時に100ずつ増やしています。

「何度も使う処理は関数にまとめること」は、プログラミングの鉄則の1つですね。

COLUMN

たった3行でパーティゲームが作れるPython

　Pythonが人気のある理由の1つは、シンプルな記述でプログラムを組めることです。例えば筆者がこれまで作った最も短いPythonのゲームは、わずか3行でできています。このコラムでは、シューティングゲームの難しい学習の息抜きになるかと思い、3行のプログラムと、それを作ることになったきっかけを紹介することにします。
　下記は2人以上で遊ぶゲームのプログラムです。IDLEで実行しましょう。

リスト ▶ list07_column.py

```
1  import random              randomモジュールをインポート
2  r = random.randint(0, 999)  変数rに0から999のいずれかの値を代入
3  print("."*r + "," + "."*(1000-r))  ドットの中に1つだけコンマの入った文字列を出力
```

　このプログラムを実行すると、たくさんのドット(.)の中に、1つだけコンマ(,)が入った文字列がシェルウィンドウに出力されます。家族や友人といっしょに画面に目を凝らし、一番先にコンマを探し出しましょう！

　Pythonでは「文字*n」と記述すると、その文字をn個並べることができます。これを利用して3行目のように、"."*r + "," + "."*(1000-r)と記述すれば、

- 乱数の数だけドットが並び
- コンマが1つ入り
- 「1000-乱数」の数だけドットが並ぶ

といった文字列が出力されるというわけです。

- **なぜ、このようなプログラムを思いついたのか**

　このプログラムを作ることになった経緯をご紹介します。
　ある日、私の授業を受けていた生徒の一人がコンマとドットの入力ミスに気づかず、プログラムのエラーに悩んでいました。解像度の高い（ドットの細かい）ノートパソコンを使っていたので、コンマとドットの違いが分かりにくかったためです。その間違いを見つけてあげたのが、彼の友人です。私は「よく見つけたね」と褒めたのですが、驚くことに生徒達はそのミスを遊びに転換しました。テキストエディタに羅列したドットの一部をコンマにして、コンマを探すゲームを始めたのです。
　ゲーム開発を教える授業なので、そのような"遊び"は大歓迎です。「せっかくだから学習中のPythonで、コンピュータに問題を作らせよう」というアイデアが生まれ、制作したのが上記のプログラムです。

アイデア次第ではアレンジもできる

コンマとドット以外にも、1（数字）とl（Lの小文字）にしたり、漢字の"間"と"問"にしたりと、文字を変更して遊ぶことができます。1文字のみでなく、次のプログラムのように文字列にすることもできます。文字列にしたらシェルウィンドウを広げて実行しましょう。

リスト ▶ list07_column2.py

```
1  import random
2  r = random.randint(0, 999)
3  print("ネコ"*r + "タコ" + "ネコ"
       *(1000-r))
```

randomモジュールをインポート
変数rに0から999のいずれかの値を代入
"ネコ"の中に1つだけ"タコ"の入った文字列を出力

猫の中に1匹だけ蛸がいます（笑）。

ここで紹介したプログラムは厳密にはゲームソフトではなく、複数人で楽しむ問題を出題するソフトですが、私の教室ではパーティゲームを楽しむように、大いに盛り上がりました。そして、プログラミングは本当に楽しいものだと改めて感じることができました。

『Galaxy Lancer』を完成させます。サウンドを組み込み、敵の種類を増やし、ボスを登場させてゲームを完成させましょう。

シューティングゲームを作ろう！
後編

Chapter 8

Lesson 8-1　サウンドを組み込む

　Pygameを用いると、ゲーム中にBGMを流したり、SE（効果音）を出力できます。ここではBGMや弾の発射音などのSEを組み込みます。

▶▶▶ サウンドファイルについて

　次のサウンドファイルを使います。「Chapter8」フォルダ内に「sound_gl」というフォルダを作り、サウンドファイルをその中に入れてください。ファイルは、書籍サポートページからダウンロードできます。

図8-1-1　今回使用するサウンドファイル

表8-1-1　サウンドファイルの内容

barrage.ogg	弾幕を張る時のSE
bgm.ogg	ゲーム中のBGM
damage.ogg	自機がダメージを受けた時のSE
explosion.ogg	ボス機が爆発する時のSE
gameclear.ogg	ゲームクリア時のジングル※
gameover.ogg	ゲームオーバー時のジングル※
shot.ogg	弾を発射する時のSE

※ジングルとは演出用の数秒程度のサウンドを言います

　この章のフォルダ構成は次ページのようになります。前章で使った画像も用いるので、「image_gl」というフォルダを作り、その中に画像ファイルを入れてください。

図8-1-2 「Chapter8」のフォルダ構成

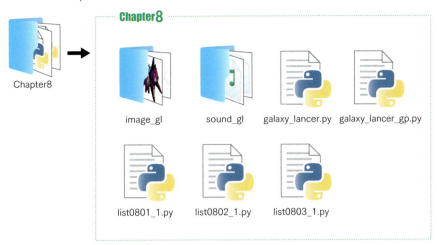

Pygameのサウンド命令

Pygameでサウンドを扱う命令を説明します。BGMを扱う命令は次のようになります。

表8-1-2 BGMを扱う命令

ファイルの読み込み	pygame.mixer.music.load(ファイル名)
再生	pygame.mixer.music.play(引数※)
停止	pygame.mixer.music.stop()

※引数を-1とするとループ再生、0で1回再生。例えば5とすると6回繰り返す

SE（効果音）を扱う命令は次のようになります。

表8-1-3 SEを扱う命令

ファイルの読み込み	変数名 = pygame.mixer.Sound(ファイル名)
再生	変数名.play()

> **Pygameで扱うサウンドファイルはogg形式が安全**です。mp3ファイルも出力できますが、mp3形式ではループ再生に失敗するなどの不具合が生じることがあります。その場合はogg形式のファイルを使いましょう。

≫≫≫ サウンドを組み込む

POINT

注意点

スピーカーやイヤホンなどのオーディオ機器を接続していないと、サウンド命令の実行時にエラーが発生してプログラムが停止します。この先はスピーカーなどを接続した状態で学習を進めてください。

ゲームをスタートするとBGMが流れ、ゲームオーバー、ゲームクリアの時に、それぞれジングルが流れるようにします。ジングルとは演出などで用いる数秒程度の短い曲を意味する言葉です。

弾を発射した時のSEと、シールドがなくなり自機が爆発する時のSEも組み込みます。自機の爆発演出も合わせて追加します。

次のプログラムを入力し、ファイル名を付けて保存し、実行しましょう。

リスト ▶ list0801_1.py　※前章のLesson7-5のプログラムからの追加変更箇所にマーカーを引いています

行	コード	説明
1	`import pygame`	pygameモジュールをインポート
2	`import sys`	sysモジュールをインポート
3	`import math`	mathモジュールをインポート
4	`import random`	randomモジュールをインポート
5	`from pygame.locals import *`	pygame.定数の記述の省略
6		
7	`BLACK = (  0,   0,   0)`	色の定義(黒)
8	`SILVER= (192, 208, 224)`	色の定義(銀)
9	`RED   = (255,   0,   0)`	色の定義(赤)
10	`CYAN  = (  0, 224, 255)`	色の定義(水色)
11		
12	`# 画像の読み込み`	
13	`img_galaxy = pygame.image.load("image_gl/galaxy.png")`	背景の星々の画像を読み込む変数
14	`img_sship = [`	自機の画像を読み込むリスト
15	`    pygame.image.load("image_gl/starship.png"),`	
16	`    pygame.image.load("image_gl/starship_l.png"),`	
17	`    pygame.image.load("image_gl/starship_r.png"),`	
18	`    pygame.image.load("image_gl/starship_burner.png")`	
19	`]`	
20	`img_weapon = pygame.image.load("image_gl/bullet.png")`	自機の弾の画像を読み込む変数
21	`img_shield = pygame.image.load("image_gl/shield.png")`	シールドの画像を読み込む変数
22	`img_enemy = [`	敵機の画像を読み込むリスト
23	`    pygame.image.load("image_gl/enemy0.png"),`	
24	`    pygame.image.load("image_gl/enemy1.png")`	
25	`]`	
26	`img_explode = [`	爆発演出の画像を読み込むリスト
27	`    None,`	
28	`    pygame.image.load("image_gl/explosion1.png"),`	
29	`    pygame.image.load("image_gl/explosion2.png"),`	

```
30      pygame.image.load("image_gl/explosion3.png"),
31      pygame.image.load("image_gl/explosion4.png"),
32      pygame.image.load("image_gl/explosion5.png")
33  ]
34  img_title = [                                          タイトル画面の画像を読み込むリスト
35      pygame.image.load("image_gl/nebula.png"),
36      pygame.image.load("image_gl/logo.png")
37  ]
38
39  # SEを読み込む変数
40  se_barrage = None                                      弾幕発射時のSEを読み込む変数
41  se_damage = None                                       ダメージを受けた時のSEを読み込む変数
42  se_explosion = None                                    ボスが爆発する時のSEを読み込む変数
43  se_shot = None                                         弾を発射する時のSEを読み込む変数
44
45  idx = 0                                                インデックスの変数
46  tmr = 0                                                タイマーの変数
47  score = 0                                              スコアの変数
48  bg_y = 0                                               背景スクロール用の変数
49
50  ss_x = 0                                               自機のX座標の変数
51  ss_y = 0                                               自機のY座標の変数
52  ss_d = 0                                               自機の傾き用の変数
53  ss_shield = 0                                          自機のシールド量の変数
54  ss_muteki = 0                                          自機の無敵状態の変数
55  key_spc = 0                                            スペースキーを押した時に使う変数
56  key_z = 0                                              Zキーを押した時に使う変数
57
58  MISSILE_MAX = 200                                      自機が発射する弾の最大数の定数
59  msl_no = 0                                             弾の発射で使うリストの添え字用の変数
60  msl_f = [False]*MISSILE_MAX                            弾が発射中か管理するフラグのリスト
61  msl_x = [0]*MISSILE_MAX                                弾のX座標のリスト
62  msl_y = [0]*MISSILE_MAX                                弾のY座標のリスト
63  msl_a = [0]*MISSILE_MAX                                弾が飛んでいく角度のリスト
64
65  ENEMY_MAX = 100                                        敵の最大数の定数
66  emy_no = 0                                             敵を出す時に使うリストの添え字用の変数
67  emy_f = [False]*ENEMY_MAX                              敵が出現中か管理するフラグのリスト
68  emy_x = [0]*ENEMY_MAX                                  敵のX座標のリスト
69  emy_y = [0]*ENEMY_MAX                                  敵のY座標のリスト
70  emy_a = [0]*ENEMY_MAX                                  敵が飛行する角度のリスト
71  emy_type = [0]*ENEMY_MAX                               敵の種類のリスト
72  emy_speed = [0]*ENEMY_MAX                              敵の速度のリスト
73
74  EMY_BULLET = 0                                         敵の弾の番号を管理する定数
75  LINE_T = -80                                           敵が出現する(消える)上端の座標
76  LINE_B = 800                                           敵が出現する(消える)下端の座標
77  LINE_L = -80                                           敵が出現する(消える)左端の座標
78  LINE_R = 1040                                          敵が出現する(消える)右端の座標
79
80  EFFECT_MAX = 100                                       爆発演出の最大数の定数
81  eff_no = 0                                             爆発演出を出す時に使うリストの添え字用の変数
82  eff_p = [0]*EFFECT_MAX                                 爆発演出の画像番号用のリスト
83  eff_x = [0]*EFFECT_MAX                                 爆発演出のX座標のリスト
84  eff_y = [0]*EFFECT_MAX                                 爆発演出のY座標のリスト
85
86
87  def get_dis(x1, y1, x2, y2): # 二点間の距離を求める       二点間の距離を求める関数
88      return( (x1-x2)*(x1-x2) + (y1-y2)*(y1-y2) )              二乗した値を返す(ルートは使わない)
89
```

```
 90
 91  def draw_text(scrn, txt, x, y, siz, col):  # 文字の表示
 92      fnt = pygame.font.Font(None, siz)
 93      sur = fnt.render(txt, True, col)
 94      x = x - sur.get_width()/2
 95      y = y - sur.get_height()/2
 96      scrn.blit(sur, [x, y])
 97
 98
 99  def move_starship(scrn, key):  # 自機の移動
100      global idx, tmr, ss_x, ss_y, ss_d, ss_shield, ss_muteki, key_spc, key_z
101      ss_d = 0
102      if key[K_UP] == 1:
103          ss_y = ss_y - 20
104          if ss_y < 80:
105              ss_y = 80
106      if key[K_DOWN] == 1:
107          ss_y = ss_y + 20
108          if ss_y > 640:
109              ss_y = 640
110      if key[K_LEFT] == 1:
111          ss_d = 1
112          ss_x = ss_x - 20
113          if ss_x < 40:
114              ss_x = 40
115      if key[K_RIGHT] == 1:
116          ss_d = 2
117          ss_x = ss_x + 20
118          if ss_x > 920:
119              ss_x = 920
120      key_spc = (key_spc+1)*key[K_SPACE]
121      if key_spc%5 == 1:
122          set_missile(0)
123          se_shot.play()
124      key_z = (key_z+1)*key[K_z]
125      if key_z == 1 and ss_shield > 10:
126          set_missile(10)
127          ss_shield = ss_shield - 10
128          se_barrage.play()
129
130      if ss_muteki%2 == 0:
131          scrn.blit(img_sship[3], [ss_x-8, ss_y+40+(tmr%3)*2])
132          scrn.blit(img_sship[ss_d], [ss_x-37, ss_y-48])
133
134      if ss_muteki > 0:
135          ss_muteki = ss_muteki - 1
136          return
137      elif idx == 1:
138          for i in range(ENEMY_MAX):  # 敵とのヒットチェック
139              if emy_f[i] == True:
140                  w = img_enemy[emy_type[i]].get_width()
141                  h = img_enemy[emy_type[i]].get_height()
142                  r = int((w+h)/4 + (74+96)/4)
```

```python
143                    if get_dis(emy_x[i], emy_y[i],                敵機と自機がその距離未満なら
   ss_x, ss_y) < r*r:
144                        set_effect(ss_x, ss_y)                    爆発演出をセット
145                        ss_shield = ss_shield - 10                シールドを減らす
146                        if ss_shield <= 0:                        ss_shieldが0以下なら
147                            ss_shield = 0                             ss_shieldを0にする
148                            idx = 2                                   ゲームオーバーへ移行
149                            tmr = 0
150                        if ss_muteki == 0:                        無敵状態でなければ
151                            ss_muteki = 60                            無敵状態にする
152                            se_damage.play()                          ダメージ効果音を出力
153                        emy_f[i] = False                          敵機を消す
154
155
156 def set_missile(typ):  # 自機の発射する弾をセットする     自機の発射する弾をセットする関数
157     global msl_no                                            これをグローバル変数とする
158     if typ == 0:  # 単発                                     単発の時
159         msl_f[msl_no] = True                                     発射したフラグをTrueに
160         msl_x[msl_no] = ss_x                                     弾のX座標を代入 ┐自機の鼻先の位置
161         msl_y[msl_no] = ss_y-50                                  弾のY座標を代入 ┘
162         msl_a[msl_no] = 270                                      弾の飛ぶ角度
163         msl_no = (msl_no+1)%MISSILE_MAX                          次にセットするための番号を計算
164     if typ == 10:  # 弾幕                                    弾幕の時
165         for a in range(160, 390, 10):                            繰り返しで扇状に弾を発射
166             msl_f[msl_no] = True                                     発射したフラグをTrueに
167             msl_x[msl_no] = ss_x                                     弾のX座標を代入 ┐自機の鼻先の位置
168             msl_y[msl_no] = ss_y-50                                  弾のY座標を代入 ┘
169             msl_a[msl_no] = a                                        弾の飛ぶ角度
170             msl_no = (msl_no+1)%MISSILE_MAX                          次にセットするための番号を計算
171
172
173 def move_missile(scrn):  # 弾の移動                       弾を移動する関数
174     for i in range(MISSILE_MAX):                             繰り返しで
175         if msl_f[i] == True:                                     弾が発射された状態なら
176             msl_x[i] = msl_x[i] + 36*math.cos                        X座標を計算
   (math.radians(msl_a[i]))
177             msl_y[i] = msl_y[i] + 36*math.sin                        Y座標を計算
   (math.radians(msl_a[i]))
178             img_rz = pygame.transform.rotozoom                       飛んで行く角度に回転させた画像を作り
   (img_weapon, -90-msl_a[i], 1.0)
179             scrn.blit(img_rz, [msl_x[i]-img_rz                       その画像を描く
   .get_width()/2, msl_y[i]-img_rz.get_height()/2])
180             if msl_y[i] < 0 or msl_x[i] < 0 or                       画面から出たら
   msl_x[i] > 960:
181                 msl_f[i] = False                                         弾を消す
182
183
184 def bring_enemy():  # 敵を出す                            敵機を出現させる関数
185     if tmr%30 == 0:                                          このタイミングで
186         set_enemy(random.randint(20, 940), LINE_                  ザコ機1を出す
   T, 90, 1, 6)
187
188
189 def set_enemy(x, y, a, ty, sp):  # 敵機をセットする       敵機のリストに座標や角度をセットする関数
190     global emy_no                                            これをグローバル変数とする
191     while True:                                              無限ループ
192         if emy_f[emy_no] == False:                               空いているリストなら
193             emy_f[emy_no] = True                                     フラグを立て
194             emy_x[emy_no] = x                                        X座標を代入
195             emy_y[emy_no] = y                                        Y座標を代入
```

273

```
196                emy_a[emy_no] = a                            角度を代入
197                emy_type[emy_no] = ty                        敵の種類を代入
198                emy_speed[emy_no] = sp                       敵の速度を代入
199                break                                        繰り返しを抜ける
200         emy_no = (emy_no+1)%ENEMY_MAX                       次にセットするための番号を計算
201
202
203 def move_enemy(scrn):  # 敵機の移動                           敵機を動かす関数
204     global idx, tmr, score, ss_shield                       これらをグローバル変数とする
205     for i in range(ENEMY_MAX):                              繰り返しで
206         if emy_f[i] == True:                                敵機が存在するなら
207             ang = -90-emy_a[i]                              angに画像の回転角度を代入
208             png = emy_type[i]                               pngに絵の番号を代入
209             emy_x[i] = emy_x[i] + emy_speed[i]              X座標を変化させる
*math.cos(math.radians(emy_a[i]))
210             emy_y[i] = emy_y[i] + emy_speed[i]              Y座標を変化させる
*math.sin(math.radians(emy_a[i]))
211             if emy_type[i] == 1 and emy_y[i] > 360:         敵機のY座標が360を超えたら
212                 set_enemy(emy_x[i], emy_y[i],               弾を放つ
90, 0, 8)
213                 emy_a[i] = -45                              向きを変える
214                 emy_speed[i] = 16                           速さを変える
215             if emy_x[i] < LINE_L or LINE_R < emy_            画面上下左右から出たら
x[i] or emy_y[i] < LINE_T or LINE_B < emy_y[i]:
216                 emy_f[i] = False                            敵機を消す
217
218             if emy_type[i] != EMY_BULLET:  # プ              敵の弾以外、プレイヤーの弾とヒットチェックする
レイヤーの弾とのヒットチェック
219                 w = img_enemy[emy_type[i]].                 敵の画像の幅(ドット数)
get_width()
220                 h = img_enemy[emy_type[i]].                 敵の画像の高さ
get_height()
221                 r = int((w+h)/4)+12                         ヒットチェックに使う距離を計算
222                 for n in range(MISSILE_MAX):                繰り返しで
223                     if msl_f[n] == True and get_             自機の弾と接触したか調べ
dis(emy_x[i], emy_y[i], msl_x[n], msl_y[n]) < r*r:
224                         msl_f[n] = False                    弾を削除
225                         set_effect(emy_x[i],                爆発のエフェクト
emy_y[i])
226                         score = score + 100                 スコアを加算
227                         emy_f[i] = False                    敵機を削除
228                         if ss_shield < 100:                 自機のシールドが100
229                             ss_shield = ss_                    未満なら増やす
shield + 1
230
231             img_rz = pygame.transform.rotozoom              敵機を回転させた画像を作り
(img_enemy[png], ang, 1.0)
232             scrn.blit(img_rz, [emy_x[i]-img_rz              その画像を描く
.get_width()/2, emy_y[i]-img_rz.get_height()/2])
233
234
235 def set_effect(x, y):  # 爆発をセットする                      爆発演出をセットする関数
236     global eff_no                                           これをグローバル変数とする
237     eff_p[eff_no] = 1                                       爆発演出の画像番号を代入
238     eff_x[eff_no] = x                                       爆発演出のX座標を代入
239     eff_y[eff_no] = y                                       爆発演出のY座標を代入
240     eff_no = (eff_no+1)%EFFECT_MAX                          次にセットするための番号を計算
241
242
243 def draw_effect(scrn):  # 爆発の演出                          爆発演出を表示する関数
```

```python
244        for i in range(EFFECT_MAX):                    繰り返しで
245            if eff_p[i] > 0:                               演出中なら
246                scrn.blit(img_explode[eff_p[i]],               爆発演出を描く
    [eff_x[i]-48, eff_y[i]-48])
247                eff_p[i] = eff_p[i] + 1                        eff_pを1増やし
248                if eff_p[i] == 6:                              eff_pが6になったら
249                    eff_p[i] = 0                                   eff_pを0にして演出を終了
250
251
252    def main():  # メインループ                       メイン処理を行う関数
253        global idx, tmr, score, bg_y, ss_x, ss_y,       これらをグローバル変数とする
    ss_d, ss_shield, ss_muteki
254        global se_barrage, se_damage, se_explosion,     これらをグローバル変数とする
    se_shot
255
256        pygame.init()                                   pygameモジュールの初期化
257        pygame.display.set_caption("Galaxy Lancer")     ウィンドウに表示するタイトルを指定
258        screen = pygame.display.set_mode((960, 720))    描画面を初期化
259        clock = pygame.time.Clock()                     clockオブジェクトを作成
260        se_barrage = pygame.mixer.Sound("sound_gl/      SEを読み込む
    barrage.ogg")
261        se_damage = pygame.mixer.Sound("sound_gl/       SEを読み込む
    damage.ogg")
262        se_explosion = pygame.mixer.Sound("sound_gl/    SEを読み込む
    explosion.ogg")
263        se_shot = pygame.mixer.Sound("sound_gl/         SEを読み込む
    shot.ogg")
264
265        while True:                                     無限ループ
266            tmr = tmr + 1                                   tmrの値を1増やす
267            for event in pygame.event.get():                pygameのイベントを繰り返しで処理する
268                if event.type == QUIT:                          ウィンドウの×ボタンをクリック
269                    pygame.quit()                                   pygameモジュールの初期化を解除
270                    sys.exit()                                      プログラムを終了する
271                if event.type == KEYDOWN:                       キーを押すイベントが発生した時
272                    if event.key == K_F1:                           F1キーなら
273                        screen = pygame.display.                        フルスクリーンモードにする
    set_mode((960, 720), FULLSCREEN)
274                    if event.key == K_F2 or event.                  F2キーかEscキーなら
    key == K_ESCAPE:
275                        screen = pygame.display.                        通常表示に戻す
    set_mode((960, 720))
276
277            # 背景のスクロール
278            bg_y = (bg_y+16)%720                            背景のスクロール位置の計算
279            screen.blit(img_galaxy, [0, bg_y-720])          背景を描く(上側)
280            screen.blit(img_galaxy, [0, bg_y])              背景を描く(下側)
281
282            key = pygame.key.get_pressed()                  keyに全てのキーの状態を代入
283
284            if idx == 0:  # タイトル                         idxが0の時(タイトル画面)
285                img_rz = pygame.transform.rotozoom              ロゴの後ろの渦巻きを回転させた画像
    (img_title[0], -tmr%360, 1.0)
286                screen.blit(img_rz, [480-img_rz.get              それを画面に描く
    _width()/2, 280-img_rz.get_height()/2])
287                screen.blit(img_title[1], [70, 160])             Galaxy Lancerのロゴを描く
288                draw_text(screen, "Press [SPACE]                  Press [SPACE] to start!の文字を描く
    to start!", 480, 600, 50, SILVER)
289                if key[K_SPACE] == 1:                            スペースキーが押されたら
290                    idx = 1                                          idxを1に
```

```
291            tmr = 0                                          タイマーを0に
292            score = 0                                        スコアを0に
293            ss_x = 480                                       スタート時の自機のX座標
294            ss_y = 600                                       スタート時の自機のY座標
295            ss_d = 0                                         自機の傾きを0に
296            ss_shield = 100                                  シールドを100に
297            ss_muteki = 0                                    無敵時間を0に
298            for i in range(ENEMY_MAX):                       繰り返しで
299                emy_f[i] = False                                 敵を出現していない状態に
300            for i in range(MISSILE_MAX):                     繰り返しで
301                msl_f[i] = False                                 自機の弾を発射してない状態に
302            pygame.mixer.music.load("sound_                  BGMを読み込み
gl/bgm.ogg")
303            pygame.mixer.music.play(-1)                      無限ループ指定で出力
304
305        if idx == 1: # ゲームプレイ中                         idxが1の時(ゲームプレイ中)
306            move_starship(screen, key)                       自機を動かす
307            move_missile(screen)                             自機の弾を動かす
308            bring_enemy()                                    敵機を出現させる
309            move_enemy(screen)                               敵機を動かす
310            if tmr == 30*60:                                 tmrが30*60の値になったら
311                idx = 3                                          idxを3にしてゲームクリアへ
312                tmr = 0                                          tmrを0にする
313
314        if idx == 2: # ゲームオーバー                          idxが2の時(ゲームオーバー)
315            move_missile(screen)                             自機の弾を動かす
316            move_enemy(screen)                               敵機を動かす
317            if tmr == 1:                                     tmrが1なら
318                pygame.mixer.music.stop()                        BGMを停止
319            if tmr <= 90:                                    tmrが90以下なら
320                if tmr%5 == 0:                                   tmr%5==0の時に
321                    set_effect(ss_x+random.                          自機の爆発の演出
randint(-60,60), ss_y+random.randint(-60,60))
322                if tmr%10 == 0:                                  tmr%10==0の時に
323                    se_damage.play()                                 爆発音を出力
324            if tmr == 120:                                   tmrが120の時に
325                pygame.mixer.music.load("sound_                  ゲームオーバージングルを読み込み
gl/gameover.ogg")
326                pygame.mixer.music.play(0)                       それを出力
327            if tmr > 120:                                    tmrが120を超えたら
328                draw_text(screen, "GAME OVER",                   GAME OVERの文字を描く
480, 300, 80, RED)
329            if tmr == 400:                                   tmrが400になったら
330                idx = 0                                          idxを0にしてタイトルに戻る
331                tmr = 0                                          tmrを0にする
332
333        if idx == 3: # ゲームクリア                            idxが3の時(ゲームクリア)
334            move_starship(screen, key)                       自機を動かす
335            move_missile(screen)                             自機の弾を動かす
336            if tmr == 1:                                     tmrが1なら
337                pygame.mixer.music.stop()                        BGMを停止
338            if tmr == 2:                                     tmrが2なら
339                pygame.mixer.music.load("sound_                  ゲームクリアのジングルを読み込み
gl/gameclear.ogg")
340                pygame.mixer.music.play(0)                       それを出力
341            if tmr > 20:                                     tmrが20を超えたら
342                draw_text(screen, "GAME CLEAR",                  GAME CLEARの文字を描く
480, 300, 80, SILVER)
343            if tmr == 300:                                   tmrが300になったら
344                idx = 0                                          idxを0にしてタイトルに戻る
```

```
345                tmr = 0                                          tmrを0にする
346
347            draw_effect(screen) # 爆発の演出                       爆発の演出を描く
348            draw_text(screen, "SCORE "+str(score),                スコアの文字を描く
   200, 30, 50, SILVER)
349            if idx != 0: # シールドの表示                          idxが0でなければ(タイトル画面以外で)
350                screen.blit(img_shield, [40, 680])                    シールドの画像を描く
351                pygame.draw.rect(screen, (64,32,32),                  減った分を矩形で塗り潰して描く
   [40+ss_shield*4, 680, (100-ss_shield)*4, 12])
352
353            pygame.display.update()                               画面を更新する
354            clock.tick(30)                                        フレームレートを指定
355
356
357  if __name__ == '__main__':                                     このプログラムが直接実行された時に
358      main()                                                         main()関数を呼び出す
```

このプログラムでBGMやSEが出力されることを確認しましょう。実行画面は省略しますが、自機がやられた時に爆発する演出も追加したので、それも確認してください。

40〜43行目でSEを読み込む変数を宣言し、main()関数内の260〜263行目でSEのファイルを読み込みます。自機を動かす関数でSEを出力するので、SE用の変数はどの関数からも扱えるグローバル変数としています。またPygameでサウンドファイルを読み込むのは、pygame.init()を実行した後でなくてはなりません。そこでpygame.init()命令の後の行でSEを読み込んでいます。

関数の外側で宣言したグローバル変数は、どの関数からも使えます。これに対し、関数の内側で宣言したローカル変数は、その関数内でしか使えません。

BGMはmain()関数内でゲーム開始時に（302〜303行目）、

```
pygame.mixer.music.load("sound_gl/bgm.ogg")
pygame.mixer.music.play(-1)
```

と記述し、load()命令でファイルを読み込み、play()命令で出力します。

ゲームオーバーになった時は、318行目のpygame.mixer.music.stop()でBGMを停止させた後、325〜326行目で

```
pygame.mixer.music.load("sound_gl/gameover.ogg")
pygame.mixer.music.play(0)
```

としてジングルのファイルを読み込んで出力します。ゲームクリア時も同様です。
その他のSEをplay()命令で鳴らす箇所も、リストのマーカー部分で確認しましょう。

▶▶▶ 自機の爆発演出

　main()関数内のゲームオーバーの処理に、自機がやられた時の演出を追加しました。そこを抜き出して説明します。太字部分（319～323行目）が演出の処理です。

```
if idx == 2: # ゲームオーバー
    move_missile(screen)
    move_enemy(screen)
    if tmr == 1:
        pygame.mixer.music.stop()
    if tmr <= 90:
        if tmr%5 == 0:
            set_effect(ss_x+random.randint(-60,60), ss_y+random.randint(-60,60))
        if tmr%10 == 0:
            se_damage.play()
    if tmr == 120:
        pygame.mixer.music.load("sound_gl/gameover.ogg")
        pygame.mixer.music.play(0)
    if tmr > 120:
        draw_text(screen, "GAME OVER", 480, 300, 80, RED)
    if tmr == 400:
        idx = 0
        tmr = 0
```

　5フレームに1回、自機の近辺のランダムな位置に爆発演出をセットし、10フレームに1回、爆発音を出力します。それを90フレームの間、続けます。

エフェクトの表示を開始する関数と、エフェクトを自動的に表示する関数を作っておくと、このように便利に使えることが分かります。

Lesson 8-2 敵の種類を増やす

『はらはら ペンギン ラビリンス』で学んだように、行動パターンの違う敵を用意すればゲームを面白くすることができます（→P.143）。『Galaxy Lancer』では4種類のザコ機が出現するようにします。

敵に個性を持たせる

既に入っている機体の他に、3種類の敵機を追加したプログラムを確認します。このプログラムは右の画像を使います。書籍サポートページからダウンロードしてください。

図8-2-1 今回使用する画像ファイル

enemy2.png　enemy3.png　enemy4.png

これらの敵は、それぞれ動き方に違いがあり、破壊するために弾を当てる回数も変えています。その仕組みを動作確認後に説明します。次のプログラムを入力し、ファイル名を付けて保存し、実行しましょう。

リスト ▶list0802_1.py　※前のプログラムからの追加変更箇所にマーカーを引いています

```python
 1  import pygame                                          # pygameモジュールをインポート
 2  import sys                                             # sysモジュールをインポート
 3  import math                                            # mathモジュールをインポート
 4  import random                                          # randomモジュールをインポート
 5  from pygame.locals import *                            # pygame.定数の記述の省略
 6
 7  BLACK = (  0,   0,   0)                                # 色の定義(黒)
 8  SILVER= (192, 208, 224)                                # 色の定義(銀)
 9  RED   = (255,   0,   0)                                # 色の定義(赤)
10  CYAN  = (  0, 224, 255)                                # 色の定義(水色)
11
12  # 画像の読み込み
13  img_galaxy = pygame.image.load("image_gl/galaxy        # 背景の星々の画像を読み込む変数
    .png")
14  img_sship = [                                          # 自機の画像を読み込むリスト
15      pygame.image.load("image_gl/starship.png"),
16      pygame.image.load("image_gl/starship_l.png"),
17      pygame.image.load("image_gl/starship_r.png"),
18      pygame.image.load("image_gl/starship_burner.png")
19  ]
20  img_weapon = pygame.image.load("image_gl/bullet        # 自機の弾の画像を読み込む変数
    .png")
21  img_shield = pygame.image.load("image_gl/shield        # シールドの画像を読み込む変数
    .png")
```

```python
22  img_enemy = [                                                  敵機の画像を読み込むリスト
23      pygame.image.load("image_gl/enemy0.png"),
24      pygame.image.load("image_gl/enemy1.png"),
25      pygame.image.load("image_gl/enemy2.png"),
26      pygame.image.load("image_gl/enemy3.png"),
27      pygame.image.load("image_gl/enemy4.png")
28  ]
29  img_explode = [                                                爆発演出の画像を読み込むリスト
30      None,
31      pygame.image.load("image_gl/explosion1.png"),
32      pygame.image.load("image_gl/explosion2.png"),
33      pygame.image.load("image_gl/explosion3.png"),
34      pygame.image.load("image_gl/explosion4.png"),
35      pygame.image.load("image_gl/explosion5.png")
36  ]
37  img_title = [                                                  タイトル画面の画像を読み込むリスト
38      pygame.image.load("image_gl/nebula.png"),
39      pygame.image.load("image_gl/logo.png")
40  ]
41
42  # SEを読み込む変数
43  se_barrage = None                                              弾幕発射時のSEを読み込む変数
44  se_damage = None                                               ダメージを受けた時のSEを読み込む変数
45  se_explosion = None                                            ボスが爆発する時のSEを読み込む変数
46  se_shot = None                                                 弾を発射する時のSEを読み込む変数
47
48  idx = 0                                                        インデックスの変数
49  tmr = 0                                                        タイマーの変数
50  score = 0                                                      スコアの変数
51  bg_y = 0                                                       背景スクロール用の変数
52
53  ss_x = 0                                                       自機のX座標の変数
54  ss_y = 0                                                       自機のY座標の変数
55  ss_d = 0                                                       自機の傾き用の変数
56  ss_shield = 0                                                  自機のシールド量の変数
57  ss_muteki = 0                                                  自機の無敵状態の変数
58  key_spc = 0                                                    スペースキーを押した時に使う変数
59  key_z = 0                                                      Zキーを押した時に使う変数
60
61  MISSILE_MAX = 200                                              自機が発射する弾の最大数の定数
62  msl_no = 0                                                     弾の発射で使うリストの添え字用の変数
63  msl_f = [False]*MISSILE_MAX                                    弾が発射中か管理するフラグのリスト
64  msl_x = [0]*MISSILE_MAX                                        弾のX座標のリスト
65  msl_y = [0]*MISSILE_MAX                                        弾のY座標のリスト
66  msl_a = [0]*MISSILE_MAX                                        弾が飛んでいく角度のリスト
67
68  ENEMY_MAX = 100                                                敵の最大数の定数
69  emy_no = 0                                                     敵を出す時に使うリストの添え字用の変数
70  emy_f = [False]*ENEMY_MAX                                      敵が出現中か管理するフラグのリスト
71  emy_x = [0]*ENEMY_MAX                                          敵のX座標のリスト
72  emy_y = [0]*ENEMY_MAX                                          敵のY座標のリスト
73  emy_a = [0]*ENEMY_MAX                                          敵が飛行する角度のリスト
74  emy_type = [0]*ENEMY_MAX                                       敵の種類のリスト
75  emy_speed = [0]*ENEMY_MAX                                      敵の速度のリスト
76  emy_shield = [0]*ENEMY_MAX                                     敵のシールドのリスト
77  emy_count = [0]*ENEMY_MAX                                      敵の動きなどを管理するリスト
78
79  EMY_BULLET = 0                                                 敵の弾の番号を管理する定数
80  EMY_ZAKO = 1                                                   ザコ機の番号を管理する定数
81  LINE_T = -80                                                   敵が出現する(消える)上端の座標
```

```
82  LINE_B = 800                                        敵が出現する(消える)下端の座標
83  LINE_L = -80                                        敵が出現する(消える)左端の座標
84  LINE_R = 1040                                       敵が出現する(消える)右端の座標
85
86  EFFECT_MAX = 100                                    爆発演出の最大数の定数
87  eff_no = 0                                          爆発演出を出す時に使うリストの添え字用の変数
88  eff_p = [0]*EFFECT_MAX                              爆発演出の画像番号用のリスト
89  eff_x = [0]*EFFECT_MAX                              爆発演出のX座標のリスト
90  eff_y = [0]*EFFECT_MAX                              爆発演出のY座標のリスト
91
92
93  def get_dis(x1, y1, x2, y2): # 二点間の距離を求める    二点間の距離を求める関数
94      return( (x1-x2)*(x1-x2) + (y1-y2)*(y1-y2) )             二乗した値を返す(ルートは使わない)
95
96
97  def draw_text(scrn, txt, x, y, siz, col): # 文       文字を表示する関数
    字の表示
98      fnt = pygame.font.Font(None, siz)                   フォントオブジェクトを作成
99      sur = fnt.render(txt, True, col)                    文字列を描いたSurfaceを生成
100     x = x - sur.get_width()/2                           センタリング表示するためX座標を計算
101     y = y - sur.get_height()/2                          センタリング表示するためY座標を計算
102     scrn.blit(sur, [x, y])                              文字列を描いたSurfaceを画面に転送
103
104
105 def move_starship(scrn, key): # 自機の移動            自機を移動する関数
 :  略：list0801_1.pyの通り(→P.272)
 :
162 def set_missile(typ): # 自機の発射する弾をセットする  自機の発射する弾をセットする関数
 :  略：list0801_1.pyの通り(→P.273)
 :
179 def move_missile(scrn): # 弾の移動                   弾を移動する関数
 :  略：list0801_1.pyの通り(→P.273)
 :
190 def bring_enemy(): # 敵を出す                        敵機を出現させる関数
191     sec = tmr/30                                        ゲームの進行時間(秒数)をsecに代入
192     if tmr%30 == 0:                                     このタイミングで
193         if 0 < sec and sec < 15:                            secの値が0～15の間、
194             set_enemy(random.randint(20, 940),                  ザコ機1を出す
    LINE_T, 90, EMY_ZAKO, 8, 1) # 敵1
195         if 15 < sec and sec < 30:                           secの値が15～30の間、
196             set_enemy(random.randint(20, 940),                  ザコ機2を出す
    LINE_T, 90, EMY_ZAKO+1, 12, 1) # 敵2
197         if 30 < sec and sec < 45:                           secの値が30～45の間、
198             set_enemy(random.randint(100, 860),                 ザコ機3を出す
    LINE_T, random.randint(60, 120), EMY_ZAKO+2, 6,
    3) # 敵3
199         if 45 < sec and sec < 60:                           secの値が45～60の間、
200             set_enemy(random.randint(100, 860),                 ザコ機4を出す
    LINE_T, 90, EMY_ZAKO+3, 12, 2) # 敵4
201
202
203 def set_enemy(x, y, a, ty, sp, sh): # 敵機をセット    敵機のリストに座標や角度をセットする関数
    する
204     global emy_no                                       これをグローバル変数とする
205     while True:                                         無限ループ
206         if emy_f[emy_no] == False:                          空いているリストなら
207             emy_f[emy_no] = True                                フラグを立て
208             emy_x[emy_no] = x                                   X座標を代入
209             emy_y[emy_no] = y                                   Y座標を代入
210             emy_a[emy_no] = a                                   角度を代入
```

```
211                emy_type[emy_no] = ty                         敵の種類を代入
212                emy_speed[emy_no] = sp                        敵の速度を代入
213                emy_shield[emy_no] = sh                       敵のシールドの値を代入
214                emy_count[emy_no] = 0                         動きなどを管理するリストに0を代入
215                break                                         繰り返しを抜ける
216            emy_no = (emy_no+1)%ENEMY_MAX                     次にセットするための番号を計算
217
218
219    def move_enemy(scrn): # 敵機の移動                         敵機を動かす関数
220        global idx, tmr, score, ss_shield                     これらをグローバル変数とする
221        for i in range(ENEMY_MAX):                            繰り返しで
222            if emy_f[i] == True:                              敵機が存在するなら
223                ang = -90-emy_a[i]                            angに画像の回転角度を代入
224                png = emy_type[i]                             pngに絵の番号を代入
225                emy_x[i] = emy_x[i] + emy_speed[i]            X座標を変化させる
    *math.cos(math.radians(emy_a[i]))
226                emy_y[i] = emy_y[i] + emy_speed[i]            Y座標を変化させる
    *math.sin(math.radians(emy_a[i]))
227                if emy_type[i] == 4: # 進行方向を変える敵       進行方向を変える敵なら
228                    emy_count[i] = emy_count[i] + 1           emy_countを加算
229                    ang = emy_count[i]*10                     画像の回転角度を計算
230                    if emy_y[i] > 240 and emy_a[i]            Y座標が240を超えたら
    == 90:
231                        emy_a[i] = random.choice                  ランダムに方向を変え
    ([50,70,110,130])
232                        set_enemy(emy_x[i], emy_                  弾を放つ
    y[i], 90, EMY_BULLET, 6, 0)
233                if emy_x[i] < LINE_L or LINE_R <              画面上下左右から出たら
    emy_x[i] or emy_y[i] < LINE_T or LINE_B < emy_y[i]:
234                    emy_f[i] = False                          敵機を消す
235
236                if emy_type[i] != EMY_BULLET: # プ            敵の弾以外、プレイヤーの弾とヒットチェックする
    レイヤーの弾とのヒットチェック
237                    w = img_enemy[emy_type[i]].               敵の画像の幅(ドット数)
    get_width()
238                    h = img_enemy[emy_type[i]].               敵の画像の高さ
    get_height()
239                    r = int((w+h)/4)+12                       ヒットチェックに使う距離を計算
240                    for n in range(MISSILE_MAX):              繰り返しで
241                        if msl_f[n] == True and get_              自機の弾と接触したか調べ
    dis(emy_x[i], emy_y[i], msl_x[n], msl_y[n]) < r*r:
242                            msl_f[n] = False                      弾を削除
243                            set_effect(emy_x[i],                  爆発のエフェクト
    emy_y[i])
244                            emy_shield[i] = emy_                  敵機のシールドを減らす
    shield[i] - 1
245                            score = score + 100                   スコアを加算
246                            if emy_shield[i] == 0:                敵機を倒したら
247                                emy_f[i] = False                      敵機を削除
248                                if ss_shield < 100:                   自機シールドが100
249                                    ss_shield = ss_                       未満なら増やす
    shield + 1
250
251                img_rz = pygame.transform.rotozoom            敵機を回転させた画像を作り
    (img_enemy[png], ang, 1.0)
252                scrn.blit(img_rz, [emy_x[i]-img_rz.           その画像を描く
    get_width()/2, emy_y[i]-img_rz.get_height()/2])
253
254
255    def set_effect(x, y): # 爆発をセットする                    爆発演出をセットする関数
```

```
  :  略：list0801_1.pyの通り（→P.274）
  :  〜
263  def draw_effect(scrn): # 爆発の演出                爆発演出を表示する関数
  :  略：list0801_1.pyの通り（→P.274〜275）
  :  〜
272  def main(): # メインループ                         メイン処理を行う関数
  :  略：list0801_1.pyの通り（→P.275）
  :  〜
377  if __name__ == '__main__':                        このプログラムが直接実行された時に
378      main()                                            main()関数を呼び出す
```

このプログラムを実行すると、ザコ機1からザコ機4が約15秒ごとに出現します。

表8-2-1　敵機の種類と個性

	画像	何発撃つと倒せるか	動き
ザコ機1		1	上から下に直線上を移動する
ザコ機2		1	敵機1より高速に移動する
ザコ機3		3	斜め下に移動する
ザコ機4		2	下に移動し、途中で弾を撃ち、進行方向を変える

図8-2-2　list0802_1.pyの実行結果

ザコ機を管理しやすいように、80行目にEMY_ZAKO = 1という定数を追加しました。

敵機用のリストには、76～77行目にemy_shieldとemy_countを追加しました。emy_shieldには何発撃つと破壊できるかという値を代入し、emy_countで敵機の動きなどを管理します。

前のプログラムから大きく変更した箇所は、敵機を出現させるbring_enemy()関数、敵機のリストに値をセットするset_enemy()関数、敵機を動かすmove_enemy()関数です。

bring_enemy()関数では191行目のように、sec = tmr/30としてゲーム開始後の経過秒数をsecに代入し、secの値をif文で調べ、ザコ機1からザコ機4を15秒ごとに出現させます。

set_enemy()関数には引数を1つ追加し、敵機のシールドの値（何発撃つと倒せるか）を代入できるようにしました。

219～252行目に記述した、敵を動かすmove_enemy()関数を確認します。その関数を抜き出して、ここで改めて説明します。太字で記した、敵機の座標を変化させる計算式と、敵機の画像を回転して描画する部分がポイントです。

```python
def move_enemy(scrn): # 敵機の移動
    global idx, tmr, score, ss_shield
    for i in range(ENEMY_MAX):
        if emy_f[i] == True:
            ang = -90-emy_a[i]
            png = emy_type[i]
            emy_x[i] = emy_x[i] + emy_speed[i]*math.cos(math.radians(emy_a[i]))
            emy_y[i] = emy_y[i] + emy_speed[i]*math.sin(math.radians(emy_a[i]))
            if emy_type[i] == 4: # 進行方向を変える敵
                emy_count[i] = emy_count[i] + 1
                ang = emy_count[i]*10
                if emy_y[i] > 240 and emy_a[i] == 90:
                    emy_a[i] = random.choice([50,70,110,130])
                    set_enemy(emy_x[i], emy_y[i], 90, EMY_BULLET, 6, 0)
            if emy_x[i] < LINE_L or LINE_R < emy_x[i] or emy_y[i] < LINE_T or LINE_B < emy_y[i]:
                emy_f[i] = False

            if emy_type[i] != EMY_BULLET: # プレイヤーの弾とのヒットチェック
                w = img_enemy[emy_type[i]].get_width()
                h = img_enemy[emy_type[i]].get_height()
                r = int((w+h)/4)+12
                for n in range(MISSILE_MAX):
                    if msl_f[n] == True and get_dis(emy_x[i], emy_y[i], msl_x[n], msl_y[n]) < r*r:
                        msl_f[n] = False
                        set_effect(emy_x[i], emy_y[i])
                        emy_shield[i] = emy_shield[i] - 1
                        score = score + 100
                        if emy_shield[i] == 0:
```

次ページへつづく

```
                emy_f[i] = False
                if ss_shield < 100:
                    ss_shield = ss_shield + 1
```

```
        img_rz = pygame.transform.rotozoom(img_enemy[png], ang, 1.0)
        scrn.blit(img_rz, [emy_x[i]-img_rz.get_width()/2, emy_y[i]-img_rz.get_height()/2])
```

　敵機の画像を回転させる角度をang = -90-emy_a[i]としてangに代入します。ザコ機4はemy_countの値を加算し続け、それを使ってangの値を増やし、常に回転させています。

　敵機の進む向き（角度）はemy_aで管理し、三角関数を使った次の式でX座標、Y座標を増減します。

```
        emy_x[i] = emy_x[i] + emy_speed[i]*math.cos(math.radians(emy_a[i]))
        emy_y[i] = emy_y[i] + emy_speed[i]*math.sin(math.radians(emy_a[i]))
```

　この式により、emy_aに角度の値を入れるだけで、360度どの方向にも移動させることができます。

　敵機4は230行目のif emy_y[i] > 240 and emy_a[i] == 90:という条件分岐で、Y座標が240ドットを超えた時に、角度を50、70、110、130のいずれかに変えて進む向きを変化させます。

move_enemy()という1つの関数で、敵の弾と複数の機体の処理を行っています。敵の移動を角度(emy_a)と速度(emy_speed)で管理することで、1つの関数で色々な動きを用意できるわけですね。

　自機の発射した弾と敵機のヒットチェックで、それらが接触したらemy_shield[i] = emy_shield[i] – 1として敵機のシールドを減らし、0になったらemy_f[i] = Falseとして敵機を消しているところも確認しましょう。敵機のシールドはset_enemy()関数で好きな値をセットできるので、例えば10回撃たないと倒せない敵や、emy_shieldを0にセットすることで、いくら撃っても倒せない敵を作ることができます。

シールドの値を0にセットすると、弾を当てた時にシールドがマイナスの値になり、if emy_shield[i] == 0:という条件式が成り立たなくなります。そのため何発撃っても倒せない敵になります。

Lesson 8-3 ボス機を登場させる

多くのコンピュータゲームにボスキャラが登場します。ボスキャラとの戦いには手に汗握る緊張感があります。『Galaxy Lancer』にもボス機を登場させ、ユーザーがゲームをより楽しめるようにします。

ゲームのボスについて

シューティングゲーム、アクションゲーム、ロールプレイングゲームなどには、必ずと言っていいほど、大きなサイズのボスキャラが登場します。ボスキャラを倒すには、それぞれのゲームでコツが必要であり、ユーザーはボスを倒すと達成感を得ることができます。ボスキャラはゲームを盛り上げるために必要不可欠な存在といえるでしょう。

ボス機の処理を組み込む

ボス機が登場するプログラムを確認します。このプログラムは次の画像を使います。

図8-3-1 今回使用する画像ファイル

enemy_boss.png　　　enemy_boss_f.png

次のプログラムを入力し、ファイル名を付けて保存し、実行しましょう。

リスト▶list0803_1.py　※前のプログラムからの追加変更箇所にマーカーを引いています

```
1  import pygame                         pygameモジュールをインポート
2  import sys                            sysモジュールをインポート
3  import math                           mathモジュールをインポート
4  import random                         randomモジュールをインポート
5  from pygame.locals import *           pygame.定数の記述の省略
6
7  BLACK = (  0,   0,   0)               色の定義(黒)
8  SILVER= (192, 208, 224)               色の定義(銀)
9  RED   = (255,   0,   0)               色の定義(赤)
```

```
 10    CYAN   = (  0, 224, 255)                              色の定義(水色)
 11
 12    # 画像の読み込み
 13    img_galaxy = pygame.image.load("image_gl/galaxy.      背景の星々の画像を読み込む変数
       png")
 14    img_sship = [                                         自機の画像を読み込むリスト
  :    略：list0801_1.pyの通り（→P.270）
  :    〜
 19    ]
 20    img_weapon = pygame.image.load("image_gl/bullet.png") 自機の弾の画像を読み込む変数
 21    img_shield = pygame.image.load("image_gl/shield.png") シールドの画像を読み込む変数
 22    img_enemy = [                                         敵機の画像を読み込むリスト
 23        pygame.image.load("image_gl/enemy0.png"),
 24        pygame.image.load("image_gl/enemy1.png"),
 25        pygame.image.load("image_gl/enemy2.png"),
 26        pygame.image.load("image_gl/enemy3.png"),
 27        pygame.image.load("image_gl/enemy4.png"),
 28        pygame.image.load("image_gl/enemy_boss.png"),
 29        pygame.image.load("image_gl/enemy_boss_f.png")
 30    ]
 31    img_explode = [                                       爆発演出の画像を読み込むリスト
  :    略：list0801_1.pyの通り（→P.270）
  :    〜
 38    ]
 39    img_title = [                                         タイトル画面の画像を読み込むリスト
 40        pygame.image.load("image_gl/nebula.png"),
 41        pygame.image.load("image_gl/logo.png")
 42    ]
 43
 44    # SEを読み込む変数
 45    se_barrage = None                                     弾幕発射時のSEを読み込む変数
 46    se_damage = None                                      ダメージを受けた時のSEを読み込む変数
 47    se_explosion = None                                   ボスが爆発する時のSEを読み込む変数
 48    se_shot = None                                        弾を発射する時のSEを読み込む変数
 49
 50    idx = 0                                               インデックスの変数
 51    tmr = 0                                               タイマーの変数
 52    score = 0                                             スコアの変数
 53    bg_y = 0                                              背景スクロール用の変数
 54
 55    ss_x = 0                                              自機のX座標の変数
 56    ss_y = 0                                              自機のY座標の変数
 57    ss_d = 0                                              自機の傾き用の変数
 58    ss_shield = 0                                         自機のシールド量の変数
 59    ss_muteki = 0                                         自機の無敵状態の変数
 60    key_spc = 0                                           スペースキーを押した時に使う変数
 61    key_z = 0                                             Zキーを押した時に使う変数
 62
 63    MISSILE_MAX = 200                                     自機が発射する弾の最大数の定数
 64    msl_no = 0                                            弾の発射で使うリストの添え字用の変数
 65    msl_f = [False]*MISSILE_MAX                           弾が発射中か管理するフラグのリスト
 66    msl_x = [0]*MISSILE_MAX                               弾のX座標のリスト
 67    msl_y = [0]*MISSILE_MAX                               弾のY座標のリスト
 68    msl_a = [0]*MISSILE_MAX                               弾が飛んでいく角度のリスト
 69
 70    ENEMY_MAX = 100                                       敵の最大数の定数
 71    emy_no = 0                                            敵を出す時に使うリストの添え字用の変数
 72    emy_f = [False]*ENEMY_MAX                             敵が出現中か管理するフラグのリスト
 73    emy_x = [0]*ENEMY_MAX                                 敵のX座標のリスト
 74    emy_y = [0]*ENEMY_MAX                                 敵のY座標のリスト
```

```
75    emy_a = [0]*ENEMY_MAX                              敵が飛行する角度のリスト
76    emy_type = [0]*ENEMY_MAX                           敵の種類のリスト
77    emy_speed = [0]*ENEMY_MAX                          敵の速度のリスト
78    emy_shield = [0]*ENEMY_MAX                         敵のシールドのリスト
79    emy_count = [0]*ENEMY_MAX                          敵の動きなどを管理するリスト
80
81    EMY_BULLET = 0                                     敵の弾の番号を管理する定数
82    EMY_ZAKO = 1                                       ザコ機の番号を管理する定数
83    EMY_BOSS = 5                                       ボス機の番号を管理する定数
84    LINE_T = -80                                       敵が出現する(消える)上端の座標
85    LINE_B = 800                                       敵が出現する(消える)下端の座標
86    LINE_L = -80                                       敵が出現する(消える)左端の座標
87    LINE_R = 1040                                      敵が出現する(消える)右端の座標
88
89    EFFECT_MAX = 100                                   爆発演出の最大数の定数
90    eff_no = 0                                         爆発演出を出す時に使うリストの添え字用の変数
91    eff_p = [0]*EFFECT_MAX                             爆発演出の画像番号用のリスト
92    eff_x = [0]*EFFECT_MAX                             爆発演出のX座標のリスト
93    eff_y = [0]*EFFECT_MAX                             爆発演出のY座標のリスト
94
95
96    def get_dis(x1, y1, x2, y2): # 二点間の距離を求める    二点間の距離を求める関数
97        return( (x1-x2)*(x1-x2) + (y1-y2)*(y1-y2) )    二乗した値を返す(ルートは使わない)
98
99
100   def draw_text(scrn, txt, x, y, siz, col): # 文      文字を表示する関数
      字の表示
101       fnt = pygame.font.Font(None, siz)              フォントオブジェクトを作成
102       sur = fnt.render(txt, True, col)               文字列を描いたSurfaceを生成
103       x = x - sur.get_width()/2                      センタリング表示するためX座標を計算
104       y = y - sur.get_height()/2                     センタリング表示するためY座標を計算
105       scrn.blit(sur, [x, y])                         文字列を描いたSurfaceを画面に転送
106
107
108   def move_starship(scrn, key): # 自機の移動           自機を移動する関数
109       global idx, tmr, ss_x, ss_y, ss_d, ss_shield,  これらをグローバル変数とする
      ss_muteki, key_spc, key_z
110       ss_d = 0                                       機体の傾きの変数を0(傾き無し)にする
111       if key[K_UP] == 1:                             上キーが押されたら
112           ss_y = ss_y - 20                           Y座標を減らす
113           if ss_y < 80:                              Y座標が80より小さくなったら
114               ss_y = 80                              Y座標を80にする
115       if key[K_DOWN] == 1:                           下キーが押されたら
116           ss_y = ss_y + 20                           Y座標を増やす
117           if ss_y > 640:                             Y座標が640より大きくなったら
118               ss_y = 640                             Y座標を640にする
119       if key[K_LEFT] == 1:                           左キーが押されたら
120           ss_d = 1                                   機体の傾きを1(左)にする
121           ss_x = ss_x - 20                           X座標を減らす
122           if ss_x < 40:                              X座標が40より小さくなったら
123               ss_x = 40                              X座標を40にする
124       if key[K_RIGHT] == 1:                          右キーが押されたら
125           ss_d = 2                                   機体の傾きを2(右)にする
126           ss_x = ss_x + 20                           X座標を増やす
127           if ss_x > 920:                             X座標が920より大きくなったら
128               ss_x = 920                             X座標を920にする
129       key_spc = (key_spc+1)*key[K_SPACE]             スペースキーを押している間、この変数を加算
130       if key_spc%5 == 1:                             1回目に押した時と、以後、5フレームごとに
131           set_missile(0)                             弾を発射する
132           se_shot.play()                             発射音を出力
```

```python
133         key_z = (key_z+1)*key[K_z]                   Zキーを押している間、この変数を加算
134         if key_z == 1 and ss_shield > 10:            1回押した時、シールドが10より大きければ
135             set_missile(10)                              弾幕を張る
136             ss_shield = ss_shield - 10                   シールドを10減らす
137             se_barrage.play()                            発射音を出力
138
139         if ss_muteki%2 == 0:                         無敵状態で点滅させるためのif文
140             scrn.blit(img_sship[3], [ss_x-8, ss_y+       エンジンの炎を描く
    40+(tmr%3)*2])
141             scrn.blit(img_sship[ss_d], [ss_x-37,         自機を描く
    ss_y-48])
142
143         if ss_muteki > 0:                            無敵状態であれば
144             ss_muteki = ss_muteki - 1                    ss_mutekiの値を減らし
145             return                                       関数を抜ける(敵とのヒットチェックは無し)
146     elif idx == 1:                                   無敵でなくidxが1なら
147         for i in range(ENEMY_MAX): # 敵とのヒット       繰り返しで敵とのヒットチェックを行う
    チェック
148             if emy_f[i] == True:                         敵機が存在するなら
149                 w = img_enemy[emy_type[i]].              敵機の画像の幅
    get_width()
150                 h = img_enemy[emy_type[i]].              敵機の画像の高さ
    get_height()
151                 r = int((w+h)/4 + (74+96)/4)             ヒットチェックする距離を計算
152                 if get_dis(emy_x[i], emy_y[i],           敵機と自機がその距離未満なら
    ss_x, ss_y) < r*r:
153                     set_effect(ss_x, ss_y)                   爆発演出をセット
154                     ss_shield = ss_shield - 10               シールドを減らす
155                     if ss_shield <= 0:                       ss_shieldが0以下なら
156                         ss_shield = 0                            ss_shieldを0にする
157                         idx = 2                                  ゲームオーバーへ移行
158                         tmr = 0
159                     if ss_muteki == 0:                       無敵状態でなければ
160                         ss_muteki = 60                           無敵状態にする
161                         se_damage.play()                         ダメージ効果音を出力
162                     if emy_type[i] < EMY_BOSS:               接触したのがボスでなければ
163                         emy_f[i] = False                         敵機を消す
164
165
166 def set_missile(typ): # 自機の発射する弾をセットする   自機の発射する弾をセットする関数
  : 略：list0801_1.pyの通り（→P.273）
  :  〜
183 def move_missile(scrn): # 弾の移動                    弾を移動する関数
  : 略：list0801_1.pyの通り（→P.273）
  :  〜
194 def bring_enemy(): # 敵を出す                         敵機を出現させる関数
195     sec = tmr/30                                     ゲームの進行時間(秒数)をsecに代入
196     if 0 < sec and sec < 15 and tmr%60 == 0:         secの値が0〜15の間、このタイミングで
197         set_enemy(random.randint(20, 940), LINE_T,       ザコ機1を出す
    90, EMY_ZAKO, 8, 1) # 敵1
198         set_enemy(random.randint(20, 940), LINE_T,       ザコ機2を出す
    90, EMY_ZAKO+1, 12, 1) # 敵2
199         set_enemy(random.randint(100, 860), LINE_T,      ザコ機3を出す
    random.randint(60, 120), EMY_ZAKO+2, 6, 3) # 敵3
200         set_enemy(random.randint(100, 860), LINE_T,      ザコ機4を出す
    90, EMY_ZAKO+3, 12, 2) # 敵4
201     if tmr == 30*20: # ボス出現                      tmrの値がこの時に
202         set_enemy(480, -210, 90, EMY_BOSS, 4, 200)       ボスを出す
203
204
```

```python
205  def set_enemy(x, y, a, ty, sp, sh): # 敵機をセットする
206      global emy_no
207      while True:
208          if emy_f[emy_no] == False:
209              emy_f[emy_no] = True
210              emy_x[emy_no] = x
211              emy_y[emy_no] = y
212              emy_a[emy_no] = a
213              emy_type[emy_no] = ty
214              emy_speed[emy_no] = sp
215              emy_shield[emy_no] = sh
216              emy_count[emy_no] = 0
217              break
218          emy_no = (emy_no+1)%ENEMY_MAX
219  
220  
221  def move_enemy(scrn): # 敵機の移動
222      global idx, tmr, score, ss_shield
223      for i in range(ENEMY_MAX):
224          if emy_f[i] == True:
225              ang = -90-emy_a[i]
226              png = emy_type[i]
227              if emy_type[i] < EMY_BOSS: # ザコの動き
228                  emy_x[i] = emy_x[i] + emy_speed[i]*math.cos(math.radians(emy_a[i]))
229                  emy_y[i] = emy_y[i] + emy_speed[i]*math.sin(math.radians(emy_a[i]))
230                  if emy_type[i] == 4: # 進行方向を変える敵
231                      emy_count[i] = emy_count[i] + 1
232                      ang = emy_count[i]*10
233                      if emy_y[i] > 240 and emy_a[i] == 90:
234                          emy_a[i] = random.choice([50,70,110,130])
235                          set_enemy(emy_x[i], emy_y[i], 90, EMY_BULLET, 6, 0)
236                  if emy_x[i] < LINE_L or LINE_R < emy_x[i] or emy_y[i] < LINE_T or LINE_B < emy_y[i]:
237                      emy_f[i] = False
238              else: # ボスの動き
239                  if emy_count[i] == 0:
240                      emy_y[i] = emy_y[i] + 2
241                      if emy_y[i] >= 200:
242                          emy_count[i] = 1
243                  elif emy_count[i] == 1:
244                      emy_x[i] = emy_x[i] - emy_speed[i]
245                      if emy_x[i] < 200:
246                          for j in range(0, 10):
247                              set_enemy(emy_x[i], emy_y[i]+80, j*20, EMY_BULLET, 6, 0)
248                          emy_count[i] = 2
249                  else:
250                      emy_x[i] = emy_x[i] + emy_speed[i]
251                      if emy_x[i] > 760:
252                          for j in range(0, 10):
253                              set_enemy(emy_x[i], emy_y[i]+80, j*20, EMY_BULLET, 6, 0)
```

254	`                    emy_count[i] = 1`	左方向への移動へ
255	`                    if emy_shield[i] < 100 and tmr%30 == 0:`	シールド100未満、このタイミングで
256	`                        set_enemy(emy_x[i], emy_y[i]+80, random.randint(60, 120), EMY_BULLET, 6, 0)`	弾を発射
257		
258	`                if emy_type[i] != EMY_BULLET: # プレイヤーの弾とのヒットチェック`	敵の弾以外、プレイヤーの弾とヒットチェックする
259	`                    w = img_enemy[emy_type[i]].get_width()`	敵の画像の幅(ドット数)
260	`                    h = img_enemy[emy_type[i]].get_height()`	敵の画像の高さ
261	`                    r = int((w+h)/4)+12`	ヒットチェックに使う距離を計算
262	`                    er = int((w+h)/4)`	爆発演出の表示用の値を計算
263	`                    for n in range(MISSILE_MAX):`	繰り返しで
264	`                        if msl_f[n] == True and get_dis(emy_x[i], emy_y[i], msl_x[n], msl_y[n]) < r*r:`	自機の弾と接触したか調べ
265	`                            msl_f[n] = False`	弾を削除
266	`                            set_effect(emy_x[i]+random.randint(-er, er), emy_y[i]+random.randint(-er, er))`	爆発のエフェクト
267	`                            if emy_type[i] == EMY_BOSS: # ボスはフラッシュさせる`	ボスの場合は
268	`                                png = emy_type[i] + 1`	フラッシュ用の絵の番号
269	`                            emy_shield[i] = emy_shield[i] - 1`	敵機のシールドを減らす
270	`                            score = score + 100`	スコアを加算
271	`                            if emy_shield[i] == 0:`	敵機を倒したら
272	`                                emy_f[i] = False`	敵機を削除
273	`                                if ss_shield < 100:`	自機のシールドが100
274	`                                    ss_shield = ss_shield + 1`	未満なら増やす
275	`                                if emy_type[i] == EMY_BOSS and idx == 1: # ボスを倒すとクリア`	ボスを倒した時は
276	`                                    idx = 3`	idxを3にし
277	`                                    tmr = 0`	ゲームクリアへ
278	`                                    for j in range(10):`	繰り返しで
279	`                                        set_effect(emy_x[i]+random.randint(-er, er), emy_y[i]+random.randint(-er, er))`	ボスが爆発する演出
280	`                                    se_explosion.play()`	爆発の効果音
281		
282	`            img_rz = pygame.transform.rotozoom(img_enemy[png], ang, 1.0)`	敵機を回転させた画像を作り
283	`            scrn.blit(img_rz, [emy_x[i]-img_rz.get_width()/2, emy_y[i]-img_rz.get_height()/2])`	その画像を描く
284		
285		
286 : : ~	`def set_effect(x, y): # 爆発をセットする` 略：list0801_1.pyの通り(→P.274)	爆発演出をセットする関数
294 : : ~	`def draw_effect(scrn): # 爆発の演出` 略：list0801_1.pyの通り(→P.274～275)	爆発演出を表示する関数
303	`def main(): # メインループ`	メイン処理を行う関数
304	`    global idx, tmr, score, bg_y, ss_x, ss_y, ss_d, ss_shield, ss_muteki`	これらをグローバル変数とする
305	`    global se_barrage, se_damage, se_explosion, se_shot`	これらをグローバル変数とする

306		
307	`    pygame.init()`	pygameモジュールの初期化
308	`    pygame.display.set_caption("Galaxy Lancer")`	ウィンドウに表示するタイトルを指定
309	`    screen = pygame.display.set_mode((960, 720))`	描画面を初期化
310	`    clock = pygame.time.Clock()`	clockオブジェクトを作成
311	`    se_barrage = pygame.mixer.Sound("sound_gl/barrage.ogg")`	SEを読み込む
312	`    se_damage = pygame.mixer.Sound("sound_gl/damage.ogg")`	SEを読み込む
313	`    se_explosion = pygame.mixer.Sound("sound_gl/explosion.ogg")`	SEを読み込む
314	`    se_shot = pygame.mixer.Sound("sound_gl/shot.ogg")`	SEを読み込む
315		
316	`    while True:`	無限ループ
317	`        tmr = tmr + 1`	tmrの値を1増やす
318	`        for event in pygame.event.get():`	pygameのイベントを繰り返しで処理する
319	`            if event.type == QUIT:`	ウィンドウの×ボタンをクリック
320	`                pygame.quit()`	pygameモジュールの初期化を解除
321	`                sys.exit()`	プログラムを終了する
322	`            if event.type == KEYDOWN:`	キーを押すイベントが発生した時
323	`                if event.key == K_F1:`	F1キーなら
324	`                    screen = pygame.display.set_mode((960, 720), FULLSCREEN)`	フルスクリーンモードにする
325	`                if event.key == K_F2 or event.key == K_ESCAPE:`	F2キーかEscキーなら
326	`                    screen = pygame.display.set_mode((960, 720))`	通常表示に戻す
327		
328	`        # 背景のスクロール`	
329	`        bg_y = (bg_y+16)%720`	背景のスクロール位置の計算
330	`        screen.blit(img_galaxy, [0, bg_y-720])`	背景を描く(上側)
331	`        screen.blit(img_galaxy, [0, bg_y])`	背景を描く(下側)
332		
333	`        key = pygame.key.get_pressed()`	keyに全てのキーの状態を代入
334		
335	`        if idx == 0: # タイトル`	idxが0の時(タイトル画面)
336	`            img_rz = pygame.transform.rotozoom(img_title[0], -tmr%360, 1.0)`	ロゴの後ろの渦巻きを回転させた画像
337	`            screen.blit(img_rz, [480-img_rz.get_width()/2, 280-img_rz.get_height()/2])`	それを画面に描く
338	`            screen.blit(img_title[1], [70, 160])`	Galaxy Lancerのロゴを描く
339	`            draw_text(screen, "Press [SPACE] to start!", 480, 600, 50, SILVER)`	Press [SPACE] to start!の文字を描く
340	`            if key[K_SPACE] == 1:`	スペースキーが押されたら
341	`                idx = 1`	idxを1に
342	`                tmr = 0`	タイマーを0に
343	`                score = 0`	スコアを0に
344	`                ss_x = 480`	スタート時の自機のX座標
345	`                ss_y = 600`	スタート時の自機のY座標
346	`                ss_d = 0`	自機の傾きを0に
347	`                ss_shield = 100`	シールドを100に
348	`                ss_muteki = 0`	無敵時間を0に
349	`                for i in range(ENEMY_MAX):`	繰り返しで
350	`                    emy_f[i] = False`	敵を出現していない状態に
351	`                for i in range(MISSILE_MAX):`	繰り返しで
352	`                    msl_f[i] = False`	自機の弾を発射してない状態に
353	`                pygame.mixer.music.load("sound_gl/bgm.ogg")`	BGMを読み込み
354	`                pygame.mixer.music.play(-1)`	無限ループ指定で出力

```
        if idx == 1: # ゲームプレイ中
            move_starship(screen, key)
            move_missile(screen)
            bring_enemy()
            move_enemy(screen)

        if idx == 2: # ゲームオーバー
            move_missile(screen)
            move_enemy(screen)
            if tmr == 1:
                pygame.mixer.music.stop()
            if tmr <= 90:
                if tmr%5 == 0:
                    set_effect(ss_x+random.randint(-60,60), ss_y+random.randint(-60,60))
                if tmr%10 == 0:
                    se_damage.play()
            if tmr == 120:
                pygame.mixer.music.load("sound_gl/gameover.ogg")
                pygame.mixer.music.play(0)
            if tmr > 120:
                draw_text(screen, "GAME OVER", 480, 300, 80, RED)
            if tmr == 400:
                idx = 0
                tmr = 0

        if idx == 3: # ゲームクリア
            move_starship(screen, key)
            move_missile(screen)
            if tmr == 1:
                pygame.mixer.music.stop()
            if tmr == 2:
                pygame.mixer.music.load("sound_gl/gameclear.ogg")
                pygame.mixer.music.play(0)
            if tmr > 20:
                draw_text(screen, "GAME CLEAR", 480, 300, 80, SILVER)
            if tmr == 300:
                idx = 0
                tmr = 0

        draw_effect(screen) # 爆発の演出
        draw_text(screen, "SCORE "+str(score), 200, 30, 50, SILVER)
        if idx != 0: # シールドの表示
            screen.blit(img_shield, [40, 680])
            pygame.draw.rect(screen, (64,32,32), [40+ss_shield*4, 680, (100-ss_shield)*4, 12])

        pygame.display.update()
        clock.tick(30)


if __name__ == '__main__':
    main()
```

このプログラムを実行するとボス機が登場します。今回は確認しやすいように、ゲームを開始して20秒程度で登場するようになっています（**図8-3-2**）。

図8-3-2　ボスキャラの登場

move_enemy()関数の238〜256行目にボスの処理を追加しました。その部分を抜き出して説明します。

```
        if emy_type[i] < EMY_BOSS: # ザコの動き
            〜
        else: # ボスの動き
            if emy_count[i] == 0:
                emy_y[i] = emy_y[i] + 2
                if emy_y[i] >= 200:
                    emy_count[i] = 1
            elif emy_count[i] == 1:
                emy_x[i] = emy_x[i] - emy_speed[i]
                if emy_x[i] < 200:
                    for j in range(0, 10):
                        set_enemy(emy_x[i], emy_y[i]+80, j*20, EMY_BULLET, 6, 0)
                    emy_count[i] = 2
            else:
                emy_x[i] = emy_x[i] + emy_speed[i]
                if emy_x[i] > 760:
                    for j in range(0, 10):
                        set_enemy(emy_x[i], emy_y[i]+80, j*20, EMY_BULLET, 6, 0)
                    emy_count[i] = 1
```

次ページへつづく

```
            if emy_shield[i] < 100 and tmr%30 == 0:
                set_enemy(emy_x[i], emy_y[i]+80, random.randint(60, 120), EMY_BULLET, 6, 0)
```

　emy_countの値が0の時に上からボス機が降りてきます。機体全体が画面に入るとemy_countを1にして、左方向に移動します。左端に着くとemy_countを2にして、右方向に移動します。右端に着くと再びemy_countを1にして、左に移動します。
　左端と右端に達した時に放射状に弾を発射します。またボス機のシールドが100未満になると、tmr%30 == 0のタイミングでも弾を発射します。

ボス機に弾を当てた時の演出について

　move_enemy()関数の、自機が撃った弾と敵機をヒットチェックする処理で、ボスに弾を当てた時の演出を行っています。その部分を抜き出して説明します。ボス機用の演出は太字部分です。

```
            if emy_type[i] != EMY_BULLET:    # プレイヤーの弾とのヒットチェック
                w = img_enemy[emy_type[i]].get_width()
                h = img_enemy[emy_type[i]].get_height()
                r = int((w+h)/4)+12
                er = int((w+h)/4)
                for n in range(MISSILE_MAX):
                    if msl_f[n] == True and get_dis(emy_x[i], emy_y[i], msl_x[n], msl_y[n]) < r*r:
                        msl_f[n] = False
                        set_effect(emy_x[i]+random.randint(-er, er), emy_y[i]+random.randint(-er, er))
                        if emy_type[i] == EMY_BOSS:    # ボスはフラッシュさせる
                            png = emy_type[i] + 1
                        emy_shield[i] = emy_shield[i] - 1
                        score = score + 100
```

　爆発演出を行うset_effect()関数の座標の引数に、random.randint(-er, er)という乱数を加えています。変数erの値は、敵機の幅と高さの合計を4で割った数値です。シューティングゲームでは大きなサイズの敵機に何発も弾を当てる場面があります。爆発演出の座標に乱数値を加えることで、機体のあちこちにエフェクトが表示され、ダメージを与える様子を表現できます。
　ザコ機の爆発演出も、引数に乱数を加えて呼び出すset_effect()で行っています。ザコ機は機体サイズが小さいので、乱数を加えてもエフェクトの位置は機体からそれほどずれないため、ザコとボスで処理を分ける必要はありません。

それからボス機は白い機体の画像を用意し、弾を当てた時にpng = emy_type[i] + 1として、白い機体を表示することでフラッシュさせています。ボスのように何度も攻撃して倒す相手には、このようにいくつかの演出を入れるとよいでしょう。

ボスを攻撃した時に、あまり反応がないと、戦っている手ごたえを感じられませんよね。ゲームは演出面も重要なことがよく分かります。

ボス機の追加で忘れてはいけないこと

　自機を動かすmove_starship()関数内にある、敵機とのヒットチェックで、前のプログラムまでは接触した敵機を emy_f[i] = False として消していました。そのままではボス機に接触した時にボスも消えてしまうので、162～163行目に次のif文を追加し、ボス機は自機と接触しても消えないようにしています。

```
if emy_type[i] < EMY_BOSS:
    emy_f[i] = False
```

ボス機が登場し、より本格的なシューティングゲームになりました。次のLessonで完成です。難しい内容もあったと思いますが、頑張っていきましょう。

Lesson 8-4 ゲームを完成させる

ザコ機が色々なパターンで出現するようにし、ハイスコアを保持する機能などを加え、ゲームを完成させます。

ゲームクリアとハイスコアの更新

次の追加、修正を行ってゲームを完成させます。

- ザコ機が様々なパターンで出現する
- 文字列を表示する関数を改良し、見栄えの良いフォントでスコアなどを表示する
- ハイスコアを更新できたら、ゲーム終了時にメッセージを表示する

> ハイスコアを更新できたら、ゲームオーバーになってもメッセージを表示したほうが、ユーザーのやる気が出ます。ハイスコア更新時には、ゲームクリア、ゲームオーバーともにメッセージを表示するようにします。

『Galaxy Lancer』の完成形のプログラムとなるので、ファイル名は「galaxy_lancer.py」としました。次のプログラムを入力し、ファイル名を付けて保存し、実行しましょう。

リスト▶galaxy_lancer.py　※前のプログラムからの追加変更箇所にマーカーを引いています

```python
1   import pygame                                              # pygameモジュールをインポート
2   import sys                                                 # sysモジュールをインポート
3   import math                                                # mathモジュールをインポート
4   import random                                              # randomモジュールをインポート
5   from pygame.locals import *                                # pygame.定数の記述の省略
6
7   BLACK = (  0,   0,   0)                                    # 色の定義(黒)
8   SILVER= (192, 208, 224)                                    # 色の定義(銀)
9   RED   = (255,   0,   0)                                    # 色の定義(赤)
10  CYAN  = (  0, 224, 255)                                    # 色の定義(水色)
11
12  # 画像の読み込み
13  img_galaxy = pygame.image.load("image_gl/galaxy.png")      # 背景の星々の画像を読み込む変数
14  img_sship = [                                              # 自機の画像を読み込むリスト
15      pygame.image.load("image_gl/starship.png"),
16      pygame.image.load("image_gl/starship_l.png"),
17      pygame.image.load("image_gl/starship_r.png"),
18      pygame.image.load("image_gl/starship_burner.png")
19  ]
```

```python
20  img_weapon = pygame.image.load("image_gl/bullet.png")                     # 自機の弾の画像を読み込む変数
21  img_shield = pygame.image.load("image_gl/shield.png")                     # シールドの画像を読み込む変数
22  img_enemy = [                                                             # 敵機の画像を読み込むリスト
23      pygame.image.load("image_gl/enemy0.png"),
24      pygame.image.load("image_gl/enemy1.png"),
25      pygame.image.load("image_gl/enemy2.png"),
26      pygame.image.load("image_gl/enemy3.png"),
27      pygame.image.load("image_gl/enemy4.png"),
28      pygame.image.load("image_gl/enemy_boss.png"),
29      pygame.image.load("image_gl/enemy_boss_f.png")
30  ]
31  img_explode = [                                                           # 爆発演出の画像を読み込むリスト
32      None,
33      pygame.image.load("image_gl/explosion1.png"),
34      pygame.image.load("image_gl/explosion2.png"),
35      pygame.image.load("image_gl/explosion3.png"),
36      pygame.image.load("image_gl/explosion4.png"),
37      pygame.image.load("image_gl/explosion5.png"),
38  ]
39  img_title = [                                                             # タイトル画面の画像を読み込むリスト
40      pygame.image.load("image_gl/nebula.png"),
41      pygame.image.load("image_gl/logo.png")
42  ]
43
44  # SEを読み込む変数
45  se_barrage = None                                                         # 弾幕発射時のSEを読み込む変数
46  se_damage = None                                                          # ダメージを受けた時のSEを読み込む変数
47  se_explosion = None                                                       # ボスが爆発する時のSEを読み込む変数
48  se_shot = None                                                            # 弾を発射する時のSEを読み込む変数
49
50  idx = 0                                                                   # インデックスの変数
51  tmr = 0                                                                   # タイマーの変数
52  score = 0                                                                 # スコアの変数
53  hisco = 10000                                                             # ハイスコアの変数
54  new_record = False                                                        # ハイスコアを更新したかのフラグ用変数
55  bg_y = 0                                                                  # 背景スクロール用の変数
56
57  ss_x = 0                                                                  # 自機のX座標の変数
58  ss_y = 0                                                                  # 自機のY座標の変数
59  ss_d = 0                                                                  # 自機の傾き用の変数
60  ss_shield = 0                                                             # 自機のシールド量の変数
61  ss_muteki = 0                                                             # 自機の無敵状態の変数
62  key_spc = 0                                                               # スペースキーを押した時に使う変数
63  key_z = 0                                                                 # Zキーを押した時に使う変数
64
65  MISSILE_MAX = 200                                                         # 自機が発射する弾の最大数の定数
66  msl_no = 0                                                                # 弾の発射で使うリストの添え字用の変数
67  msl_f = [False]*MISSILE_MAX                                               # 弾が発射中か管理するフラグのリスト
68  msl_x = [0]*MISSILE_MAX                                                   # 弾のX座標のリスト
69  msl_y = [0]*MISSILE_MAX                                                   # 弾のY座標のリスト
70  msl_a = [0]*MISSILE_MAX                                                   # 弾が飛んでいく角度のリスト
71
72  ENEMY_MAX = 100                                                           # 敵の最大数の定数
73  emy_no = 0                                                                # 敵を出す時に使うリストの添え字用の変数
74  emy_f = [False]*ENEMY_MAX                                                 # 敵が出現中か管理するフラグのリスト
75  emy_x = [0]*ENEMY_MAX                                                     # 敵のX座標のリスト
76  emy_y = [0]*ENEMY_MAX                                                     # 敵のY座標のリスト
77  emy_a = [0]*ENEMY_MAX                                                     # 敵が飛行する角度のリスト
```

```python
78   emy_type = [0]*ENEMY_MAX                              敵の種類のリスト
79   emy_speed = [0]*ENEMY_MAX                             敵の速度のリスト
80   emy_shield = [0]*ENEMY_MAX                            敵のシールドのリスト
81   emy_count = [0]*ENEMY_MAX                             敵の動きなどを管理するリスト
82
83   EMY_BULLET = 0                                        敵の弾の番号を管理する定数
84   EMY_ZAKO = 1                                          ザコ機の番号を管理する定数
85   EMY_BOSS = 5                                          ボス機の番号を管理する定数
86   LINE_T = -80                                          敵が出現する(消える)上端の座標
87   LINE_B = 800                                          敵が出現する(消える)下端の座標
88   LINE_L = -80                                          敵が出現する(消える)左端の座標
89   LINE_R = 1040                                         敵が出現する(消える)右端の座標
90
91   EFFECT_MAX = 100                                      爆発演出の最大数の定数
92   eff_no = 0                                            爆発演出を出す時に使うリストの添え字用の変数
93   eff_p = [0]*EFFECT_MAX                                爆発演出の画像番号用のリスト
94   eff_x = [0]*EFFECT_MAX                                爆発演出のX座標のリスト
95   eff_y = [0]*EFFECT_MAX                                爆発演出のY座標のリスト
96
97
98   def get_dis(x1, y1, x2, y2): # 二点間の距離を求める      二点間の距離を求める関数
99       return( (x1-x2)*(x1-x2) + (y1-y2)*(y1-y2) )                二乗した値を返す(ルートは使わない)
100
101
102  def draw_text(scrn, txt, x, y, siz, col): # 立体        立体的な文字列を表示する関数
     的な文字の表示
103      fnt = pygame.font.Font(None, siz)                  フォントオブジェクトを作成
104      cr = int(col[0]/2)                                 色の赤成分から暗い値を計算
105      cg = int(col[1]/2)                                 色の緑成分から暗い値を計算
106      cb = int(col[2]/2)                                 色の青成分から暗い値を計算
107      sur = fnt.render(txt, True, (cr,cg,cb))            暗い色の文字列を描いたSurfaceを生成
108      x = x - sur.get_width()/2                          センタリング表示するためX座標を計算
109      y = y - sur.get_height()/2                         センタリング表示するためY座標を計算
110      scrn.blit(sur, [x+1, y+1])                         文字列を描いたSurfaceを画面に転送
111      cr = col[0]+128                                    色の赤成分から明るい値を計算
112      if cr > 255: cr = 255
113      cg = col[1]+128                                    色の緑成分から明るい値を計算
114      if cg > 255: cg = 255
115      cb = col[2]+128                                    色の青成分から明るい値を計算
116      if cb > 255: cb = 255
117      sur = fnt.render(txt, True, (cr,cg,cb))            明るい色で文字列を描いたSurfaceを生成
118      scrn.blit(sur, [x-1, y-1])                         そのSurfaceを画面に転送
119      sur = fnt.render(txt, True, col)                   引数の色で文字列を描いたSurfaceを生成
120      scrn.blit(sur, [x, y])                             そのSurfaceを画面に転送
121
122
123  def move_starship(scrn, key): # 自機の移動              自機を移動する関数
124      global idx, tmr, ss_x, ss_y, ss_d, ss_shield,      これらをグローバル変数とする
     ss_muteki, key_spc, key_z
125      ss_d = 0                                           機体の傾きの変数を0(傾き無し)にする
126      if key[K_UP] == 1:                                 上キーが押されたら
127          ss_y = ss_y - 20                                   Y座標を減らす
128          if ss_y < 80:                                      Y座標が80より小さくなったら
129              ss_y = 80                                          Y座標を80にする
130      if key[K_DOWN] == 1:                               下キーが押されたら
131          ss_y = ss_y + 20                                   Y座標を増やす
132          if ss_y > 640:                                     Y座標が640より大きくなったら
133              ss_y = 640                                         Y座標を640にする
134      if key[K_LEFT] == 1:                               左キーが押されたら
135          ss_d = 1                                           機体の傾きを1(左)にする
```

136	`        ss_x = ss_x - 20`	X座標を減らす
137	`        if ss_x < 40:`	X座標が40より小さくなったら
138	`            ss_x = 40`	X座標を40にする
139	`    if key[K_RIGHT] == 1:`	右キーが押されたら
140	`        ss_d = 2`	機体の傾きを2(右)にする
141	`        ss_x = ss_x + 20`	X座標を増やす
142	`        if ss_x > 920:`	X座標が920より大きくなったら
143	`            ss_x = 920`	X座標を920にする
144	`    key_spc = (key_spc+1)*key[K_SPACE]`	スペースキーを押している間、この変数を加算
145	`    if key_spc%5 == 1:`	1回目に押した時と、以後、5フレームごとに
146	`        set_missile(0)`	弾を発射する
147	`        se_shot.play()`	発射音を出力
148	`    key_z = (key_z+1)*key[K_z]`	Zキーを押している間、この変数を加算
149	`    if key_z == 1 and ss_shield > 10:`	1回押した時、シールドが10より大きければ
150	`        set_missile(10)`	弾幕を張る
151	`        ss_shield = ss_shield - 10`	シールドを10減らす
152	`        se_barrage.play()`	発射音を出力
153		
154	`    if ss_muteki%2 == 0:`	無敵状態で点滅させるためのif文
155	`        scrn.blit(img_sship[3], [ss_x-8, ss_y+40+(tmr%3)*2])`	エンジンの炎を描く
156	`        scrn.blit(img_sship[ss_d], [ss_x-37, ss_y-48])`	自機を描く
157		
158	`    if ss_muteki > 0:`	無敵状態であれば
159	`        ss_muteki = ss_muteki - 1`	ss_mutekiの値を減らし
160	`        return`	関数を抜ける(敵とのヒットチェックは無し)
161	`    elif idx == 1:`	無敵でなくidxが1なら
162	`        for i in range(ENEMY_MAX): # 敵とのヒットチェック`	繰り返しで敵とのヒットチェックを行う
163	`            if emy_f[i] == True:`	敵機が存在するなら
164	`                w = img_enemy[emy_type[i]].get_width()`	敵機の画像の幅
165	`                h = img_enemy[emy_type[i]].get_height()`	敵機の画像の高さ
166	`                r = int((w+h)/4 + (74+96)/4)`	ヒットチェックする距離を計算
167	`                if get_dis(emy_x[i], emy_y[i], ss_x, ss_y) < r*r:`	敵機と自機がその距離未満なら
168	`                    set_effect(ss_x, ss_y)`	爆発演出をセット
169	`                    ss_shield = ss_shield - 10`	シールドを減らす
170	`                    if ss_shield <= 0:`	ss_shieldが0以下なら
171	`                        ss_shield = 0`	ss_shieldを0にする
172	`                        idx = 2`	ゲームオーバーへ移行
173	`                        tmr = 0`	
174	`                    if ss_muteki == 0:`	無敵状態でなければ
175	`                        ss_muteki = 60`	無敵状態にする
176	`                        se_damage.play()`	ダメージ効果音を出力
177	`                    if emy_type[i] < EMY_BOSS:`	接触したのがボスでなければ
178	`                        emy_f[i] = False`	敵機を消す
179		
180		
181	`def set_missile(typ): # 自機の発射する弾をセットする`	自機の発射する弾をセットする関数
182	`    global msl_no`	これをグローバル変数とする
183	`    if typ == 0: # 単発`	単発の時
184	`        msl_f[msl_no] = True`	発射したフラグをTrueに
185	`        msl_x[msl_no] = ss_x`	弾のX座標を代入 ┐自機の鼻先の位置
186	`        msl_y[msl_no] = ss_y-50`	弾のY座標を代入 ┘
187	`        msl_a[msl_no] = 270`	弾の飛ぶ角度
188	`        msl_no = (msl_no+1)%MISSILE_MAX`	次にセットするための番号を計算
189	`    if typ == 10: # 弾幕`	弾幕の時

300

```python
190            for a in range(160, 390, 10):
191                msl_f[msl_no] = True
192                msl_x[msl_no] = ss_x
193                msl_y[msl_no] = ss_y-50
194                msl_a[msl_no] = a
195                msl_no = (msl_no+1)%MISSILE_MAX
196
197
198    def move_missile(scrn): # 弾の移動
199        for i in range(MISSILE_MAX):
200            if msl_f[i] == True:
201                msl_x[i] = msl_x[i] + 36*math.cos(math.radians(msl_a[i]))
202                msl_y[i] = msl_y[i] + 36*math.sin(math.radians(msl_a[i]))
203                img_rz = pygame.transform.rotozoom(img_weapon, -90-msl_a[i], 1.0)
204                scrn.blit(img_rz, [msl_x[i]-img_rz.get_width()/2, msl_y[i]-img_rz.get_height()/2])
205                if msl_y[i] < 0 or msl_x[i] < 0 or msl_x[i] > 960:
206                    msl_f[i] = False
207
208
209    def bring_enemy(): # 敵を出す
210        sec = tmr/30
211        if 0 < sec and sec < 25: # スタートして25秒間
212            if tmr%15 == 0:
213                set_enemy(random.randint(20, 940), LINE_T, 90, EMY_ZAKO, 8, 1) # 敵1
214        if 30 < sec and sec < 55: # 30～55秒
215            if tmr%10 == 0:
216                set_enemy(random.randint(20, 940), LINE_T, 90, EMY_ZAKO+1, 12, 1) # 敵2
217        if 60 < sec and sec < 85: # 60～85秒
218            if tmr%15 == 0:
219                set_enemy(random.randint(100, 860), LINE_T, random.randint(60, 120), EMY_ZAKO+2, 6, 3) # 敵3
220        if 90 < sec and sec < 115: # 90～115秒
221            if tmr%20 == 0:
222                set_enemy(random.randint(100, 860), LINE_T, 90, EMY_ZAKO+3, 12, 2) # 敵4
223        if 120 < sec and sec < 145: # 120～145秒 2種類
224            if tmr%20 == 0:
225                set_enemy(random.randint(20, 940), LINE_T, 90, EMY_ZAKO, 8, 1) # 敵1
226                set_enemy(random.randint(100, 860), LINE_T, random.randint(60, 120), EMY_ZAKO+2, 6, 3) # 敵3
227        if 150 < sec and sec < 175: # 150～175秒 2種類
228            if tmr%20 == 0:
229                set_enemy(random.randint(20, 940), LINE_B, 270, EMY_ZAKO, 8, 1) # 敵1 下から上に
230                set_enemy(random.randint(20, 940), LINE_T, random.randint(70, 110), EMY_ZAKO+1, 12, 1) # 敵2
231        if 180 < sec and sec < 205: # 180～205秒 2種類
232            if tmr%20 == 0:
233                set_enemy(random.randint(100, 860), LINE_T, random.randint(60, 120), EMY_ZAKO+2, 6, 3) # 敵3
```

繰り返しで扇状に弾を発射
発射したフラグをTrueに
弾のX座標を代入 ─ 自機の鼻先の位置
弾のY座標を代入
弾の飛ぶ角度
次にセットするための番号を計算

弾を移動する関数
繰り返しで
弾が発射された状態なら
X座標を計算

Y座標を計算

飛んで行く角度に回転させた画像を作り
その画像を描く

画面から出たら
弾を消す

敵機を出現させる関数
ゲームの進行時間(秒数)をsecに代入
secの値が0～25の間
このタイミングで
ザコ機1を出す

secの値が30～55の間
このタイミングで
ザコ機2を出す

secの値が60～85の間
このタイミングで
ザコ機3を出す

secの値が90～115の間
このタイミングで
ザコ機4を出す

secの値が120～145の間
このタイミングで
ザコ機1を出す

ザコ機3を出す

secの値が150～175の間
このタイミングで
ザコ機1を出す

ザコ機2を出す

secの値が180～205の間
このタイミングで
ザコ機3を出す

```
234                set_enemy(random.randint(100, 860),         ザコ機4を出す
LINE_T, 90, EMY_ZAKO+3, 12, 2) # 敵4
235        if 210 < sec and sec < 235: # 210～235秒 2種類   secの値が210～235の間
236            if tmr%20 == 0:                              このタイミングで
237                set_enemy(LINE_L, random.randint         ザコ機1を出す
(40, 680), 0, EMY_ZAKO, 12, 1) # 敵1
238                set_enemy(LINE_R, random.randint         ザコ機2を出す
(40, 680), 180, EMY_ZAKO+1, 18, 1) # 敵2
239        if 240 < sec and sec < 265: # 240～265秒 総攻撃   secの値が240～265の間
240            if tmr%30 == 0:                              このタイミングで
241                set_enemy(random.randint(20, 940),       ザコ機1を出す
LINE_T, 90, EMY_ZAKO, 8, 1) # 敵1
242                set_enemy(random.randint(20, 940),       ザコ機2を出す
LINE_T, 90, EMY_ZAKO+1, 12, 1) # 敵2
243                set_enemy(random.randint(100, 860),      ザコ機3を出す
LINE_T, random.randint(60, 120), EMY_ZAKO+2, 6, 3) # 敵3
244                set_enemy(random.randint(100, 860),      ザコ機4を出す
LINE_T, 90, EMY_ZAKO+3, 12, 2) # 敵4
245
246        if tmr == 30*270: # ボス出現                      tmrの値がこの時に
247            set_enemy(480, -210, 90, EMY_BOSS, 4, 200)   ボスを出す
248
249
250    def set_enemy(x, y, a, ty, sp, sh): # 敵機をセットする  敵機のリストに座標や角度をセットする関数
251        global emy_no                                     これをグローバル変数とする
252        while True:                                       無限ループ
253            if emy_f[emy_no] == False:                    空いているリストなら
254                emy_f[emy_no] = True                      フラグを立て
255                emy_x[emy_no] = x                         X座標を代入
256                emy_y[emy_no] = y                         Y座標を代入
257                emy_a[emy_no] = a                         角度を代入
258                emy_type[emy_no] = ty                     敵の種類を代入
259                emy_speed[emy_no] = sp                    敵の速度を代入
260                emy_shield[emy_no] = sh                   敵のシールドの値を代入
261                emy_count[emy_no] = 0                     動きなどを管理するリストに0を代入
262                break                                     繰り返しを抜ける
263            emy_no = (emy_no+1)%ENEMY_MAX                 次にセットするための番号を計算
264
265
266    def move_enemy(scrn): # 敵機の移動                     敵機を動かす関数
267        global idx, tmr, score, hisco, new_record,        これらをグローバル変数とする
ss_shield
268        for i in range(ENEMY_MAX):                        繰り返しで
269            if emy_f[i] == True:                          敵機が存在するなら
270                ang = -90-emy_a[i]                        angに画像の回転角度を代入
271                png = emy_type[i]                         pngに絵の番号を代入
272                if emy_type[i] < EMY_BOSS: # ザコの動き    ザコ機であれば
273                    emy_x[i] = emy_x[i] + emy_speed       X座標を変化させる
[i]*math.cos(math.radians(emy_a[i]))
274                    emy_y[i] = emy_y[i] + emy_speed       Y座標を変化させる
[i]*math.sin(math.radians(emy_a[i]))
275                    if emy_type[i] == 4: # 進行方向        進行方向を変える敵なら
を変える敵
276                        emy_count[i] = emy_count[i] + 1   emy_countを加算
277                        ang = emy_count[i]*10             画像の回転角度を計算
278                        if emy_y[i] > 240 and emy_        Y座標が240を超えたら
a[i] == 90:
279                            emy_a[i] = random.choice      ランダムに方向を変え
([50,70,110,130])
280                            set_enemy(emy_x[i], emy_      弾を放つ
```

281	`                if emy_x[i] < LINE_L or LINE_R < emy_x[i] or emy_y[i] < LINE_T or LINE_B < emy_y[i]:`	画面上下左右から出たら
282	`                    emy_f[i] = False`	敵機を消す
283	`            else: # ボスの動き`	ボス機であれば(ザコでなければ)
284	`                if emy_count[i] == 0:`	emy_countが0の時
285	`                    emy_y[i] = emy_y[i] + 2`	下に降りてくる
286	`                    if emy_y[i] >= 200:`	下まで来たら
287	`                        emy_count[i] = 1`	左方向への移動へ
288	`                elif emy_count[i] == 1:`	emy_countが1の時
289	`                    emy_x[i] = emy_x[i] - emy_speed[i]`	左へ移動する
290	`                    if emy_x[i] < 200:`	左まで来たら
291	`                        for j in range(0, 10):`	繰り返しで
292	`                            set_enemy(emy_x[i], emy_y[i]+80, j*20, EMY_BULLET, 6, 0)`	弾を発射
293	`                        emy_count[i] = 2`	右方向への移動へ
294	`                else:`	emy_countが0でも1でもないなら
295	`                    emy_x[i] = emy_x[i] + emy_speed[i]`	右へ移動する
296	`                    if emy_x[i] > 760:`	右まで来たら
297	`                        for j in range(0, 10):`	繰り返しで
298	`                            set_enemy(emy_x[i], emy_y[i]+80, j*20, EMY_BULLET, 6, 0)`	弾を発射
299	`                        emy_count[i] = 1`	左方向への移動へ
300	`                if emy_shield[i] < 100 and tmr%30 == 0:`	シールド100未満、このタイミングで
301	`                    set_enemy(emy_x[i], emy_y[i]+80, random.randint(60, 120), EMY_BULLET, 6, 0)`	弾を発射
302		
303	`            if emy_type[i] != EMY_BULLET: # プレイヤーの弾とのヒットチェック`	敵の弾以外、プレイヤーの弾とヒットチェックする
304	`                w = img_enemy[emy_type[i]].get_width()`	敵の画像の幅(ドット数)
305	`                h = img_enemy[emy_type[i]].get_height()`	敵の画像の高さ
306	`                r = int((w+h)/4)+12`	ヒットチェックに使う距離を計算
307	`                er = int((w+h)/4)`	爆発演出の表示用の値を計算
308	`                for n in range(MISSILE_MAX):`	繰り返しで
309	`                    if msl_f[n] == True and get_dis(emy_x[i], emy_y[i], msl_x[n], msl_y[n]) < r*r:`	自機の弾と接触したか調べ
310	`                        msl_f[n] = False`	弾を削除
311	`                        set_effect(emy_x[i]+random.randint(-er, er), emy_y[i]+random.randint(-er, er))`	爆発のエフェクト
312	`                        if emy_type[i] == EMY_BOSS: # ボスはフラッシュさせる`	ボスの場合は
313	`                            png = emy_type[i] + 1`	フラッシュ用の絵の番号
314	`                        emy_shield[i] = emy_shield[i] - 1`	敵機のシールドを減らす
315	`                        score = score + 100`	スコアを加算
316	`                        if score > hisco:`	ハイスコアを超えたら
317	`                            hisco = score`	ハイスコアを更新
318	`                            new_record = True`	フラグを立てる
319	`                        if emy_shield[i] == 0:`	敵機を倒したら
320	`                            emy_f[i] = False`	敵機を削除
321	`                            if ss_shield < 100:`	自機のシールドが100
322	`                                ss_shield = ss_shield + 1`	未満なら増やす
323	`                            if emy_type[i] ==`	ボスを倒した時は

```
324                EMY_BOSS and idx == 1: # ボスを倒すとクリア
325                    idx = 3                                              idxを3にし
326                    tmr = 0                                              ゲームクリアへ
327                    for j in                                             繰り返しで
range(10):
328                        set_effect                                       ボス
(emy_x[i]+random.randint(-er, er), emy_y[i]+random.               が爆発する演出
randint(-er, er))
329                        se_explosion.                                    爆発の効果音
play()
330
331                img_rz = pygame.transform.rotozoom                       敵機を回転させた画像を作り
(img_enemy[png], ang, 1.0)
332                scrn.blit(img_rz, [emy_x[i]-img_rz.                      その画像を描く
get_width()/2, emy_y[i]-img_rz.get_height()/2])
333
334
335    def set_effect(x, y): # 爆発をセットする                              爆発演出をセットする関数
336        global eff_no                                                    これをグローバル変数とする
337        eff_p[eff_no] = 1                                                爆発演出の画像番号を代入
338        eff_x[eff_no] = x                                                爆発演出のX座標を代入
339        eff_y[eff_no] = y                                                爆発演出のY座標を代入
340        eff_no = (eff_no+1)%EFFECT_MAX                                   次にセットするための番号を計算
341
342
343    def draw_effect(scrn): # 爆発の演出                                   爆発演出を表示する関数
344        for i in range(EFFECT_MAX):                                      繰り返しで
345            if eff_p[i] > 0:                                             演出中なら
346                scrn.blit(img_explode[eff_p[i]],                         爆発演出を描く
[eff_x[i]-48, eff_y[i]-48])
347                eff_p[i] = eff_p[i] + 1                                  eff_pを1増やし
348                if eff_p[i] == 6:                                        eff_pが6になったら
349                    eff_p[i] = 0                                         eff_pを0にして演出を終了
350
351
352    def main(): # メインループ                                            メイン処理を行う関数
353        global idx, tmr, score, new_record, bg_y,                        これらをグローバル変数とする
ss_x, ss_y, ss_d, ss_shield, ss_muteki
354        global se_barrage, se_damage, se_explosion,                      これらをグローバル変数とする
se_shot
355
356        pygame.init()                                                    pygameモジュールの初期化
357        pygame.display.set_caption("Galaxy Lancer")                      ウィンドウに表示するタイトルを指定
358        screen = pygame.display.set_mode((960, 720))                     描画面を初期化
359        clock = pygame.time.Clock()                                      clockオブジェクトを作成
360        se_barrage = pygame.mixer.Sound("sound_gl/                       SEを読み込む
barrage.ogg")
361        se_damage = pygame.mixer.Sound("sound_gl/                        SEを読み込む
damage.ogg")
362        se_explosion = pygame.mixer.Sound("sound_gl/                     SEを読み込む
explosion.ogg")
363        se_shot = pygame.mixer.Sound("sound_gl/                          SEを読み込む
shot.ogg")
364
365        while True:                                                      無限ループ
366            tmr = tmr + 1                                                tmrの値を1増やす
367            for event in pygame.event.get():                             pygameのイベントを繰り返しで処理する
368                if event.type == QUIT:                                   ウィンドウの×ボタンをクリック
369                    pygame.quit()                                        pygameモジュールの初期化を解除
                       sys.exit()                                          プログラムを終了する
```

```
370            if event.type == KEYDOWN:                         キーを押すイベントが発生した時
371                if event.key == K_F1:                            F1キーなら
372                    screen = pygame.display.                         フルスクリーンモードにする
set_mode((960, 720), FULLSCREEN)
373                if event.key == K_F2 or event.                   F2キーかEscキーなら
key == K_ESCAPE:
374                    screen = pygame.display.                         通常表示に戻す
set_mode((960, 720))
375
376        # 背景のスクロール
377        bg_y = (bg_y+16)%720                                  背景のスクロール位置の計算
378        screen.blit(img_galaxy, [0, bg_y-720])                背景を描く(上側)
379        screen.blit(img_galaxy, [0, bg_y])                    背景を描く(下側)
380
381        key = pygame.key.get_pressed()                        keyに全てのキーの状態を代入
382
383        if idx == 0: # タイトル                                idxが0の時(タイトル画面)
384            img_rz = pygame.transform.rotozoom                    ロゴの後ろの渦巻きを回転させた画像
(img_title[0], -tmr%360, 1.0)
385            screen.blit(img_rz, [480-img_rz                       それを画面に描く
.get_width()/2, 280-img_rz.get_height()/2])
386            screen.blit(img_title[1], [70, 160])                  Galaxy Lancerのロゴを描く
387            draw_text(screen, "Press [SPACE] to                   Press [SPACE] to start!の文字を描く
start!", 480, 600, 50, SILVER)
388            if key[K_SPACE] == 1:                                 スペースキーが押されたら
389                idx = 1                                              idxを1に
390                tmr = 0                                              タイマーを0に
391                score = 0                                            スコアを0に
392                new_record = False                                   ハイスコア更新フラグをFalseに
393                ss_x = 480                                           スタート時の自機のX座標
394                ss_y = 600                                           スタート時の自機のY座標
395                ss_d = 0                                             自機の傾きを0に
396                ss_shield = 100                                      シールドを100に
397                ss_muteki = 0                                        無敵時間を0に
398                for i in range(ENEMY_MAX):                           繰り返しで
399                    emy_f[i] = False                                     敵を出現していない状態に
400                for i in range(MISSILE_MAX):                         繰り返しで
401                    msl_f[i] = False                                     自機の弾を発射してない状態に
402                pygame.mixer.music.load("sound_                      BGMを読み込み
gl/bgm.ogg")
403                pygame.mixer.music.play(-1)                          無限ループ指定で出力
404
405        if idx == 1: # ゲームプレイ中                           idxが1の時(ゲームプレイ中)
406            move_starship(screen, key)                            自機を動かす
407            move_missile(screen)                                  自機の弾を動かす
408            bring_enemy()                                         敵機を出現させる
409            move_enemy(screen)                                    敵機を動かす
410
411        if idx == 2: # ゲームオーバー                           idxが2の時(ゲームオーバー)
412            move_missile(screen)                                  自機の弾を動かす
413            move_enemy(screen)                                    敵機を動かす
414            if tmr == 1:                                          tmrが1なら
415                pygame.mixer.music.stop()                             BGMを停止
416            if tmr <= 90:                                         tmrが90以下なら
417                if tmr%5 == 0:                                        tmr%5==0の時に
418                    set_effect(ss_x+random.                               自機の爆発の演出
randint(-60,60), ss_y+random.randint(-60,60))
419                if tmr%10 == 0:                                       tmr%10==0の時に
420                    se_damage.play()                                      爆発音を出力
421            if tmr == 120:                                        tmrが120の時に
```

```
422                    pygame.mixer.music.load("sound
_gl/gameover.ogg")
423                    pygame.mixer.music.play(0)
424                if tmr > 120:
425                    draw_text(screen, "GAME OVER",
480, 300, 80, RED)
426                    if new_record == True:
427                        draw_text(screen, "NEW
RECORD "+str(hisco), 480, 400, 60, CYAN)
428                    if tmr == 400:
429                        idx = 0
430                        tmr = 0
431
432            if idx == 3: # ゲームクリア
433                move_starship(screen, key)
434                move_missile(screen)
435                if tmr == 1:
436                    pygame.mixer.music.stop()
437                if tmr < 30 and tmr%2 == 0:
438                    pygame.draw.rect(screen, (192,
0,0), [0, 0, 960, 720])
439                if tmr == 120:
440                    pygame.mixer.music.load("sound
_gl/gameclear.ogg")
441                    pygame.mixer.music.play(0)
442                if tmr > 120:
443                    draw_text(screen, "GAME CLEAR",
480, 300, 80, SILVER)
444                    if new_record == True:
445                        draw_text(screen, "NEW
RECORD "+str(hisco), 480, 400, 60, CYAN)
446                    if tmr == 400:
447                        idx = 0
448                        tmr = 0
449
450            draw_effect(screen) # 爆発の演出
451            draw_text(screen, "SCORE "+str(score),
200, 30, 50, SILVER)
452            draw_text(screen, "HISCORE "+str(hisco),
760, 30, 50, CYAN)
453            if idx != 0: # シールドの表示
454                screen.blit(img_shield, [40, 680])
455                pygame.draw.rect(screen, (64,32,32),
[40+ss_shield*4, 680, (100-ss_shield)*4, 12])
456
457            pygame.display.update()
458            clock.tick(30)
459
460
461    if __name__ == '__main__':
462        main()
```

ボス機はゲーム開始後、約4分30秒で登場し、弾を200発当てると倒すことができます。ゲームクリアを目指しましょう！

53行目で宣言したhiscoという変数でハイスコアの値を保持します。54行目で宣言したnew_recordという変数でハイスコアを更新したかを管理します。ハイスコアを更新した時

にnew_recordの値をTrueとし、
ゲームクリアとゲームオーバー時
にnew_recordがTrueなら、NEW
RECORDというメッセージを表
示します。

図8-4-1　シューティングゲームの完成

new_recordという変数はフラグとして使っています。フラグとは、初めにFalseや0を代入し、条件を満たした時にTrueや1を代入して、処理を分岐させるような変数の使い方を指す言葉です。Trueや1にすることを「フラグを立てる」、Falseや0にすることを「フラグを降ろす」と表現します。

ザコ機の攻撃パターンについて

　bring_enemy()関数でゲームの進行時間に応じ、ザコ機を様々なパターンで出現させます。209～247行目に記述したbring_enemy()関数を確認しましょう。
　一定時間ごとに敵機をセットするset_enemy()関数を実行しています。set_enemy()関数の引数で、進む向きと速さを指定すれば、敵機がその角度にその速度で飛んで行くので、下から出現させたり、横に動かしたりと、色々な飛行パターンを実現しています。
　例えば画面の左側と右側から出現し、横に移動するザコ機は、次のようにセットしています（237～238行目）。

```
            set_enemy(LINE_L, random.randint(40, 680), 0, EMY_
ZAKO, 12, 1)  # 敵1
            set_enemy(LINE_R, random.randint(40, 680), 180, EMY_
ZAKO+1, 18, 1)  # 敵2
```

bring_enemy()関数を変更すれば、敵機の出現や動きのバリエーションを増やすことができますね。

見栄え良いフォントで表示する

　draw_text()関数を改良し、文字に光の当たる部分と影の部分を設け、見栄えの良い文字列を表示するようにしました。この関数を抜き出して説明します。

```python
def draw_text(scrn, txt, x, y, siz, col): # 立体的な文字の表示
    fnt = pygame.font.Font(None, siz)
    cr = int(col[0]/2)
    cg = int(col[1]/2)
    cb = int(col[2]/2)
    sur = fnt.render(txt, True, (cr,cg,cb))
    x = x - sur.get_width()/2
    y = y - sur.get_height()/2
    scrn.blit(sur, [x+1, y+1])
    cr = col[0]+128
    if cr > 255: cr = 255
    cg = col[1]+128
    if cg > 255: cg = 255
    cb = col[2]+128
    if cb > 255: cb = 255
    sur = fnt.render(txt, True, (cr,cg,cb))
    scrn.blit(sur, [x-1, y-1])
    sur = fnt.render(txt, True, col)
    scrn.blit(sur, [x, y])
```

　まず色の値を受け取った引数のcolから、cr = int(col[0]/2)、cg = int(col[1]/2)、cb = int(col[2]/2)として、R成分（赤）、G成分（緑）、B成分（青）の半分の値を計算します。そして (cr,cg,cb) という暗い色で文字列のサーフェースを作り、指定された座標から1ドット右下に描きます。

　次にハイライト（光の当たる部分）の色を、cr = col[0]+128、cg = col[1]+128、cb = col[2]+128とします。if文でそれぞれの色成分が255を超えないようにします。この色の文字列のサーフェースを作り、指定座標から1ドット左上に描きます。

　最後に、指定された色で、指定された座標に文字列を描くことで、左上が光り、右下が影になっている、立体的な文字列が表示されます。

文字列の描き方を一工夫することで、画面に"しまり"が出ますね。
ゲーム開発は奥深いです。

COLUMN

ゲームパッドで操作できるようにしよう！

「コンピュータゲームはキーボードでなく、ゲームパッドやジョイスティックで操作したい」と考える方はいらっしゃいませんか？

Pygameにはゲームパッド（ジョイスティック）入力を行う命令が用意されており、それを組み込めばゲームパッドでの操作が可能になります。このコラムでは、「Galaxy Lancer」をゲームパッドで操作できるようにします。

完成したgalaxy_lancer.pyを次のように改良すると、ゲームパッドで操作できるようになります。変更箇所を抜粋して掲載します。このプログラムも書籍サポートページからダウンロードできるzipファイルに入っています。

リスト▶galaxy_lancer_gp.py
メインの処理にゲームパッド（ジョイスティック）の入力を判定する処理を記述する

```
357  def main(): # メインループ
358      global ‥‥略
359      global ‥‥略
360
361      pygame.init()
362      pygame.joystick.init()              Joystickを初期化
363      pygame.display.set_caption("Galaxy Lancer")
  :   ～
  :   略
  :   ～
371      while True:
372          tmr = tmr + 1
  :   ～
  :   略
  :   ～
383          # 背景のスクロール
384          bg_y = (bg_y+16)%720
385          screen.blit(img_galaxy, [0, bg_y-720])
386          screen.blit(img_galaxy, [0, bg_y])
387
388          # ゲームパッド対応
389          try:                            例外処理を使い
390              joystick = pygame.joystick.Joystick(0)   Joystickオブジェクトを作成
391              joystick.init()             Joystickオブジェクトを初期化
392              joy_lr = joystick.get_axis(0)    joy_lrに左右ボタンの傾きを代入
393              joy_ud = joystick.get_axis(1)    joy_udに上下ボタンの傾きを代入
394              jbtn1 = joystick.get_button(0)+joystick.get_button(1)   jbtn1にボタン0と1の状態を代入
395              jbtn2 = joystick.get_button(2)+joystick.get_button(3)   jbtn2にボタン2と3の状態を代入
396          except:                         例外が発生したら
397              pass                        何もしない
398
```

次ページへつづく

```
399         if idx == 0: # タイトル
400             img_rz = pygame.transform.rotozoom(img_title[0], -tmr%360, 1.0)
401             screen.blit(img_rz, [480-img_rz.get_width()/2, 280-img_rz.get_height()/2])
402             screen.blit(img_title[1], [70, 160])
403             draw_text(screen, "Press Joy Button to start!", 480, 600, 50, SILVER)
404             if jbtn1 != 0:                                   ボタン0か1が押されたら
405                 idx = 1
406                 tmr = 0
```

ゲームパッド入力を行うには、最初にpygame.joystick.init()を実行します。
そして、入力判定の前に次の2つの命令を実行します。

```
joystick = pygame.joystick.Joystick(n)
joystick.init()
```

pygame.joystick.Joystick()の引数は、ゲームパッドを1つ接続しているなら0とします。2つ接続して、2つ目のゲームパッドを扱うなら引数を1とします。

自機を動かす関数を改良し、ゲームパッドの入力を引数で受け取り、その値を調べています。

```
123 def move_starship(scrn, joy_lr, joy_ud, jbtn1, jbtn2): # 自機の移動
124     global idx, tmr, ss_x, ss_y, ss_d, ss_shield, ss_muteki, key_spc, key_z
125     ss_d = 0
126     if joy_ud < -0.5:                                     方向ボタンの上が押されている
127         ss_y = ss_y - 20
128         if ss_y < 80:
129             ss_y = 80
130     if joy_ud > 0.5:                                      方向ボタンの下が押されている
131         ss_y = ss_y + 20
132         if ss_y > 640:
133             ss_y = 640
134     if joy_lr < -0.5:                                     方向ボタンの左が押されている
135         ss_d = 1
136         ss_x = ss_x - 20
137         if ss_x < 40:
138             ss_x = 40
139     if joy_lr > 0.5:                                      方向ボタンの右が押されている
140         ss_d = 2
141         ss_x = ss_x + 20
142         if ss_x > 920:
143             ss_x = 920
144     if jbtn1 != 0:                                        ボタン0か1が押されている
145         key_spc += 1
```

次ページへつづく

```
146        else:
147            key_spc = 0
148        if key_spc%5 == 1:
149            set_missile(0)
150            se_shot.play()
151        if jbtn2 != 0:
152            key_z += 1
153        else:
154            key_z = 0
155        if key_z == 1 and ss_shield > 10:
156            set_missile(10)
157            ss_shield = ss_shield - 10
158            se_barrage.play()
```

ボタン2か3が押されている

ゲームパッドの方向ボタンの入力は"軸"という概念になります。方向ボタンの付いたゲームパッドも、レバーで操作するタイプのジョイスティックも、軸の値で入力判定を行います。

図8-A　ゲームパッドやジョイスティックの軸

方向ボタンの左を押した時とレバーを左に倒した時が同じ状態になります。右、上、下についても同様です。

Pygameでは、joystick.get_axis(0)とjoystick.get_axis(1)でその入力を判定します。

- 左ボタンを押す（レバーを左に傾ける）とjoystick.get_axis(0)がマイナスの値になります
- 右ボタンを押す（レバーを右に傾ける）とjoystick.get_axis(0)がプラスの値になります
- 上ボタンを押す（レバーを上に傾ける）とjoystick.get_axis(1)がマイナスの値になります
- 下ボタンを押す（レバーを下に傾ける）とjoystick.get_axis(1)がプラスの値になります

ゲームパッドには方向ボタン以外に複数のボタンが付いています。数個から10個程度のボタンがあるものが多いでしょう。

Pygameでは、joystick.get_button(n)でボタンの入力を判定します。n番目のボタンが押されていれば、joystick.get_button(n)の値が1になります。

次ページへつづく

ゲームパッドには様々な種類があり、ボタンの番号が違うため、今回のプログラムではボタン0かボタン1で通常の弾を発射、ボタン2かボタン3で弾幕を張るとしました。

ボタンの番号は、みなさんが使っている入力装置に合わせて変更し、弾を撃ちやすくしましょう。

▶▶▶ 例外処理について

　ゲームパッド（ジョイスティック）の入力を判定するときにtry～exceptの例外処理を用いています。入力装置を接続せずにゲームパッドに関する命令を実行すると、エラーになりプログラムが停止するので、それを回避するためです。
　exceptのブロックに記述したpassは、"何もしない"命令です。例外発生後に何もせず、次の処理に進むために記述しています。

　実は、プロの開発現場でtry～exceptをこのように使うことは、あまり良いとは言えません。今回のプログラムでは、必要な機器を接続しないとエラーが発生することは判っているので、そのエラーが発生したら処理を分岐させ、警告メッセージなどを出すべきです。プロのプログラマーなら判り切ったエラーを例外処理任せにしてはいけないのです。
　ただし、それは商用ソフトウェア開発での話であり、趣味のゲーム開発の場合にはtry～exceptを便利に使ってかまわないと、筆者は考えます。

なるほど。商用のソフトウェア開発では、
エラーの対策をしっかり行うということですね。

この章から3Dカーレースゲームを開発します。本格的な内容のゲームになるので、前編、中編、後編の3つに分けて学習を進めます。ここから先は、三次元コンピュータグラフィックス（3DCG）の知識があると学習を進めやすいので、この章では3DCGの基礎知識と、疑似的に3Dを表現する技法について学びます。

3Dカーレースゲームを作ろう！前編

Chapter 9

Lesson 9-1 カーレースゲームについて

これから制作していくカーレースゲームについての予備知識を説明します。

▶▶▶ カーレースゲームとは

ゲーム産業が産声を上げた1970年代から現在まで、様々なカーレースゲームが作られてきました。ゲーム産業の黎明期である1980年代には、縦スクロールや全方向へスクロールする二次元のゲームもありましたが、疑似的な三次元映像でコースを表現するカーレースが主流となっていきます。1990年代に3DCGの描画機能を備えたハードが普及すると、ほとんどのカーレースゲームは3DCGで描かれるようになりました。

▶▶▶ 制作するゲームの内容

本書では、疑似的に3D画面を表現する技法でコースを描くカーレースを制作します。ゲームのタイトルは『Python Racer』とします。先に完成形のゲーム画面を確認しましょう。

図9-1-1　3Dカーレース『Python Racer』

読者の皆さん、隠れキャラにお気づきでしょうか？
分かりやす過ぎましたかね（笑）

タイトル画面にドンと表示されてて、恥ずかしいです。

大きな雲、常夏の海辺、風を切る爽快感……そしてレースクイーンの存在。
いろはさん、ゲームを盛り上げるための「演出」も大事な要素ですよ。

■ ゲームルール

❶ カーソルキーの左右でハンドルを切る
❷ Aキーでアクセル（加速）
❸ Zキーでブレーキ（減速）
❹ コースを3周し、ゴールするまでのタイムを競う

POINT

まずは遊んでみよう！

『Python Racer』も本格的なゲームになるので、まずは書籍サポートページから完成版のプログラムをダウンロードして、ゲームをプレイしてみましょう。ZIPファイルを解凍した「Chapter11」フォルダ内にあるpython_racer.pyが完成版のプログラムです。

これも実際に遊んでみると、「道路はどのように描いているのだろう？」「コンピュータの車はどう動かしているのだろう？」と、いろいろな疑問が浮かんでくると思います。

そうですね。道路に起伏があり、それをどうプログラミングしているのか気になります。

その答えは以後の説明を読みながら見つけていってください。

Lesson 9-2 3DCGと疑似3Dについて

プログラミングの学習に入る前に、三次元コンピュータグラフィックスの基礎を学びましょう。ここでは3DCGや疑似3Dの表現技法について説明します。

古くからある3Dゲーム

昨今の家庭用ゲーム機やパソコン、スマートフォンには三次元コンピュータグラフィックスを描画する機能が備わっています。テレビ番組やアニメでも普通に使われるため、私達は日常的に3DCGを目にしています。今では当たり前といえますが、1990年代初めまでに発売された家庭用ゲーム機には、一部の機種を除いて3DCGを描画する機能はありませんでした。

1990年代半ば、ソニーが発売したプレイステーションと、セガが発売したセガサターンというゲーム機に、三次元コンピュータグラフィックスの描画機能が備わり、3DCG時代が幕を開けました。2000年代以降、映画やアニメなどの映像作品にも広く使われるようになりましたが、3DCGを世の中にいち早く普及させたのは、プレイステーションやセガサターンなどの家庭用ゲーム機だったのではないでしょうか。

3DCGを描画できるハードが登場する以前、2Dの描画機能しか備えていないゲーム機やパソコンでも、ゲームメーカーは様々な工夫で三次元の世界を表現し、3Dゲームを発売していました。2Dの描画機能しかないハードで3D画面を表現するには、次のような方法があります。

❶ ビデオ信号の走査タイミングを制御し、画面を歪める手法で奥行きのある背景を作る
❷ スプライト[※1]の拡大縮小機能で物体のサイズを変化させ、手前にある物と奥にある物を表現する
❸ 三次元空間の物体のデータを、今の3DCGと同様に計算し、ワイヤーフレーム[※2]などの描画負荷の少ない方法で描く

※1：キャラクターなどの画像を背景上に表示するコンピュータの機能　※2：物体を線のみで描くこと

❶と❷は主に家庭用ゲーム機のゲームソフトや業務用ビデオゲームで使われた手法で、❸はパソコンのソフトで使われた手法です。家庭用ゲームでは任天堂の『マリオカート』、業務用ゲームではセガの『アウトラン』という疑似3Dゲームが作られ、人気を博しました。それらはシリーズ化され、現在でも新ハード用のソフトがリリースされていますが、新ハード用のソフトは復刻版を除いて3DCGで描かれています。

本書で制作する『Python Racer』は、道路を多角形（ポリゴン）の描画命令で描き、車や道路脇の樹木などを❷の手法である画像の拡大縮小で表示します。

『Python Racer』は疑似的に三次元空間を描く方法で制作します。その方法はこの先で説明していきます。

3Dと疑似3Dについて

　現在みなさんが目にする3DCGは、物体の形状を定義した**モデルデータ**と、モデルの動きを定義した**モーションデータ**を用いて、キャラクターなどを動かしています。

　モデルデータは、物体を細かな三角形あるいは四角形をつなぎ合わせたものとし、無数の三角形や四角形の頂点座標で定義されます。またその表面の色や模様（テクスチャ）のデータが含まれます。

図9-2-1　モデルデータとモーションデータ

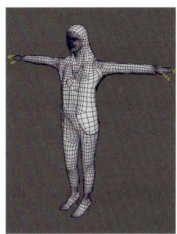
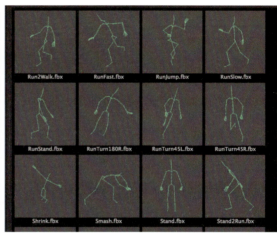

　モデルデータを画面に表示するには、**遠近法**を元にした計算法（透視投影変換）で、三次元のデータを二次元上のデータに変換します。遠近法については次のLessonで説明します。

　一般的な3DCGは以上のような方法で描かれますが、疑似3Dとは座標データを使って忠実に三次元空間を描くのではなく、簡易的に三次元を表現する技法を指します。前ページで説明した❶と❷で画面を描く技法がそれに当たります。**疑似3Dで三次元空間を描く場合も遠近法の知識が役に立つ**ので、次に遠近法について説明します。

モデルデータやモーションデータは、一般的に3DCGソフトを使って用意します。『Python Racer』では、そのようなデータは用いずに、三次元空間を描いていきます。

Lesson 9-3 遠近法について

三次元空間をコンピュータで描く準備として、遠近法について学びましょう。

遠近法とは

絵を描く時に、手前にあるものと奥にあるものの位置関係を、うまく表現する技法が遠近法です。遠近法は古くから色々な方法が考え出されました。三次元空間を紙などの二次元上に正確に表現する技法を透視図法といい、その方法で描かれた図形や絵を透視図といいます。透視図法は、一点透視図法、二点透視図法、三点透視図法があります。

■一点透視図法

この図では視線の先に廊下が収束するように見える点があり、それを**消失点**といいます。一点透視図法は消失点が1つになります。

■二点透視図法

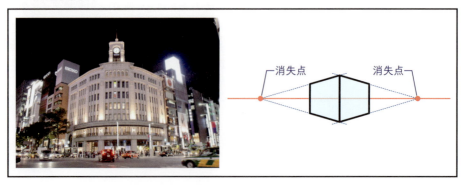

二点透視図法は、物体を斜め方向から見て形状を捉える図法で、消失点は2つになります。

■ 三点透視図法

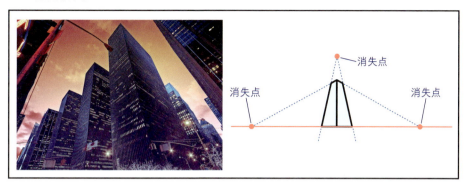

　三点透視図法は、高さ方向（上下方向）にも消失点を設定して描く図法で、消失点は3つになります。

透視図法の知識は、3Dゲームを開発する上で役に立ちそうですね。

そうですね。『Python Racer』は**一点透視図法**で道路を表現します。

Lesson 9-4 道路の見え方を考える

　カーレースの道路を描く方法を、遠くまで延びていく道路の見え方を想像しながら、考えていきましょう。

》》》 真っ直ぐな道路を想像する

　真っ直ぐに延びる道路に立ち、先を見渡すことを想像してください。次の図のように、見かけ上の道幅は先へ行くほど狭くなり、道路の先は地平線の彼方に消えていきます。

図9-4-1　地平線の彼方まで延びる道

　次に駅前の広場やグランドなどに立つ複数の人々を見ることを考えてみます。当然のことですが、遠くにいる人ほど小さく見えます。

図9-4-2　近くのものは大きく、遠くのものは小さく見える

　道路が地平線の彼方に消えるのも、"遠くのものほど小さく見える"からに他なりません。

ただ道路のように延々とつながっているものでは、人間の大きさを比べるより、遠くのものほど小さく見えることがイメージしにくいかもしれません。そこで鉄道のレーンと枕木で考えてみます。

図9-4-3　鉄道のレーンと枕木

枕木は奥へ行くほど幅が短く見えます。疑似3Dで道路を表現するヒントは、この枕木の見え方にあります。道路を次の図のように、板がたくさん並んだ状態と考えてみましょう。

図9-4-4　道路を板の連続として捉える

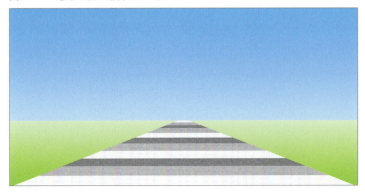

この図では、白、灰色、濃い灰色の板が、ずっと先まで並んでいます。板の大きさは全て一緒ですが、道の先にある板ほど小さくなり、やがて見えなくなります。近くのものほど大きく見え、遠くのものほど小さく見えるという当たり前の現象です。

この図は前Lessonで学んだ一点透視図法であることが分かります。地平線上の道が消える位置が消失点になります。

この図をコンピュータの画面に再現すれば、奥行きのある空間を作ることができます。次のLessonから実際に板を描くプログラムで道路を表現していきます。

実際にはつながっている道路を、板が並んだものと考え、それをプログラムで表現しましょう。

321

Lesson 9-5 疑似3Dで道路を描く その1

この章ではtkinterを用いて、疑似3Dで道路を描く技法を学びます。

▶▶▶ tkinterを用いる理由

この章でtkinterを用いるのは、シンプルにプログラムを記述できることが、基礎学習に向いているからです。Pygameは次の章から用います。

この章では画像は使いませんので、imageフォルダを作る必要はありません。

▶▶▶ 板の幅を変化させて描く

ここからは奥行きのある空間を表現するプログラムを制作していきます。手始めに、奥に行くほど幅を狭くした板を描いてみます。次のプログラムを入力し、ファイル名を付けて保存し、実行しましょう。

リスト ▶ list0905_1.py

1	`import tkinter`	tkinterモジュールをインポート
2		
3	`root = tkinter.Tk()`	ウィンドウの部品を作る
4	`root.title("道路を描く")`	ウィンドウのタイトルを指定
5	`canvas = tkinter.Canvas(width=800, height=600, bg="blue")`	キャンバスの部品を作る
6	`canvas.pack()`	キャンバスを配置
7		
8	`canvas.create_rectangle(0, 300, 800, 600, fill="green")`	キャンバス下半分に緑の矩形を描く
9		
10	`BORD_COL = ["white", "silver", "gray"]`	板の色を定義したリスト
11	`for i in range(1, 25):`	繰り返し iは1〜25まで1ずつ増える
12	`    w = i*33`	板の幅を変数wに代入
13	`    h = 12`	板の高さを変数hに代入
14	`    x = 400 - w/2`	板を描くX座標を変数xに代入
15	`    y = 288 + i*h`	板を描くY座標を変数yに代入
16	`    col = BORD_COL[i%3]`	板の色を変数colに代入
17	`    canvas.create_rectangle(x, y, x+w, y+h, fill=col)`	(x,y)の位置に幅w、高さhの板を描く
18		
19	`root.mainloop()`	ウィンドウを表示

このプログラムを実行すると、奥に行くほど幅が短い板が表示されます。24枚の板を描いています。

図9-5-1　list0905_1.pyの実行結果

create_rectangle()命令は、枠線の太さや色を指定しないと、1ドットの太さの黒い枠線が引かれます。枠線の太さはwidth=、色はoutline= という引数で指定できます。

12行目のw = i*33が板の幅、13行目のh = 12が板の高さです。14～15行目で板を描く(x, y)座標を計算し、create_rectangle()命令で板（矩形）を描きます。板の色はリストで3色定義しておき、col = BORD_COL[i%3] としてcolにそれらを順に代入し、色を指定しています。

短い幅と長い幅の板が描けましたが、道路と呼ぶにはおかしな形状ですね。その理由は、どの板も高さを12にしているからです。三次元空間では遠くのものほど小さく見えるので、遠くの板は幅だけでなく、高さも短くなるはずです。次にこのプログラムを改良し、遠近感を出します。

》》》 板の高さも変化させる

計算式を変えて、遠くの板ほど幅と高さを短くします。次のプログラムを入力し、ファイル名を付けて保存し、実行しましょう。

リスト▶list0905_2.py

```
1   import tkinter                                         tkinterモジュールをインポート
2
3   root = tkinter.Tk()                                    ウィンドウの部品を作る
4   root.title("道路を描く")                                ウィンドウのタイトルを指定
5   canvas = tkinter.Canvas(width=800, height=600,         キャンバスの部品を作る
    bg="blue")
6   canvas.pack()                                          キャンバスを配置
7
8   canvas.create_rectangle(0, 300, 800, 600, fill=        キャンバス下半分に緑の矩形を描く
    "green")
9
10  BORD_COL = ["white", "silver", "gray"]                 板の色を定義したリスト
11  h = 2                                                  最初の板の高さを変数hに代入
12  y = 300                                                最初の板のY座標を変数yに代入
13  for i in range(1, 24):                                 繰り返し iは1～24まで1ずつ増える
14      w = i*i*1.5                                            板の幅を計算し変数wに代入
15      x = 400 - w/2                                          板を描くX座標を変数xに代入
16      col = BORD_COL[i%3]                                    板の色を変数colに代入
17      canvas.create_rectangle(x, y, x+w, y+h,                (x,y)の位置に幅w、高さhの板を描く
    fill=col)
18      y = y + h                                              次の板のY座標を計算しyに代入
19      h = h + 1                                              次の板の高さを計算しhに代入
20
21  root.mainloop()                                        ウィンドウを表示
```

このプログラムを実行すると、遠くの板ほど小さく表示されます。

図9-5-2　list0905_2.pyの実行結果

324

前のプログラムで描いた画面と比較してみましょう。こちらの画面では、奥行きが感じられるようになりました。

計算方法を説明します。
11～12行目で、一番奥の板の高さと、描き始めるY座標の値を変数に代入します。

```
h = 2
y = 300
```

繰り返しのブロック内の14～15行目で、板の幅とX座標を計算します。

```
w = i*i*1.5
x = 400 - w/2
```

繰り返しの変数iを二乗して、幅の値を計算するところがポイントです。iの値が大きくなると、それを二乗したi*iはより大きな値になります。つまり手前の板ほど、幅がどんどん広がります。
(x, y)の位置に幅w、高さhの板を描きます。

そして18～19行目で、次の板のY座標と高さを計算します。

```
y = y + h
h = h + 1
```

ここでhの値を増やしているので、手前の板ほど高さも長くなります。

手前の板ほど大きくしていく計算で、遠近感を出しているわけですね。

近くのものほど大きく見え、遠くのものほど小さく見えるという現象を、シンプルな計算式で行っているところがポイントです。

次のLessonでは、矩形で描いた板を多角形で描き、より道路らしい雰囲気に改良します。

Lesson 9-6 疑似3Dで道路を描く その2

前のLessonでは矩形の描画命令で道路を描きましたが、それを多角形の描画命令に変え、より道路らしい画面にしていきます。

▶▶▶ create_polygon()命令を使う

多角形を描くcreate_polygon()命令で道路を表示します。次のプログラムを入力し、ファイル名を付けて保存し、実行しましょう。

リスト ▶list0906_1.py

```
1   import tkinter                                          tkinterモジュールをインポート
2
3   root = tkinter.Tk()                                     ウィンドウの部品を作る
4   root.title("道路を描く")                                 ウィンドウのタイトルを指定
5   canvas = tkinter.Canvas(width=800, height=600,          キャンバスの部品を作る
    bg="blue")
6   canvas.pack()                                           キャンバスを配置
7
8   canvas.create_rectangle(0, 300, 800, 600, fill=         キャンバス下半分に緑の矩形を描く
    "green")
9
10  BORD_COL = ["white", "silver", "gray"]                  板の色を定義したリスト
11  h = 2                                                   最初の板の高さを変数hに代入
12  y = 300                                                 最初の板のY座標を変数yに代入
13  for i in range(1, 24):                                  繰り返し iは1〜24まで1ずつ増える
14      uw = i*i*1.5                                        板の上底の幅を計算し変数uwに代入
15      ux = 400 - uw/2                                     板の上底のX座標を変数uxに代入
16      bw = (i+1)*(i+1)*1.5                                板の下底の幅を計算し変数bwに代入
17      bx = 400 - bw/2                                     板の下底のX座標を変数bxに代入
18      col = BORD_COL[i%3]                                 板の色を変数colに代入
19      canvas.create_polygon(ux, y, ux+uw, y, bx+          板を多角形(台形)で描く
    bw, y+h, bx, y+h, fill=col)
20      y = y + h                                           次の板のY座標を計算しyに代入
21      h = h + 1                                           次の板の高さを計算しhに代入
22
23  root.mainloop()                                         ウィンドウを表示
```

このプログラムを実行すると、路面の板がきちんとつながって表示されます。

create_polygon()は、引数で x0, y0, x1, y1, x2, y2, ・・・ と複数の点を指定し、多角形を描く命令です（図9-6-2）。

図9-6-1　list0906_1.pyの実行結果　　　図9-6-2　create_polygon()命令で描く図形の例

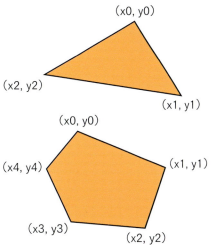

このプログラムでは次のように4点を指定し、道路の板を台形で描いています。

図9-6-3　道路を台形の板で描く

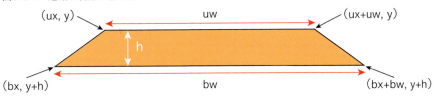

台形の上底の幅とX座標、下底の幅とX座標は、14～17行目で次のように計算しています。

```
uw = i*i*1.5
ux = 400 - uw/2
bw = (i+1)*(i+1)*1.5
bx = 400 - bw/2
```

この計算式で、今の台形の下底の幅とX座標が、次に描く台形の上底の幅とX座標になり、板がきれいにつながります。

上底の幅は i*i*1.5、下底の幅は (i+1)*(i+1)*1.5 なので、下底の方が上底より長くなる計算になっていますね。

Lesson 9-7 道路のカーブを表現する

前のプログラムに道をカーブさせる計算式を加え、道路が曲がっていく様子を描けるようにします。

道路のカーブ

左右にカーブする道を描くプログラムを確認します。次のプログラムを入力し、ファイル名を付けて保存し、実行しましょう。

リスト ▶ list0907_1.py

```python
import tkinter

def key_down(e):
    key = e.keysym
    if key == "Up":
        draw_road(0)
    if key == "Left":
        draw_road(-10)
    if key == "Right":
        draw_road(10)

BORD_COL = ["white", "silver", "gray"]
def draw_road(di):
    canvas.delete("ROAD")
    h = 24
    y = 600 - h
    for i in range(23, 0, -1):
        uw = (i-1)*(i-1)*1.5
        ux = 400 - uw/2 + di*(23-(i-1))
        bw = i*i*1.5
        bx = 400 - bw/2 + di*(23-i)
        col = BORD_COL[i%3]
        canvas.create_polygon(ux, y, ux+uw, y, bx+bw, y+h, bx, y+h, fill=col, tag="ROAD")
        h = h - 1
        y = y - h

root = tkinter.Tk()
root.title("道路を描く")
root.bind("<Key>", key_down)
canvas = tkinter.Canvas(width=800, height=600, bg="blue")
canvas.pack()
canvas.create_rectangle(0, 300, 800, 600, fill="green")
canvas.create_text(400, 100, text="カーソルキーの上、左、右を押してください", fill="white")
root.mainloop()
```

1	tkinterモジュールをインポート
3	キーを押した時に実行する関数の定義
4	変数keyにkeysymの値を代入
5	上キーが押されたら
6	真っ直ぐな道路を描く
7	左キーが押されたら
8	左カーブの道路を描く
9	右キーが押されたら
10	右カーブの道路を描く
12	板の色を定義したリスト
13	道路を描く関数の定義
14	いったん道路を消す
15	最初の板の高さを変数hに代入
16	最初の板のY座標を変数yに代入
17	繰り返し iは23〜0まで1ずつ減る
18	板の上底の幅を計算し変数uwに代入
19	板の上底のX座標を変数uxに代入
20	板の下底の幅を計算し変数bwに代入
21	板の下底のX座標を変数bxに代入
22	板の色を変数colに代入
23	板を多角形(台形)で描く
24	次の板の高さを計算しhに代入
25	次の板のY座標を計算しyに代入
27	ウィンドウの部品を作る
28	ウィンドウのタイトルを指定
29	キーが押された時に実行する関数を指定
30	キャンバスの部品を作る
31	キャンバスを配置
32	キャンバス下半分に緑の矩形を描く
33	操作方法の文字列を表示する
34	ウィンドウを表示

このプログラムを実行し、カーソルキーの左、右を押してください。押した方にカーブする道路が表示されます。また上キーを押すと真っ直ぐな道路が表示されます。

図9-7-1　list0907_1.pyの実行結果

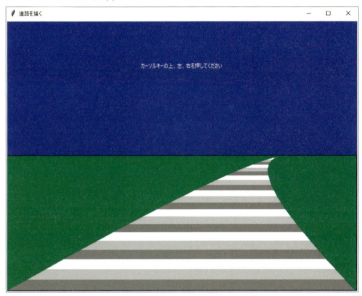

29行目でキーを押した時に実行する関数をbind()命令で指定します。今回はkey_down()という関数を定義し、それを指定しています。

key_down()関数は3～10行目に記述しており、この関数で上、左、右キーが押された時に、道路を描くdraw_road()関数を実行します。

draw_road()関数は13～25行目で定義しています。この関数はカーブの向きを引数で受け取れるようにしています。draw_road()関数を抜き出して説明します。

```
def draw_road(di):
    canvas.delete("ROAD")
    h = 24
    y = 600 - h
    for i in range(23, 0, -1):
        uw = (i-1)*(i-1)*1.5
        ux = 400 - uw/2 + di*(23-(i-1))
        bw = i*i*1.5
        bx = 400 - bw/2 + di*(23-i)
        col = BORD_COL[i%3]
        canvas.create_polygon(ux, y, ux+uw, y, bx+bw, y+h, bx, y+h, fill=col, tag="ROAD")
        h = h - 1
        y = y - h
```

前のプログラムの道路を描く処理に、次の２つの改良を加え、カーブした道を描けるようにしています。

❶ **道路は手前から奥に向かって描く**
❷ **カーブさせる時、奥の板ほど、X座標をよりずらしていく**

　手前から奥に向かって道路の板を描くほうが、カーブの曲がり具合を計算しやすいので、ここではそのようにしました。しかし、==実際にゲームを制作するには奥から手前に向かって描く必要がある==ので、次章で改めて説明します。

　draw_road()関数ではh = 24、y = 600 – hとして、一番手前の板の高さとY座標を定めます。繰り返しのforの範囲をrange(23, 0, -1)とし、iの値を1ずつ減らしながら、道路を描く台形の座標を計算して描いていきます。

　カーブさせる計算は19行目と21行目で行っています。

```
ux = 400 - uw/2 + di*(23-(i-1))
```

```
bx = 400 - bw/2 + di*(23-i)
```

　uxは台形の上底のX座標、bxは下底のX座標です。diは引数で受け取ったカーブの曲がり具合です。diが正の値であれば右カーブ、負の値であれば左カーブ、0であれば真っ直ぐな道になるように計算しています。その計算が太字で示した + di*(23-(i-1)) と + di*(23-i) です。
　例えばdraw_road(10)として、引数10でこの関数を実行すると、一番手前の板はiの値が23の時に描くので、下底のX座標に足す値は10*(23-23)で0となり、座標はずれません。2つ目の板、3つ目の板と、ずらす値は順に大きくなり、一番奥の板の上底は10*(23-(1-1))で230ドット横にずれて表示されます。

> 今回のプログラムでは左右キーを押した時、draw_road(-10)、draw_road(10)として、引数は-10か10で関数を実行しています。draw_road()関数は、引数の値によって、カーブの曲がり具合を変えることができます。次にそれを試してみます。

緩やかなカーブと急カーブ

　draw_road()関数の引数の値を変え、カーブの具合が変化することを確認します。例えばdraw_road(30)で実行すると、次のような急カーブが描かれます。

図9-7-2　引数の値を変えカーブを変化させる

　みなさんはプログラムの8行目や10行目の引数の値を変え、カーブの具合が変化することを確認してください。

> カーレースのコースには、緩やかなカーブもあれば、急カーブもあります。ここでは、それを表現するための準備を行ったわけです。

Lesson 9-8 道路の起伏を表現する その1

　本書で制作する3Dカーレースゲームは、道路の起伏も表現します。少し難しい内容ですが、頑張って読み進めていきましょう。

上り坂と下り坂を考える

　このLessonでは、上り坂、下り坂という道の起伏を、プログラミングで表現する方法を学びます。プログラムを確認する前に、道路を走る時、道の先がどのように見えるかを想像してみましょう。

　前Lessonまでは平坦に延びる道を描いています。次のようなイメージです。

図9-8-1　平坦な道

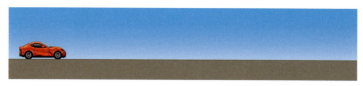

　上り坂と下り坂を考えてみます。上り坂と下り坂は次のようなイメージです。

図9-8-2　上り坂

図9-8-3　下り坂

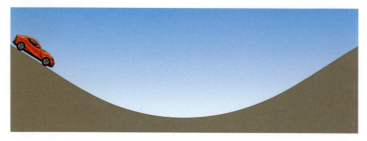

上り坂を上っている時は、通常、道路の先の方が見えにくくなり、見通しが悪くなります。下り坂を下りている時は、より先の方まで見え、見通しが良くなります。
　これを表現するには、上り坂では道路の先のほうにある板を沈み込むように描いていき、下り坂では道路の先のほうの板を上に向かうように描いていきます。
　ここまで学習してきたプログラムは、道路を連続する板がつながったものとして描いています。それらの板を、==先のほうになればなるほどY座標を下にずらす、あるいは上にずらすことで、上り坂と下り坂を表現できます。==

道路の起伏を表現する

　先にある板ほどY座標を上や下にずらす計算を入れたプログラムを確認します。次のプログラムを入力し、ファイル名を付けて保存し、実行しましょう。

リスト ▶ list0908_1.py

```python
import tkinter

def key_down(e):
    key = e.keysym
    if key == "Up":
        draw_road(0, -5)
    if key == "Down":
        draw_road(0, 5)

BORD_COL = ["white", "silver", "gray"]
def draw_road(di, updown):
    canvas.delete("ROAD")
    h = 24
    y = 600 - h
    for i in range(23, 0, -1):
        uw = (i-1)*(i-1)*1.5
        ux = 400 - uw/2 + di*(23-(i-1))
        bw = i*i*1.5
        bx = 400 - bw/2 + di*(23-i)
        col = BORD_COL[i%3]
        canvas.create_polygon(ux, y, ux+uw, y, bx+bw, y+h, bx, y+h, fill=col, tag="ROAD")
        h = h - 1
        y = y - h + updown

root = tkinter.Tk()
root.title("道路を描く")
root.bind("<Key>", key_down)
canvas = tkinter.Canvas(width=800, height=600, bg="blue")
canvas.pack()
canvas.create_rectangle(0, 300, 800, 600, fill="green")
canvas.create_text(400, 100, text="カーソルキーの上、下を押してください", fill="white")
root.mainloop()
```

1	tkinterモジュールをインポート
3	キーを押した時に実行する関数の定義
4	変数keyにkeysymの値を代入
5	上キーが押されたら
6	下り坂を描く
7	下キーが押されたら
8	上り坂を描く
10	板の色を定義したリスト
11	道路を描く関数の定義
12	いったん道路を消す
13	最初の板の高さを変数hに代入
14	最初の板のY座標を変数yに代入
15	繰り返し iは23〜0まで1ずつ減る
16	板の上底の幅を計算し変数uwに代入
17	板の上底のX座標を変数uxに代入
18	板の下底の幅を計算し変数bwに代入
19	板の下底のX座標を変数bxに代入
20	板の色を変数colに代入
21	板を多角形(台形)で描く
22	次の板の高さを計算しhに代入
23	次の板のY座標を計算しyに代入
25	ウィンドウの部品を作る
26	ウィンドウのタイトルを指定
27	キーが押された時に実行する関数を指定
28	キャンバスの部品を作る
29	キャンバスを配置
30	キャンバス下半分に緑の矩形を描く
31	操作方法の文字列を表示する
32	ウィンドウを表示

このプログラムを実行し、カーソルキーの上、下を押してください。上キーを押すと板のY座標を上にずらした状態（下り坂のイメージ）、下キーを押すと板のY座標を下にずらした状態（上り坂のイメージ）で道路が表示されます。

図9-8-4　list0908_1.pyの実行結果

　このプログラムでは板と板の間に隙間ができ、道路の先と地平線の位置もずれています。座標の計算をきちんと行い、道路の先を地平線のラインに合わせることで、道路を正しく描くことができます。次のLessonでその方法を説明します。

坂道を作ろうと思い、いきなりプログラミングに入ると、計算方法が難しく思えて、うまくいかないかもしれません。現実世界でそれがどうなっているかを考え、なるべくシンプルな計算で再現する方法がないかを考えてみることがコツですね。

そうですね。坂道の計算に限らず、プログラミングは段階を踏んで進めていくと良いのです。

Lesson 9-9 道路の起伏を表現する その2

前のプログラムを改良し、道路の先が地平線と同じ位置になるようにします。この Lesson は難しい内容になるので、概要がつかめればOKです。楽な気持ちで読み進めてください。

▶▶▶ 三角関数を用いる

道路の先を地平線のラインに合わせるには、色々な計算方法が考えられます。ここでは三角関数のsin()関数を用いて、それを行います。

y = sin(a) という式で、次の図のような<mark>正弦波</mark>と呼ばれる曲線を描くことができます。赤で示した波の形が山や丘の起伏に近いので、これを利用することにします。

図9-9-1　正弦波

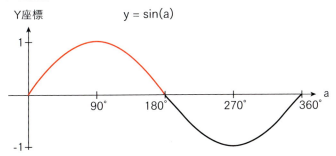

※物理や数学の正弦曲線に合わせ、Y座標は上向きを正としています

道路の先を地平線のラインに合わせるには、道路を描く際にsin()関数を使って、この波形のように板のY座標を変化させます。イメージ図にすると次のようになります。

図9-9-2　Y座標の変化による起伏の表現

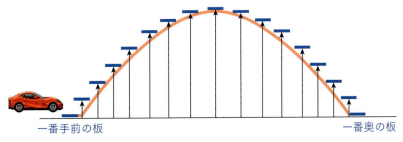

sinの値は0°の時が0、90°の時が最大値の1、180°で再び0になります。手前の板から奥の板まで、0°から180°のsin()関数の値をY座標に加えて描いていきます。

この処理を組み込んだプログラムを確認します。次のプログラムを入力し、ファイル名を付けて保存し、実行しましょう。

リスト▶list0909_1.py

```
1   import tkinter                                              tkinterモジュールをインポート
2   import math                                                 mathジュールをインポート
3
4   def key_down(e):                                            キーを押した時に実行する関数の定義
5       key = e.keysym                                              変数keyにkeysymの値を代入
6       if key == "Up":                                             上キーが押されたら
7           draw_road(0, -50)                                           上り坂を描く
8       if key == "Down":                                           下キーが押されたら
9           draw_road(0, 50)                                            下り坂を描く
10
11  updown = [0]*24                                             板のY座標をずらす値を代入するリスト
12  for i in range(23, -1, -1):                                 繰り返し iは23～-1まで1ずつ減る
13      updown[i] = math.sin(math.radians(180*i/23))            三角関数でずらす値を計算しupdownに代入
14      print(updown[i])                                            その値を出力する
15
16  BORD_COL = ["white", "silver", "gray"]                      板の色を定義したリスト
17  def draw_road(di, ud):                                      道路を描く関数の定義
18      canvas.delete("ROAD")                                       いったん道路を消す
19      h = 24                                                      最初の板の高さを変数hに代入
20      y = 600 - h                                                 最初の板のY座標を変数yに代入
21      for i in range(23, 0, -1):                                  繰り返し iは23～0まで1ずつ減る
22          uw = (i-1)*(i-1)*1.5                                        板の上底の幅を計算し変数uwに代入
23          ux = 400 - uw/2 + di*(23-(i-1))                             板の上底のX座標を変数uxに代入
24          uy = y + int(updown[i-1]*ud)                                板の上底のY座標を変数uyに代入
25          bw = i*i*1.5                                                板の下底の幅を計算し変数bwに代入
26          bx = 400 - bw/2 + di*(23-i)                                 板の下底のX座標を変数bxに代入
27          by = y + h + int(updown[i]*ud)                              板の下底のY座標を変数byに代入
28          col = BORD_COL[i%3]                                         板の色を変数colに代入
29          canvas.create_polygon(ux, uy, ux+uw, uy,                    板を多角形(台形)で描く
    bx+bw, by, bx, by, fill=col, tag="ROAD")
30          h = h - 1                                                   次の板の高さを計算しhに代入
31          y = y - h                                                   次の板のY座標を計算しyに代入
32
33  root = tkinter.Tk()                                         ウィンドウの部品を作る
34  root.title("道路を描く")                                       ウィンドウのタイトルを指定
35  root.bind("<Key>", key_down)                                キーが押された時に実行する関数を指定
36  canvas = tkinter.Canvas(width=800, height=600,              キャンバスの部品を作る
    bg="blue")
37  canvas.pack()                                               キャンバスを配置
38  canvas.create_rectangle(0, 300, 800, 600, fill=             キャンバス下半分に緑の矩形を描く
    "green")
39  canvas.create_text(400, 100, text="カーソルキーの              操作方法の文字列を表示する
    上、下を押してください", fill="white")
40  root.mainloop()                                             ウィンドウを表示
```

このプログラムを実行し、カーソルキーの上、下を押してください。上キーを押すと上り坂、下キーを押すと下り坂が描かれます。

図9-9-3　list0909_1.pyの実行結果

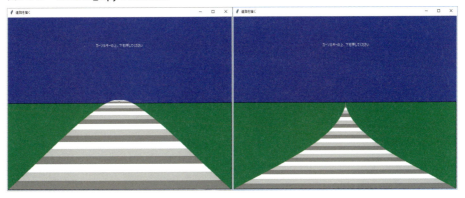

起伏の計算と描画方法を説明します。

11行目で宣言したupdownというリストに、板のY座標をずらす値を代入します。12～13行目の繰り返しでその値を計算します。その部分を抜き出して説明します。

```python
updown = [0]*24
for i in range(23, -1, -1):
    updown[i] = math.sin(math.radians(180*i/23))
    print(updown[i])
```

繰り返しのiの値は23→22→21→‥‥→2→1→0と変化します。radians()命令に記述する角度は180*i/23としており、これはiの値が23の時に180°という意味です。iが22の時は約172°、iが21の時は約164°と、iが増えるごとに約8°ずつ減り、iが0の時に0°になります。math.sin(math.radians(180*i/23))という式で、180°から0°までの値を計算し、それをupdownに代入しています。print()命令で計算結果をシェルウィンドウに出力しているので、それも参考にしてください。

図9-9-4　シェルウィンドウに出力された値

```
1.2246467991473532e-16
0.13616664909624665
0.2697967711570243
0.3984010898462414
0.5195839500354339
0.6310879443260526
0.7308359642781243
0.8169698930104421
0.8788852184023752
0.9422609221188205
0.9790840876823229
0.9976687691905392
0.9976687691905392
0.9790840876823229
0.9422609221188205
0.8788852184023752
0.8169698930104442
0.7308359642781241
0.6310879443260528
0.5195839500354336
0.3984010898462415
0.2697967711570243
0.13616664909624665
0.0
```

※最初の1.2246467991473532e-16は0.00000000000000012246……という、ごく小さな値です。計算上0ではなく、この値となりますが、ほぼ0と考えてかまいません。

板の起伏を計算している箇所を確認します。draw_road()関数の24行目と27行目です。

```
uy = y + int(updown[i-1]*ud)
```

uyは台形の上底のY座標です。updownの値に、引数で受け取った起伏の大きさudを掛けて加えています。

このLessonのdraw_road()関数は、どれくらい起伏させるかという値を引数で受け取れるように、def draw_road(di, ud): と宣言しています。

同様に下底にも、updownとudを掛けたものを加えています。

```
by = y + h + int(updown[i]*ud)
```

udの値が正の数であれば下り坂を描き、負の数であれば波形（起伏の形）の上下が逆転するので、上り坂を描くことができます。

図9-9-5　上り坂と下り坂

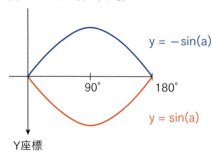

※この図はコンピュータの座標に合わせ、Y座標の下向きを正としています

今回のプログラムでは、上キーが押された時にはdraw_road(0, -50)を実行して上り坂を描き、下キーが押された時はdraw_road(0, 50)を実行して下り坂を描いています。2番目の引数の値を変えれば、起伏を大きくしたり小さくすることができます。1番目の引数はLesson 9-7で組み込んだカーブの曲がり方を指定するためのものです。

三角関数は『Galaxy Lancer』でも使いましたが、使い慣れないと難しいかもしれません。

そうですね。焦らず一歩一歩進んでいきましょう。

COLUMN

道路を自在に変化させるプログラム

この章では、道路のカーブと起伏を、疑似的な三次元で表現する技法を学びました。実はlist0909_1.pyには、変化に富む道路を表現できる機能が、既に備わっています。このコラムではlist0909_1.pyを発展させ、キー操作で道路の形を変化できるようにしたプログラムを紹介します。

リスト▶list09_column.py

1	`import tkinter`	tkinterモジュールをインポート
2	`import math`	mathジュールをインポート
3		
4	`curve = 0`	カーブの大きさを管理する変数
5	`undulation = 0`	起伏の大きさを管理する変数
6		
7	`def key_down(e):`	キーを押した時に実行する関数の定義
8	`    global curve, undulation`	これらをグローバル変数とする
9	`    key = e.keysym`	変数keyにkeysymの値を代入
10	`    if key == "Up":`	上キーが押されたら
11	`        undulation = undulation - 20`	undulationを20減らす
12	`    if key == "Down":`	下キーが押されたら
13	`        undulation = undulation + 20`	undulationを20増やす
14	`    if key == "Left":`	左キーが押されたら
15	`        curve = curve - 5`	curveを5減らす
16	`    if key == "Right":`	右キーが押されたら
17	`        curve = curve + 5`	curveを5増やす
18	`    draw_road(curve, undulation)`	道路を描く
19		
20	`updown = [0]*24`	板のY座標をずらす値を代入するリスト
21	`for i in range(23, -1, -1):`	繰り返し iは23～-1まで1ずつ減る
22	`    updown[i] = math.sin(math.radians(180*i/23))`	三角関数でずらす値を計算しupdownに代入
23		
24	`BORD_COL = ["red", "orange", "yellow", "green", "blue", "indigo", "violet"]`	板の色を定義したリスト
25	`def draw_road(di, ud):`	道路を描く関数の定義
26	`    canvas.delete("ROAD")`	いったん道路を消す
27	`    h = 24`	最初の板の高さを変数hに代入
28	`    y = 600 - h`	最初の板のY座標を変数yに代入
29	`    for i in range(23, 0, -1):`	繰り返し iは23～0まで1ずつ減る
30	`        uw = (i-1)*(i-1)*1.5`	板の上底の幅を計算し変数uwに代入
31	`        ux = 400 - uw/2 + di*(23-(i-1))`	板の上底のX座標を変数uxに代入
32	`        uy = y + int(updown[i-1]*ud)`	板の上底のY座標を変数uyに代入
33	`        bw = i*i*1.5`	板の下底の幅を計算し変数bwに代入
34	`        bx = 400 - bw/2 + di*(23-i)`	板の下底のX座標を変数bxに代入
35	`        by = y + h + int(updown[i]*ud)`	板の下底のY座標を変数byに代入
36	`        col = BORD_COL[(6-tmr%7+i)%7]`	板の色を変数colに代入
37	`        canvas.create_polygon(ux, uy, ux+uw, uy, bx+bw, by, bx, by, fill=col, tag="ROAD")`	板を多角形（台形）で描く
38	`        h = h - 1`	次の板の高さを計算しhに代入
39	`        y = y - h`	次の板のY座標を計算しyに代入
40		
41	`tmr = 0`	タイマー用の変数

```
42  def main():
43      global tmr
44      tmr = tmr + 1
45      draw_road(curve, undulation)
46      root.after(200, main)
47
48  root = tkinter.Tk()
49  root.title("道路を描く")
50  root.bind("<Key>", key_down)
51  canvas = tkinter.Canvas(width=800, height=600, bg="black")
52  canvas.pack()
53  canvas.create_rectangle(0, 300, 800, 600, fill="gray")
54  canvas.create_text(400, 100, text="カーソルキーで道路を変化させます", fill="white")
55  main()
56  root.mainloop()
```

メイン処理を行う関数の定義
　tmrをグローバル変数とする
　tmrを1増やす
　道路を描く
　0.2秒後に再びmain()関数を実行

ウィンドウの部品を作る
ウィンドウのタイトルを指定
キーが押された時に実行する関数を指定
キャンバスの部品を作る

キャンバスを配置
キャンバス下半分に灰色の矩形を描く

操作方法の文字列を表示する

main()関数を実行
ウィンドウを表示

このプログラムを実行すると、虹色の道路が表示され、カーソルキーの左右でカーブを、上下で起伏を変化させることができます。道路を進んで行く様子は、板の色を順に変えて表現しています。

図9-A　list09_column.pyの実行結果

4行目で宣言したcurveという変数でどれくらいカーブさせるか、5行目で宣言したundulationという変数でどれくらい起伏させるかを管理します。

キーを押した時に働くkey_down()関数で、カーソルキーの入力に応じてcurveとundulationの値を変化させ、draw_road()関数の引数をcurveとundulationで指定し、道路を描きます。

また道路はafter()命令を用いたリアルタイム処理で、1秒間に5回描いています。道を進む様子は、タイマー用の変数tmrの値をカウントアップし、その値を用いて板の色を順に変化させることで表現しています。

『Python Racer』の本格的なプログラミングに入ります。
この章では道路を表現するプログラムを完成させ、プレイヤーの車を操作できるところまで制作します。

3Dカーレースゲームを作ろう！中編

Chapter 10

Lesson 10-1 Pygameを用いる

前章まではtkinterを用いて道路を描きました。ここから先はPygameを使い『Python Racer』を制作していきます。最初にPygameを簡単に復習し、この章のプログラムの書き方について説明します。

》》》 Pygameとtkinterの描画命令の違い

Pygameとtkinterでは画像や図形を描く命令に違いがあります。座標指定にも違いがあり、tkinterで画像を描くcreate_image()命令の引数の座標は画像の中心ですが、Pygameのblit()命令の座標は画像の左上角になります。またtkinterで矩形を描くcreate_rectangle()命令は左上と右下の角の座標を指定しますが、Pygameのrect()命令は左上の座標と幅と高さを指定します。

図10-1-1　tkinterとPygameの座標指定の違い

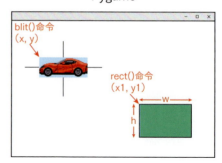

それからtkinterで画像や図形を何度も描き替える時は、タグ名を指定しておき、delete()命令で削除してから描き直す必要がありますが、Pygameでは画像も図形もどんどん上書きして構いません。

》》》 プログラムの書き方について

変数の値を変化させる式の書き方について説明します。四則算（足し算、引き算、かけ算、割り算）には、次ページのような書き方があります。

表10-1-1　四則算の書き方

式	意味	同じ式
a += b	aにbを足し、aに代入	a = a + b
a -= b	aからbを引き、aに代入	a = a - b
a *= b	aにbをかけ、aに代入	a = a * b
a /= b	aをbで割り、aに代入	a = a / b

　この書き方は、C/C++、Java、JavaScriptなどの多くのプログラミング言語に共通するものです。『Python Racer』のプログラムは計算式の多くを、この書式で記述します。筆者の経験上、プロの開発現場ではa = a + bとするより、a += bと記述するプログラマーが多いです。この章から、そのような書き方に慣れていきましょう。

> プロの開発現場では多くのプログラムを記述します。a = a + bより、a += bのほうが文字数が少ないので、自然と短い記述が好まれるのでしょう。

この章のフォルダ構成

　「Chapter10」フォルダ内に「image_pr」というフォルダを作り、『Python Racer』で使う画像ファイルを、そのフォルダに入れてください。

図10-1-2　「Chapter10」のフォルダ構成

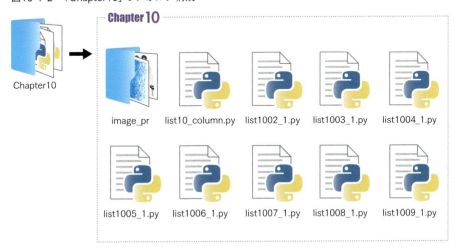

Lesson 10-2 コースを緻密に描く

『Python Racer』は、南国の海沿いを走る道路でカーレースを行う、という設定にします。ここからは道路をより緻密に描くプログラムを、Chapter 9で学んだ知識を用いて制作していきます。

板の枚数を増やす

板の枚数を120に増やして道路を描くプログラムを確認します。このプログラムは次の画像を使います。書籍サポートページからダウンロードしてください。

図10-2-1 今回使用する画像ファイル

bg.png

次のプログラムを入力し、ファイル名を付けて保存し、実行しましょう。

リスト▶list1002_1.py

```
1   import pygame                              pygameモジュールをインポート
2   import sys                                 sysモジュールをインポート
3   import math                                mathモジュールをインポート
4   from pygame.locals import *                pygame.定数の記述の省略
5
6   BOARD = 120                                道路を描く板の枚数を定める定数
7   CMAX = BOARD*4                             コースの長さ(要素数)を定める定数
8   curve = [0]*CMAX                           道が曲がる向きを入れるリスト
9
10
11  def make_course():                         コースデータを作る関数
12      for i in range(360):                       繰り返しで
13          curve[BOARD+i] = int(5*math.sin(math.       道のカーブを三角関数で計算し代入
radians(i)))
14
15
16  def main(): # メイン処理                    メイン処理を行う関数
17      pygame.init()                              pygameモジュールの初期化
18      pygame.display.set_caption("Python Racer")  ウィンドウに表示するタイトルを指定
```

```python
19      screen = pygame.display.set_mode((800, 600))           描画面を初期化
20      clock = pygame.time.Clock()                            clockオブジェクトを作成
21
22      img_bg = pygame.image.load("image_pr/bg.png").         背景(空と地面の絵)を読み込む変数
convert()
23
24      # 道路の板の基本形状を計算
25      BOARD_W = [0]*BOARD                                    板の幅を代入するリスト
26      BOARD_H = [0]*BOARD                                    板の高さを代入するリスト
27      for i in range(BOARD):                                 繰り返して
28          BOARD_W[i] = 10+(BOARD-i)*(BOARD-i)/12                 幅を計算
29          BOARD_H[i] = 3.4*(BOARD-i)/BOARD                       高さを計算
30
31      make_course()                                          コースデータを作る
32
33      car_y = 0                                              コース上の位置を管理する変数
34
35      while True:                                            無限ループ
36          for event in pygame.event.get():                       pygameのイベントを繰り返しで処理する
37              if event.type == QUIT:                                 ウィンドウの×ボタンをクリック
38                  pygame.quit()                                          pygameモジュールの初期化を解除
39                  sys.exit()                                             プログラムを終了する
40
41          key = pygame.key.get_pressed()                         keyに全てのキーの状態を代入
42          if key[K_UP] == 1:                                     上キーが押されたら
43              car_y = (car_y+1)%CMAX                                 コース上の位置を移動させる
44
45          # 描画用の道路のX座標を計算
46          di = 0                                                 道が曲がる向きを計算する変数
47          board_x = [0]*BOARD                                    板のX座標を計算するためのリスト
48          for i in range(BOARD):                                 繰り返しで
49              di += curve[(car_y+i)%CMAX]                            カーブデータから道の曲がりを計算
50              board_x[i] = 400 - BOARD_W[i]/2 + di/2                 板のX座標を計算し代入
51
52          sy = 400  # 道路を描き始める位置                        道路を描き始めるY座標をsyに代入
53
54          screen.blit(img_bg, [0, 0])                            空と地面の画像を描画
55
56          # 描画用データをもとに道路を描く
57          for i in range(BOARD-1, 0, -1):                        繰り返しで道路の板を描いていく
58              ux = board_x[i]                                        台形の上底のX座標をuxに代入
59              uy = sy                                                上底のY座標をuyに代入
60              uw = BOARD_W[i]                                        上底の幅をuwに代入
61              sy = sy + BOARD_H[i]                                   台形を描くY座標を次の値にする
62              bx = board_x[i-1]                                      台形の下底のX座標をbxに代入
63              by = sy                                                下底のY座標をbyに代入
64              bw = BOARD_W[i-1]                                      下底の幅をbwに代入
65              col = (160,160,160)                                    colに板の色を代入
66              if (car_y+i)%12 == 0:                                  一定間隔で(12枚のうち1枚)
67                  col = (255,255,255)                                    colを白の値にする
68              pygame.draw.polygon(screen, col,                       道路の板を描く
[[ux, uy], [ux+uw, uy], [bx+bw, by], [bx, by]])
69
70          pygame.display.update()                                画面を更新する
71          clock.tick(60)                                         フレームレートを指定
72
73  if __name__ == '__main__':                                 このプログラムが直接実行された時に
74      main()                                                     main()関数を呼び出す
```

このプログラムを実行すると道路が緻密に描かれます。カーソルキーの上を押すと先へ進んでいきます。

図10-2-2　list1002_1.pyの実行結果

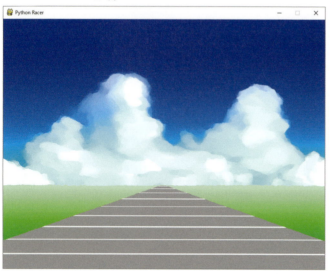

　『Python Racer』では、画像ファイルをmain()関数内でのみ描画します。背景画像はmain()関数内の22行目でimg_bg = pygame.image.load("image_pr/bg.png").convert()として読み込んでいます。

『Python Racer』はmain()関数内だけで画像を描く仕組みで制作します。そのため画像を読み込む変数はローカル変数としています。

『Galaxy Lancer』では、複数の関数で画像を描いていたので、画像の変数をグローバル変数とし、全ての関数から使えるようにしていましたね。

　6行目のBOARD = 120が板の枚数を定義した定数です。このプログラムでは120枚の板で画面上に見える道路を構成します。7行目のCMAX = BOARD*4は、コース全体の長さを定める定数です。地平線の先の見えない範囲を含めると、コースは見えている範囲の4倍分の長さがあることを定義しています。

ここでは確認用に4倍としましたが、実際にはもっと長いコースを定義します。

8行目のcurve = [0]*CMAXが道路のカーブ具合を代入するリストです。このリストの値は0が直線、正の値が右カーブ（値が大きいほど急カーブ）、負の値が左カーブ（値が小さいほど急カーブ）として計算を行います。

　11～13行目に記述したmake_course()関数が、curveに道の曲がり具合をセットする関数です。今回は確認用の仮コースとして、最初に見えている道路の先に、三角関数でS字のカーブをセットしています。

図10-2-3　三角関数で仮のコースを用意

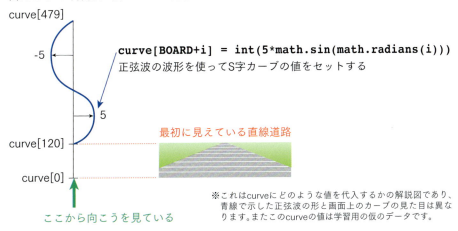

　25～29行目が道路を描く板の基本的な形状の計算です。その部分を抜き出して説明します。

```
BOARD_W = [0]*BOARD
BOARD_H = [0]*BOARD
for i in range(BOARD):
    BOARD_W[i] = 10+(BOARD-i)*(BOARD-i)/12
    BOARD_H[i] = 3.4*(BOARD-i)/BOARD
```

　前章で学んだように道路の板は台形で描きます。台形を描くための幅と高さを計算し、BOARD_W、BOARD_Hというリストに代入します。BOARD_W[0]が一番手前（画面下）の板の幅、BOARD_W[119]が一番奥（地平線上）の幅になります。**道路の基本形状はプログラム起動時に計算し、ゲーム中にBOARD_WとBOARD_Hの値を変更しないので、リスト名を全て大文字としています。**

　カーブした道路を進むと、画面上の板の座標は刻一刻と変化します。46～50行目で板を描くX座標を計算しています。その部分を抜き出して説明します。

```
        di = 0
        board_x = [0]*BOARD
        for i in range(BOARD):
            di += curve[(test_y+i)%CMAX]
            board_x[i] = 400 - BOARD_W[i]/2 + di/2
```

　変数diは板を左右にどの程度ずらすかを計算する変数で、道路の手前から奥に向かって計算します。例えば右カーブが続くなら、リストcurveの値は正の数なので、diはどんどん加算されていきます。つまり、これが前の章で学んだ、カーブの先ほど道を曲げる計算になっています。

　52行目のsy = 400は道路の板を描き始めるY座標です。背景画像は縦400ドットの位置に地平線が描かれており、そこから道路を描き始めます。
　57〜68行目が、板の形状とX座標から道路を描く処理です。その部分を抜き出して説明します。

```
        for i in range(BOARD-1, 0, -1):
            ux = board_x[i]
            uy = sy
            uw = BOARD_W[i]
            sy = sy + BOARD_H[i]
            bx = board_x[i-1]
            by = sy
            bw = BOARD_W[i-1]
            col = (160,160,160)
            if (car_y+i)%12 == 0:
                col = (255,255,255)
            pygame.draw.polygon(screen, col, [[ux, uy], [ux+uw, uy], [bx+bw, by], [bx, by]])
```

　繰り返しのiの範囲が、BOARD-1から始まり、1ずつ減らしているのは、道路を奥から手前に向かって描くためです。三次元空間にある物体は、遠くものから描いていく必要があります。もし手前の物を先に描いてしまうと、その後に描いた奥の物が手前の物の上に表示され、おかしな見え方になります。

そのために、板のX座標を先に計算してboard_xに入れておき、その値を使って奥の板から描いていくのですね。

348

台形の上底と下底の座標などを変数に代入して台形を描く処理は、前の章で学んだ通りです。この時、colという変数を用いて、12枚ごとに1枚を白い板にしています。

　プレイヤーがコース上のどの位置にいるかは、33行目で宣言したcar_yという変数で管理します。42〜43行目で、上キーが押されていればcar_yの値を1ずつ増やし、値がCMAXになると0に戻しています。白い板を描く条件分岐をif (car_y+i)%12 == 0:とすることで、car_yの値が増えると白い板が画面下（プレイヤーから見て後方）に移動します。

　このようにして上キーで先へ進んで行く様子を表現していますが、変数car_yと上キーで道路を進む処理は確認用のものです。実際には車の速度に合わせてコース上の位置を変化させます。その方法については、Lesson 10-9で改めて説明します。

　難しい内容になるので、ここまでに説明した内容を図解します。次のような流れで道路を描いています。

図10-2-4　プログラムの処理の流れ

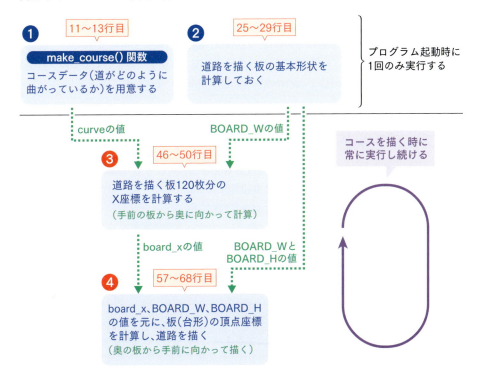

板の幅と高さを計算しておく理由

　道路を描くための板の幅と高さを最初に計算しておくのは、描くたびに計算すると処理速度（計算速度）が無駄になるからです。今のコンピュータは高速なので、この程度の計算なら大きな問題にはなりませんが、複雑な計算を行うと処理に時間がかかることがあります。

一度行えばよい計算は、計算結果を変数に代入しておき、以後、その値を使うことは、プロの開発現場では当たり前のことです。

またこの先のLessonで、車やロードサイドの看板などを拡大縮小して描く際に、板の幅を元に物体のスケールを計算します。そのためにも最初に板の幅と高さをBOARD_WとBOARD_Hというリストに代入しておきます。

》》》 画像の描画を高速化する

Pygameで画像を読み込む時にconvert()命令を使うと、読み込んだ画像の描画が高速に行われるようになります。今回のプログラムでは背景画像を読み込む際に.convert()を記述しています。

```
img_bg = pygame.image.load("image_pr/bg.png").convert()
```

透過色を使っている画像であれば、convert_alpha()命令を用います。
『Python Racer』は秒間60フレームの高速処理を実現するので、この先のプログラムも、全ての画像にconvert()かconvert_alpha()命令を用いるようにします。

》》》 プログラムが難しい方へ

前章で道路を疑似3Dで描く仕組みを理解できた方も、ここで確認したlist1002_1.pyは難しいと感じるかもしれません。高度な内容になりますので、難しい方は「こんな処理を行っているのか」と、いまは概要がつかめればOKです。

この先も難しい処理が出てきますが、プログラムを全て理解するまで立ち止まる必要はありません。Lessonごとにレースゲームの完成度が高まる過程を楽しみながら、一通り最後まで進んでみてください。

繰り返しになりますが、いったん最後まで読み通し、理解したい箇所を後で復習してみるのです。そのような学習の仕方で、難しかった部分も徐々に理解できるようになります。

Lesson 10-3 カーブに合わせ背景を動かす

車のフロントガラスから見る景色は、右カーブの道であれば左に流れ、左カーブであれば右に流れます。その映像表現をプログラムに組み込みます。

>>> 背景を動かす

地平線の彼方にそびえ立つ雲が、カーブに合わせ左右に動くプログラムを確認します。次のプログラムを入力し、ファイル名を付けて保存し、実行しましょう。

リスト ▶ list1003_1.py ※前のプログラムからの追加変更箇所にマーカーを引いています

```
1   import pygame                                         pygameモジュールをインポート
2   import sys                                            sysモジュールをインポート
3   import math                                           mathモジュールをインポート
4   from pygame.locals import *                           pygame.定数の記述の省略
5
6   BOARD = 120                                           道路を描く板の枚数を定める定数
7   CMAX = BOARD*4                                        コースの長さ(要素数)を定める定数
8   curve = [0]*CMAX                                      道が曲がる向きを入れるリスト
9
10
11  def make_course():                                    コースデータを作る関数
12      for i in range(360):                                  繰り返しで
13          curve[BOARD+i] = int(5*math.sin(math.                道のカーブを三角関数で計算し代入
   radians(i)))
14
15
16  def main(): # メイン処理                              メイン処理を行う関数
17      pygame.init()                                         pygameモジュールの初期化
18      pygame.display.set_caption("Python Racer")            ウィンドウに表示するタイトルを指定
19      screen = pygame.display.set_mode((800, 600))          描画面を初期化
20      clock = pygame.time.Clock()                           clockオブジェクトを作成
21
22      img_bg = pygame.image.load("image_pr/bg.png").        背景(空と地面の絵)を読み込む変数
   convert()
23
24      # 道路の板の基本形状を計算
25      BOARD_W = [0]*BOARD                                   板の幅を代入するリスト
26      BOARD_H = [0]*BOARD                                   板の高さを代入するリスト
27      for i in range(BOARD):                                繰り返しで
28          BOARD_W[i] = 10+(BOARD-i)*(BOARD-i)/12                幅を計算
29          BOARD_H[i] = 3.4*(BOARD-i)/BOARD                      高さを計算
30
31      make_course()                                         コースデータを作る
32
33      car_y = 0                                             コース上の位置を管理する変数
34      vertical = 0                                          背景の横方向の位置を管理する変数
35
36      while True:                                           無限ループ
37          for event in pygame.event.get():                      pygameのイベントを繰り返しで処理する
```

```
38              if event.type == QUIT:
39                  pygame.quit()
40                  sys.exit()
41
42          key = pygame.key.get_pressed()
43          if key[K_UP] == 1:
44              car_y = (car_y+1)%CMAX
45
46          # 描画用の道路のX座標を計算
47          di = 0
48          board_x = [0]*BOARD
49          for i in range(BOARD):
50              di += curve[(car_y+i)%CMAX]
51              board_x[i] = 400 - BOARD_W[i]/2 + di/2
52
53          sy = 400  # 道路を描き始める位置
54
55          vertical = vertical - di*key[K_UP]/30
# 背景の垂直位置
56          if vertical < 0:
57              vertical += 800
58          if vertical >= 800:
59              vertical -= 800
60
61          screen.blit(img_bg, [vertical-800, 0])
62          screen.blit(img_bg, [vertical, 0])
63
64          # 描画用データをもとに道路を描く
65          for i in range(BOARD-1, 0, -1):
66              ux = board_x[i]
67              uy = sy
68              uw = BOARD_W[i]
69              sy = sy + BOARD_H[i]
70              bx = board_x[i-1]
71              by = sy
72              bw = BOARD_W[i-1]
73              col = (160,160,160)
74              if (car_y+i)%12 == 0:
75                  col = (255,255,255)
76              pygame.draw.polygon(screen, col,
[[ux, uy], [ux+uw, uy], [bx+bw, by], [bx, by]])
77
78          pygame.display.update()
79          clock.tick(60)
80
81  if __name__ == '__main__':
82      main()
```

	ウィンドウの×ボタンをクリック
	pygameモジュールの初期化を解除
	プログラムを終了する
	keyに全てのキーの状態を代入
	上キーが押されたら
	コース上の位置を移動させる
	道が曲がる向きを計算する変数
	板のX座標を計算するためのリスト
	繰り返しで
	カーブデータから道の曲がりを計算
	板のX座標を計算し代入
	道路を描き始めるY座標をsyに代入
	背景の垂直位置を計算
	それが0未満になったら
	800を足す
	800以上になったら
	800を引く
	空と地面の画像を描画(左側)
	空と地面の画像を描画(右側)
	繰り返しで道路の板を描いていく
	台形の上底のX座標をuxに代入
	上底のY座標をuyに代入
	上底の幅をuwに代入
	台形を描くY座標を次の値にする
	台形の下底のX座標をbxに代入
	下底のY座標をbyに代入
	下底の幅をbwに代入
	colに板の色を代入
	一定間隔で(12枚のうち1枚)
	colを白の値にする
	道路の板を描く
	画面を更新する
	フレームレートを指定
	このプログラムが直接実行された時に
	main()関数を呼び出す

このプログラムを実行すると、カーブに合わせて雲が右あるいは左へ移動します。上キーで道を進み、雲の動きを確認しましょう（図10-3-1）。

図10-3-1

　34行目で宣言したverticalという変数で背景の表示位置を管理します。verticalの値は55〜59行目で変化させます。その部分を抜き出して説明します。

```
vertical = vertical - di*key[K_UP]/30  # 背景の垂直位置
if vertical < 0:
    vertical += 800
if vertical >= 800:
    vertical -= 800
```

　vertical = vertical - di*key[K_UP]/30 という式がポイントです。diには47〜51行目の計算で道のカーブの値を加算した数値が入っています。道路が右カーブになっているなら、diはプラスの値なのでverticalの値は減り、雲は左へ移動します。左カーブではdiはマイナスの値なので、verticalの値は増え、雲は右へ移動します。

　diにkey[K_UP]をかけているのは、上キーを押した時だけverticalの値を変化させるためです。上キーが押されていないとkey[K_UP]は0なので、verticalは変化しません。当然ですが車が止まっているなら景色は動かないので、key[K_UP]の値を使ってそれを再現しています。ただし、ここでkey[K_UP]をかけているのは、プログラムの動作を確認するためです。実際のゲームでは、プレイヤーの車の速度とコースの向きから背景の移動量を計算します。プレイヤーの車の制御を組み込む時に改めて説明します。

di*key[K_UP]/30と30で割っているのは、景色が左右に動く速さを調整するためです。割る値を大きくするほど、景色はあまり動かなくなります。逆に小さな値で割ると、かなりの勢いで動くので、値を変える実験をする時は、目を回さないように注意しましょう。

verticalの値は0〜800の範囲で変化するようにし、61〜62行目で次のように2枚の背景を左右に並べて表示します。これで雲が横にスクロールします。

```
screen.blit(img_bg, [vertical-800, 0])
screen.blit(img_bg, [vertical, 0])
```

ここで行っている背景の横スクロールは、Lesson 1-3で学んだように、横に2枚の画像を並べて、表示位置を変化させる方法です。

》》》道路はループさせている

前のLessonのプログラム、このLessonのプログラムともに、上キーで進んで行くと、道路は延々と続いていきます。これは道路の終点と始点をつなぐように処理しているからです。その方法を説明します。

まず上キーでプレイヤーのコース上の位置を変化させる式を見てみます。次のようになっています。

```
if key[K_UP] == 1:
    car_y = (car_y+1)%CMAX
```

car_yの値は上キーを押すと、1→2→3→……→CMAX-3→CMAX-2→CMAX-1→0→1→2→3→……と、0からCMAX-1の範囲で繰り返されます。

次に道路の板のX座標を計算する、繰り返しの処理を確認します。その部分を抜き出します。

```
for i in range(BOARD):
    di += curve[(car_y+i)%CMAX]
    board_x[i] = 400 - BOARD_W[i]/2 + di/2
```

太字で示した(car_y+i)%CMAXがポイントです。道がどちらに曲がっているかを代入したcurveの要素数（箱の番号）を(car_y+i)%CMAXとすれば、道路の終点（curve[CMAX-1]）を越えると、始点（curve[0]）からリストの値を取得することになります。

この仕組みで

- 道を進んでいき、道路の終点が見えてくると、その先は出発地点の道路になっている
- コース上の現在位置の値は、終点を越えると始点に戻る

ということを実現しています。

> 道路をループさせるのに、特別なプログラムを記述しているわけではありません。余りを求める％演算子をうまく使って計算しています。

Lesson 10-4 道路の起伏を表現する

道路の起伏を表現する処理を組み込みます。また道路のアップダウンに合わせ地平線が上下するようにします。

上り坂と下り坂を描く

起伏を表現する処理を入れたプログラムを確認します。次のプログラムを入力し、ファイル名を付けて保存し、実行しましょう。

リスト ▶list1004_1.py ※前のプログラムからの追加変更箇所にマーカーを引いています

行	コード	説明
1	`import pygame`	pygameモジュールをインポート
2	`import sys`	sysモジュールをインポート
3	`import math`	mathモジュールをインポート
4	`from pygame.locals import *`	pygame.定数の記述の省略
5		
6	`BOARD = 120`	道路を描く板の枚数を定める定数
7	`CMAX = BOARD*3`	コースの長さ(要素数)を定める定数
8	`curve = [0]*CMAX`	道が曲がる向きを入れるリスト
9	`updown = [0]*CMAX`	道の起伏を入れるリスト
10		
11		
12	`def make_course():`	コースデータを作る関数
13	`    for i in range(CMAX):`	繰り返しで
14	`        updown[i] = int(5*math.sin(math.radians(i)))`	道の起伏を三角関数で計算し代入
15		
16		
17	`def main(): # メイン処理`	メイン処理を行う関数
18	`    pygame.init()`	pygameモジュールの初期化
19	`    pygame.display.set_caption("Python Racer")`	ウィンドウに表示するタイトルを指定
20	`    screen = pygame.display.set_mode((800, 600))`	描画面を初期化
21	`    clock = pygame.time.Clock()`	clockオブジェクトを作成
22		
23	`    img_bg = pygame.image.load("image_pr/bg.png").convert()`	背景(空と地面の絵)を読み込む変数
24		
25	`    # 道路の板の基本形状を計算`	
26	`    BOARD_W = [0]*BOARD`	板の幅を代入するリスト
27	`    BOARD_H = [0]*BOARD`	板の高さを代入するリスト
28	`    BOARD_UD = [0]*BOARD`	板の起伏用の値を代入するリスト
29	`    for i in range(BOARD):`	繰り返しで
30	`        BOARD_W[i] = 10+(BOARD-i)*(BOARD-i)/12`	幅を計算
31	`        BOARD_H[i] = 3.4*(BOARD-i)/BOARD`	高さを計算
32	`        BOARD_UD[i] = 2*math.sin(math.radians(i*1.5))`	起伏の値を三角関数で計算
33		
34	`    make_course()`	コースデータを作る
35		
36	`    car_y = 0`	コース上の位置を管理する変数

```python
37          vertical = 0
38
39          while True:
40              for event in pygame.event.get():
41                  if event.type == QUIT:
42                      pygame.quit()
43                      sys.exit()
44
45              key = pygame.key.get_pressed()
46              if key[K_UP] == 1:
47                  car_y = (car_y+1)%CMAX
48
49              # 描画用の道路のX座標と路面の高低を計算
50              di = 0
51              ud = 0
52              board_x = [0]*BOARD
53              board_ud = [0]*BOARD
54              for i in range(BOARD):
55                  di += curve[(car_y+i)%CMAX]
56                  ud += updown[(car_y+i)%CMAX]
57                  board_x[i] = 400 - BOARD_W[i]/2 + di/2
58                  board_ud[i] = ud/30
59
60              horizon = 400 + int(ud/3) # 地平線の座標の計算
61              sy = horizon # 道路を描き始める位置
62
63              vertical = vertical - di*key[K_UP]/30  # 背景の垂直位置
64              if vertical < 0:
65                  vertical += 800
66              if vertical >= 800:
67                  vertical -= 800
68
69              # フィールドの描画
70              screen.fill((0, 56, 255)) # 上空の色
71              screen.blit(img_bg, [vertical-800, horizon-400])
72              screen.blit(img_bg, [vertical, horizon-400])
73
74              # 描画用データをもとに道路を描く
75              for i in range(BOARD-1, 0, -1):
76                  ux = board_x[i]
77                  uy = sy - BOARD_UD[i]*board_ud[i]
78                  uw = BOARD_W[i]
79                  sy = sy + BOARD_H[i]*(600-horizon)/200
80                  bx = board_x[i-1]
81                  by = sy - BOARD_UD[i-1]*board_ud[i-1]
82                  bw = BOARD_W[i-1]
83                  col = (160,160,160)
84                  if (car_y+i)%12 == 0:
85                      col = (255,255,255)
86                  pygame.draw.polygon(screen, col, [[ux, uy], [ux+uw, uy], [bx+bw, by], [bx, by]])
87
88              pygame.display.update()
89              clock.tick(60)
90
91      if __name__ == '__main__':
92          main()
```

このプログラムを実行すると、上り坂が表示されます。上キーで先へ進むと下り坂になります。道路はループさせているので、さらに進むと再び上り坂になります。また道路のアップダウンに伴って地平線の位置も上下します。

図10-4-1　list1004_1.pyの実行結果

今回のプログラムでは7行目でCMAX = BOARD*3とし、コース全体の長さは見えている範囲（道路を描く範囲）の3倍としました。

9行目でupdownというリストを宣言し、make_course()関数で、道路の起伏の具合をupdownにセットします。make_course()関数を抜き出して確認します。

```
def make_course():
    for i in range(CMAX):
        updown[i] = int(5*math.sin(math.radians(i)))
```

このプログラムのCMAXの値は360です。繰り返しで0°から360°のsin()の値を5倍し、updownに代入しています。これは図10-4-2のような正弦波になり、最初に上り坂があり、その先が下り坂になるイメージです。

26〜32行目の道路の板の基本形状の計算には、BOARD_UDというリストを追加し、そのリストに三角関数の正弦波で山（丘）を横から見たような高低（→P.335）の値を代入します。これは前章のLesson 9-9で学んだ内容ですが、今回は道路の先を地平線に合わせるのではなく、地平線のラインを道路の先端（消失点）に合わせることで、より臨場感のある映

像表現を行っています**。その方法を説明します。

図10-4-2　make_course()関数の処理

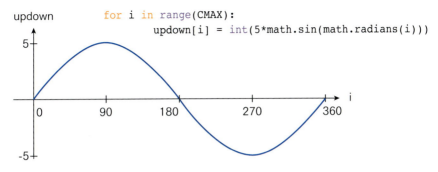

```
for i in range(CMAX):
    updown[i] = int(5*math.sin(math.radians(i)))
```

※このupdownの値は学習用の仮のデータです。
　また画面に見える坂が、この波形の形になるわけではありません。

地平線を道路の先に合わせる

50～58行目で、道路を描く板のX座標と起伏の値を計算しています。その部分を、地平線のY座標を決める式も含めて抜き出し、説明します。

```
di = 0
ud = 0
board_x = [0]*BOARD
board_ud = [0]*BOARD
for i in range(BOARD):
    di += curve[(car_y+i)%CMAX]
    ud += updown[(car_y+i)%CMAX]
    board_x[i] = 400 - BOARD_W[i]/2 + di/2
    board_ud[i] = ud/30

horizon = 400 + int(ud/3)  # 地平線の座標の計算
sy = horizon  # 道路を描き始める位置
```

　変数udには、繰り返しのブロックで、道路の起伏データの値を加算して代入しています。
　地平線の位置はhorizon = 400 + int(ud/3)とし、400にudを1/3した値を足して求めています。udを3で割っているのは、地平線の上下の動きを調整するためで、例えば2で割ると動きが激しくなります。
　背景を描くY座標を、71～72行目のようにhorizonを使って指定します。

```
screen.fill((0, 56, 255)) # 上空の色
screen.blit(img_bg, [vertical-800, horizon-400])
screen.blit(img_bg, [vertical, horizon-400])
```

　これで路面のアップダウンに合わせて地平線が上下します。horizonから400を引いているのは、背景画像のY座標が400の位置に地平線が描かれているからです。fill()命令で画面を空の色で塗り潰してから背景を描いていますが、これは背景画像が下の方に来た時に、上の方を空の色にするためです。

三次元の景色を、よりリアルに表現する工夫が、地平線を上下させる処理というわけですね。

　道路の起伏を表現するため、75～86行目に記述した板を描く計算を、前のプログラムから少し手を加えています。その部分を抜き出して説明します。

```
for i in range(BOARD-1, 0, -1):
    ux = board_x[i]
    uy = sy - BOARD_UD[i]*board_ud[i]
    uw = BOARD_W[i]
    sy = sy + BOARD_H[i]*(600-horizon)/200
    bx = board_x[i-1]
    by = sy - BOARD_UD[i-1]*board_ud[i-1]
    bw = BOARD_W[i-1]
    col = (160,160,160)
    if (car_y+i)%12 == 0:
        col = (255,255,255)
    pygame.draw.polygon(screen, col, [[ux, uy], [ux+uw, uy],
[bx+bw, by], [bx, by]])
```

　太字で示した部分が路面の高さに関わる計算です。uyは台形の上底のY座標、byは下底のY座標です。syは台形を描く基本となるY座標を管理する変数です。
　uyとbyは、板の基本形状で計算したBOARD_UDと、画面に表示する板の起伏の値であるboard_udをかけたものを、syから引いて代入します。この計算で起伏のある場所ほど、台形の位置を上あるいは下に、より大きくずらします。
　syにはBOARD_H[i]*(600-horizon)/200という値を加えています。これは地平線が標準位置のY＝400からずれた場合、手前の道路をウィンドウの下端に合わせるための補正です。難しいと思いますので、地平線が400ドットより小さくなる（画面上のほうにある）と、板

の高さを少しずつ広げて描かないと、一番手前の道路が画面下に届かなくなるので、それが起きないように調整していると考えましょう。

試しに

`sy = sy + BOARD_H[i]*(600-horizon)/200`

を前のプログラムのまま

`sy = sy + BOARD_H[i]`

として実行すると、下り坂の道路が画面下に届かないことを確認できます。

Lesson 10-5 車線を区切るラインを描く

次は車線を区切る白いラインと、道路両脇の黄色いラインを描き、道路の表現をよりリアルなものにします。

路面上のラインの表現

路面のラインを描くプログラムを確認します。次のプログラムを入力し、ファイル名を付けて保存し、実行しましょう。

リスト ▶ list1005_1.py　※前のプログラムからの追加変更箇所に マーカー を引いています

1	`import pygame`	pygameモジュールをインポート
2	`import sys`	sysモジュールをインポート
3	`import math`	mathモジュールをインポート
4	`from pygame.locals import *`	pygame.定数の記述の省略
5		
6	`WHITE = (255, 255, 255)`	色の定義(白)
7	`YELLOW= (255, 224,   0)`	色の定義(黄)
8		
9	`BOARD = 120`	道路を描く板の枚数を定める定数
10	`CMAX = BOARD*3`	コースの長さ(要素数)を定める定数
11	`curve = [0]*CMAX`	道が曲がる向きを入れるリスト
12	`updown = [0]*CMAX`	道の起伏を入れるリスト
13		
14		
15	`def make_course():`	コースデータを作る関数
16	`    for i in range(CMAX):`	繰り返して
17	`        updown[i] = int(5*math.sin(math.radians(i)))`	道の起伏を三角関数で計算し代入
18		
19		
20	`def main(): # メイン処理`	メイン処理を行う関数
21	`    pygame.init()`	pygameモジュールの初期化
22	`    pygame.display.set_caption("Python Racer")`	ウィンドウに表示するタイトルを指定
23	`    screen = pygame.display.set_mode((800, 600))`	描画面を初期化
24	`    clock = pygame.time.Clock()`	clockオブジェクトを作成
25		
26	`    img_bg = pygame.image.load("image_pr/bg.png").convert()`	背景(空と地面の絵)を読み込む変数
27		
28	`    # 道路の板の基本形状を計算`	
29	`    BOARD_W = [0]*BOARD`	板の幅を代入するリスト
30	`    BOARD_H = [0]*BOARD`	板の高さを代入するリスト
31	`    BOARD_UD = [0]*BOARD`	板の起伏用の値を代入するリスト
32	`    for i in range(BOARD):`	繰り返して
33	`        BOARD_W[i] = 10+(BOARD-i)*(BOARD-i)/12`	幅を計算
34	`        BOARD_H[i] = 3.4*(BOARD-i)/BOARD`	高さを計算
35	`        BOARD_UD[i] = 2*math.sin(math.radians(i*1.5))`	起伏の値を三角関数で計算
36		

```
37        make_course()                                     コースデータを作る
38
39        car_y = 0                                         コース上の位置を管理する変数
40        vertical = 0                                      背景の横方向の位置を管理する変数
41
42        while True:                                       無限ループ
43            for event in pygame.event.get():              pygameのイベントを繰り返しで処理する
44                if event.type == QUIT:                    ウィンドウの×ボタンをクリック
45                    pygame.quit()                         pygameモジュールの初期化を解除
46                    sys.exit()                            プログラムを終了する
47
48            key = pygame.key.get_pressed()                keyに全てのキーの状態を代入
49            if key[K_UP] == 1:                            上キーが押されたら
50                car_y = (car_y+1)%CMAX                    コース上の位置を移動させる
51
52            # 描画用の道路のX座標と路面の高低を計算
53            di = 0                                        道が曲がる向きを計算する変数
54            ud = 0                                        道の起伏を計算する変数
55            board_x = [0]*BOARD                           板のX座標を計算するためのリスト
56            board_ud = [0]*BOARD                          板の高低を計算するためのリスト
57            for i in range(BOARD):                        繰り返しで
58                di += curve[(car_y+i)%CMAX]               カーブデータから道の曲がりを計算
59                ud += updown[(car_y+i)%CMAX]              起伏データから起伏を計算
60                board_x[i] = 400 - BOARD_W[i]/2 + di/2    板のX座標を計算し代入
61                board_ud[i] = ud/30                       板の高低を計算し代入
62
63            horizon = 400 + int(ud/3)  # 地平線の座標の計算   地平線のY座標を計算しhorizonに代入
64            sy = horizon  # 道路を描き始める位置              道路を描き始めるY座標をsyに代入
65
66            vertical = vertical - di*key[K_UP]/30         背景の垂直位置を計算
# 背景の垂直位置
67            if vertical < 0:                              それが0未満になったら
68                vertical += 800                           800を足す
69            if vertical >= 800:                           800以上になったら
70                vertical -= 800                           800を引く
71
72            # フィールドの描画
73            screen.fill((0, 56, 255))  # 上空の色           指定の色で画面を塗りつぶす
74            screen.blit(img_bg, [vertical-800, horizon-400])   空と地面の画像を描画(左側)
75            screen.blit(img_bg, [vertical, horizon-400])       空と地面の画像を描画(右側)
76
77            # 描画用データをもとに道路を描く
78            for i in range(BOARD-1, 0, -1):               繰り返しで道路の板を描いていく
79                ux = board_x[i]                           台形の上底のX座標をuxに代入
80                uy = sy - BOARD_UD[i]*board_ud[i]         上底のY座標をuyに代入
81                uw = BOARD_W[i]                           上底の幅をuwに代入
82                sy = sy + BOARD_H[i]*(600-horizon)/200    台形を描くY座標を次の値にする
83                bx = board_x[i-1]                         台形の下底のX座標をbxに代入
84                by = sy - BOARD_UD[i-1]*board_ud[i-1]     下底のY座標をbyに代入
85                bw = BOARD_W[i-1]                         下底の幅をbwに代入
86                col = (160,160,160)                       colに板の色を代入
87                pygame.draw.polygon(screen, col, [[ux, uy], [ux+uw, uy], [bx+bw, by], [bx, by]])   道路の板を描く
88
89                if int(car_y+i)%10 <= 4:  # 左右の黄色線    一定間隔で
90                    pygame.draw.polygon(screen, YELLOW, [[ux, uy], [ux+uw*0.02, uy], [bx+bw*   道路左の黄色いラインを描く
```

```
                0.02, by], [bx, by]])
91                          pygame.draw.polygon(screen,
        YELLOW, [[ux+uw*0.98, uy], [ux+uw, uy], [bx+bw,
        by], [bx+bw*0.98, by]])
92                  if int(car_y+i)%20 <= 10:  # 白線
93                          pygame.draw.polygon(screen,
        WHITE, [[ux+uw*0.24, uy], [ux+uw*0.26, uy],
        [bx+bw*0.26, by], [bx+bw*0.24, by]])
94                          pygame.draw.polygon(screen,
        WHITE, [[ux+uw*0.49, uy], [ux+uw*0.51, uy],
        [bx+bw*0.51, by], [bx+bw*0.49, by]])
95                          pygame.draw.polygon(screen,
        WHITE, [[ux+uw*0.74, uy], [ux+uw*0.76, uy],
        [bx+bw*0.76, by], [bx+bw*0.74, by]])
96
97              pygame.display.update()
98              clock.tick(60)
99
100     if __name__ == '__main__':
101         main()
```

道路右の黄色いラインを描く

一定間隔で
左側の白ラインを描く

中央の白ラインを描く

右側の白ラインを描く

画面を更新する
フレームレートを指定

このプログラムが直接実行された時に
main()関数を呼び出す

　このプログラムを実行すると、路面に白と黄色のラインが描かれます。上キーで道を進むとラインは後ろに流れていきます。
　『Python Racer』の黄色いラインは、「そこを越えると路肩に乗り上げ減速する」という注意をプレイヤーに促すための線とします。

図10-5-1　list1005_1.pyの実行結果

　ラインを描く処理を説明します。78～95行目の道路を描く処理を抜き出して確認します。太字で示した部分がラインの描画です。

```
        for i in range(BOARD-1, 0, -1):
            ux = board_x[i]
            uy = sy - BOARD_UD[i]*board_ud[i]
            uw = BOARD_W[i]
            sy = sy + BOARD_H[i]*(600-horizon)/200
            bx = board_x[i-1]
            by = sy - BOARD_UD[i-1]*board_ud[i-1]
            bw = BOARD_W[i-1]
            col = (160,160,160)
            pygame.draw.polygon(screen, col, [[ux, uy], [ux+uw, uy], [bx+bw, by], [bx, by]])

            if int(car_y+i)%10 <= 4:  # 左右の黄色線
                pygame.draw.polygon(screen, YELLOW, [[ux, uy], [ux+uw*0.02, uy], [bx+bw*0.02, by], [bx, by]])
                pygame.draw.polygon(screen, YELLOW, [[ux+uw*0.98, uy], [ux+uw, uy], [bx+bw, by], [bx+bw*0.98, by]])
            if int(car_y+i)%20 <= 10:  # 白線
                pygame.draw.polygon(screen, WHITE, [[ux+uw*0.24, uy], [ux+uw*0.26, uy], [bx+bw*0.26, by], [bx+bw*0.24, by]])
                pygame.draw.polygon(screen, WHITE, [[ux+uw*0.49, uy], [ux+uw*0.51, uy], [bx+bw*0.51, by], [bx+bw*0.49, by]])
                pygame.draw.polygon(screen, WHITE, [[ux+uw*0.74, uy], [ux+uw*0.76, uy], [bx+bw*0.76, by], [bx+bw*0.74, by]])
```

　pygame.draw.polygon()で道路の板を台形で描いた後、ラインを上書きします。

　黄色のラインは if int(car_y+i)%10 <= 4: という条件分岐で、板10枚ごとに、5枚の板の左側と右側に黄色の台形を上書きしています。その台形は ux+uw*0.02 や bx+bw*0.02 のように、板の幅に小数をかけて座標を指定し、小さな台形としています。

　白いラインも同様です。白いラインは板20枚ごとに、10枚の板に、左、中、右の3か所に白い台形を上書きしています。左、中、右の位置は小数をかけて計算します。

ラインを描くと、ぐっと道路らしくなりました。

Lesson 10-6 コースの定義その1 カーブデータ

道路がどちらに延びていくかをデータで定義し、そのデータからレースを行うコースを作ります。多くのデータを用意するのではなく、道路が向かう方向を定める必要最小限のデータを用意し、そこからコースの形状をコンピュータに計算させます。

≫ カーブのデータを用意する

道路がどちらに延びていくかを定義したデータからコースを作るプログラムを確認します。次のプログラムを入力し、ファイル名を付けて保存し、実行しましょう。

リスト▶list1006_1.py　※前のプログラムからの追加変更箇所にマーカーを引いています

```
1   import pygame
2   import sys
3   import math
4   from pygame.locals import *
5
6   WHITE = (255, 255, 255)
7   YELLOW= (255, 224,   0)
8
9   DATA_LR = [0, 0, 1, 0, 6, -6, -4, -2, 0]
10  CLEN = len(DATA_LR)
11
12  BOARD = 120
13  CMAX = BOARD*CLEN
14  curve = [0]*CMAX
15  updown = [0]*CMAX
16
17
18  def make_course():
19      for i in range(CLEN):
20          lr1 = DATA_LR[i]
21          lr2 = DATA_LR[(i+1)%CLEN]
22          for j in range(BOARD):
23              pos = j+BOARD*i
24              curve[pos] = lr1*(BOARD-j)/BOARD + lr2*j/BOARD
25
26
27  def main(): # メイン処理
 :      略：list1005_1.pyの通り(→P.362)
 :      〜
107 if __name__ == '__main__':
108     main()
```

	pygameモジュールをインポート
	sysモジュールをインポート
	mathモジュールをインポート
	pygame.定数の記述の省略
	色の定義(白)
	色の定義(黄)
	道路のカーブを作る基になるデータ
	これらのデータの要素数を代入した定数
	道路を描く板の枚数を定める定数
	コースの長さ(要素数)を定める定数
	道が曲がる向きを入れるリスト
	道の起伏を入れるリスト
	コースデータを作る関数
	繰り返しで
	カーブデータをlr1に代入
	次のカーブデータをlr2に代入
	繰り返しで
	リストの添え字を計算しposに代入
	道が曲がる向きを計算し代入
	メイン処理を行う関数
	このプログラムが直接実行された時に
	main()関数を呼び出す

このプログラムを実行し、上キーで道を進んでください。最初に緩やかな右カーブがあり、次いで急な右カーブと左カーブになり、その先で再び出発地点の直線道路に戻ります。

図10-6-1　list1006_1.pyの実行結果

　9行目に定義したDATA_LR = [0, 0, 1, 0, 6, -6, -4, -2, 0]が、コースのカーブを作る基になるデータです。たった9つのデータから、このように変化するコースを作り出しています。その方法を説明します。

　10行目でCLEN = len(DATA_LR)とし、データの個数（DATA_LRの要素数）をCLENに代入します。13行目でCMAX = BOARD*CLEN とし、14行目でcurve = [0]*CMAXとしてカーブを定義するリストを用意します。CLENは「コースの長さは見える範囲の何倍か」という値になります。今回はCLENの値は9であり、コースは見えている道路の9倍の長さがあります。

15行目で宣言したupdown = [0]*CMAXは、次のLessonで起伏の計算に使います。

　18～24行目の、コースデータを作るmake_course()関数を確認します。前のプログラムから改良し、太字で示した部分で、DATA_LRの値からコースデータを作り出しています。

```
def make_course():
    for i in range(CLEN):
        lr1 = DATA_LR[i]
        lr2 = DATA_LR[(i+1)%CLEN]
        for j in range(BOARD):
            pos = j+BOARD*i
            curve[pos] = lr1*(BOARD-j)/BOARD + lr2*j/BOARD
```

変数iとjを使った二重ループの繰り返しで、外側のforはCLENの値だけ、内側のforはBORADの値だけ繰り返します。

　このループの中で、変数lr1とlr2に、道路が板120枚ごとにどちらに向かうかという値を代入します。それら2つの値を使い、curve[pos] = lr1*(BOARD-j)/BOARD + lr2*j/BOARD という式で、変化していくカーブの値を計算します。

　この式で具体的にどのような計算が行われているかを考えてみましょう。このプログラムに記述したDATA_LR[0]は0、DATA_LR[1]は0、DATA_LR[2]は1です。DATA_LR[2]が最初の緩やかなカーブを定義しています。

- DATA_LR[0]、DATA_LR[1]とも0なので、最初に見える範囲（120枚の板）のcurveは全て0になる
  ➡直線道路
- DATA_LR[1]からDATA_LR[2]の範囲（次の120枚の板）は、DATA_LR[2]が1なので、curveの値は少しずつ増えていく
  ➡緩やかな右カーブ
- その次の範囲も同様に、DATA_LR[i]の値がDATA_LR[(i+1)%CLEN]に変化していく計算を、120刻みで行っている

　以上のような計算でコース全体のカーブのデータを求めています。

カーブの値の計算は、このプログラムの一番難しい部分です。難しいと感じる方は、この式でDATA_LRに記述したデータから、コースのカーブ具合を計算し、curveに代入していると考えて、次へ進みましょう。

》》》 数学が得意な方は

　数学が得意な方は、この計算式が2点をm:nに内分する点を求める式と同じ構造とお気づきかもしれません。数直線上の2点AとBをm:nに内分する点をPとすると、Pの座標は右のようになります。

$$\frac{n\text{A} + m\text{B}}{m + n}$$

　AがDATA_LR[i]、BがDATA_LR[(i+1)%CLEN]です。jの繰り返しでAとBを、120:0、119:1、118:2、……3:117、2:118、1:119の比に内分するPを求め（Pがカーブの値です）、curveに代入しています。

Lesson 10-7 コースの定義その2 起伏データ

道路は平坦な土地だけでなく、丘やくぼんだ土地などを通り、そこには上りや下りの坂があります。ここでは道を起伏させるデータ用意し、よりリアルなコースの形をコンピュータに計算させます。

起伏のデータを用意する

道の起伏をデータで定義し、コースを作るプログラムを確認します。次のプログラムを入力し、ファイル名を付けて保存し、実行しましょう。

リスト ▶ list1007_1.py　※前のプログラムからの追加変更箇所にマーカーを引いています

```python
1   import pygame                              # pygameモジュールをインポート
2   import sys                                 # sysモジュールをインポート
3   import math                                # mathモジュールをインポート
4   from pygame.locals import *                # pygame.定数の記述の省略
5
6   WHITE = (255, 255, 255)                    # 色の定義(白)
7   YELLOW= (255, 224,   0)                    # 色の定義(黄)
8
9   DATA_LR = [0, 0, 0, 0, 0, 0, 0, 0, 0]      # 道路のカーブを作る基になるデータ
10  DATA_UD = [0,-2,-4,-6,-4,-2, 2, 4, 2]      # 道路の起伏を作る基になるデータ
11  CLEN = len(DATA_LR)                        # これらのデータの要素数を代入した定数
12
13  BOARD = 120                                # 道路を描く板の枚数を定める定数
14  CMAX = BOARD*CLEN                          # コースの長さ(要素数)を定める定数
15  curve = [0]*CMAX                           # 道が曲がる向きを入れるリスト
16  updown = [0]*CMAX                          # 道の起伏を入れるリスト
17
18
19  def make_course():                         # コースデータを作る関数
20      for i in range(CLEN):                  #     繰り返しで
21          lr1 = DATA_LR[i]                   #         カーブデータをlr1に代入
22          lr2 = DATA_LR[(i+1)%CLEN]          #         次のカーブデータをlr2に代入
23          ud1 = DATA_UD[i]                   #         起伏データをud1に代入
24          ud2 = DATA_UD[(i+1)%CLEN]          #         次の起伏データをud2に代入
25          for j in range(BOARD):             #         繰り返しで
26              pos = j+BOARD*i                #             リストの添え字を計算しposに代入
27              curve[pos] = lr1*(BOARD-j)/BOARD + lr2*j/BOARD    # 道が曲がる向きを計算し代入
28              updown[pos] = ud1*(BOARD-j)/BOARD + ud2*j/BOARD   # 道の起伏を計算し代入
29
30
31  def main(): # メイン処理                    # メイン処理を行う関数
略：list1005_1.pyの通り(→P.362)
   〜
111 if __name__ == '__main__':                 # このプログラムが直接実行された時に
112     main()                                 #     main()関数を呼び出す
```

このプログラムを実行し、上キーで道を進んでください。平坦な道の先でなだらかな下り坂となり、それがしばらく続いてやがて上り坂になり、再び平坦な道に戻ります。カーブのデータはいったん全て0にしたので、カーブはしません。

図10-7-1　list1007_1.pyの実行結果

前のLessonで道路がどちらへ向かうかを必要最小限のデータで定めたように、このプログラムでも最小限の起伏のデータを用意し、コンピュータにコースの起伏を計算させています。10行目に記述したDATA_UD = [0,-2,-4,-6,-4,-2, 2, 4, 2]がコースの起伏の基になるデータです。コースを作るmake_course()関数でこれらのデータを元に計算し、updownというリストに起伏の値を代入します。次の太字で示した部分がその計算です。

```
def make_course():
    for i in range(CLEN):
        lr1 = DATA_LR[i]
        lr2 = DATA_LR[(i+1)%CLEN]
        ud1 = DATA_UD[i]
        ud2 = DATA_UD[(i+1)%CLEN]
        for j in range(BOARD):
            pos = j+BOARD*i
            curve[pos] = lr1*(BOARD-j)/BOARD + lr2*j/BOARD
            updown[pos] = ud1*(BOARD-j)/BOARD + ud2*j/BOARD
```

この計算は前Lessonのカーブと同じ方法で行っています。

これでカーブと起伏を設定してコースが作れるようになりました。

Lesson 10-8 コースの定義その3 道路横の物体

南国の海沿いの雰囲気が出るように、道路の片側に海を、道路脇にヤシの木などを配置します。そのプログラミング方法を説明します。

物体のデータについて

様々な物体を配置し、表示するプログラムを確認します。このプログラムは次の画像を使います。書籍サポートページからダウンロードしてください。

図10-8-1 今回使用する画像ファイル

board.png　　yacht.png　　yashi.png　　sea.png

次のプログラムを入力し、ファイル名を付けて保存し、実行しましょう。

リスト▶list1008_1.py ※前のプログラムからの追加変更箇所にマーカーを引いています

```
1  import pygame                              pygameモジュールをインポート
2  import sys                                 sysモジュールをインポート
3  import math                                mathモジュールをインポート
4  from pygame.locals import *                pygame.定数の記述の省略
5
6  WHITE = (255, 255, 255)                    色の定義(白)
7  YELLOW= (255, 224,   0)                    色の定義(黄)
8
9  DATA_LR = [0, 0, 0, 0, 0, 0, 0, 0, 0]      道路のカーブを作る基になるデータ
10 DATA_UD = [0,-2,-4,-6,-4,-2, 2, 4, 2]      道路の起伏を作る基になるデータ
11 CLEN = len(DATA_LR)                        これらのデータの要素数を代入した定数
12
13 BOARD = 120                                道路を描く板の枚数を定める定数
```

```
14  CMAX = BOARD*CLEN                               コースの長さ(要素数)を定める定数
15  curve = [0]*CMAX                                道が曲がる向きを入れるリスト
16  updown = [0]*CMAX                               道の起伏を入れるリスト
17  object_left = [0]*CMAX                          道路左にある物体の番号を入れるリスト
18  object_right = [0]*CMAX                         道路右にある物体の番号を入れるリスト
19
20
21  def make_course():                              コースデータを作る関数
22      for i in range(CLEN):                           繰り返して
23          lr1 = DATA_LR[i]                                カーブデータをlr1に代入
24          lr2 = DATA_LR[(i+1)%CLEN]                       次のカーブデータをlr2に代入
25          ud1 = DATA_UD[i]                                起伏データをud1に代入
26          ud2 = DATA_UD[(i+1)%CLEN]                       次の起伏データをud2に代入
27          for j in range(BOARD):                          繰り返して
28              pos = j+BOARD*i                                 リストの添え字を計算しposに代入
29              curve[pos] = lr1*(BOARD-j)/BOARD +               道が曲がる向きを計算し代入
    lr2*j/BOARD
30              updown[pos] = ud1*(BOARD-j)/BOARD               道の起伏を計算し代入
    + ud2*j/BOARD
31              if j == 60:                                     繰り返しの変数jが60なら
32                  object_right[pos] = 1 # 看板                   道路右側に看板を置く
33              if j%12 == 0:                                   j%12が0の時に
34                  object_left[pos] = 2 # ヤシの木                 ヤシの木を置く
35              if j%20 == 0:                                   j%20が0の時に
36                  object_left[pos] = 3 # ヨット                   ヨットを置く
37              if j%12 == 6:                                   j%12が6の時に
38                  object_left[pos] = 9 # 海                     海を置く
39
40
41  def draw_obj(bg, img, x, y, sc):                座標とスケールを受け取り、物体を描く関数
42      img_rz = pygame.transform.rotozoom(img, 0, sc)      拡大縮小した画像を作る
43      w = img_rz.get_width()                              その画像の幅をwに代入
44      h = img_rz.get_height()                             その画像の高さをhに代入
45      bg.blit(img_rz, [x-w/2, y-h])                       画像を描く
46
47
48  def main(): # メイン処理                          メイン処理を行う関数
49      pygame.init()                                       pygameモジュールの初期化
50      pygame.display.set_caption("Python Racer")          ウィンドウに表示するタイトルを指定
51      screen = pygame.display.set_mode((800, 600))        描画面を初期化
52      clock = pygame.time.Clock()                         clockオブジェクトを作成
53
54      img_bg = pygame.image.load("image_pr/bg.png").      背景(空と地面の絵)を読み込む変数
    convert()
55      img_sea = pygame.image.load("image_pr/sea.          海の画像を読み込む変数
    png").convert_alpha()
56      img_obj = [                                         道路横の物体の画像を読み込むリスト
57          None,
58          pygame.image.load("image_pr/board.png").
    convert_alpha(),
59          pygame.image.load("image_pr/yashi.png").
    convert_alpha(),
60          pygame.image.load("image_pr/yacht.png").
    convert_alpha()
61      ]
62
63      # 道路の板の基本形状を計算
64      BOARD_W = [0]*BOARD                                 板の幅を代入するリスト
65      BOARD_H = [0]*BOARD                                 板の高さを代入するリスト
66      BOARD_UD = [0]*BOARD                                板の起伏用の値を代入するリスト
```

```
67	    for i in range(BOARD):
68	        BOARD_W[i] = 10+(BOARD-i)*(BOARD-i)/12
69	        BOARD_H[i] = 3.4*(BOARD-i)/BOARD
70	        BOARD_UD[i] = 2*math.sin(math.radians(i*1.5))
71	
72	    make_course()
73	
74	    car_y = 0
75	    vertical = 0
76	
77	    while True:
78	        for event in pygame.event.get():
79	            if event.type == QUIT:
80	                pygame.quit()
81	                sys.exit()
82	
83	        key = pygame.key.get_pressed()
84	        if key[K_UP] == 1:
85	            car_y = (car_y+1)%CMAX
86	
87	        # 描画用の道路のX座標と路面の高低を計算
88	        di = 0
89	        ud = 0
90	        board_x = [0]*BOARD
91	        board_ud = [0]*BOARD
92	        for i in range(BOARD):
93	            di += curve[(car_y+i)%CMAX]
94	            ud += updown[(car_y+i)%CMAX]
95	            board_x[i] = 400 - BOARD_W[i]/2 + di/2
96	            board_ud[i] = ud/30
97	
98	        horizon = 400 + int(ud/3)  # 地平線の座標の計算
99	        sy = horizon  # 道路を描き始める位置
100	
101	        vertical = vertical - di*key[K_UP]/30  # 背景の垂直位置
102	        if vertical < 0:
103	            vertical += 800
104	        if vertical >= 800:
105	            vertical -= 800
106	
107	        # フィールドの描画
108	        screen.fill((0, 56, 255))  # 上空の色
109	        screen.blit(img_bg, [vertical-800, horizon-400])
110	        screen.blit(img_bg, [vertical, horizon-400])
111	        screen.blit(img_sea, [board_x[BOARD-1]-780, sy])  # 一番奥の海
112	
113	        # 描画用データをもとに道路を描く
114	        for i in range(BOARD-1, 0, -1):
115	            ux = board_x[i]
116	            uy = sy - BOARD_UD[i]*board_ud[i]
117	            uw = BOARD_W[i]
118	            sy = sy + BOARD_H[i]*(600-horizon)/200
119	            bx = board_x[i-1]
120	            by = sy - BOARD_UD[i-1]*board_ud[i-1]
```

```
121                bw = BOARD_W[i-1]                         下底の幅をbwに代入
122                col = (160,160,160)                       colに板の色を代入
123                pygame.draw.polygon(screen, col,          道路の板を描く
    [[ux, uy], [ux+uw, uy], [bx+bw, by], [bx, by]])
124
125                if int(car_y+i)%10 <= 4: # 左右の黄色線     一定間隔で
126                    pygame.draw.polygon(screen,               道路左の黄色いラインを描く
    YELLOW, [[ux, uy], [ux+uw*0.02, uy], [bx+bw*
    0.02, by], [bx, by]])
127                    pygame.draw.polygon(screen,               道路右の黄色いラインを描く
    YELLOW, [[ux+uw*0.98, uy], [ux+uw, uy], [bx+bw,
    by], [bx+bw*0.98, by]])
128                if int(car_y+i)%20 <= 10: # 白線           一定間隔で
129                    pygame.draw.polygon(screen,               左側の白ラインを描く
    WHITE, [[ux+uw*0.24, uy], [ux+uw*0.26, uy],
    [bx+bw*0.26, by], [bx+bw*0.24, by]])
130                    pygame.draw.polygon(screen,               中央の白ラインを描く
    WHITE, [[ux+uw*0.49, uy], [ux+uw*0.51, uy],
    [bx+bw*0.51, by], [bx+bw*0.49, by]])
131                    pygame.draw.polygon(screen,               右側の白ラインを描く
    WHITE, [[ux+uw*0.74, uy], [ux+uw*0.76, uy],
    [bx+bw*0.76, by], [bx+bw*0.74, by]])
132
133                scale = 1.5*BOARD_W[i]/BOARD_W[0]         道路横の物体のスケールを計算
134                obj_l = object_left[int(car_y+i)          obj_lに左側の物体の番号を代入
    %CMAX]  # 道路左の物体
135                if obj_l == 2: # ヤシの木                   ヤシの木なら
136                    draw_obj(screen, img_obj[obj_l],          その画像を描画
    ux-uw*0.05, uy, scale)
137                if obj_l == 3: # ヨット                     ヨットなら
138                    draw_obj(screen, img_obj[obj_l],          その画像を描画
    ux-uw*0.5, uy, scale)
139                if obj_l == 9: # 海                        海なら
140                    screen.blit(img_sea, [ux-uw*              その画像を描画
    0.5-780, uy])
141                obj_r = object_right[int(car_y+i)          obj_rに右側の物体の番号を代入
    %CMAX]  # 道路右の物体
142                if obj_r == 1: # 看板                       看板なら
143                    draw_obj(screen, img_obj[obj_r],          その画像を描画
    ux+uw*1.3, uy, scale)
144
145        pygame.display.update()                            画面を更新する
146        clock.tick(60)                                     フレームレートを指定
147
148  if __name__ == '__main__':                                このプログラムが直接実行された時に
149      main()                                                    main()関数を呼び出す
```

　このプログラムを実行すると、海、ヨット、ヤシの木、看板が表示されます。上キーを押して道を進み、景色が流れる様子を確認しましょう（**図10-8-2**）。

南国の海岸沿いのイメージがぐっと出ました。
私達も水着で登場です。

図10-8-2　list1008_1.pyの実行結果

ゲームソフトは見た目を楽しい雰囲気にすることも大切ですね。

　17〜18行目で宣言したobject_left、object_rightというリストで、コースのどこに何があるかを管理します。
　画像は55行目で宣言したimg_seaに海を、56行目で宣言したimg_objに看板、ヤシの木、ヨットを読み込んでいます。海の画像は拡大縮小せず、そのままの大きさで表示します。看板、ヤシの木、ヨットは拡大縮小して表示します。
　『Python Racer』は1秒間に60回画面を描き替えるので、読み込んだ画像を高速描画できるように、透過色のない画像であれば.convert()を付け、透過色の入った画像は.convert_alpha()を付けてファイルを読み込みます。

　21〜38行目のmake_course()関数で、道路脇に置く物体の種類を決めています。make_course()関数を抜き出して説明します。太字で示した部分で物体を配置しています。

```
def make_course():
    for i in range(CLEN):
        lr1 = DATA_LR[i]
        lr2 = DATA_LR[(i+1)%CLEN]
        ud1 = DATA_UD[i]
        ud2 = DATA_UD[(i+1)%CLEN]
        for j in range(BOARD):
            pos = j+BOARD*i
            curve[pos] = lr1*(BOARD-j)/BOARD + lr2*j/BOARD
            updown[pos] = ud1*(BOARD-j)/BOARD + ud2*j/BOARD
            if j == 60:
                object_right[pos] = 1  # 看板
            if j%12 == 0:
                object_left[pos] = 2  # ヤシの木
            if j%20 == 0:
                object_left[pos] = 3  # ヨット
            if j%12 == 6:
                object_left[pos] = 9  # 海
```

『Python Racer』では物体の番号（object_left、object_rightに代入する値）を右表のように定めています。

表10-8-1　リストと物体の対応関係

リストの値	物体の種類
0	何もなし
1	看板
2	ヤシの木
3	ヨット
9	海

　太字で示した部分のjの値は、for文で0から119の範囲で繰り返されます。jが60の時にobject_rightに看板の値を代入します。jを12で割った余りが0の時にobject_leftにヤシの木の値を代入します。同様にj%20が0の時にヨットの値を、j%12が6の時に海の値を代入します。これで、それぞれの物体は道路脇に一定間隔で置かれます。

　次に物体を描く処理を確認します。
　41〜45行目に画像を拡大縮小して表示するdraw_obj()関数を定義しています。

```
def draw_obj(bg, img, x, y, sc):
    img_rz = pygame.transform.rotozoom(img, 0, sc)
    w = img_rz.get_width()
    h = img_rz.get_height()
    bg.blit(img_rz, [x-w/2, y-h])
```

『Galaxy Lancer』でも使ったpygame.transform.rotozoom()で拡大縮小した画像を用意します。回転は不要なので2つ目の引数の角度は0としています。

この関数を使い、133～143行目で看板やヤシの木を表示します。その部分を抜き出して説明します。

```
scale = 1.5*BOARD_W[i]/BOARD_W[0]
obj_l = object_left[int(car_y+i)%CMAX] # 道路左の物体
if obj_l == 2: # ヤシの木
    draw_obj(screen, img_obj[obj_l], ux-uw*0.05, uy, scale)
if obj_l == 3: # ヨット
    draw_obj(screen, img_obj[obj_l], ux-uw*0.5, uy, scale)
if obj_l == 9: # 海
    screen.blit(img_sea, [ux-uw*0.5-780, uy])
obj_r = object_right[int(car_y+i)%CMAX] # 道路右の物体
if obj_r == 1: # 看板
    draw_obj(screen, img_obj[obj_r], ux+uw*1.3, uy, scale)
```

　変数scaleに画像をどれくらいの大きさで表示するかという値（拡大縮小率）を代入します。この値は道路の板の幅の値を使って計算しています。BOARD_W[0]が一番手前（画面下）の板の幅です。道路の先ほど板の幅が狭いので、scaleの値も小さくなり、その位置にある物体は縮小して表示されます。また一番手前にある時のscaleは1.5程度になり、物体は拡大して表示されます。

　draw_obj()関数の引数でscaleを渡し、物体を表示します。物体を描く位置は、道路の板（台形）の上底の座標と幅を使って指定します。ヨットであれば海側（左）に寄せるために、ux-uw*0.5として上底の幅の1/2ほど左にずらします。同様に他の物体も、画像の種類に合わせて横方向の位置を適宜ずらしています。

　なお海の画像は拡大縮小せずblit()命令で描いています。

海の画像は拡縮しなくても、奥から手前に景色が流れる様子が、表現できています。

海の画像の描き方に工夫があり、浜辺に近いほど白く泡立つような色で描かれています。その画像を、手前に来るほど左下にずらして表示することで、景色が流れるようにしています。

Lesson 10-9 プレイヤーの車の制御

いよいよプレイヤーの車を運転できるようにします。

車の操作について

このプログラムは次の画像を使います。サポートページからダウンロードしてください。

図10-9-1 今回使用する画像ファイル

左右のカーソルキーでハンドルを切り、Aキーでアクセルを踏む、Zキーでブレーキをかけるという処理を組み込んだプログラムを確認します。次のプログラムを入力し、ファイル名を付けて保存し、実行しましょう。

リスト ▶list1009_1.py ※前のプログラムからの追加変更箇所にマーカーを引いています

```
1   import pygame                              pygameモジュールをインポート
2   import sys                                 sysモジュールをインポート
3   import math                                mathモジュールをインポート
4   from pygame.locals import *                pygame.定数の記述の省略
5
6   WHITE = (255, 255, 255)                    色の定義(白)
7   BLACK = (  0,   0,   0)                    色の定義(黒)
8   RED   = (255,   0,   0)                    色の定義(赤)
9   YELLOW= (255, 224,   0)                    色の定義(黄)
10
11  DATA_LR = [0, 0, 0, 0, 0, 0, 0, 0, 0, 0, 0,   道路のカーブを作る基になるデータ
    1, 2, 3, 2, 1, 0, 2, 4, 2, 4, 2, 0, 0, 0,-2,-
    2,-4,-2,-1, 0, 0, 0, 0, 0, 0]
12  DATA_UD = [0, 0, 1, 2, 3, 2, 1, 0,-2,-4,-2, 0,   道路の起伏を作る基になるデータ
    0, 0, 0, 0,-1,-2,-3,-4,-3,-2,-1, 0, 0, 0, 0,
    0, 0, 0, 0, 0, 0,-3, 3, 0,-6, 6, 0]
13  CLEN = len(DATA_LR)                        これらのデータの要素数を代入した定数
14
15  BOARD = 120                                道路を描く板の枚数を定める定数
16  CMAX = BOARD*CLEN                          コースの長さ(要素数)を定める定数
17  curve = [0]*CMAX                           道が曲がる向きを入れるリスト
```

```python
18  updown = [0]*CMAX                                    道の起伏を入れるリスト
19  object_left = [0]*CMAX                               道路左にある物体の番号を入れるリスト
20  object_right = [0]*CMAX                              道路右にある物体の番号を入れるリスト
21
22  CAR = 30                                             車の数を定める定数
23  car_x = [0]*CAR                                      車の横方向の座標を管理するリスト
24  car_y = [0]*CAR                                      車のコース上の位置を管理するリスト
25  car_lr = [0]*CAR                                     車の左右の向きを管理するリスト
26  car_spd = [0]*CAR                                    車の速度を管理するリスト
27  PLCAR_Y = 10 # プレイヤーの車の表示位置 道路一番手    プレイヤーの車の表示位置を定める定数
    前(画面下)が0
28
29
30  def make_course():                                   コースデータを作る関数
31      for i in range(CLEN):                                繰り返しで
32          lr1 = DATA_LR[i]                                     カーブデータをlr1に代入
33          lr2 = DATA_LR[(i+1)%CLEN]                            次のカーブデータをlr2に代入
34          ud1 = DATA_UD[i]                                     起伏データをud1に代入
35          ud2 = DATA_UD[(i+1)%CLEN]                            次の起伏データをud2に代入
36          for j in range(BOARD):                               繰り返しで
37              pos = j+BOARD*i                                      リストの添え字を計算しposに代入
38              curve[pos] = lr1*(BOARD-j)/BOARD +                   道が曲がる向きを計算し代入
    lr2*j/BOARD
39              updown[pos] = ud1*(BOARD-j)/BOARD                    道の起伏を計算し代入
    + ud2*j/BOARD
40              if j == 60:                                          繰り返しの変数jが60なら
41                  object_right[pos] = 1 # 看板                         道路右側に看板を置く
42              if i%8 < 7:                                          繰り返しの変数i%8<7の時
43                  if j%12 == 0:                                        j%12が0の時に
44                      object_left[pos] = 2 # ヤシの木                       ヤシの木を置く
45                  else:                                                そうでないなら
46                      if j%20 == 0:                                        j%20が0の時に
47                          object_left[pos] = 3 # ヨット                         ヨットを置く
48              if j%12 == 6:                                        j%12が6の時に
49                  object_left[pos] = 9 # 海                            海を置く
50
51
52  def draw_obj(bg, img, x, y, sc):                     座標とスケールを受け取り、物体を描く関数
53      img_rz = pygame.transform.rotozoom(img, 0, sc)       拡大縮小した画像を作る
54      w = img_rz.get_width()                               その画像の幅をwに代入
55      h = img_rz.get_height()                              その画像の高さをhに代入
56      bg.blit(img_rz, [x-w/2, y-h])                        画像を描く
57
58
59  def draw_shadow(bg, x, y, siz):                      影を表示する関数
60      shadow = pygame.Surface([siz, siz/4])                描画面(サーフェース)を用意する
61      shadow.fill(RED)                                     その描画面を赤で塗りつぶす
62      shadow.set_colorkey(RED) # Surfaceの透過色を設定      描画面の透過色を指定
63      shadow.set_alpha(128) # Surfaceの透明度を設定         描画面の透明度を設定
64      pygame.draw.ellipse(shadow, BLACK, [0,0,              描画面に黒で楕円を描く
    siz,siz/4])
65      bg.blit(shadow, [x-siz/2, y-siz/4])                  楕円を描いた描画面をゲーム画面に転送
66
67
68  def drive_car(key): # プレイヤーの車の操作、制御     プレイヤーの車を操作、制御する関数
69      if key[K_LEFT] == 1:                                 左キーが押されたら
70          if car_lr[0] > -3:                                   向きが-3より大きければ
71              car_lr[0] -= 1                                       向きを-1する(左に向かせる)
72          car_x[0] = car_x[0] + (car_lr[0]-3)              車の横方向の座標を計算
    *car_spd[0]/100 - 5
```

```
73      elif key[K_RIGHT] == 1:                                    そうでなく右キーが押されたら
74          if car_lr[0] < 3:                                          向きが3より小さければ
75              car_lr[0] += 1                                             向きを+1する(右に向かせる)
76          car_x[0] = car_x[0] + (car_lr[0]+3)                    車の横方向の座標を計算
    *car_spd[0]/100 + 5
77      else:                                                      そうでないなら
78          car_lr[0] = int(car_lr[0]*0.9)                             正面向きに近づける
79
80      if key[K_a] == 1: # アクセル                                Aキーが押されたら
81          car_spd[0] += 3                                            速度を増やす
82      elif key[K_z] == 1: # ブレーキ                              そうでなくZキーが押されたら
83          car_spd[0] -= 10                                           速度を減らす
84      else:                                                      そうでないなら
85          car_spd[0] -= 0.25                                         ゆっくり減速
86
87      if car_spd[0] < 0:                                         速度が0未満なら
88          car_spd[0] = 0                                             速度を0にする
89      if car_spd[0] > 320:                                       最高速度を超えたら
90          car_spd[0] = 320                                           最高速度にする
91
92      car_x[0] -= car_spd[0]*curve[int(car_y[0]+                 車の速度と道の曲がりから横方向の座標を計算
    PLCAR_Y)%CMAX]/50
93      if car_x[0] < 0:                                           左の路肩に接触したら
94          car_x[0] = 0                                               横方向の座標を0にし
95          car_spd[0] *= 0.9                                          減速する
96      if car_x[0] > 800:                                         右の路肩に接触したら
97          car_x[0] = 800                                             横方向の座標を800にし
98          car_spd[0] *= 0.9                                          減速する
99
100     car_y[0] = car_y[0] + car_spd[0]/100                       車の速度からコース上の位置を計算
101     if car_y[0] > CMAX-1:                                      コース終点を越えたら
102         car_y[0] -= CMAX                                           コースの頭に戻す
103
104
105 def main(): # メイン処理                                       メイン処理を行う関数
106     pygame.init()                                              pygameモジュールの初期化
107     pygame.display.set_caption("Python Racer")                 ウィンドウに表示するタイトルを指定
108     screen = pygame.display.set_mode((800, 600))               描画面を初期化
109     clock = pygame.time.Clock()                                clockオブジェクトを作成
110
111     img_bg = pygame.image.load("image_pr/bg.png").             背景(空と地面の絵)を読み込む変数
    convert()
112     img_sea = pygame.image.load("image_pr/sea.                 海の画像を読み込む変数
    png").convert_alpha()
113     img_obj = [                                                道路横の物体の画像を読み込むリスト
114         None,
115         pygame.image.load("image_pr/board.png").
    convert_alpha(),
116         pygame.image.load("image_pr/yashi.png").
    convert_alpha(),
117         pygame.image.load("image_pr/yacht.png").
    convert_alpha()
118     ]
119     img_car = [                                                車の画像を読み込むリスト
120         pygame.image.load("image_pr/car00.png").
    convert_alpha(),
121         pygame.image.load("image_pr/car01.png").
    convert_alpha(),
122         pygame.image.load("image_pr/car02.png").
    convert_alpha(),
```

```python
123            pygame.image.load("image_pr/car03.png").convert_alpha(),
124            pygame.image.load("image_pr/car04.png").convert_alpha(),
125            pygame.image.load("image_pr/car05.png").convert_alpha(),
126            pygame.image.load("image_pr/car06.png").convert_alpha(),
127        ]
128
129        # 道路の板の基本形状を計算
130        BOARD_W = [0]*BOARD                                    板の幅を代入するリスト
131        BOARD_H = [0]*BOARD                                    板の高さを代入するリスト
132        BOARD_UD = [0]*BOARD                                   板の起伏用の値を代入するリスト
133        for i in range(BOARD):                                 繰り返しで
134            BOARD_W[i] = 10+(BOARD-i)*(BOARD-i)/12                  幅を計算
135            BOARD_H[i] = 3.4*(BOARD-i)/BOARD                        高さを計算
136            BOARD_UD[i] = 2*math.sin(math.radians(i*1.5))           起伏の値を三角関数で計算
137
138        make_course()                                          コースデータを作る
139
140        vertical = 0                                           背景の横方向の位置を管理する変数
141
142        while True:                                            無限ループ
143            for event in pygame.event.get():                       pygameのイベントを繰り返しで処理する
144                if event.type == QUIT:                                 ウィンドウの×ボタンをクリック
145                    pygame.quit()                                          pygameモジュールの初期化を解除
146                    sys.exit()                                             プログラムを終了する
147
148            # 描画用の道路のX座標と路面の高低を計算
149            di = 0                                                 道が曲がる向きを計算する変数
150            ud = 0                                                 道の起伏を計算する変数
151            board_x = [0]*BOARD                                    板のX座標を計算するためのリスト
152            board_ud = [0]*BOARD                                   板の高低を計算するためのリスト
153            for i in range(BOARD):                                 繰り返しで
154                di += curve[int(car_y[0]+i)%CMAX]                      カーブデータから道の曲がりを計算
155                ud += updown[int(car_y[0]+i)%CMAX]                     起伏データから起伏を計算
156                board_x[i] = 400 - BOARD_W[i]*car_x[0]/800 + di/2      板のX座標を計算し代入
157                board_ud[i] = ud/30                                    板の高低を計算し代入
158
159            horizon = 400 + int(ud/3)   # 地平線の座標の計算          地平線のY座標を計算しhorizonに代入
160            sy = horizon  # 道路を描き始める位置                      道路を描き始めるY座標をsyに代入
161
162            vertical = vertical - int(car_spd[0]*di/8000)  # 背景の垂直位置   背景の垂直位置を計算
163            if vertical < 0:                                       それが0未満になったら
164                vertical += 800                                        800を足す
165            if vertical >= 800:                                    800以上になったら
166                vertical -= 800                                        800を引く
167
168            # フィールドの描画
169            screen.fill((0, 56, 255)) # 上空の色                    指定の色で画面を塗りつぶす
170            screen.blit(img_bg, [vertical-800, horizon-400])       空と地面の画像を描画(左側)
171            screen.blit(img_bg, [vertical, horizon-400])           空と地面の画像を描画(右側)
172            screen.blit(img_sea, [board_x[BOARD-1]-780, sy]) # 一番奥の海   左手奥の海を描画
```

```
173
174            # 描画用データをもとに道路を描く                    繰り返しで道路の板を描いていく
175            for i in range(BOARD-1, 0, -1):
176                ux = board_x[i]                              台形の上底のX座標をuxに代入
177                uy = sy - BOARD_UD[i]*board_ud[i]            上底のY座標をuyに代入
178                uw = BOARD_W[i]                              上底の幅をuwに代入
179                sy = sy + BOARD_H[i]*(600-horizon)/200       台形を描くY座標を次の値にする
180                bx = board_x[i-1]                            台形の下底のX座標をbxに代入
181                by = sy - BOARD_UD[i-1]*board_ud[i-1]        下底のY座標をbyに代入
182                bw = BOARD_W[i-1]                            下底の幅をbwに代入
183                col = (160,160,160)                          colに板の色を代入
184                pygame.draw.polygon(screen, col,             道路の板を描く
     [[ux, uy], [ux+uw, uy], [bx+bw, by], [bx, by]])
185
186                if int(car_y[0]+i)%10 <= 4: # 左右            一定間隔で
     の黄色線
187                    pygame.draw.polygon(screen,              道路左の黄色いラインを描く
     YELLOW, [[ux, uy], [ux+uw*0.02, uy], [bx+bw
     *0.02, by], [bx, by]])
188                    pygame.draw.polygon(screen,              道路右の黄色いラインを描く
     YELLOW, [[ux+uw*0.98, uy], [ux+uw, uy], [bx+bw,
     by], [bx+bw*0.98, by]])
189                if int(car_y[0]+i)%20 <= 10: # 白線           一定間隔で
190                    pygame.draw.polygon(screen,              左側の白ラインを描く
     WHITE, [[ux+uw*0.24, uy], [ux+uw*0.26, uy],
     [bx+bw*0.26, by], [bx+bw*0.24, by]])
191                    pygame.draw.polygon(screen,              中央の白ラインを描く
     WHITE, [[ux+uw*0.49, uy], [ux+uw*0.51, uy],
     [bx+bw*0.51, by], [bx+bw*0.49, by]])
192                    pygame.draw.polygon(screen,              右側の白ラインを描く
     WHITE, [[ux+uw*0.74, uy], [ux+uw*0.76, uy],
     [bx+bw*0.76, by], [bx+bw*0.74, by]])
193
194                scale = 1.5*BOARD_W[i]/BOARD_W[0]            道路横の物体のスケールを計算
195                obj_l = object_left[int(car_y[0]+i)          obj_lに左側の物体の番号を代入
     %CMAX] # 道路左の物体
196                if obj_l == 2: # ヤシの木                     ヤシの木なら
197                    draw_obj(screen, img_obj[obj_            その画像を描画
     l], ux-uw*0.05, uy, scale)
198                if obj_l == 3: # ヨット                       ヨットなら
199                    draw_obj(screen, img_obj[obj_            その画像を描画
     l], ux-uw*0.5, uy, scale)
200                if obj_l == 9: # 海                          海なら
201                    screen.blit(img_sea, [ux-uw*0.5          その画像を描画
     -780, uy])
202                obj_r = object_right[int(car_y[0]            obj_rに右側の物体の番号を代入
     +i)%CMAX] # 道路右の物体
203                if obj_r == 1: # 看板                         看板なら
204                    draw_obj(screen, img_obj[obj_            その画像を描画
     r], ux+uw*1.3, uy, scale)
205
206                if i == PLCAR_Y: # PLAYERカー                 プレイヤーの車の位置なら
207                    draw_shadow(screen, ux+car_x[0]*          車の影を描き
     BOARD_W[i]/800, uy, 200*BOARD_W[i]/BOARD_W[0])
208                    draw_obj(screen, img_car[3+car_           プレイヤーの車を描く
     lr[0]], ux+car_x[0]*BOARD_W[i]/800, uy, 0.05+
     BOARD_W[i]/BOARD_W[0])
209
210            key = pygame.key.get_pressed()                   keyに全てのキーの状態を代入
211            drive_car(key)                                   プレイヤーの車を操作
```

```
212
213         pygame.display.update()                     画面を更新する
214         clock.tick(60)                              フレームレートを指定
215
216 if __name__ == '__main__':                          このプログラムが直接実行された時に
217     main()                                          main()関数を呼び出す
```

このプログラムを実行すると、赤い車が表示され、左右キー、Aキー、Zキーで操作できます。

左右キーを押した時、車の画像が左右に移動するのではなく、プレイヤーから見た路面が左右に移動する計算を行っています。これにより、臨場感のあるゲーム画面を表現することができます。その計算方法は、P.387の「プレイヤー視点での道路の描き方」で説明します。

図10-9-2　list1009_1.pyの実行結果

このプログラムのコースデータ（11～12行目のカーブと起伏の値）は、完成版のゲームと同じものにしました。make_course()関数のヤシの木とヨットの配置も少し変更しています（42～47行目）。

23～26行目のcar_x、car_y、car_lr、car_spdというリストで、車の横方向の座標、コース上の位置、ハンドルを左右どちらに切っているか、速度を管理します。リストの要素数は22行目のCAR = 30という定数で30としています。car_x[0]、car_y[0]、car_lr[0]、car_spd[0]（添え字0のリスト）でプレイヤーの車を管理し、次章で[1]から[29]のリストでコンピュータの車を管理します。

> プレイヤーの車のコース上の位置をcar_y[0]で管理するので、前のプログラムの74行目で宣言していたcar_yは削除しました。

ハンドルの切り具合を管理するcar_lr[0]の値と車の画像の向きは、次のように対応しています。

図10-9-3　car_lr[0]の値と車の向き

それから27行目のPLCAR_Y = 10は、道路の何番目の板の位置にプレイヤーの車を表示するかを定めています。プレイヤーの車を表示する処理で説明します。

68～102行目に定義したdrive_car()関数で、プレイヤーの車の操作と制御を行っています。その関数を抜き出して説明します。

```python
def drive_car(key): # プレイヤーの車の操作、制御
    if key[K_LEFT] == 1:
        if car_lr[0] > -3:
            car_lr[0] -= 1
        car_x[0] = car_x[0] + (car_lr[0]-3)*car_spd[0]/100 - 5
    elif key[K_RIGHT] == 1:
        if car_lr[0] < 3:
            car_lr[0] += 1
        car_x[0] = car_x[0] + (car_lr[0]+3)*car_spd[0]/100 + 5
    else:
        car_lr[0] = int(car_lr[0]*0.9)

    if key[K_a] == 1: # アクセル
        car_spd[0] += 3
    elif key[K_z] == 1: # ブレーキ
        car_spd[0] -= 10
    else:
        car_spd[0] -= 0.25

    if car_spd[0] < 0:
        car_spd[0] = 0
    if car_spd[0] > 320:
```

```
        car_spd[0] = 320

    car_x[0] -= car_spd[0]*curve[int(car_y[0]+PLCAR_Y)%CMAX]/50
    if car_x[0] < 0:
        car_x[0] = 0
        car_spd[0] *= 0.9
    if car_x[0] > 800:
        car_x[0] = 800
        car_spd[0] *= 0.9

    car_y[0] = car_y[0] + car_spd[0]/100
    if car_y[0] > CMAX-1:
        car_y[0] -= CMAX
```

　左右キーを押した時に、ハンドルの切り具合（car_lr[0]の値）を-3から3の範囲で変更します。また左右キーを押している時に、car_x[0]の値を変化させます。左キーを押した時の計算式を見てみましょう。

```
car_x[0] = car_x[0] + (car_lr[0]-3)*car_spd[0]/100 - 5
```

　この計算で、car_lr[0]の値が小さいほど、またcar_spd[0]の値が大きいほど、より大きく座標が左に移動します。実際に車を運転する時も、ハンドルを切るほど、速度が速いほど、ハンドルを切った方に車は向かうので、その計算を行っています。右キーを押した時も同様です。

　Aキー（アクセル）とZキー（ブレーキ）を押した時は、車の速度を管理するcar_spd[0]の値を変化させます。Aキー、Zキーとも押していないなら、car_spd[0] -= 0.25として、ゆっくり減速させています。

　92行目のcar_x[0] -= car_spd[0]*curve[int(car_y[0]+PLCAR_Y)%CMAX]/50という式で、車の速度とカーブの曲がり具合から、車の横方向の位置を変化させます。この計算で、速度を出し過ぎて急カーブに突入すると車が横に流されるようにしています。この計算は左右キーの入力の有無に関わらず行います。そして93〜98行目で、道路の左端、右端に達していないかを判定し、道路脇にぶつかった場合は減速させます。

　車がコース上のどこにあるかをcar_y[0]の値で管理します。100行目のcar_y[0] = car_y[0] + car_spd[0]/100という式で、車の速度を100で割った値を加えてcar_y[0]を変化させます。速度が速いほどコース上をどんどん進む計算です。また、car_y[0]の値がコースの終点を越えたら、CMAXを引いてコースの最初の位置に戻しています。

この計算でcar_y[0]の値は小数になるので、必要な時にはint(car_y[0])のようにint()を使って整数の値にして処理を行います。

プレイヤーの車は、道路を描く処理の206〜208行目で、次のように表示しています。

```
            if i == PLCAR_Y: # PLAYERカー
                draw_shadow(screen, ux+car_x[0]*BOARD_W[i]/800, uy, 200*BOARD_W[i]/BOARD_W[0])
                draw_obj(screen, img_car[3+car_lr[0]], ux+car_x[0]*BOARD_W[i]/800, uy, 0.05+BOARD_W[i]/BOARD_W[0])
```

iはfor i in range(BOARD-1, 0, -1):の繰り返しの変数で、どの板を描いているかという値です。iの値がPLCAR_Yの時にプレイヤーの車を表示します。PLCAR_Yの値は10としているので、画面手前（画面下）の板から10枚目のところに赤い車が表示されます。

車の下の影と車体のX座標はux+car_x[0]*BOARD_W[i]/800としています。car_x[0]の最小値は0、最大値は800です。この式はcar_x[0]が0の時に板の左端、800の時に右端に車が位置する計算になります。

車の影はdraw_shadow()という関数を用意し、黒の半透明で描いています。Pygameで半透明の図形を描く方法を説明します。

》》》 半透明で影を描く

59〜65行目でdraw_shadow()関数を定義しています。その関数を抜き出して説明します。

```
def draw_shadow(bg, x, y, siz):
    shadow = pygame.Surface([siz, siz/4])
    shadow.fill(RED)
    shadow.set_colorkey(RED) # Surfaceの透過色を設定
    shadow.set_alpha(128) # Surfaceの透明度を設定
    pygame.draw.ellipse(shadow, BLACK, [0,0,siz,siz/4])
    bg.blit(shadow, [x-siz/2, y-siz/4])
```

Pygameには描画面（サーフェス）の透過色と透明度を指定する命令があります。この関数ではshadowという名称の描画面を用意し、それを赤で塗り潰し、set_colorkey()命令で赤を透過させると指定します。描画面をゲーム画面に転送した時、透過色に指定した色は表示されません。

描画面の透明度はset_alpha()命令で指定します。今回はshadowに128の値で透明度を設定し、50%くらい透明にしています。この描画面に黒の楕円を描き、それをゲーム画面に転送して、半透明の黒の楕円を表示しています。

半透明の描画方法は、画面を凝りたい時に役に立ちますね。

雲の動きについて

地平線の彼方にそびえ立つ雲の動きですが、車の速度とコースの向きから、左右に移動させる値（ドット数）を計算しています。162行目の次の式です。

```
vertical = vertical - int(car_spd[0]*di/8000)  # 背景の垂直位置
```

カーブが急なほど、車の速度が速いほど、フロントガラスの先に見える景色は左右に大きく移動します。それをこの計算で行っています。

プレイヤー視点での道路の描き方

このプログラムでは左右キーを押した時に、プレイヤーの車は画面中央に位置したまま、道路のほうを左右に移動する計算を行っています。先に説明したようにゲームの臨場感を高めるための工夫で、この計算は156行目のたった1行で行っています。

```
board_x[i] = 400 - BOARD_W[i]*car_x[0]/800 + di/2
```

道路の板の表示位置を計算する時、プレイヤーの車の座標の値をもとに、板のX座標をずらします（太字部分）。この1行は前のプログラムまでは次のようになっています。

```
board_x[i] = 400 - BOARD_W[i]/2 + di/2
```

これらの式の項の意味は次のようになります。

図10-9-4　道路を動かすための計算

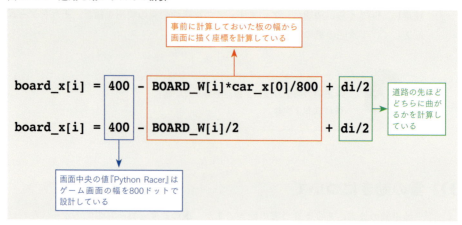

　この式が難しい方は、真っ直ぐな道路（diの値が0）で、car_x[0]が0の時（車が道路の一番左にある時）と、car_x[0]が800の時（道路の一番右にある時）に、board_x[i] = 400 - BOARD_W[i]*car_x[0]/800 + di/2がどのような式になるかを考えてみましょう。

図10-9-5　car_x[0]の値による見え方の違い

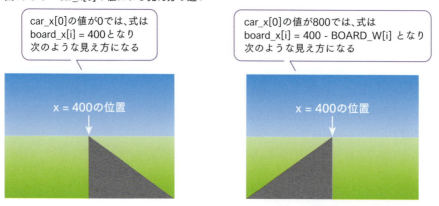

　また、board_x[i] = 400 - BOARD_W[i]*car_x[0]/800 + di/2を、前のプログラムのboard_x[i] = 400 - BOARD_W[i]/2 + di/2に変えると、どうなるか試してみましょう。前のプログラムの記述にすると、左右キーを押した時に道路は動かず、赤い車が左右に動くようになります。

1行とはいえ難しい計算ですので、今すぐに分からなくても大丈夫です。難しい方は、ここで説明した計算式で、車ではなく道路を描く座標を左右にずらしていると考えて、先へ進みましょう。

COLUMN

処理落ちを測定する

みなさんがこれまで遊ばれたゲームで、ある場面になるとキャラクターの動作が重くなったり、カクカクするような動きになったことはありませんか？ あるいは画面全体がスローモーションのように、ゆっくり動くようになったことはありませんか？

そのような、いわゆる"画面がカクつく"、"モッサリする"という現象は、**処理落ち**が原因で起きています。処理落ちとは、**ソフトウェアで行おうとする計算が、コンピュータが一定時間内に行える能力を超えてしまうこと**です。

画像の描画やサウンドの出力も、コンピュータにとっては"計算"になります。コンピュータゲームのようにリアルタイムに画面を何度も描き替えるソフトウェアで、たくさんの物体を動かすような時に処理落ちが起きやすくなります。

処理落ち時に、画面を描き替える回数を減らし、負荷を軽減するように設計されたゲームソフトでは、描画回数が間引かれるので画面がカクつきます。描画回数を間引かないゲームソフトでは、プログラムの進行速度が遅くなってモッサリします。

この章では、たくさんの板で道路を表示し、海や看板を描いたので、プログラミング言語に詳しい方の中には「Pythonで秒間60フレームの処理なんて可能なの？」と考える方がいらっしゃるかもしれません。このコラムでは『Python Racer』が、どれくらい高速に処理できているかを計測してみます。

list1009_1.pyに次の数行を加えるだけで、処理落ちしているかどうかを知ることができます。加える部分だけを抜粋して掲載します。マーカー部分が追加箇所です。

リスト▶list10_column.py

```
:    略
4    import time                                     timeモジュールをインポート
:    略
141      vertical = 0
142      stime = time.time()                         経過秒数を代入する変数
143      sframe = 0                                  フレーム数を数える変数
144
145      while True:
146          for event in pygame.event.get():
147              if event.type == QUIT:
148                  pygame.quit()
149                  sys.exit()
150
151          sframe += 1                             sframeを1増やす
152          if sframe == 60:                        sframeが60になったら
153              print(time.time()-stime)                処理にかかった時間を出力
154              stime = time.time()                     現在の経過秒数を代入
155              sframe = 0                              sframeを0にする
156
157          # 描画用の道路のX座標と路面の高低を計算
158          di = 0
159          ud = 0
160          board_x = [0]*BOARD
161          board_ud = [0]*BOARD
```

このプログラムをIDLEで実行すると、シェルウインドウに「1.*****」という数値が表示されます。

図10-A　処理時間の計測

```
pygame 1.9.5
Hello from the pygame community. https://www.pygame.org/contribute.html
1.013911485671997
1.074340581893921
1.033313512802124
1.127122402191162
1.0422227382659912
1.0726947784423828
1.0183393955230713
1.066157579421997
1.0683069229125977
1.0262141227722168
1.0292398929595947
1.026381492614746
1.0137832164764404
1.0450377464294434
1.034024953842163
1.054863691329956
1.0573103427886963
1.0048012733459473
1.0750162601470947
0.9719679355621338
0.9923593997955322
0.9955527782440186
1.0566399097442627
1.0353436470031738
1.0033788681030273
0.9944674968719482
```

これらの数字は『Python Racer』が60回処理を行うのに何秒かかったかという値です。

時間の計測方法ですが、timeモジュールを用います。Pythonではtime.time()という命令で1970年1月1日0時0分0秒からの経過秒数を少数の値で取得できます。

このプログラムではstimeという変数にその値を代入し、sframeという変数で60回処理を行ったことを数え、print(time.time()-stime)としてその間にかかった秒数を出力します。

図10-Aの値は、本書の執筆時点から1年くらい前に、数万円で購入したビジネス向けのWindows 10パソコンでの計測値です。1.0***という値であれば、処理落ちは、ほぼないと言えるでしょう。安価なパソコンでも十分な速度が出ていることが分かります。この値が1.2か1.3くらいなら、処理落ちはしていますが、『Python Racer』のプレイに支障はありません。

完成版の『Python Racer』を、いくつかのパソコンで試したところ、十年くらい前に購入したWindows 7パソコンでは1.5～1.6くらいの数値になりました。これは1秒間に処理できる回数が40回か、それよりすこし少ない程度の値です。そのWindows 7パソコンでは処理がやや重いと感じましたが、ゲームはきちんとプレイできました。

この結果から、ゲーム内容にもよりますが30フレームで設計すれば、低スペックや古いパソコンでもPython＋Pygameで十分な速度を出せると思います。

この章ではコンピュータが動かす車を追加し、スタートからゴールまでの処理を組み込んで、ゲームを完成させます。

3Dカーレースゲームを作ろう！後編

Chapter 11

Lesson 11-1 コンピュータの車を走らせる

コンピュータに複数の車の動きを計算させ、道路上を走らせます。

▶▶▶ この章のフォルダ構成

章が変わったので、「Chapter11」フォルダ内にも「image_pr」というフォルダを作り、『Python Racer』で使う画像ファイルを、そこに入れてください。このLessonでは、前の章で使った画像の他に、青と黄色の2つの車種の画像を使います。

また、ここからはサウンドも組み込むので、「sound_pr」というフォルダも作り、サウンドファイルをそのフォルダに入れてください。素材は書籍サポートページから入手できます。

図11-1-1 「Chapter11」のフォルダ構成

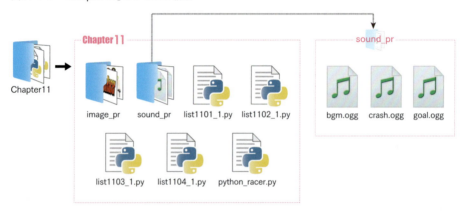

図11-1-2 今回使用する画像ファイル

表11-1-1 今回使用するサウンドファイル

ファイル名	内容
bgm.ogg	レース中のBGM
crash.ogg	衝突時のSE
goal.ogg	ゴールした時のジングル

COMカーについて

ゲームソフトではコンピュータが制御するキャラクターなどをCOM(コム)と呼びます。COMはcomputerの略です。『Python Racer』ではコンピュータが動かす車をCOMカーと呼んで説明します。

コンピュータが制御するキャラターをNPCと呼ぶこともあります。NPCはnon player characterの略です。

COMカーを動かす

COMカーを動かすプログラムを確認します。次のプログラムを入力し、ファイル名を付けて保存し、実行しましょう。

リスト ▶list1101_1.py ※前章のlist1009_1.pyからの追加変更箇所にマーカーを引いています

```python
import pygame                                    # pygameモジュールをインポート
import sys                                       # sysモジュールをインポート
import math                                      # mathモジュールをインポート
import random                                    # randomモジュールをインポート
from pygame.locals import *                      # pygame.定数の記述の省略

WHITE = (255, 255, 255)                          # 色の定義(白)
BLACK = (  0,   0,   0)                          # 色の定義(黒)
RED   = (255,   0,   0)                          # 色の定義(赤)
YELLOW= (255, 224,   0)                          # 色の定義(黄)

tmr = 0                                          # タイマーの変数

DATA_LR = [0, 0, 0, 0, 0, 0, 0, 0, 0, 0, 0, 0,   # 道路のカーブを作る基になるデータ
1, 2, 3, 2, 1, 0, 2, 4, 2, 4, 2, 0, 0, 0,-2,-
2,-4,-4,-2,-1, 0, 0, 0, 0, 0, 0, 0]
DATA_UD = [0, 0, 1, 2, 3, 2, 1, 0,-2,-4,-2, 0,   # 道路の起伏を作る基になるデータ
0, 0, 0, 0,-1,-2,-3,-4,-3,-2,-1, 0, 0, 0, 0,
0, 0, 0, 0, 0, 0,-3, 3, 0,-6, 6, 0]
CLEN = len(DATA_LR)                              # これらのデータの要素数を代入した定数

BOARD = 120                                      # 道路を描く板の枚数を定める定数
CMAX = BOARD*CLEN                                # コースの長さ(要素数)を定める定数
curve = [0]*CMAX                                 # 道が曲がる向きを入れるリスト
updown = [0]*CMAX                                # 道の起伏を入れるリスト
object_left = [0]*CMAX                           # 道路左にある物体の番号を入れるリスト
object_right = [0]*CMAX                          # 道路右にある物体の番号を入れるリスト

CAR = 30                                         # 車の数を定める定数
car_x = [0]*CAR                                  # 車の横方向の座標を管理するリスト
car_y = [0]*CAR                                  # 車のコース上の位置を管理するリスト
car_lr = [0]*CAR                                 # 車の左右の向きを管理するリスト
car_spd = [0]*CAR                                # 車の速度を管理するリスト
```

30	`PLCAR_Y = 10 # プレイヤーの車の表示位置　道路一番手前（画面下）が0`	プレイヤーの車の表示位置を定める定数
31		
32		
33	`def make_course():`	コースデータを作る関数
34	`    for i in range(CLEN):`	繰り返しで
35	`        lr1 = DATA_LR[i]`	カーブデータをlr1に代入
36	`        lr2 = DATA_LR[(i+1)%CLEN]`	次のカーブデータをlr2に代入
37	`        ud1 = DATA_UD[i]`	起伏データをud1に代入
38	`        ud2 = DATA_UD[(i+1)%CLEN]`	次の起伏データをud2に代入
39	`        for j in range(BOARD):`	繰り返しで
40	`            pos = j+BOARD*i`	リストの添え字を計算しposに代入
41	`            curve[pos] = lr1*(BOARD-j)/BOARD + lr2*j/BOARD`	道が曲がる向きを計算し代入
42	`            updown[pos] = ud1*(BOARD-j)/BOARD + ud2*j/BOARD`	道の起伏を計算し代入
43	`            if j == 60:`	繰り返しの変数jが60なら
44	`                object_right[pos] = 1 # 看板`	道路右側に看板を置く
45	`            if i%8 < 7:`	繰り返しの変数i%8<7の時
46	`                if j%12 == 0:`	j%12が0の時に
47	`                    object_left[pos] = 2 # ヤシの木`	ヤシの木を置く
48	`            else:`	そうでないなら
49	`                if j%20 == 0:`	j%20が0の時に
50	`                    object_left[pos] = 3 # ヨット`	ヨットを置く
51	`            if j%12 == 6:`	j%12が6の時に
52	`                object_left[pos] = 9 # 海`	海を置く
53		
54		
55	`def draw_obj(bg, img, x, y, sc):`	座標とスケールを受け取り、物体を描く関数
56	`    img_rz = pygame.transform.rotozoom(img, 0, sc)`	拡大縮小した画像を作る
57	`    w = img_rz.get_width()`	その画像の幅をwに代入
58	`    h = img_rz.get_height()`	その画像の高さをhに代入
59	`    bg.blit(img_rz, [x-w/2, y-h])`	画像を描く
60		
61		
62	`def draw_shadow(bg, x, y, siz):`	影を表示する関数
63	`    shadow = pygame.Surface([siz, siz/4])`	描画面（サーフェース）を用意する
64	`    shadow.fill(RED)`	その描画面を赤で塗りつぶす
65	`    shadow.set_colorkey(RED) # Surfaceの透過色を設定`	描画面の透過色を指定
66	`    shadow.set_alpha(128) # Surfaceの透明度を設定`	描画面の透明度を設定
67	`    pygame.draw.ellipse(shadow, BLACK, [0,0, siz,siz/4])`	描画面に黒で楕円を描く
68	`    bg.blit(shadow, [x-siz/2, y-siz/4])`	楕円を描いた描画面をゲーム画面に転送
69		
70		
71	`def init_car():`	車を管理するリストに初期値を代入する関数
72	`    for i in range(1, CAR):`	繰り返しでCOMカーの
73	`        car_x[i] = random.randint(50, 750)`	横方向の座標をランダムに決める
74	`        car_y[i] = random.randint(200, CMAX-200)`	コース上の位置をランダムに決める
75	`        car_lr[i] = 0`	左右の向きを0に（正面向きにする）
76	`        car_spd[i] = random.randint(100, 200)`	速度をランダムに決める
77	`    car_x[0] = 400`	プレイヤーの車の横方向の座標を画面中央
78	`    car_y[0] = 0`	プレイヤーの車のコース上の位置を初期値に
79	`    car_lr[0] = 0`	プレイヤーの車の向きを0に
80	`    car_spd[0] = 0`	プレイヤーの車の速度を0に
81		
82		
83	`def drive_car(key): # プレイヤーの車の操作、制御`	プレイヤーの車を操作、制御する関数
84	`    if key[K_LEFT] == 1:`	左キーが押されたら
85	`        if car_lr[0] > -3:`	向きが-3より大きければ

```
 86                car_lr[0] -= 1                            向きを-1する(左に向かせる)
 87            car_x[0] = car_x[0] + (car_lr[0]-3)*          車の横方向の座標を計算
    car_spd[0]/100 - 5
 88        elif key[K_RIGHT] == 1:                           そうでなく右キーが押されたら
 89            if car_lr[0] < 3:                             向きが3より小さければ
 90                car_lr[0] += 1                                向きを+1する(右に向かせる)
 91            car_x[0] = car_x[0] + (car_lr[0]+3)*          車の横方向の座標を計算
    car_spd[0]/100 + 5
 92        else:                                             そうでないなら
 93            car_lr[0] = int(car_lr[0]*0.9)                    正面向きに近づける
 94
 95        if key[K_a] == 1:   # アクセル                     Aキーが押されたら
 96            car_spd[0] += 3                                   速度を増やす
 97        elif key[K_z] == 1: # ブレーキ                     そうでなくZキーが押されたら
 98            car_spd[0] -= 10                                  速度を減らす
 99        else:                                             そうでないなら
100            car_spd[0] -= 0.25                                ゆっくり減速
101
102        if car_spd[0] < 0:                                速度が0未満なら
103            car_spd[0] = 0                                    速度を0にする
104        if car_spd[0] > 320:                              最高速度を超えたら
105            car_spd[0] = 320                                  最高速度にする
106
107        car_x[0] -= car_spd[0]*curve[int(car_y[0]+        車の速度と道の曲がりから横方向の座標を計算
    PLCAR_Y)%CMAX]/50
108        if car_x[0] < 0:                                  左の路肩に接触したら
109            car_x[0] = 0                                      横方向の座標を0にし
110            car_spd[0] *= 0.9                                 減速する
111        if car_x[0] > 800:                                右の路肩に接触したら
112            car_x[0] = 800                                    横方向の座標を800にし
113            car_spd[0] *= 0.9                                 減速する
114
115        car_y[0] = car_y[0] + car_spd[0]/100              車の速度からコース上の位置を計算
116        if car_y[0] > CMAX-1:                             コース終点を越えたら
117            car_y[0] -= CMAX                                  コースの頭に戻す
118
119
120    def move_car(cs):   # COMカーの制御                    コンピュータの車を制御する関数
121        for i in range(cs, CAR):                          繰り返しで全ての車を処理する
122            if car_spd[i] < 100:                              速度が100より小さいなら
123                car_spd[i] += 3                                   速度を増やす
124            if i == tmr%120:                                  一定時間ごとに
125                car_lr[i] += random.choice([-1,0,1])              向きをランダムに変える
126                if car_lr[i] < -3: car_lr[i] = -3                 向きが-3未満なら-3にする
127                if car_lr[i] >  3: car_lr[i] =  3                 向きが3を超えたら3にする
128            car_x[i] = car_x[i] + car_lr[i]*car_           車の向きと速度から横方向の座標を計算
    spd[i]/100
129            if car_x[i] < 50:                                 左の路肩に近づいたら
130                car_x[i] = 50                                     それ以上行かないようにし
131                car_lr[i] = int(car_lr[i]*0.9)                    正面向きに近づける
132            if car_x[i] > 750:                                右の路肩に近づいたら
133                car_x[i] = 750                                    それ以上行かないようにし
134                car_lr[i] = int(car_lr[i]*0.9)                    正面向きに近づける
135            car_y[i] += car_spd[i]/100                        車の速度からコース上の位置を計算
136            if car_y[i] > CMAX-1:                             コース終点を越えたら
137                car_y[i] -= CMAX                                  コースの頭に戻す
138
139
140    def draw_text(scrn, txt, x, y, col, fnt):             影付きの文字列を表示する関数
141        sur = fnt.render(txt, True, BLACK)                    黒で文字列を描いたサーフェスを生成
```

```python
142            x -= sur.get_width()/2                       # センタリングするためX座標を計算
143            y -= sur.get_height()/2                      # センタリングするためY座標を計算
144            scrn.blit(sur, [x+2, y+2])                   # サーフェースを画面に転送
145        sur = fnt.render(txt, True, col)                 # 指定色で文字列を描いたサーフェースを生成
146        scrn.blit(sur, [x, y])                           # サーフェースを画面に転送
147    
148    
149    def main(): # メイン処理                                # メイン処理を行う関数
150        global tmr                                        # tmrをグローバル変数とする
151        pygame.init()                                     # pygameモジュールの初期化
152        pygame.display.set_caption("Python Racer")        # ウィンドウに表示するタイトルを指定
153        screen = pygame.display.set_mode((800, 600))      # 描画面を初期化
154        clock = pygame.time.Clock()                       # clockオブジェクトを作成
155        fnt_m = pygame.font.Font(None, 50)                # フォントオブジェクトを作成　中位の文字
156    
157        img_bg = pygame.image.load("image_pr/bg.png").convert()        # 背景(空と地面の絵)を読み込む変数
158        img_sea = pygame.image.load("image_pr/sea.png").convert_alpha()  # 海の画像を読み込む変数
159        img_obj = [                                       # 道路横の物体の画像を読み込むリスト
160            None,
161            pygame.image.load("image_pr/board.png").convert_alpha(),
162            pygame.image.load("image_pr/yashi.png").convert_alpha(),
163            pygame.image.load("image_pr/yacht.png").convert_alpha()
164        ]
165        img_car = [                                       # 車の画像を読み込むリスト
166            pygame.image.load("image_pr/car00.png").convert_alpha(),
167            pygame.image.load("image_pr/car01.png").convert_alpha(),
168            pygame.image.load("image_pr/car02.png").convert_alpha(),
169            pygame.image.load("image_pr/car03.png").convert_alpha(),
170            pygame.image.load("image_pr/car04.png").convert_alpha(),
171            pygame.image.load("image_pr/car05.png").convert_alpha(),
172            pygame.image.load("image_pr/car06.png").convert_alpha(),
173            pygame.image.load("image_pr/car10.png").convert_alpha(),
174            pygame.image.load("image_pr/car11.png").convert_alpha(),
175            pygame.image.load("image_pr/car12.png").convert_alpha(),
176            pygame.image.load("image_pr/car13.png").convert_alpha(),
177            pygame.image.load("image_pr/car14.png").convert_alpha(),
178            pygame.image.load("image_pr/car15.png").convert_alpha(),
179            pygame.image.load("image_pr/car16.png").convert_alpha(),
180            pygame.image.load("image_pr/car20.png").convert_alpha(),
181            pygame.image.load("image_pr/car21.png").
```

```python
                convert_alpha(),
                pygame.image.load("image_pr/car22.png").convert_alpha(),
                pygame.image.load("image_pr/car23.png").convert_alpha(),
                pygame.image.load("image_pr/car24.png").convert_alpha(),
                pygame.image.load("image_pr/car25.png").convert_alpha(),
                pygame.image.load("image_pr/car26.png").convert_alpha()
                ]

    # 道路の板の基本形状を計算
    BOARD_W = [0]*BOARD                                         板の幅を代入するリスト
    BOARD_H = [0]*BOARD                                         板の高さを代入するリスト
    BOARD_UD = [0]*BOARD                                        板の起伏用の値を代入するリスト
    for i in range(BOARD):                                      繰り返しで
        BOARD_W[i] = 10+(BOARD-i)*(BOARD-i)/12                  幅を計算
        BOARD_H[i] = 3.4*(BOARD-i)/BOARD                        高さを計算
        BOARD_UD[i] = 2*math.sin(math.radians(i*1.5))           起伏の値を三角関数で計算

    make_course()                                               コースデータを作る
    init_car()                                                  車を管理するリストに初期値を代入

    vertical = 0                                                背景の横方向の位置を管理する変数

    while True:                                                 無限ループ
        for event in pygame.event.get():                        pygameのイベントを繰り返しで処理する
            if event.type == QUIT:                              ウィンドウの×ボタンをクリック
                pygame.quit()                                   pygameモジュールの初期化を解除
                sys.exit()                                      プログラムを終了する
            if event.type == KEYDOWN:                           キーを押すイベントが発生した時
                if event.key == K_F1:                           F1キーなら
                    screen = pygame.display.set_mode((800, 600), FULLSCREEN)
                                                                フルスクリーンモードにする
                if event.key == K_F2 or event.key == K_ESCAPE:  F2キーかEscキーなら
                    screen = pygame.display.set_mode((800, 600))
                                                                通常表示に戻す
        tmr += 1                                                tmrの値を1増やす

        # 描画用の道路のX座標と路面の高低を計算
        di = 0                                                  道が曲がる向きを計算する変数
        ud = 0                                                  道の起伏を計算する変数
        board_x = [0]*BOARD                                     板のX座標を計算するためのリスト
        board_ud = [0]*BOARD                                    板の高低を計算するためのリスト
        for i in range(BOARD):                                  繰り返しで
            di += curve[int(car_y[0]+i)%CMAX]                   カーブデータから道の曲がりを計算
            ud += updown[int(car_y[0]+i)%CMAX]                  起伏データから起伏を計算
            board_x[i] = 400 - BOARD_W[i]*car_x[0]/800 + di/2   板のX座標を計算し代入
            board_ud[i] = ud/30                                 板の高低を計算し代入

        horizon = 400 + int(ud/3) # 地平線の座標の計算           地平線のY座標を計算しhorizonに代入
        sy = horizon # 道路を描き始める位置                      道路を描き始めるY座標をsyに代入

        vertical = vertical - int(car_spd[0]*di/8000) # 背景の垂直位置
                                                                背景の垂直位置を計算
```

```
230            if vertical < 0:                                    それが0未満になったら
231                vertical += 800                                    800を足す
232            if vertical >= 800:                                  800以上になったら
233                vertical -= 800                                    800を引く
234
235            # フィールドの描画
236            screen.fill((0, 56, 255)) # 上空の色                 指定の色で画面を塗りつぶす
237            screen.blit(img_bg, [vertical-800, horizon-400])    空と地面の画像を描画(左側)
238            screen.blit(img_bg, [vertical, horizon-400])        空と地面の画像を描画(右側)
239            screen.blit(img_sea, [board_x[BOARD-1]-780, sy]) # 一番奥の海   左手奥の海を描画
240
241            # 描画用データをもとに道路を描く
242            for i in range(BOARD-1, 0, -1):                     繰り返しで道路の板を描いていく
243                ux = board_x[i]                                     台形の上底のX座標をuxに代入
244                uy = sy - BOARD_UD[i]*board_ud[i]                   上底のY座標をuyに代入
245                uw = BOARD_W[i]                                     上底の幅をuwに代入
246                sy = sy + BOARD_H[i]*(600-horizon)/200              台形を描くY座標を次の値にする
247                bx = board_x[i-1]                                   台形の下底のX座標をbxに代入
248                by = sy - BOARD_UD[i-1]*board_ud[i-1]               下底のY座標をbyに代入
249                bw = BOARD_W[i-1]                                   下底の幅をbwに代入
250                col = (160,160,160)                                 colに板の色を代入
251                pygame.draw.polygon(screen, col, [[ux, uy], [ux+uw, uy], [bx+bw, by], [bx, by]])   道路の板を描く
252
253                if int(car_y[0]+i)%10 <= 4: # 左右の黄色線          一定間隔で
254                    pygame.draw.polygon(screen, YELLOW, [[ux, uy], [ux+uw*0.02, uy], [bx+bw*0.02, by], [bx, by]])     道路左の黄色いラインを描く
255                    pygame.draw.polygon(screen, YELLOW, [[ux+uw*0.98, uy], [ux+uw, uy], [bx+bw, by], [bx+bw*0.98, by]])   道路右の黄色いラインを描く
256                if int(car_y[0]+i)%20 <= 10: # 白線                 一定間隔で
257                    pygame.draw.polygon(screen, WHITE, [[ux+uw*0.24, uy], [ux+uw*0.26, uy], [bx+bw*0.26, by], [bx+bw*0.24, by]])   左側の白ラインを描く
258                    pygame.draw.polygon(screen, WHITE, [[ux+uw*0.49, uy], [ux+uw*0.51, uy], [bx+bw*0.51, by], [bx+bw*0.49, by]])   中央の白ラインを描く
259                    pygame.draw.polygon(screen, WHITE, [[ux+uw*0.74, uy], [ux+uw*0.76, uy], [bx+bw*0.76, by], [bx+bw*0.74, by]])   右側の白ラインを描く
260
261                scale = 1.5*BOARD_W[i]/BOARD_W[0]                   道路横の物体のスケールを計算
262                obj_l = object_left[int(car_y[0]+i)%CMAX] # 道路左の物体   obj_lに左側の物体の番号を代入
263                if obj_l == 2: # ヤシの木                           ヤシの木なら
264                    draw_obj(screen, img_obj[obj_l], ux-uw*0.05, uy, scale)     その画像を描画
265                if obj_l == 3: # ヨット                             ヨットなら
266                    draw_obj(screen, img_obj[obj_l], ux-uw*0.5, uy, scale)      その画像を描画
267                if obj_l == 9: # 海                                 海なら
268                    screen.blit(img_sea, [ux-uw*0.5-780, uy])                   その画像を描画
269                obj_r = object_right[int(car_y[0]+i)%CMAX] # 道路右の物体  obj_rに右側の物体の番号を代入
270                if obj_r == 1: # 看板                               看板なら
```

```
271                 draw_obj(screen, img_obj[obj_
    r], ux+uw*1.3, uy, scale)
272
273             for c in range(1, CAR): # COMカー
274                 if int(car_y[c])%CMAX == int
    (car_y[0]+i)%CMAX:
275                     lr = int(4*(car_x[0]-car_
    x[c])/800) # プレイヤーから見たCOMカーの向き
276                     if lr < -3: lr = -3
277                     if lr >  3: lr =  3
278                     draw_obj(screen, img_
    car[(c%3)*7+3+lr], ux+car_x[c]*BOARD_W[i]/800,
    uy, 0.05+BOARD_W[i]/BOARD_W[0])
279
280             if i == PLCAR_Y: # PLAYERカー
281                 draw_shadow(screen, ux+car_
    x[0]*BOARD_W[i]/800, uy, 200*BOARD_W[i]/BOARD_
    W[0])
282                 draw_obj(screen, img_car[3+car_
    lr[0]], ux+car_x[0]*BOARD_W[i]/800, uy, 0.05+
    BOARD_W[i]/BOARD_W[0])
283
284         draw_text(screen, str(int(car_spd[0]))
    + "km/h", 680, 30, RED, fnt_m)
285
286         key = pygame.key.get_pressed()
287         drive_car(key)
288         move_car(1)
289
290         pygame.display.update()
291         clock.tick(60)
292
293 if __name__ == '__main__':
294     main()
```

271	その画像を描画
273	繰り返しで
274	その板にCOMカーがあるか調べ
275	プレイヤーから見たCOMカーの向きを計算し
276	-3より小さいなら-3で
277	3より小さいなら3で
278	COMカーを描く
280	プレイヤーの車の位置なら
281	車の影を描き
282	プレイヤーの車を描く
284	速度を表示
286	keyに全てのキーの状態を代入
287	プレイヤーの車を操作
288	COMカーを動かす
290	画面を更新する
291	フレームレートを指定
293	このプログラムが直接実行された時に
294	main()関数を呼び出す

このプログラムではコンピュータが動かす複数の車が道路を走るようになります。今はまだプレイヤーの車との衝突判定は行っていません。

図11-1-3　list1101_1.pyの実行結果

71〜80行目に定義したinit_car()関数で、プレイヤーの車を含め、全ての車を管理するリストに初期値を代入します。COMカーの横方向の座標、コース上の位置、速度はランダムに決めています。
　120〜137行目に定義したmove_car()関数で、コンピュータの車を制御します。その関数を抜き出して説明します。

```
def move_car(cs): # COMカーの制御
    for i in range(cs, CAR):
        if car_spd[i] < 100:
            car_spd[i] += 3
        if i == tmr%120:
            car_lr[i] += random.choice([-1,0,1])
            if car_lr[i] < -3: car_lr[i] = -3
            if car_lr[i] >  3: car_lr[i] =  3
        car_x[i] = car_x[i] + car_lr[i]*car_spd[i]/100
        if car_x[i] < 50:
            car_x[i] = 50
            car_lr[i] = int(car_lr[i]*0.9)
        if car_x[i] > 750:
            car_x[i] = 750
            car_lr[i] = int(car_lr[i]*0.9)
        car_y[i] += car_spd[i]/100
        if car_y[i] > CMAX-1:
            car_y[i] -= CMAX
```

この関数では

- 速度が100未満なら3ずつ増やす
- 一定時間ごとに向きをランダムに変える
- 道路の左、あるいは右に寄り過ぎたら、それ以上端には行かせない
- 速度に応じてコース上の位置を変化させ、コースの終点を過ぎたらコースの初めの位置に戻す

ということを行っています。

速度が100未満の時に3ずつ増やすのは、次のLessonでプレイヤーの車と衝突した時、減速しますが、その後また速度を上げるためです。

　またmove_car()関数は、引数に0を与えることで、0番目の車も自動的に動くようにしています。0番目の車とはcar_x[0]、car_y[0]、car_lr[0]、car_spd[0]で管理するプレイヤーの車のことです。ゲーム中はmove_car(1)で実行してコンピュータの車を動かし、Lesson 11-3で組み込むタイトル画面ではmove_car(0)で実行し、プレイヤーの車を含めた全ての

車を自動的に動かします。

全ての車を自動的に走らせるデモンストレーションを行うことのできる関数になっているのですね。

　道路を描く処理の273〜278行目で、COMカーを表示しています。その部分を前後の行を含めて抜き出し確認します。

```python
# 描画用データをもとに道路を描く
for i in range(BOARD-1, 0, -1):
    〜
    道路の板を描く処理
    道路のラインを描く処理
    道路左の物体を描く処理
    道路右の物体を描く処理
    〜
    for c in range(1, CAR): # COMカー
        if int(car_y[c])%CMAX == int(car_y[0]+i)%CMAX:
            lr = int(4*(car_x[0]-car_x[c])/800) # プレイヤーから見たCOMカーの向き
            if lr < -3: lr = -3
            if lr >  3: lr =  3
            draw_obj(screen, img_car[(c%3)*7+3+lr], ux+car_x[c]*BOARD_W[i]/800, uy, 0.05+BOARD_W[i]/BOARD_W[0])
```

　太字で示した部分がCOMカーの描画です。for c in range(1, CAR)という繰り返しとif int(car_y[c])%CMAX == int(car_y[0]+i)%CMAXという条件分岐で、COMカーが道路の板の位置にあるかを調べ、あるならプレイヤーから見たCOMカーの向きを計算し、画像を拡大縮小表示するdraw_obj()関数でCOMカーを描きます。その際、COMカーのスケールは0.05+BOARD_W[i]/BOARD_W[0]という計算で求めています。またCOMカーの画像番号の指定を、(c%3)*7+3+lrとして、1台ずつ色違い（赤、青、黄）の車になるようにしています。

　int(car_y[0]+i)%CMAXはプレイヤーから見た道路上の板の番号です。int(car_y[c])%CMAX == int(car_y[0]+i)%CMAXという条件式が難しいかもしれませんが、「画面に板を表示する時、その板の位置にCOMカーがあるかどうかを調べる式」と考えてください。

COMカーを表示する大きさは道路の板の幅を元に計算しています。0.05を足しているのは、道路の先の方にあるCOMカーが小さ過ぎないようにするためです。

　それからこのプログラムでは、プレイヤーの車の速度を表示しました。140〜146行目で文字列を表示するdraw_text()関数を定義し、284行目でその関数を呼び出し、速度を表示しています。

Lesson 11-2 車の衝突判定を組み込む

プレイヤーの車とコンピュータの車が接触した時の処理を組み込みます。

ヒットチェックを行う

プレイヤーの車とCOMカーが接触した時の処理を入れたプログラムを確認します。次のプログラムを入力し、ファイル名を付けて保存し、実行しましょう。

リスト ▶ list1102_1.py　※前のプログラムからの追加変更箇所にマーカーを引いています

```
1   import pygame                              pygameモジュールをインポート
2   import sys                                 sysモジュールをインポート
3   import math                                mathモジュールをインポート
4   import random                              randomモジュールをインポート
5   from pygame.locals import *                pygame.定数の記述の省略
6
7   WHITE = (255, 255, 255)                    色の定義(白)
8   BLACK = (  0,   0,   0)                    色の定義(黒)
9   RED   = (255,   0,   0)                    色の定義(赤)
10  YELLOW= (255, 224,   0)                    色の定義(黄)
11
12  tmr = 0                                    タイマーの変数
13  se_crash = None                            衝突時の効果音を読み込む変数
14
15  DATA_LR = [0, 0, 0, 0, 0, 0, 0, 0, 0, 0, 0, 0,    道路のカーブを作る基になるデータ
    1, 2, 3, 2, 1, 0, 2, 4, 2, 4, 2, 0, 0, 0,-2,-
    2,-4,-4,-2,-1, 0, 0, 0, 0, 0, 0, 0]
16  DATA_UD = [0, 0, 1, 2, 3, 2, 1, 0,-2,-4,-2, 0,    道路の起伏を作る基になるデータ
    0, 0, 0, 0,-1,-2,-3,-4,-3,-2,-1, 0, 0, 0, 0,
    0, 0, 0, 0, 0, 0,-3, 3, 0,-6, 6, 0]
17  CLEN = len(DATA_LR)                        これらのデータの要素数を代入した定数
18
19  BOARD = 120                                道路を描く板の枚数を定める定数
20  CMAX = BOARD*CLEN                          コースの長さ(要素数)を定める定数
21  curve = [0]*CMAX                           道が曲がる向きを入れるリスト
22  updown = [0]*CMAX                          道の起伏を入れるリスト
23  object_left = [0]*CMAX                     道路左にある物体の番号を入れるリスト
24  object_right = [0]*CMAX                    道路右にある物体の番号を入れるリスト
25
26  CAR = 30                                   車の数を定める定数
27  car_x = [0]*CAR                            車の横方向の座標を管理するリスト
28  car_y = [0]*CAR                            車のコース上の位置を管理するリスト
29  car_lr = [0]*CAR                           車の左右の向きを管理するリスト
30  car_spd = [0]*CAR                          車の速度を管理するリスト
31  PLCAR_Y = 10 # プレイヤーの車の表示位置 道路一番手  プレイヤーの車の表示位置を定める定数
    前(画面下)が0
32
33
34  def make_course():                         コースデータを作る関数
:   略：list1101_1.pyの通り(→P.394)
```

```
 :                    〜
56   def draw_obj(bg, img, x, y, sc):                    座標とスケールを受け取り、物体を描く関数
 :       略：list1101_1.pyの通り（→P.394）
 :                    〜
63   def draw_shadow(bg, x, y, siz):                     影を表示する関数
 :       略：list1101_1.pyの通り（→P.394）
 :                    〜
72   def init_car():                                     車を管理するリストに初期値を代入する関数
 :       略：list1101_1.pyの通り（→P.394）
 :                    〜
84   def drive_car(key): # プレイヤーの車の操作、制御      プレイヤーの車を操作、制御する関数
 :       略：list1101_1.pyの通り（→P.394）
 :                    〜
121  def move_car(cs): # COMカーの制御                    コンピュータの車を制御する関数
122      for i in range(cs, CAR):                        繰り返しで全ての車を処理する
123          if car_spd[i] < 100:                        速度が100より小さいなら
124              car_spd[i] += 3                         速度を増やす
125          if i == tmr%120:                            一定時間ごとに
126              car_lr[i] += random.choice([-1,0,1])    向きをランダムに変える
127              if car_lr[i] < -3: car_lr[i] = -3       向きが-3未満なら-3にする
128              if car_lr[i] >  3: car_lr[i] =  3       向きが3を超えたら3にする
129          car_x[i] = car_x[i] + car_lr[i]*car_spd[i]/100   車の向きと速度から横方向の座標を計算
130          if car_x[i] < 50:                           左の路肩に近づいたら
131              car_x[i] = 50                           それ以上行かないようにし
132              car_lr[i] = int(car_lr[i]*0.9)          正面向きに近づける
133          if car_x[i] > 750:                          右の路肩に近づいたら
134              car_x[i] = 750                          それ以上行かないようにし
135              car_lr[i] = int(car_lr[i]*0.9)          正面向きに近づける
136          car_y[i] += car_spd[i]/100                  車の速度からコース上の位置を計算
137          if car_y[i] > CMAX-1:                       コース終点を越えたら
138              car_y[i] -= CMAX                        コースの頭に戻す
139          cx = car_x[i]-car_x[0]                      プレイヤーの車との横方向の距離
140          cy = car_y[i]-(car_y[0]+PLCAR_Y)%CMAX       プレイヤーの車とのコース上の距離
141          if -100 <= cx and cx <= 100 and -10 <= cy and cy <= 10:   それらがこの範囲内なら
142              # 衝突時の座標変化、速度の入れ替えと減速
143              car_x[0] -= cx/4                        プレイヤーの車を横に移動
144              car_x[i] += cx/4                        コンピュータの車を横に移動
145              car_spd[0], car_spd[i] = car_spd[i]*0.3, car_spd[0]*0.3   ２つの車の速度を入れ替え減速
146              se_crash.play()                         衝突音を出力
147
148
149  def draw_text(scrn, txt, x, y, col, fnt):           影付きの文字列を表示する関数
150      sur = fnt.render(txt, True, BLACK)              黒で文字列を描いたサーフェスを生成
151      x -= sur.get_width()/2                          センタリングするためX座標を計算
152      y -= sur.get_height()/2                         センタリングするためY座標を計算
153      scrn.blit(sur, [x+2, y+2])                      サーフェスを画面に転送
154      sur = fnt.render(txt, True, col)                指定色で文字列を描いたサーフェスを生成
155      scrn.blit(sur, [x, y])                          サーフェスを画面に転送
156
157
158  def main(): # メイン処理                              メイン処理を行う関数
159      global tmr, se_crash                            これらをグローバル変数とする
160      pygame.init()                                   pygameモジュールの初期化
161      pygame.display.set_caption("Python Racer")      ウィンドウに表示するタイトルを指定
162      screen = pygame.display.set_mode((800, 600))    描画面を初期化
163      clock = pygame.time.Clock()                     clockオブジェクトを作成
164      fnt_m = pygame.font.Font(None, 50)              フォントオブジェクトを作成 中位の文字
```

```
165
166         img_bg = pygame.image.load("image_pr/bg.         背景(空と地面の絵)を読み込む変数
    png").convert()
167         img_sea = pygame.image.load("image_pr/sea.        海の画像を読み込む変数
    png").convert_alpha()
168         img_obj = [                                       道路横の物体の画像を読み込むリスト
169             None,
170             pygame.image.load("image_pr/board.png").
    convert_alpha(),
171             pygame.image.load("image_pr/yashi.png").
    convert_alpha(),
172             pygame.image.load("image_pr/yacht.png").
    convert_alpha()
173         ]
174         img_car = [                                       車の画像を読み込むリスト
175             pygame.image.load("image_pr/car00.png").
    convert_alpha(),
：   略
：   ～
195             pygame.image.load("image_pr/car26.png").
    convert_alpha()
196         ]
197
198         se_crash = pygame.mixer.Sound("sound_pr/          衝突音を読み込む
    crash.ogg") # SEの読み込み
199
200         # 道路の板の基本形状を計算
201         BOARD_W = [0]*BOARD                               板の幅を代入するリスト
202         BOARD_H = [0]*BOARD                               板の高さを代入するリスト
203         BOARD_UD = [0]*BOARD                              板の起伏用の値を代入するリスト
204         for i in range(BOARD):                            繰り返しで
205             BOARD_W[i] = 10+(BOARD-i)*(BOARD-i)/12            幅を計算
206             BOARD_H[i] = 3.4*(BOARD-i)/BOARD                  高さを計算
207             BOARD_UD[i] = 2*math.sin(math.radians              起伏の値を三角関数で計算
    (i*1.5))
208
209         make_course()                                     コースデータを作る
210         init_car()                                        車を管理するリストに初期値を代入
211
212         vertical = 0                                      背景の横方向の位置を管理する変数
213
214         while True:                                       無限ループ
215             for event in pygame.event.get():                  pygameのイベントを繰り返しで処理する
216                 if event.type == QUIT:                            ウィンドウの×ボタンをクリック
217                     pygame.quit()                                     pygameモジュールの初期化を解除
218                     sys.exit()                                        プログラムを終了する
219                 if event.type == KEYDOWN:                         キーを押すイベントが発生した時
220                     if event.key == K_F1:                             F1キーなら
221                         screen = pygame.display.                          フルスクリーンモードにする
    set_mode((800, 600), FULLSCREEN)
222                     if event.key == K_F2 or event.                    F2キーかEscキーなら
    key == K_ESCAPE:
223                         screen = pygame.display.                          通常表示に戻す
    set_mode((800, 600))
224             tmr += 1                                          tmrの値を1増やす
225
226             # 描画用の道路のX座標と路面の高低を計算
227             di = 0                                            道が曲がる向きを計算する変数
228             ud = 0                                            道の起伏を計算する変数
229             board_x = [0]*BOARD                               板のX座標を計算するためのリスト
```

230	`        board_ud = [0]*BOARD`	板の高低を計算するためのリスト
231	`        for i in range(BOARD):`	繰り返しで
232	`            di += curve[int(car_y[0]+i)%CMAX]`	カーブデータから道の曲がりを計算
233	`            ud += updown[int(car_y[0]+i)%CMAX]`	起伏データから起伏を計算
234	`            board_x[i] = 400 - BOARD_W[i]*car_x[0]/800 + di/2`	板のX座標を計算し代入
235	`            board_ud[i] = ud/30`	板の高低を計算し代入
236		
237	`        horizon = 400 + int(ud/3) # 地平線の座標の計算`	地平線のY座標を計算しhorizonに代入
238	`        sy = horizon # 道路を描き始める位置`	道路を描き始めるY座標をsyに代入
239		
240	`        vertical = vertical - int(car_spd[0]*di/8000) # 背景の垂直位置`	背景の垂直位置を計算
241	`        if vertical < 0:`	それが0未満になったら
242	`            vertical += 800`	800を足す
243	`        if vertical >= 800:`	800以上になったら
244	`            vertical -= 800`	800を引く
245		
246	`        # フィールドの描画`	
247	`        screen.fill((0, 56, 255)) # 上空の色`	指定の色で画面を塗りつぶす
248	`        screen.blit(img_bg, [vertical-800, horizon-400])`	空と地面の画像を描画(左側)
249	`        screen.blit(img_bg, [vertical, horizon-400])`	空と地面の画像を描画(右側)
250	`        screen.blit(img_sea, [board_x[BOARD-1]-780, sy]) # 一番奥の海`	左手奥の海を描画
251		
252	`        # 描画用データをもとに道路を描く`	
253	`        for i in range(BOARD-1, 0, -1):`	繰り返しで道路の板を描いていく
254	`            ux = board_x[i]`	台形の上底のX座標をuxに代入
255	`            uy = sy - BOARD_UD[i]*board_ud[i]`	上底のY座標をuyに代入
256	`            uw = BOARD_W[i]`	上底の幅をuwに代入
257	`            sy = sy + BOARD_H[i]*(600-horizon)/200`	台形を描くY座標を次の値にする
258	`            bx = board_x[i-1]`	台形の下底のX座標をbxに代入
259	`            by = sy - BOARD_UD[i-1]*board_ud[i-1]`	下底のY座標をbyに代入
260	`            bw = BOARD_W[i-1]`	下底の幅をbwに代入
261	`            col = (160,160,160)`	colに板の色を代入
262	`            pygame.draw.polygon(screen, col, [[ux, uy], [ux+uw, uy], [bx+bw, by], [bx, by]])`	道路の板を描く
263		
264	`            if int(car_y[0]+i)%10 <= 4: # 左右の黄色線`	一定間隔で
265	`                pygame.draw.polygon(screen, YELLOW, [[ux, uy], [ux+uw*0.02, uy], [bx+bw*0.02, by], [bx, by]])`	道路左の黄色いラインを描く
266	`                pygame.draw.polygon(screen, YELLOW, [[ux+uw*0.98, uy], [ux+uw, uy], [bx+bw, by], [bx+bw*0.98, by]])`	道路右の黄色いラインを描く
267	`            if int(car_y[0]+i)%20 <= 10: # 白線`	一定間隔で
268	`                pygame.draw.polygon(screen, WHITE, [[ux+uw*0.24, uy], [ux+uw*0.26, uy], [bx+bw*0.26, by], [bx+bw*0.24, by]])`	左側の白ラインを描く
269	`                pygame.draw.polygon(screen, WHITE, [[ux+uw*0.49, uy], [ux+uw*0.51, uy], [bx+bw*0.51, by], [bx+bw*0.49, by]])`	中央の白ラインを描く
270	`                pygame.draw.polygon(screen, WHITE, [[ux+uw*0.74, uy], [ux+uw*0.76, uy], [bx+bw*0.76, by], [bx+bw*0.74, by]])`	右側の白ラインを描く
271		
272	`            scale = 1.5*BOARD_W[i]/BOARD_W[0]`	道路横の物体のスケールを計算

行	コード	説明
273	`            obj_l = object_left[int(car_y[0]+i)%CMAX] # 道路左の物体`	obj_lに左側の物体の番号を代入
274	`            if obj_l == 2: # ヤシの木`	ヤシの木なら
275	`                draw_obj(screen, img_obj[obj_l], ux-uw*0.05, uy, scale)`	その画像を描画
276	`            if obj_l == 3: # ヨット`	ヨットなら
277	`                draw_obj(screen, img_obj[obj_l], ux-uw*0.5, uy, scale)`	その画像を描画
278	`            if obj_l == 9: # 海`	海なら
279	`                screen.blit(img_sea, [ux-uw*0.5-780, uy])`	その画像を描画
280	`            obj_r = object_right[int(car_y[0]+i)%CMAX] # 道路右の物体`	obj_rに右側の物体の番号を代入
281	`            if obj_r == 1: # 看板`	看板なら
282	`                draw_obj(screen, img_obj[obj_r], ux+uw*1.3, uy, scale)`	その画像を描画
283		
284	`            for c in range(1, CAR): # COMカー`	繰り返しで
285	`                if int(car_y[c])%CMAX == int(car_y[0]+i)%CMAX:`	その板にCOMカーがあるか調べ
286	`                    lr = int(4*(car_x[0]-car_x[c])/800) # プレイヤーから見たCOMカーの向き`	プレイヤーから見たCOMカーの向きを計算し
287	`                    if lr < -3: lr = -3`	-3より小さいなら-3で
288	`                    if lr >  3: lr =  3`	3より小さいなら3で
289	`                    draw_obj(screen, img_car[(c%3)*7+3+lr], ux+car_x[c]*BOARD_W[i]/800, uy, 0.05+BOARD_W[i]/BOARD_W[0])`	COMカーを描く
290		
291	`            if i == PLCAR_Y: # PLAYERカー`	プレイヤーの車の位置なら
292	`                draw_shadow(screen, ux+car_x[0]*BOARD_W[i]/800, uy, 200*BOARD_W[i]/BOARD_W[0])`	車の影を描き
293	`                draw_obj(screen, img_car[3+car_lr[0]], ux+car_x[0]*BOARD_W[i]/800, uy, 0.05+BOARD_W[i]/BOARD_W[0])`	プレイヤーの車を描く
294		
295	`        draw_text(screen, str(int(car_spd[0])) + "km/h", 680, 30, RED, fnt_m)`	速度を表示
296		
297	`        key = pygame.key.get_pressed()`	keyに全てのキーの状態を代入
298	`        drive_car(key)`	プレイヤーの車を操作
299	`        move_car(1)`	COMカーを動かす
300		
301	`        pygame.display.update()`	画面を更新する
302	`        clock.tick(60)`	フレームレートを指定
303		
304	`if __name__ == '__main__':`	このプログラムが直接実行された時に
305	`    main()`	main()関数を呼び出す

このプログラムでは、プレイヤーとコンピュータの車が接触すると、衝突音が流れ、互いに少し弾かれ減速します。実行画面は省略しますが、車を衝突させて動作を確認してください。なおCOMカー同士の接触では何も起きません。

衝突時の効果音は13行目でse_crashという変数を宣言し、198行目でse_crash = pygame.mixer.Sound("sound_pr/crash.ogg")としてファイルを読み込みます。

車の衝突判定（ヒットチェック）と衝突した時の処理は、move_car()関数の139～146行目で行っています。その部分を抜き出して説明します。

```
cx = car_x[i]-car_x[0]
cy = car_y[i]-(car_y[0]+PLCAR_Y)%CMAX
if -100 <= cx and cx <= 100 and -10 <= cy and cy <= 10:
    # 衝突時の座標変化、速度の入れ替えと減速
    car_x[0] -= cx/4
    car_x[i] += cx/4
    car_spd[0], car_spd[i] = car_spd[i]*0.3, car_spd[0]*0.3
    se_crash.play()
```

　プレイヤーの車とCOMカーの横方向の座標の差をcxに代入し、コース上のどの位置にいるかの差をcyに代入します。それらの値が -100 <= cx and cx <= 100 and -10 <= cy and cy <= 10 の範囲にある時に衝突したことにします。これは矩形同士のヒットチェックになります。
　この範囲が、画面上の車が衝突したように見える位置関係です。位置関係が分かりやすいように、コースを真上から見たイメージ図を示します。

図11-2-1　車両のヒットチェック

　衝突したら、プレイヤーの車の横方向の座標をcar_x[0] -= cx/4 という式で、COMカーの座標はcar_x[i] += cx/4 という式で、互いに逆方向に移動させます。
　この式が難しい方は、プレイヤーの車が左側、COMカーが右側にあった状態で衝突した

と考えてみましょう。car_x[0] より car_x[i] の方が大きいので、cx は正の数になります。ではcxが80だったとします。プレイヤーの車は car_x[0] -= 80/4、つまり car_x[0] = car_x[0] - 20 となり、左に移動します。COMカーは car_x[i] += 80/4、つまり car_x[i] = car_x[i] + 20 となり、右に移動します。プレイヤーの車が右、COMカーが左にいる時も、互いに逆向きに座標が変化します。

　それから衝突時の速度の計算を、car_spd[0], car_spd[i] = car_spd[i]*0.3, car_spd[0]*0.3 という式で行っています。この式で car_spd[0] の値は car_spd[i]*0.3 になり、car_spd[i] の値は car_spd[0]*0.3 になります。つまりプレイヤーの車の速度はCOMカーの速度の30％、COMカーの速度はプレイヤーの車の速度の30％になります。

　これで速度の入れ替えと減速を同時に行っており、例えば100km/hで走行するCOMカーの後ろから、プレイヤーの車が200km/hで衝突すると、COMカーの速度は60km/h、プレイヤーの車の速度は30km/hになります。

Pythonでは
変数A, 変数B = 変数B, 変数A
と記述すると、2つの変数の値を入れ替えることができます。衝突時の速度の入れ替えは、この書式を用いて、減速させるために小数をかけて入れ替える工夫をしたわけですね。

　もしそのような事故が実際に起きたら大変なことになりますが、これはコンピュータゲームですので、ここで説明したような計算式で、2台の車を互いに弾かれる方向に移動させ、ゲームならではの衝突を実現しています。

現実の世界では、交通事故に遭ったり、事故を起こさないように、くれぐれも気を付けましょう。

Lesson 11-3 スタートからゴールまでの流れ

レースのスタートからゴールまでの流れを組み込みます。ゲーム起動時にタイトル画面を表示し、レース中にはBGMが流れるようにします。

>>> インデックスとタイマー

インデックスとタイマーでゲームの進行を管理したプログラムを確認します。タイトル画面には次のロゴ画像を表示しますので、サポートページからダウンロードしてください。

図11-3-1 今回使用する画像ファイル

title.png

次のプログラムを入力し、ファイル名を付けて保存し、実行しましょう。

リスト ▶ list1103_1.py ※前のプログラムからの追加変更箇所にマーカーを引いています

```
1  import pygame                              pygameモジュールをインポート
2  import sys                                 sysモジュールをインポート
3  import math                                mathモジュールをインポート
4  import random                              randomモジュールをインポート
5  from pygame.locals import *                pygame.定数の記述の省略
6
7  WHITE = (255, 255, 255)                    色の定義(白)
8  BLACK = (  0,   0,   0)                    色の定義(黒)
9  RED   = (255,   0,   0)                    色の定義(赤)
10 YELLOW= (255, 224,   0)                    色の定義(黄)
11 GREEN = (  0, 255,   0)                    色の定義(緑)
12
13 idx = 0                                    インデックスの変数
14 tmr = 0                                    タイマーの変数
15 se_crash = None                            衝突時の効果音を読み込む変数
16
17 DATA_LR = [0, 0, 0, 0, 0, 0, 0, 0, 0, 0, 0, 0,     道路のカーブを作る基になるデータ
   1, 2, 3, 2, 1, 0, 2, 4, 2, 4, 2, 0, 0, 0,-2,-
   2,-4,-2,-1, 0, 0, 0, 0, 0, 0, 0]
18 DATA_UD = [0, 0, 1, 2, 3, 2, 1, 0,-2,-4,-2, 0,     道路の起伏を作る基になるデータ
   0, 0, 0, 0,-1,-2,-3,-4,-3,-2,-1, 0, 0, 0, 0,
   0, 0, 0, 0, 0, 0,-3, 3, 0,-6, 6, 0]
19 CLEN = len(DATA_LR)                        これらのデータの要素数を代入した定数
20
```

```
21  BOARD = 120                                          道路を描く板の枚数を定める定数
22  CMAX = BOARD*CLEN                                    コースの長さ(要素数)を定める定数
23  curve = [0]*CMAX                                     道が曲がる向きを入れるリスト
24  updown = [0]*CMAX                                    道の起伏を入れるリスト
25  object_left = [0]*CMAX                               道路左にある物体の番号を入れるリスト
26  object_right = [0]*CMAX                              道路右にある物体の番号を入れるリスト
27
28  CAR = 30                                             車の数を定める定数
29  car_x = [0]*CAR                                      車の横方向の座標を管理するリスト
30  car_y = [0]*CAR                                      車のコース上の位置を管理するリスト
31  car_lr = [0]*CAR                                     車の左右の向きを管理するリスト
32  car_spd = [0]*CAR                                    車の速度を管理するリスト
33  PLCAR_Y = 10 # プレイヤーの車の表示位置　道路一番手    プレイヤーの車の表示位置を定める定数
    前(画面下)が0
34
35
36  def make_course():                                   コースデータを作る関数
:   略：list1101_1.pyの通り(→P.394)
:   ～
58  def draw_obj(bg, img, x, y, sc):                     座標とスケールを受け取り、物体を描く関数
:   略：list1101_1.pyの通り(→P.394)
:   ～
65  def draw_shadow(bg, x, y, siz):                      影を表示する関数
:   略：list1101_1.pyの通り(→P394)
:   ～
74  def init_car():                                      車を管理するリストに初期値を代入する関数
:   略：list1101_1.pyの通り(→P.394)
:   ～
86  def drive_car(key): # プレイヤーの車の操作、制御     プレイヤーの車を操作、制御する関数
87      global idx, tmr                                      これらをグローバル変数とする
88      if key[K_LEFT] == 1:                                 左キーが押されたら
89          if car_lr[0] > -3:                                   向きが-3より大きければ
90              car_lr[0] -= 1                                       向きを-1する(左に向かせる)
91          car_x[0] = car_x[0] + (car_lr[0]-3)*             車の横方向の座標を計算
    car_spd[0]/100 - 5
92      elif key[K_RIGHT] == 1:                              そうでなく右キーが押されたら
93          if car_lr[0] < 3:                                    向きが3より小さければ
94              car_lr[0] += 1                                       向きを+1する(右に向かせる)
95          car_x[0] = car_x[0] + (car_lr[0]+3)*             車の横方向の座標を計算
    car_spd[0]/100 + 5
96      else:                                                そうでないなら
97          car_lr[0] = int(car_lr[0]*0.9)                       正面向きに近づける
98
99      if key[K_a] == 1: # アクセル                         Aキーが押されたら
100         car_spd[0] += 3                                      速度を増やす
101     elif key[K_z] == 1: # ブレーキ                       そうでなくZキーが押されたら
102         car_spd[0] -= 10                                     速度を減らす
103     else:                                                そうでないなら
104         car_spd[0] -= 0.25                                   ゆっくり減速
105
106     if car_spd[0] < 0:                                   速度が0未満なら
107         car_spd[0] = 0                                       速度を0にする
108     if car_spd[0] > 320:                                 最高速度を超えたら
109         car_spd[0] = 320                                     最高速度にする
110
111     car_x[0] -= car_spd[0]*curve[int(car_y[0]+       車の速度と道の曲がりから横方向の座標を計算
    PLCAR_Y)%CMAX]/50
112     if car_x[0] < 0:                                     左の路肩に接触したら
113         car_x[0] = 0                                         横方向の座標を0にし
114         car_spd[0] *= 0.9                                    減速する
```

```
115        if car_x[0] > 800:                          右の路肩に接触したら
116            car_x[0] = 800                              横方向の座標を800にし
117            car_spd[0] *= 0.9                           減速する
118
119        car_y[0] = car_y[0] + car_spd[0]/100        車の速度からコース上の位置を計算
120        if car_y[0] > CMAX-1:                        コース終点を越えたら
121            car_y[0] -= CMAX                             コースの頭に戻す
122            idx = 3                                      idxを3にしてゴール処理へ
123            tmr = 0                                      tmrを0にする
124
125
126    def move_car(cs):  # COMカーの制御              コンピュータの車を制御する関数
127        for i in range(cs, CAR):                     繰り返しで全ての車を処理する
128            if car_spd[i] < 100:                         速度が100より小さいなら
129                car_spd[i] += 3                              速度を増やす
130            if i == tmr%120:                             一定時間ごとに
131                car_lr[i] += random.choice([-1,0,1])         向きをランダムに変える
132                if car_lr[i] < -3: car_lr[i] = -3            向きが-3未満なら-3にする
133                if car_lr[i] >  3: car_lr[i] =  3            向きが3を超えたら3にする
134            car_x[i] = car_x[i] + car_lr[i]*car_spd[i]/100   車の向きと速度から横方向の座標を計算
135            if car_x[i] < 50:                            左の路肩に近づいたら
136                car_x[i] = 50                                それ以上行かないようにし
137                car_lr[i] = int(car_lr[i]*0.9)               正面向きに近づける
138            if car_x[i] > 750:                           右の路肩に近づいたら
139                car_x[i] = 750                               それ以上行かないようにし
140                car_lr[i] = int(car_lr[i]*0.9)               正面向きに近づける
141            car_y[i] += car_spd[i]/100                   車の速度からコース上の位置を計算
142            if car_y[i] > CMAX-1:                        コース終点を越えたら
143                car_y[i] -= CMAX                             コースの頭に戻す
144            if idx == 2:  # レース中のヒットチェック   idxが2(レース中)ならヒットチェック
145                cx = car_x[i]-car_x[0]                       プレイヤーの車との横方向の距離
146                cy = car_y[i]-(car_y[0]+PLCAR_Y)%CMAX        プレイヤーの車とのコース上の距離
147                if -100 <= cx and cx <= 100 and -10 <= cy and cy <= 10:   それらがこの範囲内なら
148                    # 衝突時の座標変化、速度の入れ替えと減速
149                    car_x[0] -= cx/4                         プレイヤーの車を横に移動
150                    car_x[i] += cx/4                         コンピュータの車を横に移動
151                    car_spd[0], car_spd[i] = car_spd[i]*0.3, car_spd[0]*0.3   2つの車の速度を入れ替え減速
152                    se_crash.play()                          衝突音を出力
153
154
155    def draw_text(scrn, txt, x, y, col, fnt):       影付きの文字列を表示する関数
156        sur = fnt.render(txt, True, BLACK)           黒で文字列を描いたサーフェースを生成
157        x -= sur.get_width()/2                       センタリングするためX座標を計算
158        y -= sur.get_height()/2                      センタリングするためY座標を計算
159        scrn.blit(sur, [x+2, y+2])                   サーフェースを画面に転送
160        sur = fnt.render(txt, True, col)             指定色で文字列を描いたサーフェースを生成
161        scrn.blit(sur, [x, y])                       サーフェースを画面に転送
162
163
164    def main():  # メイン処理                        メイン処理を行う関数
165        global idx, tmr, se_crash                    これらをグローバル変数とする
166        pygame.init()                                pygameモジュールの初期化
167        pygame.display.set_caption("Python Racer")   ウィンドウに表示するタイトルを指定
168        screen = pygame.display.set_mode((800, 600)) 描画面を初期化
169        clock = pygame.time.Clock()                  clockオブジェクトを作成
170        fnt_s = pygame.font.Font(None, 40)           フォントオブジェクトを作成  小さな文字
```

```python
171     fnt_m = pygame.font.Font(None, 50)                                    フォントオブジェクトを作成　中位の文字
172     fnt_l = pygame.font.Font(None, 120)                                   フォントオブジェクトを作成　大きな文字
173
174     img_title = pygame.image.load("image_pr/                              タイトルロゴを読み込む変数
    title.png").convert_alpha()
175     img_bg = pygame.image.load("image_pr/bg.png").                        背景(空と地面の絵)を読み込む変数
    convert()
176     img_sea = pygame.image.load("image_pr/sea.                            海の画像を読み込む変数
    png").convert_alpha()
177     img_obj = [                                                           道路横の物体の画像を読み込むリスト
178         None,
179         pygame.image.load("image_pr/board.png").
    convert_alpha(),
180         pygame.image.load("image_pr/yashi.png").
    convert_alpha(),
181         pygame.image.load("image_pr/yacht.png").
    convert_alpha()
182     ]
183     img_car = [                                                           車の画像を読み込むリスト
184         pygame.image.load("image_pr/car00.png").
    convert_alpha(),
:       略
:       〜
204         pygame.image.load("image_pr/car26.png").
    convert_alpha()
205     ]
206
207     se_crash = pygame.mixer.Sound("sound_pr/                              衝突音を読み込む
    crash.ogg") # SEの読み込み
208
209     # 道路の板の基本形状を計算
210     BOARD_W = [0]*BOARD                                                   板の幅を代入するリスト
211     BOARD_H = [0]*BOARD                                                   板の高さを代入するリスト
212     BOARD_UD = [0]*BOARD                                                  板の起伏用の値を代入するリスト
213     for i in range(BOARD):                                                繰り返して
214         BOARD_W[i] = 10+(BOARD-i)*(BOARD-i)/12                             幅を計算
215         BOARD_H[i] = 3.4*(BOARD-i)/BOARD                                  高さを計算
216         BOARD_UD[i] = 2*math.sin(math.radians                             起伏の値を三角関数で計算
    (i*1.5))
217
218     make_course()                                                         コースデータを作る
219     init_car()                                                            車を管理するリストに初期値を代入
220
221     vertical = 0                                                          背景の横方向の位置を管理する変数
222
223     while True:                                                           無限ループ
224         for event in pygame.event.get():                                      pygameのイベントを繰り返しで処理する
225             if event.type == QUIT:                                                ウィンドウの×ボタンをクリック
226                 pygame.quit()                                                     pygameモジュールの初期化を解除
227                 sys.exit()                                                        プログラムを終了する
228             if event.type == KEYDOWN:                                             キーを押すイベントが発生した時
229                 if event.key == K_F1:                                                 F1キーなら
230                     screen = pygame.display.
    set_mode((800, 600), FULLSCREEN)                                                      フルスクリーンモードにする
231                 if event.key == K_F2 or event.                                        F2キーかEscキーなら
    key == K_ESCAPE:
232                     screen = pygame.display.                                          通常表示に戻す
    set_mode((800, 600))
233         tmr += 1                                                              tmrの値を1増やす
234
```

```
235         # 描画用の道路のX座標と路面の高低を計算
236         di = 0
237         ud = 0
238         board_x = [0]*BOARD
239         board_ud = [0]*BOARD
240         for i in range(BOARD):
241             di += curve[int(car_y[0]+i)%CMAX]
242             ud += updown[int(car_y[0]+i)%CMAX]
243             board_x[i] = 400 - BOARD_W[i]*car_x[0]/800 + di/2
244             board_ud[i] = ud/30
245
246         horizon = 400 + int(ud/3)  # 地平線の座標の計算
247         sy = horizon  # 道路を描き始める位置
248
249         vertical = vertical - int(car_spd[0]*di/8000)  # 背景の垂直位置
250         if vertical < 0:
251             vertical += 800
252         if vertical >= 800:
253             vertical -= 800
254
255         # フィールドの描画
256         screen.fill((0, 56, 255))  # 上空の色
257         screen.blit(img_bg, [vertical-800, horizon-400])
258         screen.blit(img_bg, [vertical, horizon-400])
259         screen.blit(img_sea, [board_x[BOARD-1]-780, sy])  # 一番奥の海
260
261         # 描画用データをもとに道路を描く
262         for i in range(BOARD-1, 0, -1):
263             ux = board_x[i]
264             uy = sy - BOARD_UD[i]*board_ud[i]
265             uw = BOARD_W[i]
266             sy = sy + BOARD_H[i]*(600-horizon)/200
267             bx = board_x[i-1]
268             by = sy - BOARD_UD[i-1]*board_ud[i-1]
269             bw = BOARD_W[i-1]
270             col = (160,160,160)
271             if int(car_y[0]+i)%CMAX == PLCAR_Y+10:  # 赤線の位置
272                 col = (192,0,0)
273             pygame.draw.polygon(screen, col, [[ux, uy], [ux+uw, uy], [bx+bw, by], [bx, by]])
274
275             if int(car_y[0]+i)%10 <= 4:  # 左右の黄色線
276                 pygame.draw.polygon(screen, YELLOW, [[ux, uy], [ux+uw*0.02, uy], [bx+bw*0.02, by], [bx, by]])
277                 pygame.draw.polygon(screen, YELLOW, [[ux+uw*0.98, uy], [ux+uw, uy], [bx+bw, by], [bx+bw*0.98, by]])
278             if int(car_y[0]+i)%20 <= 10:  # 白線
279                 pygame.draw.polygon(screen, WHITE, [[ux+uw*0.24, uy], [ux+uw*0.26, uy], [bx+bw*0.26, by], [bx+bw*0.24, by]])
```

	道が曲がる向きを計算する変数
	道の起伏を計算する変数
	板のX座標を計算するためのリスト
	板の高低を計算するためのリスト
	繰り返しで
	カーブデータから道の曲がりを計算
	起伏データから起伏を計算
	板のX座標を計算し代入
	板の高低を計算し代入
	地平線のY座標を計算しhorizonに代入
	道路を描き始めるY座標をsyに代入
	背景の垂直位置を計算
	それが0未満になったら
	800を足す
	800以上になったら
	800を引く
	指定の色で画面を塗りつぶす
	空と地面の画像を描画(左側)
	空と地面の画像を描画(右側)
	左手奥の海を描画
	繰り返しで道路の板を描いていく
	台形の上底のX座標をuxに代入
	上底のY座標をuyに代入
	上底の幅をuwに代入
	台形を描くY座標を次の値にする
	台形の下底のX座標をbxに代入
	下底のY座標をbyに代入
	下底の幅をbwに代入
	colに板の色を代入
	ゴールの位置なら
	赤線の色の値を代入
	道路の板を描く
	一定間隔で
	道路左の黄色いラインを描く
	道路右の黄色いラインを描く
	一定間隔で
	左側の白ラインを描く

```
280                pygame.draw.polygon(screen,                    中央の白ラインを描く
WHITE, [[ux+uw*0.49, uy], [ux+uw*0.51, uy],
[bx+bw*0.51, by], [bx+bw*0.49, by]])
281                pygame.draw.polygon(screen,                    右側の白ラインを描く
WHITE, [[ux+uw*0.74, uy], [ux+uw*0.76, uy],
[bx+bw*0.76, by], [bx+bw*0.74, by]])
282
283            scale = 1.5*BOARD_W[i]/BOARD_W[0]                  道路横の物体のスケールを計算
284            obj_l = object_left[int(car_y[0]+i)                obj_lに左側の物体の番号を代入
%CMAX] # 道路左の物体
285            if obj_l == 2: # ヤシの木                           ヤシの木なら
286                draw_obj(screen, img_obj[obj_                      その画像を描画
l], ux-uw*0.05, uy, scale)
287            if obj_l == 3: # ヨット                             ヨットなら
288                draw_obj(screen, img_obj[obj_                      その画像を描画
l], ux-uw*0.5, uy, scale)
289            if obj_l == 9: # 海                                 海なら
290                screen.blit(img_sea, [ux-uw*                       その画像を描画
0.5-780, uy])
291            obj_r = object_right[int(car_y[0]                   obj_rに右側の物体の番号を代入
+i)%CMAX] # 道路右の物体
292            if obj_r == 1: # 看板                               看板なら
293                draw_obj(screen, img_obj[obj_                      その画像を描画
r], ux+uw*1.3, uy, scale)
294
295            for c in range(1, CAR): # COMカー                   繰り返しで
296                if int(car_y[c])%CMAX ==                           その板にCOMカーがあるか調べ
int(car_y[0]+i)%CMAX:
297                    lr = int(4*(car_x[0]-car_                          プレイヤーから見たCOM
x[c])/800) # プレイヤーから見たCOMカーの向き        カーの向きを計算し
298                    if lr < -3: lr = -3                                -3より小さいなら-3で
299                    if lr >  3: lr =  3                                3より小さいなら3で
300                    draw_obj(screen, img_car                           COMカーを描く
[(c%3)*7+3+lr], ux+car_x[c]*BOARD_W[i]/800, uy,
0.05+BOARD_W[i]/BOARD_W[0])
301
302            if i == PLCAR_Y: # PLAYERカー                       プレイヤーの車の位置なら
303                draw_shadow(screen, ux+car_x[0]*                   車の影を描き
BOARD_W[i]/800, uy, 200*BOARD_W[i]/BOARD_W[0])
304                draw_obj(screen, img_car[3+car_                    プレイヤーの車を描く
lr[0]], ux+car_x[0]*BOARD_W[i]/800, uy, 0.05+
BOARD_W[i]/BOARD_W[0])
305
306        draw_text(screen, str(int(car_spd[0]))                  速度を表示
+ "km/h", 680, 30, RED, fnt_m)
307
308        key = pygame.key.get_pressed()                          keyに全てのキーの状態を代入
309
310        if idx == 0:                                            idxが0の時(タイトル画面)
311            screen.blit(img_title, [120, 120])                      タイトルロゴを表示
312            draw_text(screen, "[A] Start game",                     [A] Start gameの文字を表示
400, 320, WHITE, fnt_m)
313            move_car(0)                                             全ての車を動かす
314            if key[K_a] != 0:                                       Aキーが押されたら
315                init_car()                                              全ての車を初期位置に
316                idx = 1                                                 idxを1にしてカウントダウンに
317                tmr = 0                                                 タイマーを0に
318
319        if idx == 1:                                            idxが1の時(カウントダウン)
320            n = 3-int(tmr/60)                                       カウントダウンの数を計算しnに代入
```

414

```
321                 draw_text(screen, str(n), 400, 240,       その数を表示
YELLOW, fnt_l)
322             if tmr == 179:                                 tmrが179になったら
323                 pygame.mixer.music.load("sound_               BGMを読み込み
pr/bgm.ogg")
324                 pygame.mixer.music.play(-1)                   無限ループで出力
325                 idx = 2                                       idxを2にしてレースへ
326                 tmr = 0                                       tmrを0にする
327
328         if idx == 2:                                      idxが2の時(レース中)
329             if tmr < 60:                                      60フレームの間
330                 draw_text(screen, "Go!", 400,                    GO!と表示
240, RED, fnt_l)
331             drive_car(key)                                 プレイヤーの車を操作
332             move_car(1)                                    COMカーを動かす
333
334         if idx == 3:                                      idxが3の時(ゴール)
335             if tmr == 1:                                      tmrが1なら
336                 pygame.mixer.music.stop()                        BGMを停止
337             if tmr == 30:                                     tmrが30になったら
338                 pygame.mixer.music.load("sound_                  ジングルを読み込み
pr/goal.ogg")
339                 pygame.mixer.music.play(0)                       1回出力
340             draw_text(screen, "GOAL!", 400,               GOAL!の文字を表示
240, GREEN, fnt_l)
341             car_spd[0] = car_spd[0]*0.96                  プレイヤーの車の速度を落とす
342             car_y[0] = car_y[0] + car_spd[0]/100          コース上を進ませる
343             move_car(1)                                   COMカーを動かす
344             if tmr > 60*8:                                8秒経過したら
345                 idx = 0                                       idxを0にしてタイトルに戻る
346
347         pygame.display.update()                           画面を更新する
348         clock.tick(60)                                    フレームレートを指定
349
350 if __name__ == '__main__':                                このプログラムが直接実行された時に
351     main()                                                    main()関数を呼び出す
```

このプログラムを実行すると、タイトル画面が表示されます。Aキーでレースを開始し、コースを一周するとゴールになります。

図11-3-1
list1103_1.pyの実行結果

インデックスとタイマーでゲーム進行を管理する仕組みは『はらはら ペンギン ラビリンス』や『Galaxy Lancer』で学んだ通りです。このプログラムではインデックスをidx、タイマーをtmrという変数名にしています。インデックスの値と行っている処理は次のようになります。

表11-3-1　インデックスと処理の概要

idxの値	処理
0	タイトル画面 ・Aキーが押されたら、車を管理するリストに初期値を代入し、idxを1にする
1	スタート前のカウントダウンを行う画面 ・3、2、1という表示を出し、idxを2にする
2	レース中の画面（ゲームプレイ中の画面） ・最初の2秒間、Go!と表示する ・プレイヤーの車を動かす関数でゴールしたかを判定し、ゴールしたらidxを3にする ・コンピュータの車を動かす
3	ゴール画面 ・GOAL!と表示 ・約8秒間待ち、idxを0にしてタイトル画面に戻る

レース中にBGMが流れるようにしました。BGMは323〜324行目でファイルを読み込み、出力しています。

```
pygame.mixer.music.load("sound_pr/bgm.ogg")
pygame.mixer.music.play(-1)
```

ゴール時のジングルは338〜339行目でファイルを読み込み、出力しています。

```
pygame.mixer.music.load("sound_pr/goal.ogg")
pygame.mixer.music.play(0)
```

それからこのプログラムでは、ゴール地点が分かりやすいように、その位置に赤い横線を引くようにしました。道路を描く処理の271〜272行目でそれを行っており、前後の行を含めて抜き出して説明します。

```
        col = (160,160,160)
        if int(car_y[0]+i)%CMAX == PLCAR_Y+10: # 赤線の位置
            col = (192,0,0)
        pygame.draw.polygon(screen, col, [[ux, uy], [ux+uw, uy], [bx+bw, by], [bx, by]])
```

道路の板を描く色をcolに代入します。通常は(160,160,160)の灰色ですが、ゴール地点の板の1枚は、やや暗い赤の(192,0,0)という値を代入し、描いています。

　その位置を判定している条件式が、int(car_y[0]+i)%CMAX == PLCAR_Y+10です。少し難しいかもしれませんが、int(car_y[0]+i)%CMAXはプレイヤーから見える道路上の板の番号です。前に述べたように、道路は終点と始点をループさせているので、%CMAXを用いています。int(car_y[0]+i)%CMAXの値がPLCAR_Y+10の板を赤にすることで、ゴールラインを引くことができます。なおPLCAR_Y+10の具体的な値は20です。

ゲームとしての一連の流れが組み込まれましたが、レースゲームなので時間の計測も必要になりますね。

その通りです。次のLessonで走行時間と周回数を組み込みます。難しい内容もあると思いますが、頑張っていきましょう。

Lesson 11-4 ラップタイムを組み込む

コースを三周するとゴールとなるようにします。また一周ごとの時間を計測し、それを表示するようにします。

ラップタイムについて

陸上競技やモータースポーツなどで、一定区間を走るために要した時間を「ラップタイム」といいます。カーレースではコースを一周するごとの所要時間を指します。

『Python Racer』はコースを三周するとゴールとします。一周ごとにラップタイムを記録し、それを画面に表示するプログラムを確認します。次のプログラムを入力し、ファイル名を付けて保存し、実行しましょう。

リスト ▶ list1104_1.py　※前のプログラムからの追加変更箇所にマーカーを引いています

```
1   import pygame                              pygameモジュールをインポート
2   import sys                                 sysモジュールをインポート
3   import math                                mathモジュールをインポート
4   import random                              randomモジュールをインポート
5   from pygame.locals import *                pygame.定数の記述の省略
6
7   WHITE = (255, 255, 255)                    色の定義(白)
8   BLACK = (  0,   0,   0)                    色の定義(黒)
9   RED   = (255,   0,   0)                    色の定義(赤)
10  YELLOW= (255, 224,   0)                    色の定義(黄)
11  GREEN = (  0, 255,   0)                    色の定義(緑)
12
13  idx = 0                                    インデックスの変数
14  tmr = 0                                    タイマーの変数
15  laps = 0                                   何周目かを管理する変数
16  rec = 0                                    走行時間を測る変数
17  recbk = 0                                  ラップタイム計算用の変数
18  se_crash = None                            衝突時の効果音を読み込む変数
19
20  DATA_LR = [0, 0, 0, 0, 0, 0, 0, 0, 0, 0, 0, 0,    道路のカーブを作る基になるデータ
    1, 2, 3, 2, 1, 0, 2, 4, 2, 4, 2, 0, 0, 0,-2,-2,
    2,-4,-4,-2,-1, 0, 0, 0, 0, 0, 0, 0]
21  DATA_UD = [0, 0, 1, 2, 3, 2, 1, 0,-2,-4,-2, 0,    道路の起伏を作る基になるデータ
    0, 0, 0, 0,-1,-2,-3,-4,-3,-2,-1, 0, 0, 0, 0,
    0, 0, 0, 0, 0, 0, 3, 3, 0,-6, 6, 0]
22  CLEN = len(DATA_LR)                        これらのデータの要素数を代入した定数
23
24  BOARD = 120                                道路を描く板の枚数を定める定数
25  CMAX = BOARD*CLEN                          コースの長さ(要素数)を定める定数
26  curve = [0]*CMAX                           道が曲がる向きを入れるリスト
27  updown = [0]*CMAX                          道の起伏を入れるリスト
28  object_left = [0]*CMAX                     道路左にある物体の番号を入れるリスト
29  object_right = [0]*CMAX                    道路右にある物体の番号を入れるリスト
30
```

```python
31  CAR = 30                                            車の数を定める定数
32  car_x = [0]*CAR                                     車の横方向の座標を管理するリスト
33  car_y = [0]*CAR                                     車のコース上の位置を管理するリスト
34  car_lr = [0]*CAR                                    車の左右の向きを管理するリスト
35  car_spd = [0]*CAR                                   車の速度を管理するリスト
36  PLCAR_Y = 10 # プレイヤーの車の表示位置 道路一番手     プレイヤーの車の表示位置を定める定数
    前(画面下)が0
37
38  LAPS = 3                                            何周すればゴールかを定める定数
39  laptime =["0'00.00"]*LAPS                           ラップタイム表示用のリスト
40
41
42  def make_course():                                  コースデータを作る関数
:   略:list1101_1.pyの通り(→P.394)
:   〜
64  def time_str(val):                                  **'**.**という時間の文字列を作る関数
65      sec = int(val) # 引数を整数の秒数にする              引数を整数の秒数にしてsecに代入
66      ms  = int((val-sec)*100) # 少数部分                秒数の小数点以下の値をmsに代入
67      mi  = int(sec/60) # 分                            分をmiに代入
68      return "{}'{:02}.{:02}".format(mi, sec%60, ms)  **'**.**という文字列を返す
69
70
71  def draw_obj(bg, img, x, y, sc):                    座標とスケールを受け取り、物体を描く関数
:   略:list1101_1.pyの通り(→P394)
:   〜
78  def draw_shadow(bg, x, y, siz):                     影を表示する関数
:   略:list1101_1.pyの通り(→P.394)
:   〜
87  def init_car():                                     車を管理するリストに初期値を代入する関数
:   略:list1101_1.pyの通り(→P.394)
:   〜
99  def drive_car(key): # プレイヤーの車の操作、制御       プレイヤーの車を操作、制御する関数
100     global idx, tmr, laps, recbk                      これらをグローバル変数とする
101     if key[K_LEFT] == 1:                              左キーが押されたら
102         if car_lr[0] > -3:                                向きが-3より大きければ
103             car_lr[0] -= 1                                    向きを-1する(左に向かせる)
104         car_x[0] = car_x[0] + (car_lr[0]-3)*              車の横方向の座標を計算
    car_spd[0]/100 - 5
105     elif key[K_RIGHT] == 1:                           そうでなく右キーが押されたら
106         if car_lr[0] < 3:                                 向きが3より小さければ
107             car_lr[0] += 1                                    向きを+1する(右に向かせる)
108         car_x[0] = car_x[0] + (car_lr[0]+3)*              車の横方向の座標を計算
    car_spd[0]/100 + 5
109     else:                                             そうでないなら
110         car_lr[0] = int(car_lr[0]*0.9)                    正面向きに近づける
111
112     if key[K_a] == 1: # アクセル                       Aキーが押されたら
113         car_spd[0] += 3                                   速度を増やす
114     elif key[K_z] == 1: # ブレーキ                     そうでなくZキーが押されたら
115         car_spd[0] -= 10                                  速度を減らす
116     else:                                             そうでないなら
117         car_spd[0] -= 0.25                                ゆっくり減速
118
119     if car_spd[0] < 0:                                速度が0未満なら
120         car_spd[0] = 0                                    速度を0にする
121     if car_spd[0] > 320:                              最高速度を超えたら
122         car_spd[0] = 320                                  最高速度にする
123
124     car_x[0] -= car_spd[0]*curve[int(car_y[0]+       車の速度と道の曲がりから横方向の座標を計算
    PLCAR_Y)%CMAX]/50
```

```
125        if car_x[0] < 0:                                左の路肩に接触したら
126            car_x[0] = 0                                    横方向の座標を0にし
127            car_spd[0] *= 0.9                               減速する
128        if car_x[0] > 800:                              右の路肩に接触したら
129            car_x[0] = 800                                  横方向の座標を800にし
130            car_spd[0] *= 0.9                               減速する
131
132        car_y[0] = car_y[0] + car_spd[0]/100            車の速度からコース上の位置を計算
133        if car_y[0] > CMAX-1:                           コース終点を越えたら
134            car_y[0] -= CMAX                                コースの頭に戻す
135            laptime[laps] = time_str(rec-recbk)             ラップタイムを計算し代入
136            recbk = rec                                     現在のタイムを保持
137            laps += 1                                       周回数の値を1増やす
138            if laps == LAPS:                                周回数がLAPSの値になったら
139                idx = 3                                         idxを3にしてゴール処理へ
140                tmr = 0                                         tmrを0にする
141
142
143 def move_car(cs): # COMカーの制御                   コンピュータの車を制御する関数
144     for i in range(cs, CAR):                            繰り返しで全ての車を処理する
145         if car_spd[i] < 100:                                速度が100より小さいなら
146             car_spd[i] += 3                                     速度を増やす
147         if i == tmr%120:                                    一定時間ごとに
148             car_lr[i] += random.choice([-1,0,1])                向きをランダムに変える
149             if car_lr[i] < -3: car_lr[i] = -3                   向きが-3未満なら-3にする
150             if car_lr[i] >  3: car_lr[i] =  3                   向きが3を超えたら3にする
151         car_x[i] = car_x[i] + car_lr[i]*car_spd[i]/100   車の向きと速度から横方向の座標を計算
152         if car_x[i] < 50:                                   左の路肩に近づいたら
153             car_x[i] = 50                                       それ以上行かないようにし
154             car_lr[i] = int(car_lr[i]*0.9)                      正面向きに近づける
155         if car_x[i] > 750:                                  右の路肩に近づいたら
156             car_x[i] = 750                                      それ以上行かないようにし
157             car_lr[i] = int(car_lr[i]*0.9)                      正面向きに近づける
158         car_y[i] += car_spd[i]/100                          車の速度からコース上の位置を計算
159         if car_y[i] > CMAX-1:                               コース終点を越えたら
160             car_y[i] -= CMAX                                    コースの頭に戻す
161         if idx == 2: # レース中のヒットチェック             idxが2(レース中)ならヒットチェック
162             cx = car_x[i]-car_x[0]                              プレイヤーの車との横方向の距離
163             cy = car_y[i]-(car_y[0]+PLCAR_Y)%CMAX               プレイヤーの車とのコース上の距離
164             if -100 <= cx and cx <= 100 and -10 <= cy and cy <= 10:  それらがこの範囲内なら
165                 # 衝突時の座標変化、速度の入れ替えと減速
166                 car_x[0] -= cx/4                                    プレイヤーの車を横に移動
167                 car_x[i] += cx/4                                    コンピュータの車を横に移動
168                 car_spd[0], car_spd[i] = car_spd[i]*0.3, car_spd[0]*0.3   2つの車の速度を入れ替え減速
169                 se_crash.play()                                     衝突音を出力
170
171
172 def draw_text(scrn, txt, x, y, col, fnt):           影付きの文字列を表示する関数
173     sur = fnt.render(txt, True, BLACK)                  黒で文字列を描いたサーフェースを生成
174     x -= sur.get_width()/2                              センタリングするためX座標を計算
175     y -= sur.get_height()/2                             センタリングするためY座標を計算
176     scrn.blit(sur, [x+2, y+2])                          サーフェースを画面に転送
177     sur = fnt.render(txt, True, col)                    指定色で文字列を描いたサーフェースを生成
178     scrn.blit(sur, [x, y])                              サーフェースを画面に転送
179
180
```

```python
181  def main(): # メイン処理
182      global idx, tmr, laps, rec, recbk, se_crash
183      pygame.init()
184      pygame.display.set_caption("Python Racer")
185      screen = pygame.display.set_mode((800, 600))
186      clock = pygame.time.Clock()
187      fnt_s = pygame.font.Font(None,  40)
188      fnt_m = pygame.font.Font(None,  50)
189      fnt_l = pygame.font.Font(None, 120)
190
191      img_title = pygame.image.load("image_pr/title.png").convert_alpha()
192      img_bg = pygame.image.load("image_pr/bg.png").convert()
193      img_sea = pygame.image.load("image_pr/sea.png").convert_alpha()
194      img_obj = [
195          None,
196          pygame.image.load("image_pr/board.png").convert_alpha(),
197          pygame.image.load("image_pr/yashi.png").convert_alpha(),
198          pygame.image.load("image_pr/yacht.png").convert_alpha()
199      ]
200      img_car = [
201          pygame.image.load("image_pr/car00.png").convert_alpha(),
:    略
:    〜
221          pygame.image.load("image_pr/car26.png").convert_alpha()
222      ]
223
224      se_crash = pygame.mixer.Sound("sound_pr/crash.ogg") # SEの読み込み
225
226      # 道路の板の基本形状を計算
227      BOARD_W = [0]*BOARD
228      BOARD_H = [0]*BOARD
229      BOARD_UD = [0]*BOARD
230      for i in range(BOARD):
231          BOARD_W[i] = 10+(BOARD-i)*(BOARD-i)/12
232          BOARD_H[i] = 3.4*(BOARD-i)/BOARD
233          BOARD_UD[i] = 2*math.sin(math.radians(i*1.5))
234
235      make_course()
236      init_car()
237
238      vertical = 0
239
240      while True:
241          for event in pygame.event.get():
242              if event.type == QUIT:
243                  pygame.quit()
244                  sys.exit()
245              if event.type == KEYDOWN:
246                  if event.key == K_F1:
247                      screen = pygame.display.
```

248	`set_mode((800, 600), FULLSCREEN)` `            if event.key == K_F2 or event.key == K_ESCAPE:`	F2キーかEscキーなら
249	`                screen = pygame.display.set_mode((800, 600))`	通常表示に戻す
250	`        tmr += 1`	tmrの値を1増やす
251		
252	`        # 描画用の道路のX座標と路面の高低を計算`	
253	`        di = 0`	道が曲がる向きを計算する変数
254	`        ud = 0`	道の起伏を計算する変数
255	`        board_x = [0]*BOARD`	板のX座標を計算するためのリスト
256	`        board_ud = [0]*BOARD`	板の高低を計算するためのリスト
257	`        for i in range(BOARD):`	繰り返しで
258	`            di += curve[int(car_y[0]+i)%CMAX]`	カーブデータから道の曲がりを計算
259	`            ud += updown[int(car_y[0]+i)%CMAX]`	起伏データから起伏を計算
260	`            board_x[i] = 400 - BOARD_W[i]*car_x[0]/800 + di/2`	板のX座標を計算し代入
261	`            board_ud[i] = ud/30`	板の高低を計算し代入
262		
263	`        horizon = 400 + int(ud/3) # 地平線の座標の計算`	地平線のY座標を計算しhorizonに代入
264	`        sy = horizon # 道路を描き始める位置`	道路を描き始めるY座標をsyに代入
265		
266	`        vertical = vertical - int(car_spd[0]*di/8000) # 背景の垂直位置`	背景の垂直位置を計算
267	`        if vertical < 0:`	それが0未満になったら
268	`            vertical += 800`	800を足す
269	`        if vertical >= 800:`	800以上になったら
270	`            vertical -= 800`	800を引く
271		
272	`        # フィールドの描画`	
273	`        screen.fill((0, 56, 255)) # 上空の色`	指定の色で画面を塗りつぶす
274	`        screen.blit(img_bg, [vertical-800, horizon-400])`	空と地面の画像を描画(左側)
275	`        screen.blit(img_bg, [vertical, horizon-400])`	空と地面の画像を描画(右側)
276	`        screen.blit(img_sea, [board_x[BOARD-1]-780, sy]) # 一番奥の海`	左手奥の海を描画
277		
278	`        # 描画用データをもとに道路を描く`	
279	`        for i in range(BOARD-1, 0, -1):`	繰り返しで道路の板を描いていく
280	`            ux = board_x[i]`	台形の上底のX座標をuxに代入
281	`            uy = sy - BOARD_UD[i]*board_ud[i]`	上底のY座標をuyに代入
282	`            uw = BOARD_W[i]`	上底の幅をuwに代入
283	`            sy = sy + BOARD_H[i]*(600-horizon)/200`	台形を描くY座標を次の値にする
284	`            bx = board_x[i-1]`	台形の下底のX座標をbxに代入
285	`            by = sy - BOARD_UD[i-1]*board_ud[i-1]`	下底のY座標をbyに代入
286	`            bw = BOARD_W[i-1]`	下底の幅をbwに代入
287	`            col = (160,160,160)`	colに板の色を代入
288	`            if int(car_y[0]+i)%CMAX == PLCAR_Y+10: # 赤線の位置`	ゴールの位置なら
289	`                col = (192,0,0)`	赤線の色の値を代入
290	`            pygame.draw.polygon(screen, col, [[ux, uy], [ux+uw, uy], [bx+bw, by], [bx, by]])`	道路の板を描く
291		
292	`            if int(car_y[0]+i)%10 <= 4: # 左右の黄色線`	一定間隔で
293	`                pygame.draw.polygon(screen, YELLOW, [[ux, uy], [ux+uw*0.02, uy], [bx+bw*0.02, by], [bx, by]])`	道路左の黄色いラインを描く
294	`                pygame.draw.polygon(screen,`	道路右の黄色いラインを描く

```
            YELLOW, [[ux+uw*0.98, uy], [ux+uw, uy], [bx+bw,
            by], [bx+bw*0.98, by]])
295                 if int(car_y[0]+i)%20 <= 10: # 白線
296                     pygame.draw.polygon(screen,
            WHITE, [[ux+uw*0.24, uy], [ux+uw*0.26, uy],
            [bx+bw*0.26, by], [bx+bw*0.24, by]])
297                     pygame.draw.polygon(screen,
            WHITE, [[ux+uw*0.49, uy], [ux+uw*0.51, uy],
            [bx+bw*0.51, by], [bx+bw*0.49, by]])
298                     pygame.draw.polygon(screen,
            WHITE, [[ux+uw*0.74, uy], [ux+uw*0.76, uy],
            [bx+bw*0.76, by], [bx+bw*0.74, by]])
299
300                 scale = 1.5*BOARD_W[i]/BOARD_W[0]
301                 obj_l = object_left[int(car_y[0]+
            i)%CMAX] # 道路左の物体
302                 if obj_l == 2: # ヤシの木
303                     draw_obj(screen, img_obj[obj_
            l], ux-uw*0.05, uy, scale)
304                 if obj_l == 3: # ヨット
305                     draw_obj(screen, img_obj[obj_
            l], ux-uw*0.5, uy, scale)
306                 if obj_l == 9: # 海
307                     screen.blit(img_sea, [ux-uw*
            0.5-780, uy])
308                 obj_r = object_right[int(car_y[0]
            +i)%CMAX] # 道路右の物体
309                 if obj_r == 1: # 看板
310                     draw_obj(screen, img_obj[obj_
            r], ux+uw*1.3, uy, scale)
311
312                 for c in range(1, CAR): # COMカー
313                     if int(car_y[c])%CMAX == int(
            car_y[0]+i)%CMAX:
314                         lr = int(4*(car_x[0]-car_
            x[c])/800) # プレイヤーから見たCOMカーの向き
315                         if lr < -3: lr = -3
316                         if lr >  3: lr =  3
317                         draw_obj(screen, img_car[
            (c%3)*7+3+lr], ux+car_x[c]*BOARD_W[i]/800, uy,
            0.05+BOARD_W[i]/BOARD_W[0])
318
319                 if i == PLCAR_Y: # PLAYERカー
320                     draw_shadow(screen, ux+car_
            x[0]*BOARD_W[i]/800, uy, 200*BOARD_W[i]/BOARD_
            W[0])
321                     draw_obj(screen, img_car[3+car_
            lr[0]], ux+car_x[0]*BOARD_W[i]/800, uy,
            0.05+BOARD_W[i]/BOARD_W[0])
322
323             draw_text(screen, str(int(car_spd[0]))
            + "km/h", 680, 30, RED, fnt_m)
324             draw_text(screen, "lap {}/{}".format
            (laps, LAPS), 100, 30, WHITE, fnt_m)
325             draw_text(screen, "time "+time_str(rec),
            100, 80, GREEN, fnt_s)
326             for i in range(LAPS):
327                 draw_text(screen, laptime[i], 80,
            130+40*i, YELLOW, fnt_s)
328
```

329	`            key = pygame.key.get_pressed()`	keyに全てのキーの状態を代入
330		
331	`            if idx == 0:`	idxが0の時(タイトル画面)
332	`                screen.blit(img_title, [120, 120])`	タイトルロゴを表示
333	`                draw_text(screen, "[A] Start game", 400, 320, WHITE, fnt_m)`	[A] Start gameの文字を表示
334	`                move_car(0)`	全ての車を動かす
335	`                if key[K_a] != 0:`	Aキーが押されたら
336	`                    init_car()`	idxを1にしてカウントダウンに
337	`                    idx = 1`	全ての車を初期位置に
338	`                    tmr = 0`	タイマーを0に
339	`                    laps = 0`	周回数を0に
340	`                    rec = 0`	走行時間を0に
341	`                    recbk = 0`	ラップタイム計算用の変数を0に
342	`                    for i in range(LAPS):`	繰り返しで
343	`                        laptime[i] = "0'00.00"`	ラップタイムを0'00:00に
344		
345	`            if idx == 1:`	idxが1の時(カウントダウン)
346	`                n = 3-int(tmr/60)`	カウントダウンの数を計算しnに代入
347	`                draw_text(screen, str(n), 400, 240, YELLOW, fnt_l)`	その数を表示
348	`                if tmr == 179:`	tmrが179になったら
349	`                    pygame.mixer.music.load("sound_pr/bgm.ogg")`	BGMを読み込み
350	`                    pygame.mixer.music.play(-1)`	無限ループで出力
351	`                    idx = 2`	idxを2にしてレースへ
352	`                    tmr = 0`	tmrを0にする
353		
354	`            if idx == 2:`	idxが2の時(レース中)
355	`                if tmr < 60:`	60フレームの間
356	`                    draw_text(screen, "Go!", 400, 240, RED, fnt_l)`	GO!と表示
357	`                rec = rec + 1/60`	走行時間をカウント
358	`                drive_car(key)`	プレイヤーの車を操作
359	`                move_car(1)`	COMカーを動かす
360		
361	`            if idx == 3:`	idxが3の時(ゴール)
362	`                if tmr == 1:`	tmrが1なら
363	`                    pygame.mixer.music.stop()`	BGMを停止
364	`                if tmr == 30:`	tmrが30になったら
365	`                    pygame.mixer.music.load("sound_pr/goal.ogg")`	ジングルを読み込み
366	`                    pygame.mixer.music.play(0)`	1回出力
367	`                draw_text(screen, "GOAL!", 400, 240, GREEN, fnt_l)`	GOAL!の文字を表示
368	`                car_spd[0] = car_spd[0]*0.96`	プレイヤーの車の速度を落とす
369	`                car_y[0] = car_y[0] + car_spd[0]/100`	コース上を進ませる
370	`                move_car(1)`	COMカーを動かす
371	`                if tmr > 60*8:`	8秒経過したら
372	`                    idx = 0`	idxを0にしてタイトルに戻る
373		
374	`            pygame.display.update()`	画面を更新する
375	`            clock.tick(60)`	フレームレートを指定
376		
377	`if __name__ == '__main__':`	このプログラムが直接実行された時に
378	`    main()`	main()関数を呼び出す

このプログラムを実行すると、画面左上に周回数、現在のタイム、ラップタイムが表示されます。

図11-4-1　list1104_1.pyの実行結果

　時間の計測方法を説明します。
　64～68行目で時間の値（秒数）から**'**.** という文字列を作るtime_str()という関数を定義しています。最初にその関数を確認します。

```
def time_str(val):
    sec = int(val)  # 引数を整数の秒数にする
    ms  = int((val-sec)*100)  # 少数部分
    mi  = int(sec/60)  # 分
    return "{}'{:02}.{:02}".format(mi, sec%60, ms)
```

　この関数に引数で秒数を与えると、**'**.** という文字列を返します。秒数を、整数部分と小数部分に分け（変数secとmsに代入）、秒数を分の値（変数miに代入）にする計算を行い、format()命令で**'**.** という文字列に変換します。太字で示した**{:02}**は、そこを2桁の数に置き換える指定です。置き換える変数の値が1桁の数であれば、0*と十の位に0が入ります。

　周回数は15行目で宣言したlapsという変数で管理します。何周すればゴールになるかは、38行目に定義したLAPSという定数で管理します。

変数名は大文字と小文字を区別するので、laps と LAPS は別々の変数です。

　時間の計測は 16 〜 17 行目で宣言した rec と recbk という変数で行います。また 39 行目で宣言した laptime というリストでラップタイムを管理します。

　レース開始時に rec、recbk とも 0 にします。レース中は 357 行目のように、rec = rec + 1/60 とし、秒数を加算します。『Python Racer』は秒間 60 フレームで処理しているので、60 分の 1 秒を足しているのです。

　プレイヤーの車を動かす drive_car() 関数の 133 〜 140 行目で、一周ごとにラップタイムを記録し、三周したらゴールするようにしています。その部分を抜き出して説明します。

```
if car_y[0] > CMAX-1:
    car_y[0] -= CMAX
    laptime[laps] = time_str(rec-recbk)
    recbk = rec
    laps += 1
    if laps == LAPS:
        idx = 3
        tmr = 0
```

　プレイヤーの車のコース上の位置を始点に戻すタイミングで、laptime[laps] = time_str(rec-recbk) とし、その周のラップタイムをリストに代入します。そして次のラップタイムを計測するために recbk = rec として recbk にその時の秒数を代入しておきます。こうして一周ごとに時間を計測します。また周回数をカウントし、三周したらゴールの処理に移行します。

秒数を **'**.** という文字列に変換する関数を用意したところがポイントです。

　三周分のラップタイムの合計が、ゴールまでにかかった時間（画面左上の time**'**.** の表示）と百分の 1 秒ずれることがあります。秒数を小数で計算しているので、千分の 1 秒単位が切り捨てられるために起きますが、計算ミスではないので気にせず先へ進みましょう。

Lesson 11-5 車種を選べるようにする

プレイヤーが好きな車種を選べるようにします。車種選択は、これまでのプログラムと比べれば、それほど難しい処理ではありません。これで『Python Racer』が完成するので頑張っていきましょう。

▶▶▶ 車種選択を組み込む

車種選択を入れたプログラムを確認します。『Python Racer』の完成形のプログラムとなるので、ファイル名は「**python_racer.py**」としました。
次のプログラムを入力し、ファイル名を付けて保存し、実行しましょう。

リスト ▶ python_racer.py　※前のプログラムからの追加変更箇所に マーカー を引いています

```
1   import pygame                                pygameモジュールをインポート
2   import sys                                   sysモジュールをインポート
3   import math                                  mathモジュールをインポート
4   import random                                randomモジュールをインポート
5   from pygame.locals import *                  pygame.定数の記述の省略
6
7   WHITE = (255, 255, 255)                      色の定義(白)
8   BLACK = (  0,   0,   0)                      色の定義(黒)
9   RED   = (255,   0,   0)                      色の定義(赤)
10  YELLOW= (255, 224,   0)                      色の定義(黄)
11  GREEN = (  0, 255,   0)                      色の定義(緑)
12
13  idx = 0                                      インデックスの変数
14  tmr = 0                                      タイマーの変数
15  laps = 0                                     何周目かを管理する変数
16  rec = 0                                      走行時間を測る変数
17  recbk = 0                                    ラップタイム計算用の変数
18  se_crash = None                              衝突時の効果音を読み込む変数
19  mycar = 0                                    車種選択用の変数
20
21  DATA_LR = [0, 0, 0, 0, 0, 0, 0, 0, 0, 0, 0, 0, 0,    道路のカーブを作る基になるデータ
    1, 2, 3, 2, 1, 0, 2, 4, 2, 4, 2, 0, 0, 0,-2,-
    2,-4,-4,-2,-1, 0, 0, 0, 0, 0, 0, 0]
22  DATA_UD = [0, 0, 1, 2, 3, 2, 1, 0,-2,-4,-2, 0,        道路の起伏を作る基になるデータ
    0, 0, 0, 0,-1,-2,-3,-4,-3,-2,-1, 0, 0, 0, 0,
    0, 0, 0, 0, 0, 0,-3, 3, 0,-6, 6, 0]
23  CLEN = len(DATA_LR)                          これらのデータの要素数を代入した定数
24
25  BOARD = 120                                  道路を描く板の枚数を定める定数
26  CMAX = BOARD*CLEN                            コースの長さ(要素数)を定める定数
27  curve = [0]*CMAX                             道が曲がる向きを入れるリスト
28  updown = [0]*CMAX                            道の起伏を入れるリスト
29  object_left = [0]*CMAX                       道路左にある物体の番号を入れるリスト
30  object_right = [0]*CMAX                      道路右にある物体の番号を入れるリスト
31
32  CAR = 30                                     車の数を定める定数
```

33	`car_x = [0]*CAR`	車の横方向の座標を管理するリスト
34	`car_y = [0]*CAR`	車のコース上の位置を管理するリスト
35	`car_lr = [0]*CAR`	車の左右の向きを管理するリスト
36	`car_spd = [0]*CAR`	車の速度を管理するリスト
37	`PLCAR_Y = 10 # プレイヤーの車の表示位置　道路一番手前（画面下）が0`	プレイヤーの車の表示位置を定める定数
38		
39	`LAPS = 3`	何周すればゴールかを定める定数
40	`laptime =["0'00.00"]*LAPS`	ラップタイム表示用のリスト
41		
42		
43	`def make_course():`	コースデータを作る関数
44	`    for i in range(CLEN):`	繰り返しで
45	`        lr1 = DATA_LR[i]`	カーブデータをlr1に代入
46	`        lr2 = DATA_LR[(i+1)%CLEN]`	次のカーブデータをlr2に代入
47	`        ud1 = DATA_UD[i]`	起伏データをud1に代入
48	`        ud2 = DATA_UD[(i+1)%CLEN]`	次の起伏データをud2に代入
49	`        for j in range(BOARD):`	繰り返しで
50	`            pos = j+BOARD*i`	リストの添え字を計算しposに代入
51	`            curve[pos] = lr1*(BOARD-j)/BOARD + lr2*j/BOARD`	道が曲がる向きを計算し代入
52	`            updown[pos] = ud1*(BOARD-j)/BOARD + ud2*j/BOARD`	道の起伏を計算し代入
53	`            if j == 60:`	繰り返しの変数jが60なら
54	`                object_right[pos] = 1 # 看板`	道路右側に看板を置く
55	`            if i%8 < 7:`	繰り返しの変数i%8<7の時
56	`                if j%12 == 0:`	j%12が0の時に
57	`                    object_left[pos] = 2 # ヤシの木`	ヤシの木を置く
58	`            else:`	そうでないなら
59	`                if j%20 == 0:`	j%20が0の時に
60	`                    object_left[pos] = 3 # ヨット`	ヨットを置く
61	`            if j%12 == 6:`	j%12が6の時に
62	`                object_left[pos] = 9 # 海`	海を置く
63		
64		
65	`def time_str(val):`	**'**.**という時間の文字列を作る関数
66	`    sec = int(val) # 引数を整数の秒数にする`	引数を整数の秒数にしてsecに代入
67	`    ms = int((val-sec)*100) # 少数部分`	秒数の小数点以下の値をmsに代入
68	`    mi = int(sec/60) # 分`	分をmiに代入
69	`    return "{}'{:02}.{:02}".format(mi, sec%60, ms)`	**'**.**という文字列を返す
70		
71		
72	`def draw_obj(bg, img, x, y, sc):`	座標とスケールを受け取り、物体を描く関数
73	`    img_rz = pygame.transform.rotozoom(img, 0, sc)`	拡大縮小した画像を作る
74	`    w = img_rz.get_width()`	その画像の幅をwに代入
75	`    h = img_rz.get_height()`	その画像の高さをhに代入
76	`    bg.blit(img_rz, [x-w/2, y-h])`	画像を描く
77		
78		
79	`def draw_shadow(bg, x, y, siz):`	影を表示する関数
80	`    shadow = pygame.Surface([siz, siz/4])`	描画面(サーフェース)を用意する
81	`    shadow.fill(RED)`	その描画面を赤で塗りつぶす
82	`    shadow.set_colorkey(RED) # Surfaceの透過色を設定`	描画面の透過色を指定
83	`    shadow.set_alpha(128) # Surfaceの透明度を設定`	描画面の透明度を設定
84	`    pygame.draw.ellipse(shadow, BLACK, [0,0, siz,siz/4])`	描画面に黒で楕円を描く
85	`    bg.blit(shadow, [x-siz/2, y-siz/4])`	楕円を描いた描画面をゲーム画面に転送
86		
87		
88	`def init_car():`	車を管理するリストに初期値を代入する関数

```python
 89      for i in range(1, CAR):                                 繰り返しでCOMカーの
 90          car_x[i] = random.randint(50, 750)                      横方向の座標をランダムに決める
 91          car_y[i] = random.randint(200, CMAX-200)                コース上の位置をランダムに決める
 92          car_lr[i] = 0                                           左右の向きを0に(正面向きにする)
 93          car_spd[i] = random.randint(100, 200)                   速度をランダムに決める
 94      car_x[0] = 400                                          プレイヤーの車の横方向の座標を画面中央に
 95      car_y[0] = 0                                            プレイヤーの車のコース上の位置を初期値に
 96      car_lr[0] = 0                                           プレイヤーの車の向きを0に
 97      car_spd[0] = 0                                          プレイヤーの車の速度を0に
 98
 99
100  def drive_car(key):  # プレイヤーの車の操作、制御          プレイヤーの車を操作、制御する関数
101      global idx, tmr, laps, recbk                           これらをグローバル変数とする
102      if key[K_LEFT] == 1:                                   左キーが押されたら
103          if car_lr[0] > -3:                                     向きが-3より大きければ
104              car_lr[0] -= 1                                         向きを-1する(左に向かせる)
105          car_x[0] = car_x[0] + (car_lr[0]-3)*               車の横方向の座標を計算
     car_spd[0]/100 - 5
106      elif key[K_RIGHT] == 1:                                そうでなく右キーが押されたら
107          if car_lr[0] < 3:                                      向きが3より小さければ
108              car_lr[0] += 1                                         向きを+1する(右に向かせる)
109          car_x[0] = car_x[0] + (car_lr[0]+3)*               車の横方向の座標を計算
     car_spd[0]/100 + 5
110      else:                                                  そうでないなら
111          car_lr[0] = int(car_lr[0]*0.9)                         正面向きに近づける
112
113      if key[K_a] == 1:  # アクセル                          Aキーが押されたら
114          car_spd[0] += 3                                        速度を増やす
115      elif key[K_z] == 1:  # ブレーキ                        そうでなくZキーが押されたら
116          car_spd[0] -= 10                                       速度を減らす
117      else:                                                  そうでないなら
118          car_spd[0] -= 0.25                                     ゆっくり減速
119
120      if car_spd[0] < 0:                                     速度が0未満なら
121          car_spd[0] = 0                                         速度を0にする
122      if car_spd[0] > 320:                                   最高速度を超えたら
123          car_spd[0] = 320                                       最高速度にする
124
125      car_x[0] -= car_spd[0]*curve[int(car_y[0]+             車の速度と道の曲がりから横方向の座標を計算
     PLCAR_Y)%CMAX]/50
126      if car_x[0] < 0:                                       左の路肩に接触したら
127          car_x[0] = 0                                           横方向の座標を0にし
128          car_spd[0] *= 0.9                                      減速する
129      if car_x[0] > 800:                                     右の路肩に接触したら
130          car_x[0] = 800                                         横方向の座標を800にし
131          car_spd[0] *= 0.9                                      減速する
132
133      car_y[0] = car_y[0] + car_spd[0]/100                   車の速度からコース上の位置を計算
134      if car_y[0] > CMAX-1:                                  コース終点を越えたら
135          car_y[0] -= CMAX                                       コースの頭に戻す
136          laptime[laps] = time_str(rec-recbk)                    ラップタイムを計算し代入
137          recbk = rec                                            現在のタイムを保持
138          laps += 1                                              周回数の値を1増やす
139          if laps == LAPS:                                       周回数がLAPSの値になったら
140              idx = 3                                                idxを3にしてゴール処理へ
141              tmr = 0                                                tmrを0にする
142
143
144  def move_car(cs):  # COMカーの制御                         コンピュータの車を制御する関数
145      for i in range(cs, CAR):                               繰り返しで全ての車を処理する
```

```
146                if car_spd[i] < 100:                          速度が100より小さいなら
147                    car_spd[i] += 3                           速度を増やす
148                if i == tmr%120:                              一定時間ごとに
149                    car_lr[i] += random.choice([-1,0,1])      向きをランダムに変える
150                    if car_lr[i] < -3: car_lr[i] = -3         向きが-3未満なら-3にする
151                    if car_lr[i] >  3: car_lr[i] =  3         向きが3を超えたら3にする
152                car_x[i] = car_x[i] + car_lr[i]*car_spd[i]/100    車の向きと速度から横方向の座標を計算
153                if car_x[i] < 50:                             左の路肩に近づいたら
154                    car_x[i] = 50                             それ以上行かないようにし
155                    car_lr[i] = int(car_lr[i]*0.9)            正面向きに近づける
156                if car_x[i] > 750:                            右の路肩に近づいたら
157                    car_x[i] = 750                            それ以上行かないようにし
158                    car_lr[i] = int(car_lr[i]*0.9)            正面向きに近づける
159                car_y[i] += car_spd[i]/100                    車の速度からコース上の位置を計算
160                if car_y[i] > CMAX-1:                         コース終点を越えたら
161                    car_y[i] -= CMAX                          コースの頭に戻す
162                if idx == 2: # レース中のヒットチェック        idxが2(レース中)ならヒットチェック
163                    cx = car_x[i]-car_x[0]                    プレイヤーの車との横方向の距離
164                    cy = car_y[i]-(car_y[0]+PLCAR_Y)%CMAX     プレイヤーの車とのコース上の距離
165                    if -100 <= cx and cx <= 100 and -10 <= cy and cy <= 10:   それらがこの範囲内なら
166                        # 衝突時の座標変化、速度の入れ替えと減速
167                        car_x[0] -= cx/4                      プレイヤーの車を横に移動
168                        car_x[i] += cx/4                      コンピュータの車を横に移動
169                        car_spd[0], car_spd[i] = car_spd[i]*0.3, car_spd[0]*0.3    2つの車の速度を入れ替え減速
170                        se_crash.play()                       衝突音を出力
171
172
173     def draw_text(scrn, txt, x, y, col, fnt):                影付きの文字列を表示する関数
174         sur = fnt.render(txt, True, BLACK)                   黒で文字列を描いたサーフェスを生成
175         x -= sur.get_width()/2                               センタリングするためX座標を計算
176         y -= sur.get_height()/2                              センタリングするためY座標を計算
177         scrn.blit(sur, [x+2, y+2])                           サーフェスを画面に転送
178         sur = fnt.render(txt, True, col)                     指定色で文字列を描いたサーフェスを生成
179         scrn.blit(sur, [x, y])                               サーフェスを画面に転送
180
181
182     def main(): # メイン処理                                 メイン処理を行う関数
183         global idx, tmr, laps, rec, recbk, se_crash, mycar   これらをグローバル変数とする
184         pygame.init()                                        pygameモジュールの初期化
185         pygame.display.set_caption("Python Racer")           ウィンドウに表示するタイトルを指定
186         screen = pygame.display.set_mode((800, 600))         描画面を初期化
187         clock = pygame.time.Clock()                          clockオブジェクトを作成
188         fnt_s = pygame.font.Font(None,  40)                  フォントオブジェクトを作成 小さな文字
189         fnt_m = pygame.font.Font(None,  50)                  フォントオブジェクトを作成 中位の文字
190         fnt_l = pygame.font.Font(None, 120)                  フォントオブジェクトを作成 大きな文字
191
192         img_title = pygame.image.load("image_pr/title.png").convert_alpha()    タイトルロゴを読み込む変数
193         img_bg = pygame.image.load("image_pr/bg.png").convert()                背景(空と地面の絵)を読み込む変数
194         img_sea = pygame.image.load("image_pr/sea.png").convert_alpha()        海の画像を読み込む変数
195         img_obj = [                                                            道路横の物体の画像を読み込むリスト
196             None,
197             pygame.image.load("image_pr/board.png").
```

```
convert_alpha(),
        pygame.image.load("image_pr/yashi.png").convert_alpha(),
        pygame.image.load("image_pr/yacht.png").convert_alpha()
    ]
    img_car = [
        pygame.image.load("image_pr/car00.png").convert_alpha(),
        pygame.image.load("image_pr/car01.png").convert_alpha(),
        pygame.image.load("image_pr/car02.png").convert_alpha(),
        pygame.image.load("image_pr/car03.png").convert_alpha(),
        pygame.image.load("image_pr/car04.png").convert_alpha(),
        pygame.image.load("image_pr/car05.png").convert_alpha(),
        pygame.image.load("image_pr/car06.png").convert_alpha(),
        pygame.image.load("image_pr/car10.png").convert_alpha(),
        pygame.image.load("image_pr/car11.png").convert_alpha(),
        pygame.image.load("image_pr/car12.png").convert_alpha(),
        pygame.image.load("image_pr/car13.png").convert_alpha(),
        pygame.image.load("image_pr/car14.png").convert_alpha(),
        pygame.image.load("image_pr/car15.png").convert_alpha(),
        pygame.image.load("image_pr/car16.png").convert_alpha(),
        pygame.image.load("image_pr/car20.png").convert_alpha(),
        pygame.image.load("image_pr/car21.png").convert_alpha(),
        pygame.image.load("image_pr/car22.png").convert_alpha(),
        pygame.image.load("image_pr/car23.png").convert_alpha(),
        pygame.image.load("image_pr/car24.png").convert_alpha(),
        pygame.image.load("image_pr/car25.png").convert_alpha(),
        pygame.image.load("image_pr/car26.png").convert_alpha()
    ]

    se_crash = pygame.mixer.Sound("sound_pr/crash.ogg") # SEの読み込み

    # 道路の板の基本形状を計算
    BOARD_W = [0]*BOARD
    BOARD_H = [0]*BOARD
    BOARD_UD = [0]*BOARD
    for i in range(BOARD):
        BOARD_W[i] = 10+(BOARD-i)*(BOARD-i)/12
```

行	コメント
201	車の画像を読み込むリスト
225	衝突音を読み込む
228	板の幅を代入するリスト
229	板の高さを代入するリスト
230	板の起伏用の値を代入するリスト
231	繰り返しで
232	幅を計算

```
233              BOARD_H[i] = 3.4*(BOARD-i)/BOARD                    高さを計算
234              BOARD_UD[i] = 2*math.sin(math.radians               起伏の値を三角関数で計算
    (i*1.5))
235
236     make_course()                                                コースデータを作る
237     init_car()                                                   車を管理するリストに初期値を代入
238
239     vertical = 0                                                 背景の横方向の位置を管理する変数
240
241     while True:                                                  無限ループ
242         for event in pygame.event.get():                         pygameのイベントを繰り返しで処理する
243             if event.type == QUIT:                               ウィンドウの×ボタンをクリック
244                 pygame.quit()                                        pygameモジュールの初期化を解除
245                 sys.exit()                                           プログラムを終了する
246             if event.type == KEYDOWN:                            キーを押すイベントが発生した時
247                 if event.key == K_F1:                                F1キーなら
248                     screen = pygame.display.                             フルスクリーンモードにする
    set_mode((800, 600), FULLSCREEN)
249                 if event.key == K_F2 or event.                       F2キーかEscキーなら
    key == K_ESCAPE:
250                     screen = pygame.display.                             通常表示に戻す
    set_mode((800, 600))
251         tmr += 1                                                 tmrの値を1増やす
252
253         # 描画用の道路のX座標と路面の高低を計算
254         di = 0                                                   道が曲がる向きを計算する変数
255         ud = 0                                                   道の起伏を計算する変数
256         board_x = [0]*BOARD                                      板のX座標を計算するためのリスト
257         board_ud = [0]*BOARD                                     板の高低を計算するためのリスト
258         for i in range(BOARD):                                   繰り返しで
259             di += curve[int(car_y[0]+i)%CMAX]                        カーブデータから道の曲がりを計算
260             ud += updown[int(car_y[0]+i)%CMAX]                       起伏データから起伏を計算
261             board_x[i] = 400 - BOARD_W[i]*car_                       板のX座標を計算し代入
    x[0]/800 + di/2
262             board_ud[i] = ud/30                                      板の高低を計算し代入
263
264         horizon = 400 + int(ud/3) # 地平線の座標の計算           地平線のY座標を計算しhorizonに代入
265         sy = horizon # 道路を描き始める位置                      道路を描き始めるY座標をsyに代入
266
267         vertical = vertical - int(car_spd[0]*                    背景の垂直位置を計算
    di/8000) # 背景の垂直位置
268         if vertical < 0:                                         それが0未満になったら
269             vertical += 800                                          800を足す
270         if vertical >= 800:                                      800以上になったら
271             vertical -= 800                                          800を引く
272
273         # フィールドの描画
274         screen.fill((0, 56, 255)) # 上空の色                     指定の色で画面を塗りつぶす
275         screen.blit(img_bg, [vertical-800, hori                  空と地面の画像を描画(左側)
    zon-400])
276         screen.blit(img_bg, [vertical, horizon-                  空と地面の画像を描画(右側)
    400])
277         screen.blit(img_sea, [board_x[BOARD-1]-                  左手奥の海を描画
    780, sy]) # 一番奥の海
278
279         # 描画用データをもとに道路を描く
280         for i in range(BOARD-1, 0, -1):                          繰り返しで道路の板を描いていく
281             ux = board_x[i]                                          台形の上底のX座標をuxに代入
282             uy = sy - BOARD_UD[i]*board_ud[i]                        上底のY座標をuyに代入
283             uw = BOARD_W[i]                                          上底の幅をuwに代入
```

284	`        sy = sy + BOARD_H[i]*(600-horizon)/200`	台形を描くY座標を次の値にする
285	`        bx = board_x[i-1]`	台形の下底のX座標をbxに代入
286	`        by = sy - BOARD_UD[i-1]*board_ud[i-1]`	下底のY座標をbyに代入
287	`        bw = BOARD_W[i-1]`	下底の幅をbwに代入
288	`        col = (160,160,160)`	colに板の色を代入
289	`        if int(car_y[0]+i)%CMAX == PLCAR_Y+10: # 赤線の位置`	ゴールの位置なら
290	`            col = (192,0,0)`	赤線の色の値を代入
291	`        pygame.draw.polygon(screen, col, [[ux, uy], [ux+uw, uy], [bx+bw, by], [bx, by]])`	道路の板を描く
292		
293	`        if int(car_y[0]+i)%10 <= 4: # 左右の黄色線`	一定間隔で
294	`            pygame.draw.polygon(screen, YELLOW, [[ux, uy], [ux+uw*0.02, uy], [bx+bw*0.02, by], [bx, by]])`	道路左の黄色いラインを描く
295	`            pygame.draw.polygon(screen, YELLOW, [[ux+uw*0.98, uy], [ux+uw, uy], [bx+bw, by], [bx+bw*0.98, by]])`	道路右の黄色いラインを描く
296	`        if int(car_y[0]+i)%20 <= 10: # 白線`	一定間隔で
297	`            pygame.draw.polygon(screen, WHITE, [[ux+uw*0.24, uy], [ux+uw*0.26, uy], [bx+bw*0.26, by], [bx+bw*0.24, by]])`	左側の白ラインを描く
298	`            pygame.draw.polygon(screen, WHITE, [[ux+uw*0.49, uy], [ux+uw*0.51, uy], [bx+bw*0.51, by], [bx+bw*0.49, by]])`	中央の白ラインを描く
299	`            pygame.draw.polygon(screen, WHITE, [[ux+uw*0.74, uy], [ux+uw*0.76, uy], [bx+bw*0.76, by], [bx+bw*0.74, by]])`	右側の白ラインを描く
300		
301	`        scale = 1.5*BOARD_W[i]/BOARD_W[0]`	道路横の物体のスケールを計算
302	`        obj_l = object_left[int(car_y[0]+i)%CMAX] # 道路左の物体`	obj_lに左側の物体の番号を代入
303	`        if obj_l == 2: # ヤシの木`	ヤシの木なら
304	`            draw_obj(screen, img_obj[obj_l], ux-uw*0.05, uy, scale)`	その画像を描画
305	`        if obj_l == 3: # ヨット`	ヨットなら
306	`            draw_obj(screen, img_obj[obj_l], ux-uw*0.5, uy, scale)`	その画像を描画
307	`        if obj_l == 9: # 海`	海なら
308	`            screen.blit(img_sea, [ux-uw*0.5-780, uy])`	その画像を描画
309	`        obj_r = object_right[int(car_y[0]+i)%CMAX] # 道路右の物体`	obj_rに右側の物体の番号を代入
310	`        if obj_r == 1: # 看板`	看板なら
311	`            draw_obj(screen, img_obj[obj_r], ux+uw*1.3, uy, scale)`	その画像を描画
312		
313	`        for c in range(1, CAR): # COMカー`	繰り返しで
314	`            if int(car_y[c])%CMAX == int(car_y[0]+i)%CMAX:`	その板にCOMカーがあるか調べ
315	`                lr = int(4*(car_x[0]-car_x[c])/800) # プレイヤーから見たCOMカーの向き`	プレイヤーから見たCOMカーの向きを計算し
316	`                if lr < -3: lr = -3`	-3より小さいなら-3で
317	`                if lr >  3: lr =  3`	3より小さいなら3で
318	`                draw_obj(screen, img_car[(c%3)*7+3+lr], ux+car_x[c]*BOARD_W[i]/800, uy, 0.05+BOARD_W[i]/BOARD_W[0])`	COMカーを描く
319		
320	`        if i == PLCAR_Y: # PLAYERカー`	プレイヤーの車の位置なら

```
321                    draw_shadow(screen, ux+car_x[0]
       *BOARD_W[i]/800, uy, 200*BOARD_W[i]/BOARD_W[0])
322                    draw_obj(screen, img_car[3+car_
       lr[0]+mycar*7], ux+car_x[0]*BOARD_W[i]/800, uy,
       0.05+BOARD_W[i]/BOARD_W[0])
323
324            draw_text(screen, str(int(car_spd[0]))
       + "km/h", 680, 30, RED, fnt_m)
325            draw_text(screen, "lap {}/{}".format(laps,
       LAPS), 100, 30, WHITE, fnt_m)
326            draw_text(screen, "time "+time_str(rec),
       100, 80, GREEN, fnt_s)
327            for i in range(LAPS):
328                draw_text(screen, laptime[i], 80,
       130+40*i, YELLOW, fnt_s)
329
330            key = pygame.key.get_pressed()
331
332            if idx == 0:
333                screen.blit(img_title, [120, 120])
334                draw_text(screen, "[A] Start game",
       400, 320, WHITE, fnt_m)
335                draw_text(screen, "[S] Select your
       car", 400, 400, WHITE, fnt_m)
336                move_car(0)
337                if key[K_a] != 0:
338                    init_car()
339                    idx = 1
340                    tmr = 0
341                    laps = 0
342                    rec = 0
343                    recbk = 0
344                    for i in range(LAPS):
345                        laptime[i] = "0'00.00"
346                if key[K_s] != 0:
347                    idx = 4
348
349            if idx == 1:
350                n = 3-int(tmr/60)
351                draw_text(screen, str(n), 400, 240,
       YELLOW, fnt_l)
352                if tmr == 179:
353                    pygame.mixer.music.load("sound_
       pr/bgm.ogg")
354                    pygame.mixer.music.play(-1)
355                    idx = 2
356                    tmr = 0
357
358            if idx == 2:
359                if tmr < 60:
360                    draw_text(screen, "Go!", 400,
       240, RED, fnt_l)
361                rec = rec + 1/60
362                drive_car(key)
363                move_car(1)
364
365            if idx == 3:
366                if tmr == 1:
367                    pygame.mixer.music.stop()
368                if tmr == 30:
```

車の影を描き

プレイヤーの車を描く

速度を表示

周回数を表示

タイムを表示

繰り返して
　ラップタイムを表示

keyに全てのキーの状態を代入

idxが0の時(タイトル画面)
　タイトルロゴを表示
　[A] Start gameの文字を表示

　[S] Select your carの文字を表示
　全ての車を動かす
　Aキーが押されたら
　　全ての車を初期位置に
　　idxを1にしてカウントダウンに
　　タイマーを0に
　　周回数を0に
　　走行時間を0に
　　ラップタイム計算用の変数を0に
　　繰り返して
　　　ラップタイムを0'00:00に
　Sキーが押されたら
　　idxを4にして車種選択に移行

idxが1の時(カウントダウン)
　カウントダウンの数を計算しnに代入
　その数を表示

　tmrが179になったら
　　BGMを読み込み

　　無限ループで出力
　　idxを2にしてレースへ
　　tmrを0にする

idxが2の時(レース中)
　60フレームの間
　　GO!と表示
　走行時間をカウント
　プレイヤーの車を操作
　COMカーを動かす

idxが3の時(ゴール)
　tmrが1なら
　　BGMを停止
　tmrが30になったら

```
369                pygame.mixer.music.load("sound_                  ジングルを読み込み
pr/goal.ogg")
370                pygame.mixer.music.play(0)                      1回出力
371                draw_text(screen, "GOAL!", 400,                 GOAL!の文字を表示
240, GREEN, fnt_l)
372                car_spd[0] = car_spd[0]*0.96                    プレイヤーの車の速度を落とす
373                car_y[0] = car_y[0] + car_spd[0]/100            コース上を進ませる
374                move_car(1)                                     COMカーを動かす
375                if tmr > 60*8:                                  8秒経過したら
376                    idx = 0                                         idxを0にしてタイトルに戻る
377
378            if idx == 4:                                        idxが4の時(車種選択)
379                move_car(0)                                     全ての車を動かす
380                draw_text(screen, "Select your car",            Select your carの文字を表示
400, 160, WHITE, fnt_m)
381                for i in range(3):                              繰り返しで
382                    x = 160+240*i                                   xに選択用の枠のX座標を代入
383                    y = 300                                         yに選択用の枠のY座標を代入
384                    col = BLACK                                     colに黒を代入
385                    if i == mycar:                                  選択している車種なら
386                        col = (0,128,255)                               colに明るい青の値を代入
387                    pygame.draw.rect(screen, col,                   colの色で枠を描く
[x-100, y-80, 200, 160])
388                    draw_text(screen, "["+str(i+1)                  [n]の文字を表示
+"]", x, y-50, WHITE, fnt_m)
389                    screen.blit(img_car[3+i*7],                     車を描く
[x-100, y-20])
390                draw_text(screen, "[Enter] OK!",                [Enter] OK!という文字を表示
400, 440, GREEN, fnt_m)
391                if key[K_1] == 1:                               1キーが押されたら
392                    mycar = 0                                       mycarに0を代入(赤い車)
393                if key[K_2] == 1:                               2キーが押されたら
394                    mycar = 1                                       mycarに1を代入(青い車)
395                if key[K_3] == 1:                               3キーが押されたら
396                    mycar = 2                                       mycarに2を代入(黄色の車)
397                if key[K_RETURN] == 1:                          Enterキーが押されたら
398                    idx = 0                                         idxを0にしてタイトル画面に戻る
399
400            pygame.display.update()                             画面を更新する
401            clock.tick(60)                                      フレームレートを指定
402
403   if __name__ == '__main__':                                   このプログラムが直接実行された時に
404       main()                                                       main()関数を呼び出す
```

このプログラムを実行し、タイトル画面で S キーを押すと車種選択画面になります。 1 〜 3 キーで車種を選び、 Enter キーで決定します（**図11-5-1**）。

19行目で宣言したmycarという変数で車種を管理します。mycarの値と車種は、次の表のようになっています。

表11-5-1　mycarの値と車種

mycarの値	0	1	2
車種			

図11-5-1　python_racer.pyの実行結果

　車種選択の処理は、main()関数内の378〜398行目で行っています。その部分を抜き出して説明します。

```
if idx == 4:
    move_car(0)
    draw_text(screen, "Select your car", 400, 160, WHITE, fnt_m)
    for i in range(3):
        x = 160+240*i
        y = 300
        col = BLACK
        if i == mycar:
            col = (0,128,255)
        pygame.draw.rect(screen, col, [x-100, y-80, 200, 160])
        draw_text(screen, "["+str(i+1)+"]", x, y-50, WHITE, fnt_m)
        screen.blit(img_car[3+i*7], [x-100, y-20])
    draw_text(screen, "[Enter] OK!", 400, 440, GREEN, fnt_m)
    if key[K_1] == 1:
        mycar = 0
    if key[K_2] == 1:
        mycar = 1
    if key[K_3] == 1:
        mycar = 2
    if key[K_RETURN] == 1:
        idx = 0
```

1 2 3 キーを押した時にmycarの値を変更します。
プレイヤーの車は322行目で

```
draw_obj(screen, img_car[3+car_lr[0]+mycar*7],
 ux+car_x[0]*BOARD_W[i]/800, uy, 0.05+BOARD_W[i]/BOARD_W[0])
```

とし、mycarの値を使って車の画像番号をずらすことで、車種を変えています。

さて、今回の車種選択では、車のデザインは変わりますが、性能に変化はありません。ここまで学ばれた読者のみなさんなら、車種ごとに性能を変える処理を組み込むことができるはずです。最後に、選んだ車によって性能を変えるヒントをお伝えします。

》》》 車の性能を変える

車の性能は例えば次のようなものが考えられます。

❶ 最高速度
❷ どれくらい早く加速できるか
❸ ハンドルの切りやすさ

これらを変更するにはどうすればよいでしょう？
python_racer.pyのプログラムではmycarという変数に車種の値が入っています。プレイヤーの車の最高速度はdrive_car()関数内の122〜123行目で320としています。例えば3車種分の最高速度をリストでSPEED_MAX = [320, 300, 360]と定義し、122〜123行目の320をSPEED_MAX[mycar]と記述すれば、車種ごとに最高速度を変えることができます。
Aキーを押した時に速度を増やす計算は113〜114行目で行っています。また左右キーを押した時のプレイヤーの車の横方向の座標は105行目と109行目で計算しています。それらの箇所にも手を加えれば、車種ごとに性能の違いを出すことができます。

この『Python Racer』を、さらに本格的なレースゲームに改良してみてください！

『Python Racer』は様々なテクニックを駆使して作られていることが分かりました。

難しい内容もあるので、一度に全てを理解できなくても大丈夫です。少しずつ読み解いていきましょう。

COLUMN

コンピュータゲーム用のAI

　ディープラーニング※などの新たな技術が生まれ、様々な分野への応用が進み、何かと話題になる人工知能（AI）ですが、ゲーム用AIの研究や、ゲームソフトにAIを組み込むことは、かなり早い段階から行われてきました。例えば本書執筆時点から30年以上も前に作られた、筆者が学生の時に遊んだパソコン用のシミュレーションゲームやテーブルゲームの中に、（当時としては）既に優れた思考ルーチンが組み込まれているものがありました。

　ゲーム用AIとは、そもそもどのようなものなのでしょうか？
　実は、ユーザーがゲームソフトで遊んだ時に、何らかの"知性"を感じられる計算が行われていれば、それがゲーム用AIになります。具体的にはコンピュータが動かすCOMやNPCと呼ばれるキャラクターやメカなどが、「人間らしく行動している」とユーザーが感じるなら、そのゲームにはAIが組み込まれていることになります。

　ゲーム用AIという言葉を有名にしたのは、『ドラゴンクエストIV』（以下『DQ4』）ではないかと思います。1986年に1作目が発売され、2作目、3作目とヒットを重ね、社会現象を巻き起こしたRPGです。シリーズ4作目にあたる『DQ4』では、仲間達の行動を「ガンガンいこうぜ」や「いのちだいじに」などから選ぶと、その命令にもとづいて敵を攻撃したり、傷付いた味方を回復したりするAI戦闘が入りました。

　『DQ4』では、戦闘を繰り返すことで仲間達の行動が敵の弱点などを学び、賢くなることを売りにしていました。ただ、初めて戦う敵に対して無駄な行動をしてしまうこともあり、「『DQ4』のAIはあまり賢くない」と感じるユーザーがいたことも事実です。しかし、このゲームソフトが発売されたのは1990年であり、その当時にAIによる戦闘を実現したのは、先進的で素晴らしいことだったと思います。

　たくさんのゲームソフトが作られるようになった1980年代、ゲーム用AIの多くは、当時のハードの性能から計算できる範囲が限られており、人間の思考に勝るものはあまりありませんでした。しかし、1990年代になるとハードが高性能化し、アルゴリズムの研究も進み、優秀なAIが組み込まれたゲームソフトが増えていきました。

　特にテーブルゲームの思考ルーチンの進歩には、目を見張るものがあります。将棋や囲碁は、ハードの高性能化、アルゴリズム研究の進歩、そして新世代のAIの登場などによって、「この先人間は、コンピュータに勝てなくなる」と言わるほど進化しました。
　将棋や囲碁の思考ルーチンは、いまや人工知能研究の一分野として捉えられ、企業や研究機関の技術者が開発するものとなっています。そのような高度な思考ルーチンを個人で作るにはハードルが高いでしょう。

　しかし、例えばアクションゲームの敵の行動なら、簡単な計算だけで「コンピュータに知性がある」とプレイヤーに感じさせることができます。またシミュレーションゲームやロールプレイングゲームでも、実はそれほど複雑な計算をせずに、プログラミングでコンピュータの知性を表現することができます。ゲーム用のAIの開発は、趣味のプログラミングで

==十分行うことができる==のです。

　本書で制作方法を解説した3つのゲームは、どれもゲーム用AIを組み込んではいませんが、『Galaxy Lancer』のようなシューティングゲームには難易度を自動調整するAIを組み込むと、より多くのユーザーが楽しめるものになるでしょう。アクションやカーレースなら、敵の動きにAIを追加することで、ゲームをもっと面白くできる可能性があります。

　例えば『はらはら ペンギン ラビリンス』で、敵キャラの動きに手を加え、キャンディが多く残る場所ほど敵が歩き回るようにします。『Python Racer』では、COMカーがプレイヤーの車に抜かれる時に幅寄せする動きを加えます。敵が"わざと"邪魔をするようにすれば、ゲームをプレイする人はそこにコンピュータの知性を感じます。またそうすることで、ゲームの緊張感（面白さの1つ）が高まるでしょう。ただし、難しくなり過ぎるとゲームがつまらなくなるので、難易度の調整も必要になります。

　筆者は色々なゲームのAIをプログラミングしてきました。特に思い出深いのは、ナムコで働いていた時にエレメカ（業務用の機械式ゲーム機）に組み込んだAIと、自分の会社設立後に携帯電話用のゲームアプリや家庭用ゲームソフトに組み込んだRPGの戦闘用AI、そして四人打ち麻雀のコンピュータの思考ルーチンの開発です。==ゲーム用AIは、いくつかの計算の組み合わせや、昔から広く使われている手法などで実用に値するものが作れます==。

　機会があれば、そういったプログラミング方法を、みなさんにお伝えできればと考えています。

※ディープラーニングとは脳神経回路の仕組みをもとに作られたコンピュータプログラムのアルゴリズムで、この技術を元にした人工知能の実用化が進んでいる。

お疲れさまでした。「実践編」はこれでおしまいです。

 様々なジャンルのゲームを制作し、とても多くのことを学びましたね。

 本書で学んだことが、みなさんの糧になることを祈っています。

 未来のゲーム業界を引っ張っていくのは、**あなた**です。面白いゲームを作り、たくさんの人を楽しませてくださいね。

特別付録へようこそ！
未来のゲームセンターで働くアンドロメダ・リリと申します。
ここから先は私がナビゲーターを担当させていただきます。

特別付録1
Game Center 208X

特別付録2
落ち物パズル『あにまる』

Profile
アンドロメダ・リリ

最新の人工知能が搭載されたアンドロイド。その人工知能はPythonで記述されている。IQ200に相当する知能と、人間に近い感情を備えている。

Appendix

Appendix1
特別付録1
Game Center 208X

▶▶▶ 未来のゲームセンターへ、ようこそ！

　これからみなさんが体験する『Game Center 208X』は、書籍サポートページ（P.12参照）からダウンロードできるZIPファイルに入っています。ZIPを解凍して作られる「Appendix1」というフォルダがそうです。その中に必要なファイルが全て入っています。

　『Game Center 208X』は複数のゲームが遊べる未来のゲームセンターという設定のソフトです。Pythonの「実行中のプログラムから、別のプログラムの機能を使う」という仕組みで作られています。最初にそれがどのようなものかを説明します。

▶▶▶ 複数のファイルでプログラムを作る

　プログラミング言語の多くは、プログラムを複数のファイルに分けて記述することができます。Pythonもそうです。Pythonで複数のファイルに分けてプログラムを組んだ場合、中心となるプログラムから他のプログラムの機能を呼び出して使います。次のようなイメージです。

図Appendix1-1　他のプログラムの機能を呼び出す

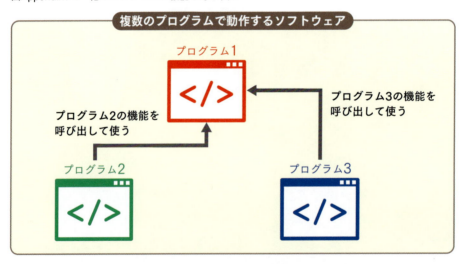

　簡単なサンプルプログラムで、実際にこれを確認してみましょう。「Appendix1」フォルダ内にある main_prog.py と sub_prog.py がそのサンプルです。それぞれ次のようなプログラムになっています。

リスト▶main_prog.py

```
1  import sub_prog
2  r = input("円の半径を入力してください")
3  a = sub_prog.menseki(int(r))
4  print("半径{}の円の面積は{}です".format(r, a))
```

sub_progモジュールをインポート
input()命令で半径を入力しrに代入
sub_progのmenseki()関数を実行し面積を計算
値をprint()命令で出力

リスト▶sub_prog.py

```
1  def menseki(r):
2      return (r*r*3.14)
```

円の面積を求める関数の定義
半径×半径×3.14の値を返す

　IDLEでmain_prog.pyを開いて実行しましょう。sub_prog.pyを開いておく必要はありませんが、開いておいてもかまいません。

　円の半径の入力待ちになるので、適当な数値を入れて Enter を押します。すると円の面積が出力されます。

図Appendix1-2　main_prog.pyの実行結果

```
円の半径を入力してください10
半径10の円の面積は314.0です
>>>
```

　main_prog.pyからsub_prog.pyに記述した関数を実行しています。sub_prog.pyの機能を使うために、main_prog.pyの1行目でimport sub_progとし、sub_progモジュールをインポートします。インポートしたモジュールの機能を実行するには、**モジュール名.関数名**と記述します。

　このimportは、tkinterやrandomモジュールをインポートする時に使う命令と同じです。**Pythonでは、みなさんが開発したプログラムもモジュールになります**。sub_prog.pyは円の面積を求める機能を持つモジュールというわけです。

　sub_progモジュールは学習用のサンプルであり、2行の関数だけが記述されていますが、大規模なソフトウェア開発では、複雑な計算や処理を行うために、たくさんのプログラムを記述したモジュールを作ることがあります。例えば3人のプログラマーがチームでソフトウェアを開発する時、Cさんがそのようなモジュール開発を担当し、AさんとBさんはそれぞれが作るプログラムから、Cさんが作ったモジュールの機能を使うことができます。また機能ごとにファイルを分けておくと、バグが発生した時に、どこに問題があるかを見つけやすくなります。

　大きなプログラムはファイルを分けて記述すると、何かと便利なことがお分かりいただけたでしょうか？

ではいよいよ、Pythonのこの仕組みを使って作られた『Game Center 208X』を体験していただきましょう。

》》》『Game Center 208X』を起動しよう

『Game Center 208X』はゲームソフトのランチャーです。<mark>ランチャーとは、複数のソフトウェアを管理しやすいように、ソフトウェアの一覧を表示し、マウスやキー操作でそれらを簡単に起動できるツールソフトウェア</mark>を指す言葉です。

game_center_208X.pyを起動して動作を確認しましょう。『はらはら ペンギン ラビリンス Pygame版』『Galaxy Lancer』『Python Racer』が遊べるようになっています。キーでそれぞれのゲームを起動します。

図Appendix1-3　game_center_208X.pyの実行結果

この『はらはら ペンギン ラビリンス』は、Pygameを用いて作った豪華バージョンで、サウンドが追加されています。

game_center_208X.pyのプログラムは次のようになっています。

リスト▶game_center_208X.py

```python
1   import tkinter                                    # tkinterモジュールをインポート
2   import penpen_pygame                              # penpen_pygameモジュールをインポート
3   import galaxy_lancer_gp                           # galaxy_lancer_gpモジュールをインポート
4   import python_racer                               # python_racerモジュールをインポート
5
6   def key_down(e):                                  # キーを押した時に働く関数の定義
7       key = e.keysym                                #     keysymの値を変数keyに代入
8       if key == "1":                                #     1キーが押されたら
9           penpen_pygame.main()                      #         はらはらペンギンを起動
10      if key == "2":                                #     2キーが押されたら
11          galaxy_lancer_gp.main()                   #         Galaxy Lancerを起動
12      if key == "3":                                #     3キーが押されたら
13          python_racer.main()                       #         Python Racerを起動
14
15  root = tkinter.Tk()                               # ウィンドウの部品を作る
16  root.title("Game Center 2080's")                  # ウィンドウのタイトルを指定
17  root.resizable(False, False)                      # ウィンドウサイズを変更できなくする
18  root.bind("<KeyPress>", key_down)                 # キーを押した時に実行する関数を指定
19  canvas = tkinter.Canvas(width=800, height=800)    # キャンバスの部品を作る
20  canvas.pack()                                     # キャンバスをウィンドウに配置
21  img = tkinter.PhotoImage(file="gc2080.png")       # 変数imgに画像を読み込む
22  canvas.create_image(400, 400, image=img)          # その画像をキャンバスに描画
23  root.mainloop()                                   # ウィンドウを表示する
```

次の3つのモジュールを2～4行目でインポートしています。

- 『はらはらペンギン ラビリンス Pygame版』　→　penpen_pygame.py
- 『Galaxy Lancer』　→　galaxy_lancer_gp.py
- 『Python Racer』　→　python_racer.py

　キーが押された時にkey_down()関数が働きます。key_down()関数は1～3キーが押されると、モジュール名.main()として、各モジュール（ゲーム）のmain()関数を呼び出します。

ファイルの種類

　「Appendix1」フォルダ内にあるファイルの種類と、game_center_208X.pyがゲームのプログラムを起動する様子を図示すると、次ページの図のようになります。

445

図Appendix1-4　ランチャーとプログラムの関係

■ オリジナルゲームも組み込める

　game_center_208X.pyに、新たにPygameで開発したゲームソフトを追加できます。例えば、1冊目の『Pythonでつくる ゲーム開発 入門講座』で制作したRPG『One Hour Dungeon』も組み込むことが可能です。

》》》 if __name__ == '__main__': の重要性

　Chapter 5で説明したように、if __name__ == '__main__': は<mark>そのプログラムを直接実行した時にだけ起動する</mark>ために使う記述です（→P.178）。
　『はらはらペンギン ラビリンス Pygame版』『Galaxy Lancer』『Python Racer』の各プログラムの最後の2行は次のようになっています。

```
if __name__ == '__main__':
    main()
```

　この記述で、直接実行した時にだけmain()関数が呼び出され、ゲームソフトとして起動し、インポートしただけでは起動しないようになっています。もしこの行を単にmain()とだけ記述すると、game_center_208X.pyにインポートした時点で、ゲームソフトが起動してしまいます。
　<mark>Pythonで作ったプログラムを他のプログラムにインポートして使う可能性があるなら、このif文を入れておく必要がある</mark>ことを覚えておきましょう。
　なお、最初に確認したsub_prog.pyに、このif文はありませんが、sub_prog.pyには関数の定義だけが記述されているので、インポートしても勝手に実行されることはありません。

POINT

注意点（筆者より）

　Pythonのプログラムを他のプログラムにインポートして使う例として、『Game Center 208X』を用意しました。本書はゲーム開発の解説書ですから、楽しみながらPythonのimportを理解していただきたいという趣旨です。ただしimportは本来、ランチャーソフトを作るのに使うものではなく、Pythonに備わっているモジュールの機能や、新たに作ったプログラムの機能を取り入れるためのものです。
　『Game Center 208X』は簡易的に作ったプログラムなので、IDLEから実行し、プレイ中のゲームを途中で終了し、再び数字キーで起動すると、正しく動作しないことがあるのでご注意ください。
　ここで紹介した知識は、みなさんが将来、Pythonで大規模なソフトウェア開発を行う時や、チームでプログラミングする時に役立てていただければと思います。

　それからこの特別付録の『はらはら ペンギン ラビリンス』は、Chapter 3～4でtkinterで制作したものを、Pygameを使って書き直し、BGMとSEを追加しました。tkinterで作ったゲームはPygameを用いて内容を豪華にすることができます。tkinterのゲームをPygameに移植したい方は参考になさってください。

Appendix2 特別付録2 落ち物パズル『あにまる』

これは1冊目の『Pythonでつくる ゲーム開発 入門講座』と本書『実践編』の、2冊ともご購入いただいた読者様への特典です。このファイルを利用するには、1冊目の373ページに記載されたパスワードが必要な点にご注意ください。

Appendix2.zipをそのパスワードで解凍すると、『Pythonでつくる ゲーム開発 入門講座』で制作した落ち物パズルのアレンジバージョンが入っています。下図のゲーム画面がそうです。

落ち物パズルの作り方を知りたい方は、1冊目を参考になさってください。

図Appendix2-1 animal_pzl.pyの実行画面

この『あにまる』という落ち物パズルは、もともと『ねこねこ』という可愛い猫を題材にしたゲームでした。そこから、題材を「ジャングルとそこに住む動物たち」に、タイトルロゴの文字と色、画像ファイル名を下図のように変えたものですが、ゲームのプログラム自体に変更はありません。

図Appendix2-2 『あにまる』で用いる画像ファイル

animal1.png　animal2.png　animal3.png　animal4.png　animal5.png　animal6.png　animal7.png

Hardモードでは6種類の動物ブロックが落ちてきます。「Appendix2」フォルダには7種類目のパンダの画像が入っていますので、例えばHardのさらに上の、Expertモードを用意する時などにご活用ください。

あとがき

　読者のみなさん、最後まで読んでいただき、誠にありがとうございます。
　1冊目のあとがきに、ゲーム開発の本を書くことが私の夢だったと書かせていただきましたが、こんなにも早く2冊目を出せるとは思いもしませんでした。今回も書くチャンスを与えて下さったソーテック社の今村さんに心から感謝いたします。
　1冊目と同様、多くのクリエイターさんに力を貸していただきました。いろはとすみれのイラストを描いてくれた生天目さん、動物パズルをデザインして下さった遠藤先生、新たにイラスト制作に参加して下さった大森先生に感謝いたします。青木晋太郎さんには今回もとても素晴らしい音楽を作っていただきました。10年以上私の仕事に付き合ってくれている横倉君とセキさんは、今回も優れたドット絵やタイトルロゴを制作して下さいました。みなさん、本当にありがとうございます。それから1冊目の執筆で妻に協力してもらいましたが、今回はコラムの内容をチェックしてもらいました。色々と協力してくれる妻にとても感謝しています。

　この『実践編』では、アクションゲーム、シューティングゲーム、そして3Dカーレースの制作方法をお伝えしたわけですが、疑似3Dの表現技法を解説してゲームを作る、という本はこれまでなかったのではないかと思います。最後に、そんな『Python Racer』の開発秘話をさせていただきます。
　『Python Racer』はもともと書籍用に作ったプログラムではなく、私が趣味で作っていたゲームです。ある日、Pythonでどれくらい本格的なゲームが作れるかを試したくなりました。何を作ろうかと考え、個人的に好きなセガの名作『アウトラン』のような疑似3Dゲームにしようと試作を始めました。ちなみに私は1980〜90年代のセガのゲームが大好きです。
　作り始めると、Pythonで疑似3Dの表現を行うことがどんどん楽しくなり、ゲームが一通り完成してからも、時間を見つけてはちょこちょこ改良して1人で遊んでいました。完全に個人的な趣味の世界です（苦笑）。
　そのゲームを今村さんに紹介したところ、高度なゲームの制作方法を教える本の企画が通ったら入れましょう、と仰って下さいました。その時はまだ2冊目を書けることは決まっていなかったのですが、1冊目を多くの読者の方が支持して下さったお陰で、あっという間に2冊目の執筆が決まり、こうして『実践編』として世の中に送り出しました。

　最後にもうひと言。自分の好きなゲームを真似て作ってみることも、プログラミングの技術力をアップする近道です。全てを真似ることは難しいので、作れるところだけで良いのです。途中のコラムにも書きましたが、筆者もそのようなところからスタートし、ゲームクリエイターになることができました。
　本書がみなさんのお役に立てれば、何よりもうれしいです。そして、みなさんとまたお会いできることを願っています。

2019年秋　廣瀬 豪

Index

記号・数字

#（コメント）	34
%（余りを求める演算子）	36, 355
\<B1-Motion\>	160
\<Button\>	28
\<Button-1\>	160
\<ButtonPress\>	28
\<ButtonRelease\>	28
\<Key\>	28
\<KeyPress\>	27, 28, 73
\<KeyRelease\>	28, 73
\<Motion\>	28
__name__	178, 447
α版	16
β版	16
3DCG	316
10進数と16進数	154

A

abs()	52
after()	29, 33, 67, 73, 99, 340
AI	438

B

BASIC	120
bind()	26-28, 42, 53, 160, 329
blit()	178, 185, 202, 222, 234, 264, 342, 377
Button()	26, 60, 164

C

Canvas()	26, 31
Checkbutton()	26
COM	393
convert()	350, 375
convert_alpha()	350, 375
cos()	58-64, 233
create_image()	32, 34, 342
create_line()	62, 64
create_polygon()	326
create_rectangle()	323, 342

D

datetime.now()	30
datetimeモジュール	30
day	30
def	27
delete()	34, 164, 342

E

Entry()	26
exit()	178

F

float()	61
format()	30, 425
font=	24
FPS	192

G

geometry()	24, 26
global	33
GUI	26

H

hour	30

I

IDLE	13
if __name__ == '__main__':	178, 447
import	178, 443-447
init()	177, 205, 277, 310
insert()	164

K

keycode	27
keysym	27

L

Label()	24, 26
len()	160
load()	181, 197, 277

M

mainloop()	25
math.pi	59
mathモジュール	56, 59
minute	30
month	30

N

None	247
NPC	393, 438

O

ogg形式	269

P

pack()	31
pass	311
PhotoImage()	32
pip3	172-175
place()	24
play()	269, 277
print()	337, 390, 443
Pycharm	44
Pygame	170
Surface（サーフェース）	177-179, 201, 386
色指定	177
画像の回転・拡大縮小	183
画像の描画	180, 197-198, 202
画像の描画（半透明）	386
画像の表示位置	185
画面サイズの切り替え	182
画面の更新	178
画面描画の座標	198, 342
キー入力	182, 187, 199
キーボード定数	182, 189, 201, 203, 205
サウンド	268
初期化	177
図形の描画	179
日本語表示	189
フレームレート	177
プログラムの終了	178
マウス入力	189
文字列の描画	178, 264, 308

R

radians()	59, 64, 337
randomモジュール	108
rect()	255, 342
resizable()	83
RGB	154
root	24-25
rotate	184-185
rotozoom()	184-185, 222, 234, 377

S

scale()	184-185
second	30
set_alpha()	387
set_colorkey()	386
sin()	58-64, 233, 335, 358
sqrt()	56, 72
stop()	269, 277
Surface（サーフェース）	177-179, 201, 386
sysモジュール	178

T

tag=	34
tan()	58-64
text=	24, 26
Text()	26

title()	24	ゲームパッド	309
Tk()	24	ゲームプレイ中の画面	67, 71, 116, 263, 416
tkinterモジュール	24, 322	ゲームプログラマー	16, 18, 72
try〜except	61, 311	ゲームメーカー	21
		攻略	136, 143
		個人開発	17
		コメント	34

Y

year	30

あ行

アクションゲーム	78
アニメーション	31, 35, 89, 203
アルゴリズム	78, 438
移植	447
一点透視図法	318
イベント	27-28, 182
インデックス	65, 71, 74, 116, 263, 416
インポート	178, 443-447
ウィンドウ	24
エフェクト（演出）	241, 278, 295
遠近法	318
エンディング	144
落ち物パズル	448

か行

カーレースゲーム	314
画像描画の座標	
pygame	198, 342
tkinter	31, 342
関数	27
キャンバス	26, 31
キー入力	24, 84
Mac	73
Windows	99
キーボード定数	182, 189, 201, 203, 205
企画立案	15
疑似3D	316, 322
グラフィックデザイナー	16
グローバル宣言	33, 117
ゲームオーバー画面	66, 71, 116, 263
ゲーム開発	15
ゲームクリア画面	116, 263

さ行

サウンドクリエイター	16
サポートページ	12
三角関数	57-64, 217, 226, 335
残機制	131
三点透視図法	319
シールド	194, 248
時間制	131
四則算	343
シューティングゲーム	192
ジョイスティック	309
処理落ち	389
ジングル	268
スクロール	33
スクロール（高速）	196
ステルスゲーム	19
スプライト	316
正弦波	335, 347, 358-359
世界観	75
操作性	99
添え字	38
素材	17

た行

タイトル画面	66, 71, 116, 263, 416
タイマー	65, 74, 205, 263, 416
タグ	34
タプル	189, 201, 311
弾幕シューティング	192
弾幕の座標の計算	221
チェックボタン（チェックボックス）	26
定数	71, 86
ディレクター	16
敵キャラクター	105, 136, 155, 226, 279, 307

テキストエディタ	13
テキスト入力欄（1行）	26
テキスト入力欄（複数行）	26
デバッガー	16
デバッグ	16
寺田憲史	223
統合開発環境	13, 44
ドットイートゲーム	78

な行

内分点	368
難易度	73, 136, 154, 439
二次元リスト	38
二点間の距離	55, 238
二点透視図法	318
ネスト	40

は行

π（パイ）	59
ハイスコア	297
光の三原色	153
ヒットチェック（円）	54, 235, 254
ヒットチェック（矩形）	50, 118, 407
フラグ	307
プランナー	16
プレイヤー視点	387
フレームレート	67
プログラマー	18
プロデューサー	16
変数の値の入れ替え	408
ボスキャラ	286
ボタン	26
ポリゴン	316

ま行

マウス入力	28
マウスポインタの位置	41
マップ	39
マップエディタ	156
マップチップ	39, 156
宮永好道	18
無敵状態	248, 255
迷路	81, 156
モーションデータ	317
モジュール	443
モデルデータ	317

や行

床と壁の判定	41
要素	38

ら行

ライフ制	131, 248
ラジアン	59
ラップタイム	418
ラベル	24, 26
乱数	109, 295
乱数の種	166
ランチャー	444
リアルタイム処理	29, 84, 178, 340
リスト	38
レトロゲーム	190

わ行

ワイヤーフレーム	316

> **Attention**
>
> **サンプルプログラムのパスワード**
>
> 本書サポートページで提供しているサンプルプログラムはZIP形式で圧縮され、パスワードが設定されています。以下のパスワードを入力し、解凍してお使いください。
>
> **パスワード**：Pn#cRss7

参加クリエイター

■ 白川いろは、水鳥川すみれ

イラスト　　生天目 麻衣

■ Prologue

イラスト　　井上 敬子

■ Chapter 1〜2

デザイン　　ワールドワイドソフトウェアデザインチーム

■ Chapter 3〜4　『はらはら ペンギン ラビリンス』

デザイン　　横倉 太樹

■ Chapter 6〜8　『Galaxy Lancer』

デザイン　　セキ リュウタ
イラスト　　大森 百華
サウンド　　青木 晋太郎

■ Chapter 9〜11　『Python Racer』

デザイン　　横倉 太樹
サウンド　　青木 晋太郎

■ Appendix1 『Game Center 208X』

　イラスト　　大森 百華
　サウンド　　ワールドワイドソフトウェア サウンドチーム

■ Appendix2 『あにまる』

　デザイン　　遠藤 梨奈

■ Special Thanks

　菊地 寛之 先生（TBC学院）

著者について

■ **廣瀬 豪（ひろせ つよし）**

早稲田大学理工学部卒業。ナムコでプランナー、任天堂とコナミの合弁会社でプログラマーとディレクターを務めた後に独立し、ゲーム制作を行うワールドワイドソフトウェア有限会社を設立。家庭用ゲームソフト、業務用ゲーム機、携帯電話用アプリ、Webアプリなど様々なゲームを開発してきた。現在は会社を経営しながら、教育機関でプログラミングやゲーム開発を指導したり、本の執筆を行っている。初めてゲームを作ったのは中学生の時で、以来、本業、趣味ともに、C/C++、Java、JavaScript、Pythonなどの様々なプログラミング言語でゲームを開発している。著書に「いちばんやさしい JavaScript 入門教室」「いちばんやさしい Java 入門教室」「Pythonでつくる ゲーム開発 入門講座」（以上ソーテック社）がある。

Pythonでつくる ゲーム開発 入門講座 実践編

2019年12月31日　初版　第1刷発行
2023年9月30日　初版　第4刷発行

著　　　者	廣瀬豪
装　　　丁	平塚兼右（PiDEZA Inc.）
発　行　人	柳澤淳一
編　集　人	久保田賢二
発　行　所	株式会社ソーテック社
	〒102-0072　東京都千代田区飯田橋4-9-5　スギタビル4F
	電話（注文専用）03-3262-5320　FAX 03-3262-5326
印　刷　所	大日本印刷株式会社

©2019 Tsuyoshi Hirose
Printed in Japan
ISBN978-4-8007-1256-1

本書の一部または全部について個人で使用する以外著作権上、株式会社ソーテック社および著作権者の承諾を得ずに無断で複写・複製・配信することは禁じられています。
本書に対する質問は電話では受け付けておりません。また、本書の内容とは関係のないパソコンやソフトなどの前提となる操作方法についての質問にはお答えできません。
内容の誤り、内容についての質問がございましたら切手・返信用封筒を同封のうえ、弊社までご送付ください。
乱丁・落丁本はお取り替え致します。

本書のご感想・ご意見・ご指摘は

http://www.sotechsha.co.jp/dokusha/

にて受け付けております。Webサイトでは質問は一切受け付けておりません。